液压与气动技术

（第 2 版）

主　编　马韧宾　王鑫秀
副主编　张艳芳　牛贵玲　秦　英　石　岩
参　编　马素绢　田　荣　强向红　陈会莲
　　　　马　佳　闫秀云　解淑英

北京理工大学出版社
BEIJING INSTITUTE OF TECHNOLOGY PRESS

内容简介

本书是为了适应教材改革和高等教育的不断发展，满足机电类、机械类专业的人才培养需要，在分享普通高等院校教学改革成果和总结多年教学经验的基础上，参阅了大量相关文献编写的。

本书在注重理论知识的同时，力求加强针对性和实用性，突出理论联系实际，具有言简意赅、图文并茂、重点突出、实例紧贴实际、重视先进技术等特点。每章末均附有一定数量的习题，在书末的附录中附有常用液压图形符号和液压与气压传动专业常用英语词汇，以期拓宽视野，帮助学生阅读外文资料。

本书可作为高等院校机械制造、机电一体化、模具、数控、自动化等专业的教材，也可作为相关专业人员和相关技术人员的参考用书。

图书在版编目（CIP）数据

液压与气动技术/马韧宾，王鑫秀主编．—2版．—北京：北京理工大学出版社，2015.7
ISBN 978-7-5682-0879-6

Ⅰ.①液…　Ⅱ.①马… ②王…　Ⅲ.①液压传动-高等学校-教材 ②气压传动-高等学校-教材　Ⅳ.①TH137 ②TH138

中国版本图书馆CIP数据核字（2015）第155611号

出版发行／北京理工大学出版社有限责任公司
社　　址／北京市海淀区中关村南大街5号
邮　　编／100081
电　　话／（010）68914775（总编室）
（010）82562903（教材售后服务热线）
（010）68948351（其他图书服务热线）
网　　址／http://www.bitpress.com.cn
经　　销／全国各地新华书店
印　　刷／三河市天利华印刷装订有限公司
开　　本／787毫米×1092毫米　1/16
印　　张／17
字　　数／392千字
版　　次／2015年7月第2版　2015年7月第1次印刷
定　　价／48.00元

责任编辑／胡　静
文案编辑／王玲玲
责任校对／周瑞红
责任印制／王美丽

图书出现印装质量问题，请拨打售后服务热线，本社负责调换

前　言

目前，我国高等教育正处于一次深层次重大改革中。培养能学会用、实用型、应用型的技术人才已成为高等教育的发展方向和最终目标。本书是围绕高职高专教学的基本要求，以必需、够用为度，突出培养技能、重在应用的原则编写而成。

全书共12章，包括液压传动和气压传动技术两部分，第1～第8章介绍液压传动技术；第9～第12章介绍气压传动技术。本书主要讲述了液压与气压传动的基础知识；液压与气动元件的工作原理、结构特点、图形符号及应用；液压与气压传动基本回路的组成及功能；典型液压系统的组成与分析；液压与气动系统常见故障诊断与排除等。

本书的内容立足岗位，以必需、够用为度，符合职业的特点和规律。既强调理论知识的讲授，又突出其在工程实践中的应用，做到理论讲授深入浅出、通俗易懂，实际应用方便简单、容易上手。全书将液压传动与气动技术两部分内容有机结合，在精简理论知识的基础上，引入大量现代实用技术资料，并对液压与气动系统常见故障的产生原因及排除方法进行了分析。同时，在附录中增加了液压与气压传动专业常用英语词汇，以期拓宽视野，帮助学生阅读外文资料。

本书不仅可以作为高等院校相关专业的试用教材或培训资料，还可以供教师、学生、企业技术人员课内外学习、拓展视野或进一步提高时参考。

本书由马韧宾和王鑫秀任主编。张艳芳、牛贵玲、秦英、石岩为副主编。参加编写的还有马素绢、田荣、强向云、陈会莲、马佳、闫秀云和解淑英。

借此，向对本书给予帮助的同仁以及所借鉴之参考文献的作者们，在此一并表示衷心感谢！由于编者水平有限，书中疏漏和错误之处难免，恳请广大读者批评指正。

编　者

目 录

第 1 章　液压传动概述

学习目标

知识目标

- 了解液压传动的发展及应用
- 熟悉液压传动的特点
- 掌握液压传动的工作原理及系统组成

能力目标

- 能区分液压传动与其他传动形式的不同之处
- 能分析液压设备的主要组成部分

1.1　液压传动的研究内容

液压传动和气压传动统称为流体传动，是以流体（液压油或压缩空气）作为工作介质对能量进行传递和控制的一种传动形式，相对于机械传动来说，流体传动是一门新技术。液压传动是利用各种液压元件组成能够实现特定功能的基本回路，再由若干基本回路有机组合成能完成一定控制功能的传动系统，从而进行能量的传递、转换与控制。

因此，要研究液压传动及其控制技术，就必须研究以下内容：

①传动介质的物理性能及静力学、动力学特性。

②各类液压元件的分类、结构、功能、工作原理、性能、图形符号、选型及应用。

③各种液压基本回路的性能、特点和应用。

④液压系统及液压元件的故障及排除方法。

⑤进行液压传动控制系统的设计。

⑥液压传动的最新技术及发展趋势。

1.2 液压传动的工作原理及系统组成

1.2.1 液压传动的工作原理

图1—1所示为机床工作台液压系统原理图。液压泵3由电动机带动旋转，从油箱1经滤油器2吸油，由泵输出压力油，经换向阀6、节流阀5到液压缸。当换向阀6处于中位时，工作台9停止运动；当换向阀6的手柄转换到左位时，压力油进入液压缸7左腔，推动活塞8并带动工作台向右运动，此时，液压缸右腔的油液经换向阀回油箱；当换向阀的手柄转换到右位时，压力油进入液压缸右腔，推动活塞并带动工作台向左运动。

工作台往复运动时，其速度是通过节流阀5调节的。当节流阀开大时，进入液压缸的油量增多，工作台的移动速度增大；当节流阀关小时，进入液压缸的油量减小，工作台的移动速度减小。这种现象说明了液压传动的第一个基本原理：速度取决于流量。

克服负载所需的工作压力则由溢流阀4控制。为了克服工作台移动时所受到的外阻力，液压缸必然产生一个足够大的推力，这个推力是由液压缸中的油液压力所产生的。要克服的外阻力越大，缸中的油液压力就越高；反之压力就越低。这种现象说明了液压传动的第二个基本原理：压力取决于负载。

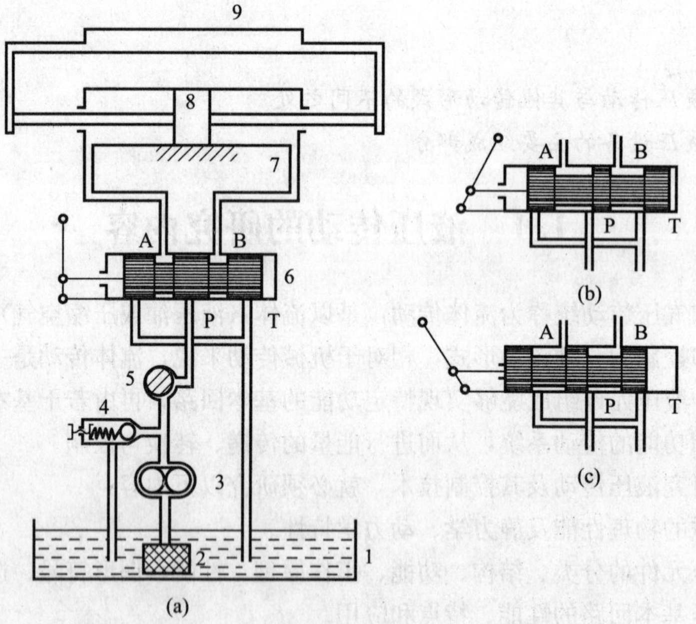

图1—1 机床工作台液压传动系统图

1—油箱；2—滤油器；3—液压泵；4—溢流阀；5—节流阀；6—换向阀；7—液压缸；8—活塞；9—工作台

从机床工作台的例子可以得到：在液压系统中，要发生两次能量转变，即先通过液压泵把电动机（或其他原动机）的机械能转变为液体压力能，通过管路的传递和控制元件对液体的压力和流量进行调节后，再通过液压缸（或液压马达）把液体的压力能转变为机械能以推动负载运动。液压传动的过程就是机械能—液压能—机械能的转换过程。

1.2.2　液压传动系统的组成

由上面的例子还可以看到，液压系统不论简单还是复杂，都是由动力元件、执行元件、控制元件、辅助元件和工作介质 5 部分组成的。液压系统组成如表 1—1 所示。

表 1—1　液压系统组成

序　号	组成部分	元　件	作　用
1	动力元件	液压泵	将原动机输出的机械能转换成液体压力能
2	执行元件	液压缸、液压马达	将液体的压力能转换为机械能
3	控制元件	液压控制阀	控制和调节液流的压力、流量和流动方向
4	辅助元件	油管与管接头、油箱、过滤器、蓄能器等	起连接、输油、储油、过滤、储存压力能和测量等各种辅助作用
5	工作介质	液压油	传递运动和动力

1.2.3　液压传动系统的图形符号

图 1—1 所示的液压传动系统图，是一种半结构式的工作原理图，称为结构原理图。这种原理图直观性强、容易理解，但绘制起来比较麻烦，系统中元件数量多时，绘制更加不方便。为了简化原理图的绘制，系统中各元件可用图形符号表示，这些符号只表示元件的职能、控制方式及外部连接口，不表示元件的具体结构、参数及连接口的实际位置和元件的安装位置。

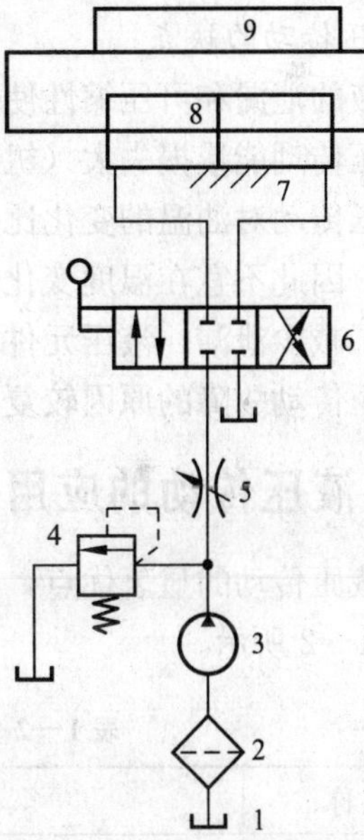

图 1—2　液压传动系统图形符号图

1—油箱；2—滤油器；3—液压泵；4—溢流阀；5—节流阀；6—换向阀；7—液压缸；8—活塞；9—工作台

国家规定 1993 年制定的液压气动图形符号 GB/T 786.1—93（代替 GB 786—76），就属于职能符号。图 1—2 所示为用图形符号表示的机床工作台液压传动系统图，这样绘制起来更方便，系统图简化，原理也简单明了。按照规定，液压元件符号均以元件的静止位置或零位表示，有些液压元件无法采用职能符号表示时，仍允许采用结构原理图表示。

1.3　液压传动的特点及应用

1.3.1　液压传动的特点

1. *液压传动的优点*

液压传动之所以能得到广泛的应用，是由于它与机械传动、电气传动相比具有以下主要优点：

①液压传动传递的功率大，能输出大的力或力矩。在传递同等功率的情况下，液压传动装置的体积小、重量轻、结构紧凑。据统计，液压马达的重量只有同功率电动机重量的10%～20%，至于尺寸，相差更大，前者为后者的12%～13%。

②液压装置由于重量轻、惯性小、工作平稳、换向冲击小，所以易实现快速启动，制动和高频率换向。对于回转运动每分钟可达500次，直线往复运动每分钟可达400～1 000次。这是其他传动控制方式无法比拟的。

③液压传动装置能在运动过程中实现无级调速，调速范围大（调速比可达1∶2 000）速度调整容易，而且调速性能好。

④液压传动装置易实现过载保护，能实现自润滑，故使用寿命较长。

⑤液压传动装置调节简单、操纵方便，易于实现自动化，如与电气控制相配合，可方便地实现顺序动作和远程控制。

⑥液压元件已实现标准化，系列化和通用化，便于设计、制造和推广使用。

⑦液压装置比机械装置更容易实现直线运动。

2. 液压传动的缺点

①油液的泄漏和可压缩性使传动无法保证严格的传动比。

②液压传动能量损失大（机械摩擦损失、压力损失和泄漏损失等），因此传动效率低。

③液压传动对油温的变化比较敏感，油的黏度发生变化时，流量也会跟着改变，造成速度不稳定，因此不宜在温度变化较大的环境中工作。

④为了减少泄漏，液压元件在制造精度上的要求比较高，因此其造价较高。

⑤液压传动故障的原因较复杂，因此查找困难。

1.3.2 液压传动的应用

因为液压传动的显著优点，所以得到了普遍的应用。液压传动在机械工业各部门的应用情况如表1－2所示。

表1－2 液压传动在各类机械行业中的应用实例

行业名称	应用场所举例
机床工业	磨床、铣床、刨床、拉床、压力机、自动机床、组合机床、数控机床、加工中心等
工程机械	挖掘机、装载机、推土机、压路机、铲运机等
起重运输机械	汽车吊、港口龙门吊、叉车、装卸机械、皮带运输机等
矿山机械	凿岩机、开掘机、开采机、破碎机、提升机、液压支架等
建筑机械	打桩机、液压千斤顶、平地机等
农业机械	联合收割机、拖拉机、农具悬挂系统等
冶金机械	电炉炉顶及电极升降机、轧钢机、压力机等
轻工机械	打包机、注塑机、校直机、橡胶硫化机、造纸机等
汽车工业	自卸式汽车、平板车、高空作业车、汽车中的转向器、减振器等

续表

行业名称	应用场所举例
船舶港口机械	起货机、锚机、舵机等
铸造机械	砂型压实机、加料机、压铸机等
智能机械	折臂式小汽车装卸器、数字式体育锻炼机、模拟驾驶舱、机器人等

1.4　液压传动的发展

自 18 世纪末英国制成世界上第一台水压机起，液压传动技术至今已有二三百年的历史。然而，直到 20 世纪 30 年代它才真正地推广使用。

1650 年帕斯卡提出静压传递原理，1850 年英国将帕斯卡原理先后应用于液压起重机、压力机，1795 年英国约瑟夫·布拉曼（Joseph Braman）在伦敦用水作为工作介质，以水压机的形式将其应用于工业上，诞生了世界上第一台水压机；1905 年工作介质由水改为油，使液压传动效果进一步得到改善。第二次世界大战期间，在一些兵器上用上了功率大、反应快、动作准的液压传动和控制装置，大大提高了兵器的性能，也大大促进了液压技术的发展。战后，液压技术迅速转向民用，并随着各种标准的不断制定和完善，各类元件的标准化、规格化、系列化，在机械制造、工程机械、农业机械、汽车制造等行业中推广开来。20 世纪 60 年代后，原子能技术、空间技术、计算机技术、微电子技术等的发展再次将液压技术向前推进，使它在国民经济的各方面都得到了应用，已成为实现生产过程自动化、提高劳动生产率等必不可少的重要手段之一。

我国的液压工业开始于 20 世纪 50 年代，其产品最初只用于机床和锻压设备，后来才用到拖拉机和工程机械上。自从 1964 年从国外引进一些液压元件生产技术，并自行设计液压产品以来，我国的液压件已在各种机械设备上得到了广泛的使用。20 世纪 80 年代起更加速了对国外先进液压产品和技术的有计划引进、消化、吸收和国产化工作，以确保我国的液压技术能在产品质量、经济效益、研究开发等各个方面全方位地赶上世界水平。

当前，液压技术在实现高压、高速、大功率、高效率、低噪声、经久耐用、高度集成化等各项要求方面都取得了重大的进展，在完善比例控制、伺服控制、数字控制等技术上也有许多新成就。此外，在液压元件和液压系统的计算机辅助设计、计算机仿真和优化以及微机控制等开发性工作方面，日益显示出显著的优势。

微电子技术的进展，渗透到液压传动技术中并与之相结合，创造出了很多高可靠性、低成本的微型节能元件，为液压传动技术在工业各部门中的应用开辟了更为广阔的前景。随着科学技术的发展，液压传动技术得以不断创新和提高，通过改进元件和系统的性能，以满足日益变化的市场需求。液压传动技术的持续发展体现在如下重要特征上。

①提高元件性能，创制新型元件，使其不断小型化和微型化。

②高度的组合化、集成化和模块化。

③和微电子技术相结合，走向智能化。

④研发特殊传动介质，推进工作介质多元化。

习 题 一

1. 什么是液压传动？液压传动的基本原理是什么？
2. 液压传动系统由哪几部分组成？各组成部分的主要作用是什么？
3. 绘制液压系统图时，为什么要采用图形符号？
4. 简述液压传动的主要优缺点？

知识链接

相对于“液压”或“液压技术”的英语单词是“hydraulics”，此单词原意为水力学，因为液压与水压有很深的关系。液压机构的原形是帕斯卡实验用的水压机，用液压油替代水作为工作介质仅是100多年前的事。从19世纪初到后半叶，开发出了各种机床，也制造出了相当完美的水压机械，但用水作为介质有限制，如存在生锈和腐蚀问题，润滑性不好，而且使用温度必须限制在0℃～100℃等，这些限制让人很伤脑筋。随着高强度钢的生产工艺简化，常用设备进一步普及，出现了用石油精制润滑油的方法，工作介质也一下子从水过渡到液压油。

第 2 章　液压传动基础

学习目标

知识目标

- 掌握液压系统中工作介质的主要性质；了解液压油的选用及污染与控制
- 理解压力的基本概念、液压系统中压力是如何建立的；熟悉液体作用于固体壁面上的力的计算方法
- 理解液体动力学三个基本方程，熟悉压力、流量损失的原因及估算方法
- 了解液体流经小孔和缝隙的流量及液压冲击和空穴现象的原因及改善措施

能力目标

- 能正确地选择液压油的品种和牌号
- 能运用液体动力学和静力学方程进行相关计算

2.1　液压油的性质与选用

液压传动中的工作介质在液压传动中不仅起传动的作用，还起润滑、冷却、密封和防锈的作用。工作介质性能的好坏，选择是否得当，对液压系统能否有效、可靠地工作影响很大。因此，在掌握液压系统之前必须对工作介质有一定基本认知。

2.1.1　液压油的性质

1. 密度

单位体积液体所具有的质量即为该液体的密度，用公式表示为

$$\rho=\frac{m}{V} \tag{2—1}$$

式中　ρ——液体的密度，kg/m^3；

m——液体的质量，kg；

V——液体的体积，m^3。

液体的密度会随着压力或温度的变化而发生变化：压力越大，密度也就越大；温度越

高，密度就越小。但因液体的密度随压力、温度的变化量很小，所以，一般在工程计算中忽略不计，可将其视为常量。在进行液压系统的相关计算时，通常取液压油的密度为 900 kg/m³。

2. 可压缩性

液体受压力作用而发生体积变化的性质称为液体的可压缩性。若压力为 p_0 时液体的体积为 V_0，当压力增加 Δp，液体的体积减小 ΔV，则液体在单位压力变化下的体积相对变化量为

$$\kappa=-\frac{1}{\Delta p}\frac{\Delta V}{V_0} \tag{2—2}$$

式中 κ——液体的压缩率。由于压力增加时液体的体积减小，两者变化方向相反，为使 κ 成为正值，在上式右边须加一负号。

液体压缩率 κ 的倒数，称为液体体积模量，即

$$K=\frac{1}{\kappa} \tag{2—3}$$

液压油的体积模量 K 值反映液体抵抗压缩能力的大小，它和温度、压力以及含在油液中的空气有关。液压油体积弹性模量 $K=(1.2\sim2)\times10^9$ Pa，数值很大。一般中、低压液压系统，液体的可压缩性很小，可以认为液体是不可压缩的。而在压力变化很大的高压系统中，就需要考虑液体可压缩性的影响。当液体中混入空气时，K 值将大大减小，可压缩性将显著增加，并将严重影响液压系统的工作性能，因而在液压系统中应使油液中的空气含量减少到最低限度。

3. 黏性

（1）黏性的定义

液体在外力作用下流动时，分子间的内聚力会阻碍分子间的相对运动而产生一种内摩擦力，液体流动时具有内摩擦力的性质称为黏性。

液体只有在流动（或有流动趋势）时才会呈现黏性，液体静止时是不呈现黏性的。黏性是液体重要物理特性，是选择液压油的主要依据。

（2）黏度

度量黏性大小的物理量称为黏度。常用的黏度有 3 种：动力黏度、运动黏度、相对黏度。

①动力黏度：动力黏度的物理意义就是液体在单位速度梯度下，单位面积上的内摩擦力大小。

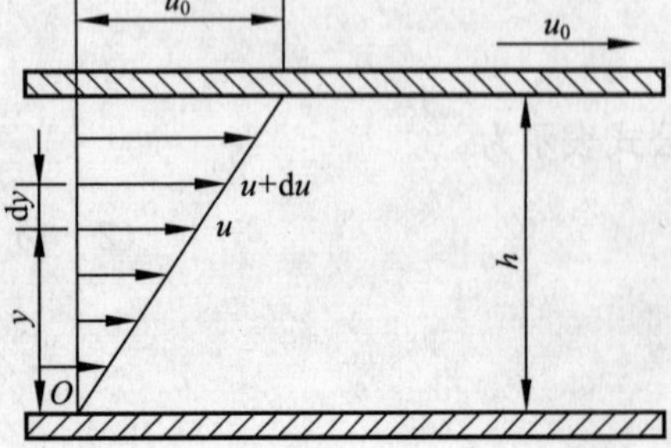

图 2—1 液体的黏性示意图

当液体流动时，由于液体与固体壁面的附着力及液体本身的黏性使液体内各处的速度大小不等。如图 2—1所示，液体在平行平板间流动，设上平板以速度 u_0 向右运动，下平板固定不动。紧贴于上平板上的液体黏附于上平板上，其速度与上平板运动速度 u_0 相同；紧贴于下平板上的液体黏附于下平板，其速度为零；中间液体的速度按线性分布。可以把这种流动看成是许多无限薄的液体层在运动，当运动较快的液体层在运动较慢的液体层上滑过时，两液体层之间由于

黏性就产生内摩擦力。根据实际测定的数据所知，液体层间的内摩擦力 F 与液体层的接触面积 A 及液体层的相对流速 $\mathrm{d}u$ 成正比，而与此二液体层间的距离 $\mathrm{d}y$ 成反比，即

$$F=\mu A\frac{\mathrm{d}u}{\mathrm{d}y} \tag{2—4}$$

以 $\tau=F/A$ 表示切应力，即单位面积上的内摩擦力，则有

$$\tau=\mu\frac{\mathrm{d}u}{\mathrm{d}y} \tag{2—5}$$

式中　μ——衡量流体黏性的比例系数，称为绝对黏度或动力黏度；

$\mathrm{d}u/\mathrm{d}y$——流体层间速度差异的程度，称为速度梯度。

在国际单位制和我国的法定计量单位中，动力黏度的单位为帕·秒（Pa·s）或牛顿·秒/米^2（$\mathrm{N\cdot s/m^2}$）。

②运动黏度：运动黏度是液体绝对黏度 μ 与密度 ρ 的比值，即

$$\upsilon=\frac{\mu}{\rho} \tag{2—6}$$

式中　ν——液体的运动黏度，$\mathrm{m^2/s}$；

μ——液体的绝对黏度（动力黏度），Pa·s；

ρ——液体的密度，$\mathrm{kg/m^3}$。

运动黏度的国际单位制的单位为 $\mathrm{m^2/s}$，工程单位制中使用的单位为：斯（St），斯的单位太大，应用不便，常用斯的 1%，即厘斯（cSt）来表示，故

$$1\mathrm{cSt}=10^{-2}\mathrm{St}=10^{-6}\mathrm{m^2/s}$$

运动黏度 ν 没有什么明确的物理意义，习惯上常用它来标志液体黏度，国际标准化组织 ISO 规定统一采用运动黏度表示油液的黏度等级。我国的液压油以 40℃时运动黏度的平均值（单位为 $\mathrm{mm^2/s}$）为黏度等级符号，即牌号。例如，牌号为 L—HL22 的普通液压油，表示这种液压油在 40℃时运动黏度的平均值为 22 $\mathrm{mm^2/s}$（前 L 表示润滑剂类，H 表示液压油，后 L 表示防锈抗氧化型）。

③相对黏度：相对黏度是在特定测量条件下制定的，故又称为条件黏度。动力黏度和运动黏度是理论分析和推导中常使用的黏度单位，但它们难以直接测量，实际中，要先求出相对黏度，然后再换算成动力黏度和运动黏度。根据测量条件不同，各国采用的相对黏度单位也不同。如中国、德国、俄罗斯用恩氏黏度（°E）；美国、英国采用通用赛氏秒（SSU）或商用雷氏秒（$\mathrm{R_1S}$）；法国采用巴氏度（°B）等。

恩氏黏度由恩氏黏度计测定，即将 200 mL 的被测液体装入底部有直径为 2.8 mm 小孔的恩氏黏度计的容器中，在某一特定温度时，测定全部液体在自重作用下流过小孔所需的时间 t_1 与同体积的蒸馏水在 20℃时流过同一小孔所需的时间 t_2 之比值，便是该液体在此温度的恩氏黏度，用$^\circ E_t$ 表示。被测液体在某一温度时的恩氏黏度即

$$^\circ E_t=\frac{t_1}{t_2} \tag{2—7}$$

工业上一般以 20℃、50℃和 100℃作为测定恩氏黏度的标准温度，并相应地以符号 $^\circ E_{20}$、$^\circ E_{50}$和$^\circ E_{100}$来表示。

知道恩氏黏度以后，利用下列的经验公式，将恩氏黏度换算成运动黏度。

$$\nu=(7.31^\circ E-6.31/^\circ E)\times10^{-6} \tag{2—8}$$

(3) 影响黏度的主要因素

①温度对黏度的影响：液压油黏度对温度的变化是十分敏感的，当温度升高时，其分子之间的内聚力减小，黏度就随之降低。油液黏度随温度变化而变化的特性称为油液的黏温特性，它直接影响液压系统的性能和泄漏量，因此希望油液的黏度随温度的变化越小越好。

②压力对黏度的影响：当液体所受的压力增加时，其分子间的距离将减小，于是内摩擦力将增加，即黏度也将随之增大，但由于一般在中、低压液压系统中压力变化很小，因而通常压力对黏度的影响忽略不计。

4. 其他性质

除了上述主要性质以外，液压油还有一些其他的物理化学性质，如抗燃性、抗氧化性、抗泡沫性、抗乳化性、防锈性、润滑性、抗凝性以及相容性（对所接触的金属、密封材料、添加料等的作用程度）等，都对它的选择和使用有重要影响。这些性质需要在精炼的矿物油中加入各种添加剂来获得。

2.1.2 液压油的选用

因为液压传动系统的压力、温度和流速在很大的范围内变化，液压油的质量优劣直接影响液压系统的工作性能，所以，合理的选用液压油尤为重要。

1. 液压油的使用要求

为使液压系统长期保持正常的工作性能，其工作介质应满足以下基本要求：

①对人体无害且成本低廉。

②黏度适当，黏温特性好。

③润滑性能好，防锈能力强。

④质地纯净。

⑤对金属和非金属材料的相容性好。

⑥抗泡沫性和抗乳化性好。

⑦体积膨胀系数较小。

⑧燃点高，凝点低。

⑨氧化稳定性好，不变质。

2. 液压油的种类和选用

(1) 液压油的种类

液压油的主要品种及其特性和用途见表 2－1。液压油牌号以其代号和后面的数字表示，代号中 L 表示润滑剂类别，H 表示液压系统用的工作介质，数字表示液压油的黏度等级。

目前 90％以上的液压设备采用矿物型液压油，其基油为精制的石油润滑油馏分。为了改善液压油液的性能，以满足液压设备的不同要求，往往在基油中加入各种添加剂。添加剂有两类：一类是改善油液化学性能的，如抗氧化剂、防腐剂、防锈剂等；另一类是改善油液物理性能的，如增黏剂、抗磨剂、防爬剂等。

表 2—1　液压油的主要品种及其特性和用途（GB 11118.1—1994）

分　类	名　称	ISO 代号	组成、特性和用途
矿油型	精制矿物油	L—HH	无添加剂石油基液压油，抗氧化性、抗泡沫性较差；循环润滑油，液压系统不宜使用；可作液压代用油，用于要求不高的低压系统
	普通液压油	L—HL	HH 油添加抗氧化剂、防锈剂，提高其抗氧化性、防锈性、抗乳化性和抗泡沫性；适用于机床等设备和低压润滑系统
	抗磨液压油	L—HM	HL 油添加抗磨剂，提高其抗磨性，满足中、高压液压系统油泵等部件的抗磨性要求
	低温液压油	L—HV	HM 油添加增黏剂，改善其黏温特性，适用于寒区－30℃以上、作业环境温度变化较大的室外中、高压液压系统的机械设备
	高黏度指数液压油	L—HR	HL 油添加增黏剂，黏度优于 L—HV 油，适用于数控机床液压系统和伺服系统
	液压导轨油	L—HG	HM 油添加防爬剂，改善其黏—滑特性：适用于液压及导轨为一个油路系统的精密机床，可使机床在低速下将振动或间断滑动（黏—滑）减为最小
	其他液压油	—	加入多种添加剂；用于高品质的专用液压系统
乳化型	水包油乳化液	L—HFA	又称高水基液，特点是难燃、黏温特性好，使用温度为 5℃～50℃，有一定的防锈能力，黏度低，润滑性差，易泄漏，系统压力不宜高于 7 MPa。适用于有抗燃要求，用液量特别大，泄漏严重的液压系统
	油包水乳化液	L—HFB	其性能接近液压油，既具有矿油型液压油的抗磨，防锈性能，又具有抗燃性，使用油温不得高于 65℃，适用于有抗燃要求的中压系统
合成型	水—乙二醇液	L—HFC	难燃，黏温特性和抗蚀性好，润滑性较差，能在－18℃～65℃温度下使用，适用于各种有抗燃要求的中压系统
	磷酸酯传动液	L—HFDR	难燃，自燃点高，挥发性低，润滑抗磨性能和抗氧化性能良好，能在－20℃～100℃温度范围使用：缺点是有微毒。适用于有抗燃要求的高温、高压精密液压系统

(2) 液压油的选用

正确而合理地选用液压油，是保证液压设备高效率正常运转的前提。液压油可根据液压元件生产厂样本和说明书所推荐的品种号数来选用，或者根据液压系统的工作压力、工作温度、液压元件种类及经济性等因素全面考虑，一般是先确定适用的黏度范围，再选择合适的液压油品种。

在选用液压油时，黏度是一个重要的参数。黏度的高低将影响运动部件的润滑、缝隙的泄漏以及流动时的压力损失、系统的发热温升等。液压油黏度的选用应充分考虑环境温度、工作压力、运动速度等要求，在环境温度较高，工作压力高或运动速度较低时，为减少泄漏，应选用黏度较高的液压油，否则相反。

选用液压传动介质的种类，要考虑设备的性能、使用环境等综合因素。如一般机械可采用普通液压油；设备在高温环境下，就应选用抗燃性能好的介质；在高压、高速的工程机械上，可选用抗磨液压油；当要求低温时流动性好，则可用加了降凝剂的低凝液压油；液压伺服系统则要求油质纯净、压缩性小。

在液压传动装置中，液压泵对液压油性能最为敏感，它的工作条件也最为恶劣，较简单实用的方法是按液压泵的类型及要求确定液压油，见表 2－2。

表 2－2　液压泵用油黏度范围及推荐用油表

名　称		黏度范围/ (mm²·s⁻¹) 允许	黏度范围/ (mm²·s⁻¹) 最佳	工作压力/ MPa	工作温度/℃	推荐用油
叶片泵 (1 200 r/min)		16～220	26～54	7	5～40 40～80	L－HM 液压油 32，46，68
叶片泵 (1 800 r/min)				7 以上	5～40 40～80	L－HM 液压油 46，68，100
齿轮泵		4～220	25～54	12 以下	5～40 40～80	L－HM 液压油 32，46，68
				12 以上	5～40 40～80	L－HM 液压油 46，68，100，150
柱塞泵	径向	10～65	16～48	14～35	5～40 40～80	L－HM 液压油 32，46，68，100，150
	轴向	4～76	16～47	35 以上	5～40 40～80	L－HM 液压油 32，46，68，100，150
螺杆泵		19～49		10.5 以上	5～40 40～80	L－HL 液压油 32，46，68

注：液压油牌号 L－HM32 的含义是：L 表示润滑剂，H 表示液压油，M 表示抗磨型，黏度等级为 VG32。

总之，应尽量选用质量好的液压油，虽然初始成本高些，但由于优质油使用寿命长，对元件损害小，所以从整个使用周期看，其经济性要比选用劣质油合算。

2.1.3　液压油的污染与控制

工作介质的污染对液压系统的可靠性影响很大，液压系统运行中大部分故障是因为油液不清洁引起的。因此，正确使用和防止液压油的污染尤为重要。油液的污染，是指油液中含有固体颗粒、水、微生物等杂物，这些杂物的存在会导致以下问题：

①固体颗粒和胶状生成物堵塞滤油器，使液压泵吸油不畅、运转困难、产生噪声；堵塞阀类元件的小孔或缝隙，使阀类元件动作失灵。

②微小固体颗粒会加速有相对滑动零件表面的磨损，使液压元件不能正常工作；同时还会划伤密封件，使泄漏流量增加。

③水分和空气的混入会降低液压油液的润滑性，并加速其氧化变质，产生气蚀，使液压元件加速损坏；使液压传动系统出现振动、爬行等现象。

控制油液的污染，常采用以下措施。

①减少外来的污染。液压传动系统的管路和油箱等在装配前必须严格清洗，用机械的方法除去残渣和表面氧化物，然后进行酸洗。液压传动系统在组装后要进行全面清洗，最好用系统工作时使用的油液清洗，特别是液压伺服系统最好要经过几次清洗来保证清洁。油箱通气孔要加空气滤清器，给油箱加油要用滤油装置，对外露件应装防尘密封，并经常检查，定期更换。液压传动系统的维修、液压元件的更换、拆卸应在无尘区进行。

②滤除系统产生的杂质。应在系统的相应部位安装适当精度的过滤器，并且要定期检查、清洗或更换滤芯。

③控制液压油液的工作温度。液压油液的工作温度过高会加速其氧化变质，产生各种生成物，缩短它的使用期限。

④定期检查更换液压油液。应根据液压设备使用说明书的要求和维护保养规程的有关规定，定期检查更换液压油液。更换液压油液时要清洗油箱，冲洗系统管道及液压元件。

2.2　液压静力学基础

液体静力学是研究液体处于相对静止状态下的力学规律及其实际应用。所谓静止是指液体内部各质点间没有相对运动，至于液体本身完全可以和容器一起如同刚体一样做各种运动。因此，液体在相对平衡状态下不呈现黏性，不存在切应力，只有法向的压应力，即静压力。

2.2.1　压力

1. 压力的概念

静止液体在单位面积上所受的法向力称为静压力。静压力在液体传动中简称压力，在物理学中称为压强，压力通常用 p 表示。

若在液体的面积 A 上受均匀分布的作用力 F，则压力可表示为

$$p=\frac{F}{A} \tag{2—9}$$

压力的国标单位为 N/m^2，即 Pa（帕）；工程上常用 MPa（兆帕）、bar（巴）、kgf/cm^2，它们的换算关系为

$$1\ MPa=10^6\ Pa=10\ bar=10.2\ kgf/cm^2$$

静压力具有下述两个重要特征：

①液体静压力垂直于作用面，其方向与该面的内法线方向一致。

②静止液体中，任何一点所受到的各方向的静压力都相等。

2. 压力的传递

由液体静力学基本方程（$p=p_0+\rho gh$）可知，静止液体中任一点的压力都包含液面上的压力 p_0 及该点以上液体自重形成的压力 ρgh。在液压系统中，液体在受外力作用时，大气压和液体自重所形成的压力相对很少，可忽略不计，一般认为静止液体压力都是由外力作用产生的。

静止液体压力的传递符合帕斯卡原理，即：在密闭容器中的静止液体，由外力作用在液面的压力能等值地传到液体内部的所有各点。在液压传动中帕斯卡原理也称为静压传递

原理。

2.2.2 液压系统中压力的建立

密闭容器内静止油液受到外力挤压而产生压力（静压力），对于采用液压泵连续供油的液压传动系统，流动油液在某处的压力也是因为受到其后各种形式负载（如工作阻力、摩擦力、弹簧力等）的作用而产生的。除静压力外，流动的油液还有动压力，但在一般液压传动中，油液的动压力很小，可忽略不计。因此，液压传动系统中流动油液的压力，主要考虑静压力。下面就以如图 2－2 所示的液压传动系统为例，来分析液压系统中压力的形成。

在图 2－2（a）中，假定负载阻力为零（不考虑油液的自重、活塞的质量、摩擦力等因素），由液压泵输入液压缸左腔的油液不受任何阻挡就能推动活塞向右运动，此时，油液的压力为零（$p=0$）。活塞的运动是由于液压缸左腔内油液的体积增大而引起的。

在图 2－2（b）中，输入液压缸左腔的油液由于受到外界负载 F 的阻挡，不能立即推动活塞向右运动，而液压泵总是连续不断地供油，使液压缸左腔中的油液受到挤压，油液的压力从零开始由小到大迅速增大，作用在活塞有效作用面积 A 上的液压作用力也迅速增大。当液压作用力足以克服外界负载 F 时，液压泵输出的油液迫使液压缸左腔的密封容积增大，从而推动活塞向右运动。在一般情况下，活塞做匀速运动，作用在活塞上的力相互平衡，即液压作用力等于负载阻力。因此可知，油液压力 $p=F/A$。若活塞在运动过程中负载 F 保持不变，则油液不会再受更大的挤压，压力就不会继续上升。也就是说，液压传动系统中油液的压力取决于负载的大小，并随负载大小的变化而变化。

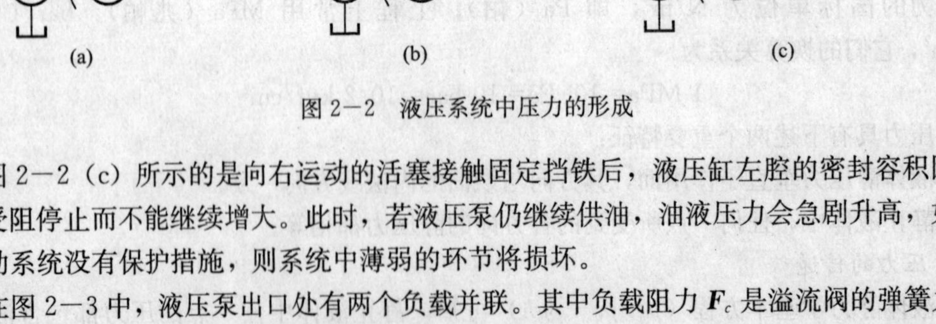

图 2－2　液压系统中压力的形成

图 2－2（c）所示的是向右运动的活塞接触固定挡铁后，液压缸左腔的密封容积因活塞运动受阻停止而不能继续增大。此时，若液压泵仍继续供油，油液压力会急剧升高，如果液压传动系统没有保护措施，则系统中薄弱的环节将损坏。

在图 2－3 中，液压泵出口处有两个负载并联。其中负载阻力 $\boldsymbol{F}_c$ 是溢流阀的弹簧力，另一负载阻力是作用在液压缸活塞（杆）上的力 $\boldsymbol{F}$。假设使液压缸活塞运动所需的油液压力为 p，使溢流阀打开所需的油液压力为 p_c。

当油液压力较小时，溢流阀阀芯在弹簧力 $\boldsymbol{F}_c$ 的作用下，处于阀的最下端位置，将阀的进油口 P 和出油口 T 之间的通路切断。随着液压泵连续不断地供油，使液压系统的油液受到挤压，压力开始上升：

(1) 若 $p_c<p$

当油压升到 p_c 值时，溢流阀阀芯上移，使 P 口和 T 口连通，油液由此通路流回油箱。由于 $p_c<p$，作用在液压缸活塞上的液压作用力 p_cA 不足以克服负载阻力 $\boldsymbol{F}$，此时活塞不运动。

(2) 若 $p_c>p$

当油压升到 p 值时，液压作用力 pA 克服负载阻力 $\boldsymbol{F}$，使液压缸活塞向右运动，由于 $p<p_c$，溢流阀阀芯不动，此时液压泵出口处压力为 p。

当活塞运动受阻（如接触固定挡铁）时，负载阻力 $\boldsymbol{F}$ 增大，液压泵出口压力又随之继续增大，至油液压力达 p_c 时，溢流阀阀芯上移，P 口与 T 口连通，压力油液流回油箱，液压泵出口处压力保持为 p_c。

(3) 若 $p_c=p$

当油液压力同时达到 p_c 和 p 时，溢流阀打开；同时液压缸活塞向右运动。液压泵输出的油液一部分经溢流阀流回油箱，一部分进入液压缸左腔推动活塞右移，液压泵出口处压力为 p_c 或 p。

综合上面分析，可知液压传动系统中某处油液的压力是由于受到各种形式负载的作用而产生的，压力的大小取决于负载，并随负载变化而变化，当某处有几个负载并联时，压力的大小取决于克服负载的各个压力值中的最小值。应特别注意的是，压力形成的过程是从无到有、从小到大迅速进行的。

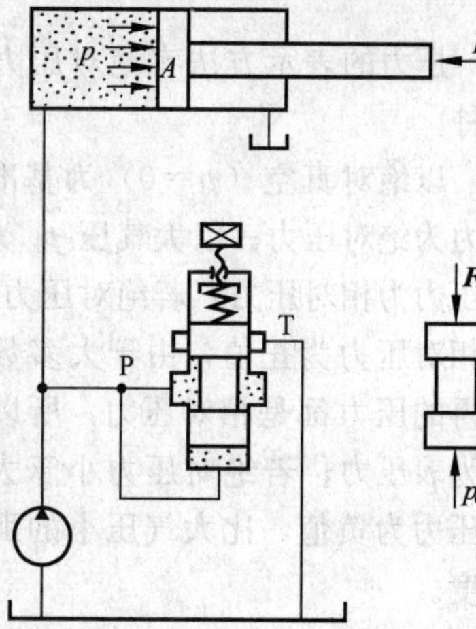

图 2－3　液压系统中负载并联

2.2.3　液体作用于固体壁面上的力

液体流经管道和控制元件，并推动执行元件做功，都要和固体壁面接触。因此，需要计算液体对固体壁面的作用力。当固体壁面为一平面时，液体对平面的作用力 F，等于流体的压力 p 乘以该平面的面积 A，即 $F=pA$。当固体壁面为一曲面时，如图 2－4 所示，曲面面积为 A，曲面上作用的压力为 p，则液体对固体壁面的作用力按以下方法计算。

(1) 求液体对曲面在某一方向上的分力

作用在曲面上的液压力在某一方向上的分力等于静压力与曲面在该方向投影面积的乘积。如在图 2－4 中，要求液体对曲面在 x 轴、y 轴、z 轴方向的分力，则应先求出曲面面积 A 在 x 轴、y 轴或 z 轴方向上的垂直投影面积 A_x、A_y 和 A_z，然后再用压力 p 乘以投影面积 A_x、A_y 和 A_z，即得到液体对曲面在 x 轴、y 轴和 z 轴方向的分力：

$$F_x=pA_x \tag{2—10}$$

$$F_y=pA_y \tag{2—11}$$

$$F_z=pA_z \tag{2—12}$$

(2) 求合力

求出液体对曲面在各方向的分力 F_x，F_y 和 F_z 后，按下式计算出合力：

$$F=\sqrt{F_x^2+F_y^2+F_z^2} \tag{2—13}$$

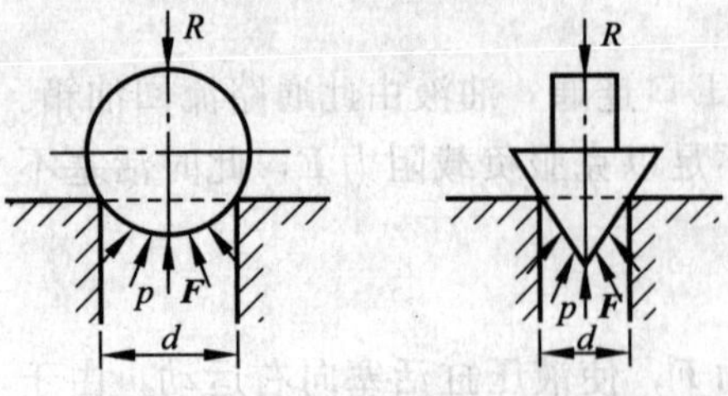

图 2－4　液压力作用在曲面上的力

例如：图 2－4 为球面和锥面所受液压力的分析图。要计算出球面和锥面在垂直方向所受力 F，只要先计算出曲面在垂直方向的投影面积$A=\pi\frac{d^2}{4}$，然后再与压力 p 相乘，即

$$F=pA=\frac{\pi}{4}d^2p \tag{2—14}$$

式中　d——承压部分曲面投影圆的直径。

2.2.4　压力的表示方法

压力的表示方法有绝对压力和相对压力两种。

以绝对真空（$p=0$）为基准，所测得的压力为绝对压力；以大气压 p_a 为基准，测得的压力为相对压力。若绝对压力大于大气压，则相对压力为正值，由于大多数测压仪表所测得的压力都是相对压力，所以相对压力也称为表压力；若绝对压力小于大气压，则相对压力为负值，比大气压小的那部分称为真空度。

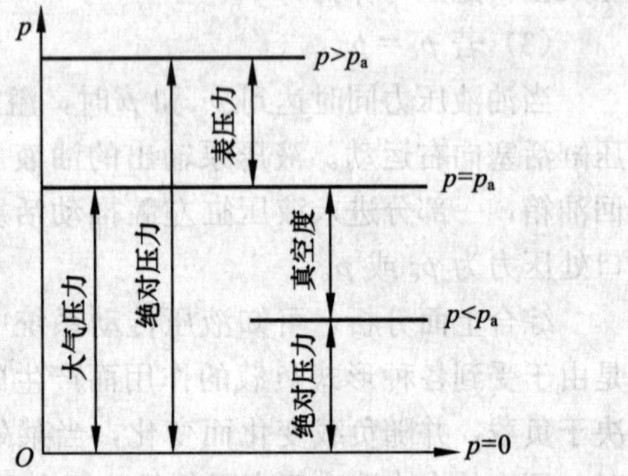

图 2－5　绝对压力、相对压力及真空度的关系

图 2－5 清楚地给出了绝对压力、相对压力和真空度三者之间的关系。

2.3　液体动力学方程

液体动力学主要讨论液体在流动时的运动规律、能量转换和流动液体对固体壁面作用力。重点研究描述流动液体力学规律的三个基本方程（连续性方程、伯努利方程和动量方程）及其应用。

2.3.1　液体动力学基本概念

1. 理想液体

液体具有黏性，并在流动时表现出来，因此研究流动液体时就要考虑其黏性，而液体的黏性阻力是一个很复杂的问题，这就使我们对流动液体的研究变得复杂。因此，引入理想液体的概念，理想液体就是指没有黏性、不可压缩的液体。首先对理想液体进行研究，然后再通过实验验证的方法对所得的结论进行补充和修正。这样，不仅使问题简单化，而且得到的结论在实际应用中仍具有足够的精确性。

2. 恒定流动

液体流动时，如液体中任何一点的压力、速度和密度都不随时间而变化，便称液体是在作恒定流动；反之，只要压力、速度或密度中有一个参数随时间变化，则称液体的流动为非恒定流动。一般在研究液压系统静态性能时，认为液体作恒定流动，在研究其动态特性时，必须按非恒定流动来考虑。

3. 流量和平均流速

（1）通流截面

垂直于液体流动方向的截面称为通流截面，常用 A 表示，单位为 m^2。

（2）流量

流量是指单位时间内流过通流截面的液体体积，用 q 表示，流量的国际单位为 m^3/s，工程单位为 L/min。它们的换算关系为：

$$1\ m^3/s=6\times10^4\ L/min$$

（3）平均流速

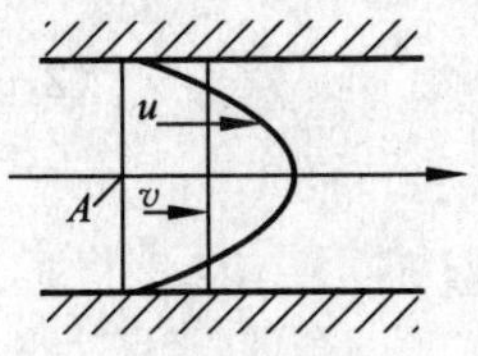

图 2－6　通流截面上流速的分布规律

在实际液体流动中，由于黏性摩擦力的作用，通流截面上流速 u 的分布规律如图 2－6 所示，管壁处的流速为零，管道中心处流速最大。由此引入平均流速的概念，即认为通流截面上各点流速的平均值为平均流速，用 v 来表示，则通过通流截面的流量就等于平均流速乘以通流截面积，即

$$v=\frac{q}{A} \tag{2—15}$$

$$q=vA \tag{2—16}$$

活塞或液压缸的运动速度等于液压缸内油液的平均速度，其大小取决于输入液压缸的流量。

2.3.2　连续性方程

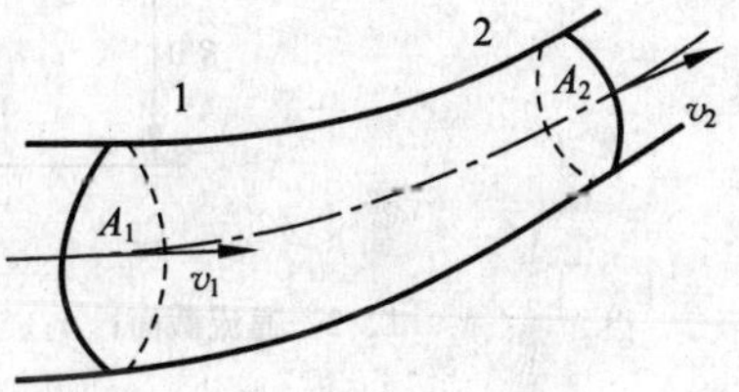

图 2－7　液体的连续性原理

质量守恒是自然界的客观规律，不可压缩液体的流动过程也遵守质量守恒定律。液体的连续性方程是这个规律在流体力学中的数学表达形式。如图 2－7 所示，理想液体在管道中作恒定流动，任取 1、2 两个通流截面，其通流面积分别为 A_1 和 A_2，两截面的平均流速分别为 v_1 和 v_2，液体的密度分别为 ρ_1 和 ρ_2，

根据质量守恒定律，在单位时间内流过两个截面的液体质量相等，即

$$\rho_1 v_1 A_1=\rho_2 v_2 A_2$$

对于理想液体，$\rho_1=\rho_2$，则　$v_1 A_1=v_2 A_2$

因两截面是任选的，故上式可写成

$$q=vA=常数 \tag{2—17}$$

液流连续性方程表明，液体在管道中流动时，流过各个截面的流量是相等的，因而流速和通流截面的面积成反比。

2.3.3　伯努利方程

伯努利方程也称能量方程，它是能量守恒定律在流体力学中的表达形式。为了理论研究的方便，把液体看作理想液体，然后再对实际液体进行修正，得出实际液体的能量方程。

1. 理想液体的伯努利方程

如图 2—8 所示，设液体质量为 m，体积为 V，密度为 ρ。按流体力学和物理学可知，在截面 1、2 处的能量分别如下：

截面 1 处体积为 V 的液体的压力能为 p_1V，动能为$\frac{1}{2}mv_1^2$，位能为 mgh_1；

截面 2 处体积为 V 的液体的压力能为 p_2V，动能为$\frac{1}{2}mv_2^2$，位能为 mgh_2。

根据能量守恒定律，液体在 1 截面的能量总和等于在 2 截面的能量总和，即

$$p_1V+\frac{1}{2}mv_1^2+mgh_1=p_2V+\frac{1}{2}mv_2^2+mgh_2$$

则单位体积的液体所具有的能量为

$$p_1+\frac{1}{2}\rho v_1^2+\rho gh_1=p_2+\frac{1}{2}\rho v_2^2+\rho gh_2 \tag{2—18}$$

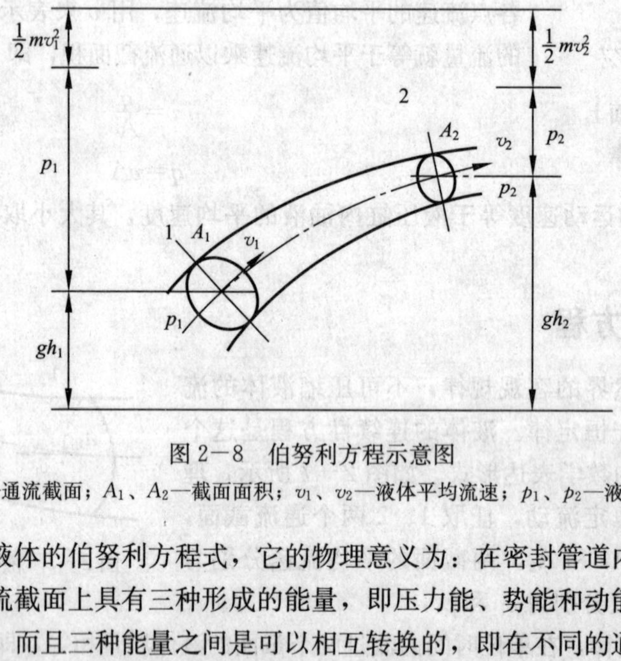

图 2—8　伯努利方程示意图

1、2—通流截面；A_1、A_2—截面面积；v_1、v_2—液体平均流速；p_1、p_2—液体压力

上式即为理想液体的伯努利方程式，它的物理意义为：在密封管道内作定常流动的理想液体在任意一个通流截面上具有三种形成的能量，即压力能、势能和动能。三种能量的总合是一个恒定的常量，而且三种能量之间是可以相互转换的，即在不同的通流截面上，同一种能量的值会是不同的，但各断面上的总能量值都是相同的。

2. 实际液体流动时的伯努利方程

实际液体因为有黏性，其在管道内流动时会产生内摩擦力，消耗能量。同时管道形状和尺寸有变化也会使液体产生扰动，造成能量损失。因此，实际液体流动时有能量损失存在，实际液体在流动时的伯努利方程式就为

$$p_1+\frac{1}{2}\rho v_1^2+\rho gh_1=p_2+\frac{1}{2}\rho v_2^2+\rho gh_2+\Delta p \tag{2—19}$$

式中　Δp 是从通流截面 1 流到截面 2 过程中的压力损失。

在液压系统中，油管的高度 h 一般不超过 10 m，管内油液的平均流速也较低（一般不超过 7 m/s），因此油液的位能和动能相对于压力能来说是微不足道的。

例如，若系统的工作压力为 p=5 MPa，油管高度 h=10 m，管内的平均流速为 v=7 m/s，

液体密度 $\rho=900\ \mathrm{kg/m^3}$。下面对该系统中的三种能量进行比较。

压力能：$p=5\ \mathrm{MPa}$

动能：$\frac{1}{2}\rho v_1^2=\frac{1}{2}\times 900\times 7^2\ (\mathrm{Pa})\approx 23\ \mathrm{kPa}=0.023\ \mathrm{MPa}$

位能：$\rho gh=900\times 9.8\times 10\ (\mathrm{Pa})\approx 90\ \mathrm{kPa}=0.09\ \mathrm{MPa}$

由此可见，在液压系统中，压力能比动能和位能的和大得多。所以，动能和位能一般是忽略不计的，液体主要是依靠它的压力能来做功。因而，伯努利方程在液压系统中的应用形式为

$$p_1=p_2+\Delta p \tag{2—20}$$

2.3.4　动量方程

动量方程是动量定理在流体力学中的具体应用。在液压传动中，经常需要计算液流作用在固体壁面上的力，这个问题用动量定律来解决比较方便。动量定理指出：作用在物体上的合外力的大小等于物体在力作用方向上的动量的变化率，即

$$\sum F=\frac{\mathrm{d}(mu)}{\mathrm{d}t} \tag{2—21}$$

将此定律应用于图 2－8 所示作恒定流动的液体，得截面 A_1 和 A_2 及周围边界构成的液流控制体所受到的外力为

$$\sum F=\rho q(\beta_2 v_2-\beta_1 v_1) \tag{2—22}$$

试中　$\sum F$—— 作用于控制液体体积上外力的全部之和；

ρ——流动液体的密度；

q——液体的流量；

v_1、v_2——液流流经截面 1 和 2 的平均流速；

β_1，β_2——相应截面的动量修正系数，对圆管来说，工程上常取 $\beta=1.00\sim1.33$，层流（液体质点互不干扰，液体的流动呈线性或层状，且平行于管道轴线，这种状态叫层流）时 $\beta=1.33$，紊流时（液体质点的运动杂乱无章，除了平行于管道轴线的运动外，还存在着剧烈的横向运动，这种状态叫紊流）$\beta=1$。

上式为恒定流动液体的动量方程，为矢量表达式。若要计算外力在某一方向的分量，需要将该力向给定方向进行投射，列出该方向上的动量方程，然后再求解。由于液体对壁面作用力的大小与 $\sum F$ 相同，但方向则与 $\sum F$ 相反，故即可求得流动液体对固体壁面的作用力。

2.4　液压传动的压力及流量损失

2.4.1　压力损失

由于流动油液各质点之间以及油液与管壁之间的摩擦与碰撞会产生阻力，这种阻力叫液阻。系统存在液阻，油液流动时会引起能量损失，这种能量损失就是实际液体伯努利方程中的 Δp，通常被称为压力损失。

如图 2－9 所示，油液从 A 处流到 B 处，中间经过较长的直管路、弯曲管路、各种阀孔和管路截面的突变等。由于液阻的影响致使油液在 A 处的压力与在 B 处的压力不相等，显然，$p_A > p_B$，引起的压力损失为 Δp，即

$$\Delta p = p_A - p_B \tag{2—23}$$

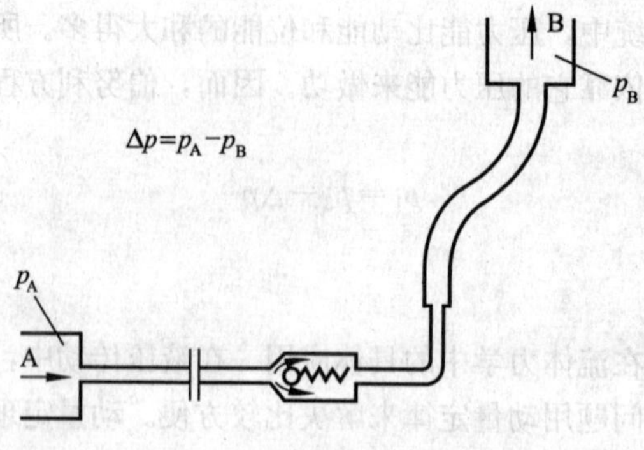

图 2－9　油液的压力损失

p_A—输入口处压力；p_B—输出口处压力；Δp—压力损失

压力损失包括沿程损失和局部损失。

（1）沿程损失

液体在等径直管中流动时，因内、外摩擦力而产生的压力损失称为沿程损失，它主要取决于液体的流速、黏性、管路的长度以及油管的内径及粗糙度。管路越长，沿程损失越大。

（2）局部损失

液体流经管道的弯头、接头、突变截面以及阀口时，由于流速或流向的剧烈变化，形成旋涡、脱流，因而使液体质点相互撞击而造成的压力损失，称为局部损失。在液压传动系统中，由于各种液压元件的结构、形状、布局等原因，致使管路的形式比较复杂，因而局部损失是主要的压力损失。整个管路系统总压力损失应为所有沿程压力损失和所有局部压力损失之和。

油液流动产生的压力损失，会造成功率浪费，油液发热，黏度下降，使泄漏增加，同时液压元件受热膨胀也会影响正常工作，甚至“卡死”。因此，必须采取措施尽量减少压力损失的影响。液体在管路系统中的流速不能太高，油液的黏度适当，缩短管路的长度，减少管路的截面的突变及弯曲，提高管路内壁的加工质量等，都可以使压力损失减小。

影响压力损失的因素很多，精确计算较为复杂，通常采用近似估算的方法。液压泵最高工作压力的近似计算式为

$$p_{泵} = K_{压}\ p_{缸} \tag{2—24}$$

式中　$p_{泵}$——液压泵最高工作压力；

$p_{缸}$——液压缸最高工作压力；

$K_{压}$——系统的压力损失系数，一般 $K_{压}=1.3\sim1.5$。系统复杂或管路较长取较大的值，反之取较小的值。

2.4.2　流量损失

在液压系统正常工作情况下，从液压元件的密封间隙漏过少量油液的现象称为泄漏。由

于液压元件必然存在着一些间隙，当间隙的两端有压力差时，就会有油液从这些间隙中流过。所以，液压系统中泄漏现象总是存在的。

液压系统的泄漏包括内泄漏和外泄漏两种。液压元件内部高、低压腔间的泄漏称为内泄漏。液压系统内部的油液漏到系统外部的泄漏称为外泄漏。图2—10表示了液压缸的两种泄漏现象。

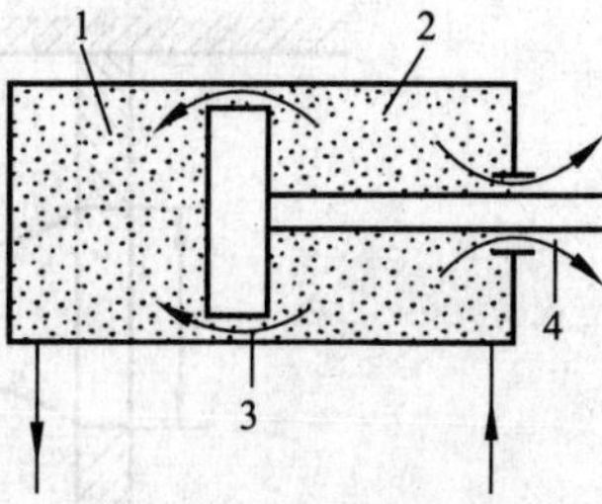

图2—10　液压缸的泄漏

1—低压腔；2—高压腔；3—内泄漏；4—外泄漏

液压系统的泄漏必然引起流量损失，使液压泵输出的流量不能全部流入液压缸等执行元件。流量损失一般也采用近似估算的方法，液压泵输出流量的近似计算式为

$$q_{泵}=K_{漏}\ q_{缸} \tag{2—25}$$

式中　$q_{泵}$——液压泵最大输出流量（m^3/s）；

$q_{缸}$——液压缸的最大流量（m^3/s）；

$K_{漏}$——系统的泄漏系数，一般 $K_{漏}=1.1\sim1.3$。系统复杂或管路较长取较大的值，反之取较小的值。

2.5　液体流经小孔及缝隙的流量

在液压传动系统中常遇到油液流经小孔或缝隙的情况。许多液压元件都有小孔，如节流阀的节流口以及压力阀、方向阀的阀口等，它对阀的工作性能有很大影响；此外，液压泵、液压缸和液压阀等液压元件中，只要有相对运动的表面就有间隙，间隙大小直接影响泄漏的大小。因此，研究液体流经小孔和间隙的流量，对研究节流调速性能、计算泄漏都很重要。

2.5.1　液体流经小孔的流量

在液压系统的管路中，装有断面突然收缩的装置（如节流阀），突然收缩的流动叫节流，一般均采用各种形式的孔口实现节流。节流孔分为薄壁小孔、细长小孔和短孔，如图2—11所示，当小孔的通流长度 l 与孔径 d 之比 $l/d\leqslant0.5$ 时，称为薄壁小孔；如图2—12所示，当小孔的长径比 $l/d>4$ 时，称为细长孔；当 $0.5<l/d\leqslant4$ 时，称为短孔。流经小孔的流量可用下式表示：

$$q=KA\Delta p^m \tag{2—26}$$

式中　q——通过小孔的流量；

A——节流口的通道截面积；

K——由孔口的形状、尺寸和液体性质决定的系数；

Δp——小孔前、后的压力差；

m——由孔的长径比决定的指数，薄壁小孔 $m=0.5$；细长孔（$d/l>4$）$m=1$；短孔 $m=0.5\sim1$。

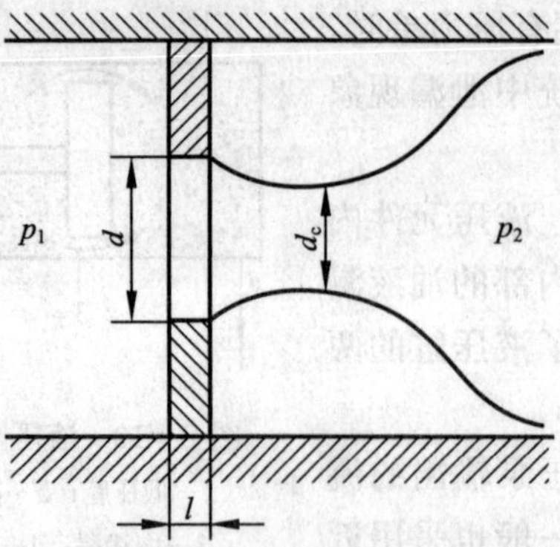

图 2—11 液体通过薄壁小孔

p_1、p_2—小孔前后的压力；d—孔径；

l—孔长；d_c—收缩截面处直径

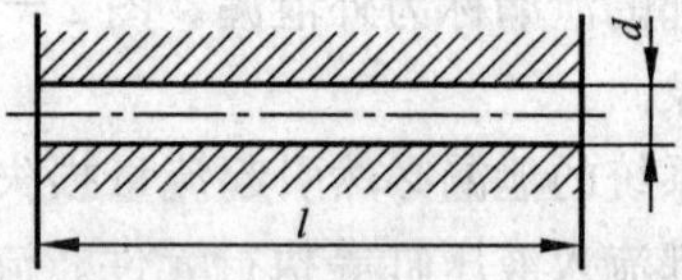

图 2—12 细长小孔

油液流经孔径为 d 的薄壁小孔时，由于液体的惯性作用，使通过小孔后的液流形成一个直径为 d_c 的收缩断面，然后再扩散，这一收缩和扩散过程，就产生了压力损失，即

$$\Delta p = p_1 - p_2$$

实际应用中，油液流经薄壁小孔时，流量受温度变化的影响较小，所以常用作液压系统的节流孔，细长孔则常作为阻尼孔。

2.5.2 液体流经间隙的流量

液压元件内各零件间要保证相对运动，就必须有适当的间隙。间隙的大小对液压元件的性能影响极大，间隙太小会使零件卡死；间隙过大，会造成泄漏，使系统效率和传动精度降低，同时还污染环境。经研究和实践表明，流经固定平行平板间隙的流量（实际上就是泄漏）与间隙量的三次方成正比；而流经环状间隙（如液压缸与活塞的间隙）的流量，不仅与径向间隙量有关，而且还随着圆环的内外圆的偏心距的增大而增大。由此可见，液压元件的制造精度要求一般都较高。

2.6 液压冲击和空穴现象

在液压系统中，液压冲击和空穴现象给系统带来诸多不利影响，因此需要了解这些现象产生的原因，并采取措施加以防治。

2.6.1 液压冲击

在液压系统中，由于某种原因使液体压力突然产生很高的峰值，这种现象称为液压冲击。

1. *液压冲击产生的原因及危害*

液压冲击产生的原因主要有以下几个方面。

①液压冲击多发生在液流突然停止运动的时候。液流通路（如阀门）迅速关闭使液体的流动速度突然降为零，这时液体受到挤压，使液体的动能转变为液体的压力能，于是液体的

压力急剧升高，从而引起液压的冲击。

②在液压系统中，高速运动的工作部件突然制动或换向时，因工作部件的惯性也会引起液压的冲击。如液压缸作高速运动突然被制动，油液被封闭的两腔中，由于惯性力的作用，液压缸仍然继续向前运动，因而压缩回油腔的液体，油液受到挤压，瞬时压力急剧升高，从而引起液压冲击。

③由于液压系统中某些元件反应动作不够灵敏，也会引起液压冲击。如溢流阀在超压下不能迅速打开，形成压力的超调量；限压式变量泵在油温升高时不能及时减少输油量等，都会引起液压冲击。

液压冲击时产生的压力峰值往往比正常工作压力高好几倍，这种瞬间压力冲击不仅引起震动和噪声，使液压系统产生温升，有时还会损坏密封装置、管路和液压元件，并使某些液压元件（如顺序阀、压力继电器等）产生错误动作，造成设备损坏。

2. 减少液压冲击的措施

①延长阀门开、闭和运动部件制动换向的时间，可采用换向时间可调的换向阀。

②限制管路流速及运动部件的速度，一般将管路流速控制在 4.5m/s 以内。

③正确设计阀门或设置缓冲装置，使运动部件制动时速度变化比较均匀。

④适当增大管径，不仅可以降低流速，而且可以减小压力传播速度。

⑤尽量缩短管道长度，可以减小压力波的传播时间。

⑥在容易发生液压冲击的地方采用橡胶软管或设置蓄能器，以吸收冲击的能量；也可以在容易出现液压冲击的地方，安装限制压力升高的安全阀。

2.6.2　空穴现象

流动的液体，如果压力低于其空气分离压时，原先溶解在液体中的空气就会分离出来，从而导致液体中充满大量的气泡，这种现象称为空穴现象，又称为气穴现象。

1. 空穴现象产生的原因及危害

空穴多发生在阀口和液压泵的吸油口处。在阀口处，一般由于通流截面较小使液流的速度增大，根据伯努利方程，该处的压力会大大降低，以致产生气穴。在液压泵的吸油过程中，如果泵的安装高度过大，吸油口处过滤器的阻力和管路阻力太大，油液黏度过高或泵的转速过快，造成泵入口处的真空度过大，亦会产生气穴现象。

当液压系统中出现气穴现象时，大量的气泡破坏了液流的连续性，造成流量和压力的脉动，当带有气泡的液流进入高压区时，周围的高压会使气泡迅速破灭，使局部产生非常高的温度和冲击压力，引起震动和噪声。当附着在金属表面上的气泡破灭时，局部产生的高温和高压会使金属表面疲劳，时间长了就会造成金属表面的剥蚀。这种由于气穴造成的对金属表面的腐蚀作用称为气蚀。气蚀会使液压元件的工作性能变坏，并大大缩短液压元件的使用寿命。

2. 减少空穴现象的措施

①减小孔口或缝隙前后的压力降。一般建议相应的压力比＜3.5。

②降低液压泵的吸油高度，适当加大吸油管直径，对于自吸能力差的液压泵要安装辅助泵供油。

③管路要有良好的密封，防止空气进入。

④采用抗腐蚀能力强的金属材料，降低零件表面的粗糙度。

习题二

一、简答题

1. 什么是液体的黏性？可以采用哪些方法来表示液体的黏性？说明黏度的单位。

2. 液压油有哪些主要品种？液压油的牌号和黏度有什么关系？如何选用液压油？

3. 液压系统中的油液污染有何危害？如何控制液压油的污染？

4. 什么叫压力？压力有哪几种表示方法？液压系统的压力与外界负载有什么关系？

5. 伯努利方程的物理意义是什么？该方程的理论式和实际式有什么区别？

6. 液压系统中为什么会有压力损失？压力损失有哪几种？其值与哪些因素有关？

7. 何谓液压冲击？可采取哪些措施来减小液压冲击？

8. 液压冲击和气穴现象是怎样产生的？有何危害？如何防止？

9. 如图 2－13 所示的液压千斤顶中，F 是手掀动手柄的力，假定 $F=300$ N，两活塞直径分别为 $D=20$ mm，$d=10$ mm，试求：

(1) 作用在小活塞上的力 F_1；

(2) 系统中的压力 p；

(3) 大活塞能顶起重物的重量 G；

(4) 大、小活塞的运动速度之比 v_1/v_2。

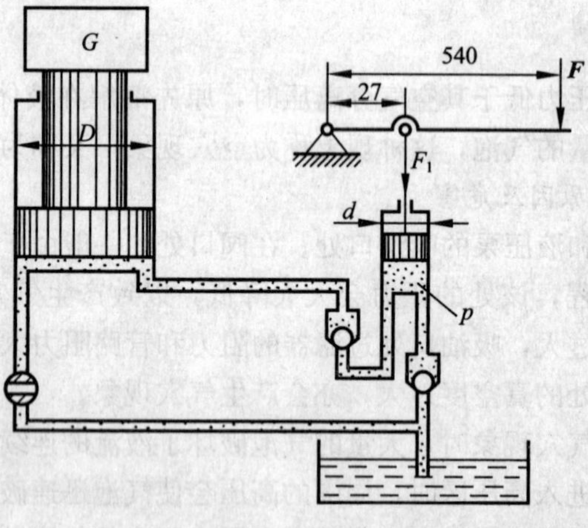

图 2－13　液压千斤顶

第 3 章　液压泵和液压马达

学习目标

知识目标

- 掌握液压泵的工作原理及其正常工作的必备条件
- 掌握泵和马达的主要性能参数
- 掌握常用液压泵和液压马达的工作原理、结构和应用特点
- 熟悉泵和马达的图形符号
- 了解液压泵和液压马达的选用方法

能力目标

- 能对齿轮泵、叶片泵进行拆装，分析其结构及特点；
- 能根据工作要求，选用合适的液压泵和液压马达。

3.1　概　　述

在液压系统中，液压泵和液压马达都是能量转换元件，液压泵是动力元件，它将机械能转换为液压能，为液压系统提供一定流量和压力的液体。液压马达是执行元件，它将液压能转换为机械能，输出转速和转矩。

3.1.1　液压泵和液压马达的工作原理

液压系统中使用的液压泵和液压马达都是容积式的，其工作原理是利用密封容积变化来产生压力能（液压泵），或输出机械能（液压马达）。

1. 液压泵的工作原理

如图 3—1 所示为单柱塞液压泵的工作原理图。泵体 3 和柱塞 2 构成一个密封容积，偏心轮 1 由原动机带动旋转，柱塞 2 在偏心轮 1 和弹簧 6 的作用下上下移动。当偏心轮由图示位置向下转半周时，柱塞在弹簧 6 的作用下向下移动，密封容积逐渐增大，形成局部真空，油箱内的油液在大气压作用下，顶开单向阀 4 进入密封腔中，实现吸油；当偏心轮继续向上再转半周时，它推动柱塞向上移动，密封容积逐渐减小，油液受柱塞挤压而产生压力，使单向阀 4 关闭，油液顶开单向阀 5 而输入系统，实现压油。随着偏心轮的不停旋转，液压泵不断向外输出压力为 p，流量为 q 的压力油。

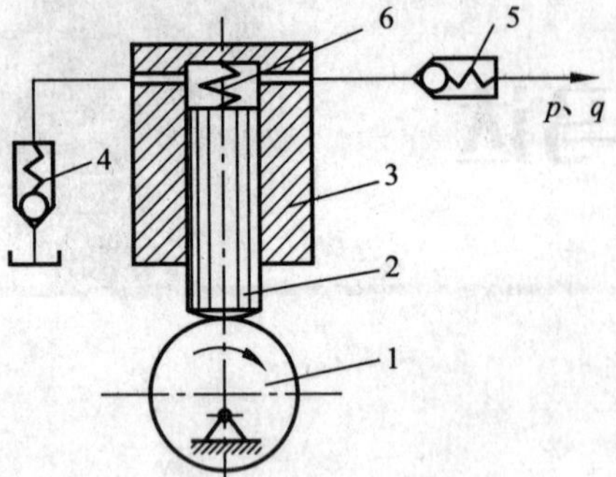

图 3—1 液压泵工作原理图

1—偏心轮；2—柱塞；3—泵体；4、5—单向阀；6—弹簧

由上述分析可知，液压泵正常工作必备的条件如下：

①应具有密封容积。

②密封容积的大小能交替变化。

③应有配流装置。配流装置的作用是保证密封容积在吸油过程中与油箱相通，同时关闭供油通路；压油时与供油管路相通而与油箱切断。图 3—1 中的单向阀 4 和 5 就是配流装置，配流装置的形式随着泵的结构差异而不同。

④吸油过程中，油箱必须和大气相通。

2. 液压马达的工作原理

液压马达是产生连续旋转运动的执行元件，输入一定压力的油液，输出转矩和转速。从原理上讲，液压泵和液压马达是可逆的；从结构上讲，常用的液压马达与同类型的液压泵很相似，但由于二者功用不同，导致了结构上的某些差异，在实际结构上只有少数泵能作马达使用。

3.1.2 液压泵和液压马达的主要性能参数

1. 压力

（1）工作压力 p

液压泵的工作压力是指泵在工作时输出油液的实际压力；液压马达的工作压力是指它的输入压力。泵和马达的工作压力大小都由工作负载决定。

（2）额定压力 p_n

液压泵和液压马达的额定压力是指在正常工作条件下，连续运转时所允许的最高压力。额定压力受液压泵和液压马达本身的泄漏和结构强度所制约，它反映了液压泵和液压马达的能力，一般铭牌上所标的就是额定压力。

（3）最高压力

液压泵和液压马达在短时间内过载时所允许的极限压力值。可以看作液压泵和液压马达的能力极限，它比额定压力稍高，由液压系统中的安全阀限定。安全阀的调定值不允许超过液压泵和液压马达的最大压力。

2. 排量和流量

（1）排量 V

液压泵的排量是指，在不考虑泄漏的情况下，液压泵每转一周所输出的液体体积；液压马达的排量是指没有泄漏情况下，马达每转所需要输入的液体体积。排量由密封容积几何尺寸变化量决定。

（2）理论流量 q_t

液压泵的理论流量指在不考虑泄漏的情况下，泵在单位时间内排出液体的体积；液压马达的理论流量指在不考虑泄漏的情况下，马达在单位时间内需输入的液体体积。

理论流量等于排量 V 和转速 n 的乘积，与工作压力无关。即

$$q_t = Vn \tag{3—1}$$

（3）实际流量 q

液压泵的实际流量是指泵工作时实际输出的流量，等于理论流量减去因泄漏损失的流量；液压马达的实际流量是指马达工作时实际输入的流量，等于理论流量加上因泄漏损失的流量。实际流量与工作压力有关。

（4）额定流量 q_n

液压泵和液压马达的额定流量，是指泵和马达在额定压力和额定转速下的输出和输入流量。

3. *效率和功率*

（1）容积效率 η_v

由于泵存在泄漏，泵的实际流量总量小于其理论流量，液压泵的实际流量与理论流量之比为泵的容积效率，即

$$\eta_v = q/q_t \tag{3—2}$$

由于马达存在泄漏，马达的理论流量总是小于马达的实际流量。液压马达的理论流量与实际流量之比为马达的容积效率，即

$$\eta_v = q_t/q \tag{3—3}$$

（2）机械效率 η_m

机械损失是指机械运动副之间的摩擦而产生的转矩损失。对于液压泵来说，泵的实际转矩总是大于理论上需要的转矩，所以，机械效率为理论转矩（T_t）与实际转矩（T）之比，即

$$\eta_m = \frac{T_t}{T} \tag{3—4}$$

而对于液压马达，由于机械摩擦损失，实际转矩总是小于其理论转矩，其机械效率为

$$\eta_m = T/T_t \tag{3—5}$$

（3）输出功率 P_o

液压泵实际输出的液压功率为泵的输出功率，等于实际工作压力 p 和实际供油流量 q 的乘积，即

$$P_o = pq \tag{3—6}$$

液压马达对外做功的机械功率为其输出功率，即

$$P_o = 2\pi Tn \tag{3—7}$$

（4）输入功率 P_i

液压泵的输入功率是驱动液压泵的电动机的功率 $P_{电}$，即

$$P_i = pq/\eta \tag{3—8}$$

液压马达的输入功率为液压功率，即

$$P_i = \Delta pq \tag{3—9}$$

式中　Δp——马达进出口工作压差。

（5）总效率 η

液压泵和液压马达在能量转换时有能量损失（机械摩擦损失、泄漏流量损失），输出功率总是小于输入功率。它等于输出功率 P_o 与输入功率 P_i 之比，它也等于容积效率和机械效率之乘积，即

$$\eta = P_o / P_i = \eta_v \eta_m \qquad (3—10)$$

4. 转矩

液压马达的理论输入功率为 $\Delta p q_t$，输出功率为 $2\pi T_t n$。不考虑损失，根据能量守恒，$\Delta p q_t = 2\pi T_t n$，则

$$\Delta p V = 2\pi T_t$$

考虑到各种摩擦损失，因为液压马达的机械效率为 $\eta_m = T/T_t$，所以其实际输出的转矩为

$$T = \Delta p V \eta_m / 2\pi \qquad (3—11)$$

3.1.3 液压泵和液压马达的分类

液压泵的种类很多，按流量是否能调节可分为：变量式和定量式，流量可以根据需要来调节的称为变量式，流量不能调节的称为定量式；按液流方向能否改变可分为单向式和双向式等；按结构形式不同可分为：齿轮式、叶片式和柱塞式等。

液压泵和液压马达的图形符号如表 3－1 所示。

表 3—1 液压泵和液压马达的图形符号

名称	单向定量	双向定量	单向变量	双向变量
液压泵	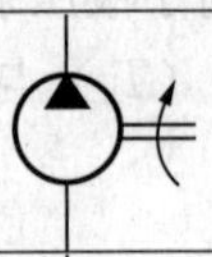	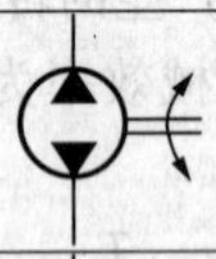	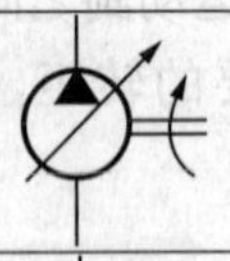	
液压马达	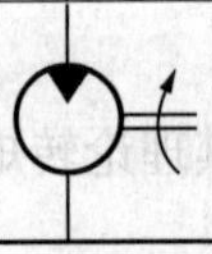	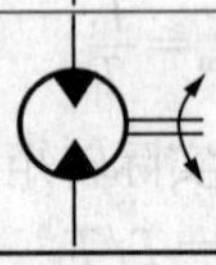		

3.2 齿轮泵和齿轮马达

齿轮泵是一种常用的液压泵，它一般做成定量泵。按结构不同，齿轮泵分为外啮合齿轮泵和内啮合齿轮泵，其中外啮合齿轮泵应用广泛，而内啮合齿轮泵则多为辅助泵。

3.2.1 外啮合齿轮泵

1. 工作原理

外啮合齿轮泵的工作原理如图 3－2 所示。

在泵体内有一对模数相同、齿数相等的齿轮，泵的吸油口和压油口分别用油管与油箱和系统接通，齿轮各齿槽与泵体、前后端盖间一起构成密封工作容积，而啮合齿轮的接触线又把它们分隔为两个互不串通的吸油腔和压油腔。

当齿轮按图示方向旋转时，泵的右侧（吸油腔）轮齿逐渐脱开啮合，使密封容积逐渐增

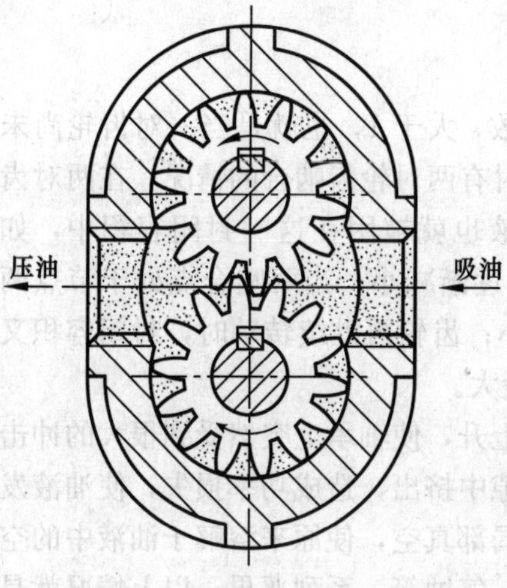

图 3－2　外啮合齿轮泵工作原理图

大，形成局部真空，油箱中的油液在大气压力作用下被吸入吸油腔内，并充满齿间。随着齿轮的回转，吸入到轮齿间的油液被带到泵的左侧（压油腔）。在泵的左侧轮齿逐渐进入啮合，使密封容积不断减小，油液从齿间被挤出而输送到系统。

2. 外啮合齿轮泵的结构特点

下面以 CB—B 型齿轮泵的结构为例，分析外啮合齿轮泵的典型结构。如图 3－3 所示，当泵的主动齿轮按图示箭头方向旋转时，齿轮泵左侧（吸油腔）齿轮脱开啮合进行吸油，随着齿轮的旋转，吸入齿间的油液被带到另一侧，进入压油腔，这时轮齿进入啮合进行压油。齿轮啮合时齿向接触线把吸油腔和压油腔分开，起配油作用。泵的前后盖和泵体由两个定位销 17 定位，用 6 只螺钉紧固。为了保证齿轮能灵活地转动，同时又要保证泄漏最小，在齿轮端面和泵盖之间应有适当间隙（轴向间隙），对小流量泵轴向间隙为 0.025～0.04 mm，大流量泵为 0.04～0.06 mm。齿顶和泵体内表面间的间隙（径向间隙），由于密封带长，同时齿顶线速度形成的剪切流动又和油液泄漏方向相反，故对泄露的影响较小，这里要考虑的问题是：当齿轮受到不平衡的径向力后，应避免齿顶和泵体内壁相碰，所以径向间隙就可稍大，一般取 0.13～0.16 mm。

为了防止压力油从泵体和泵盖间泄漏到泵外，并减小压紧螺钉的拉力，在泵体两侧的端面上开有油封卸荷槽 16，使渗入泵体和泵盖间的压力油引入吸油腔。在泵盖和从动轴上的小孔，其作用是将泄漏到轴承端部的压力油也引到泵的吸油腔去，防止油液外溢，同时也润滑了滚针轴承。

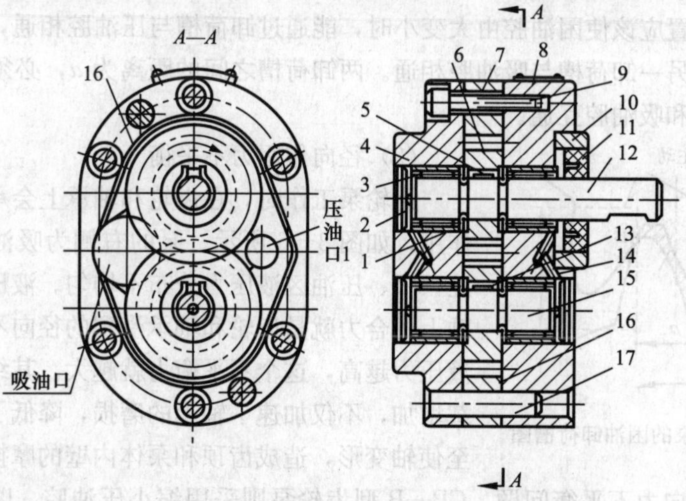

图 3－3　CB—B 型齿轮泵的结构

1—轴承外环；2—堵头；3—滚子；4—后泵盖；5，13—键；6—齿轮；7—泵体；
8—前泵盖；9—螺钉；10—压环；11—密封环；12—主动轴；
14—泄油槽；15—从动轴；16—卸荷槽；17—定位销

3. 外啮合齿轮泵的结构问题

(1) 困油

齿轮泵要能连续地供油，就要求齿轮啮合的重叠系数 ε 大于 1，也就是当一对齿轮尚未脱开啮合时，另一对齿轮已进入啮合，这样，就出现同时有两对轮齿啮合的情况。在两对齿轮的齿向啮合线之间形成了一个封闭容积，一部分油液也就被困在这一封闭容积中，如图 3—4 (a)所示。随着齿轮继续旋转，这一封闭容积便逐渐减小；当两啮合点处于节点两侧的对称位置时，如图 3—4 (b) 所示，封闭容积为最小；齿轮再继续转动时，封闭容积又逐渐增大，直到图 3—4 (c) 所示位置时，容积又变为最大。

在封闭容积减小时，被困油液受到挤压，压力急剧上升，使轴承上突然受到很大的冲击载荷，使泵剧烈振动，这时高压油从一切可能泄漏的缝隙中挤出，造成功率损失，使油液发热等；当封闭容积增大时，由于没有油液补充，会形成局部真空，使原来溶解于油液中的空气分离出来，产生很多气泡，造成气穴现象，引起噪声、气蚀等一系列恶果。以上情况就是齿轮泵的困油现象，这种困油现象极为严重地影响着泵的工作平稳性和使用寿命。

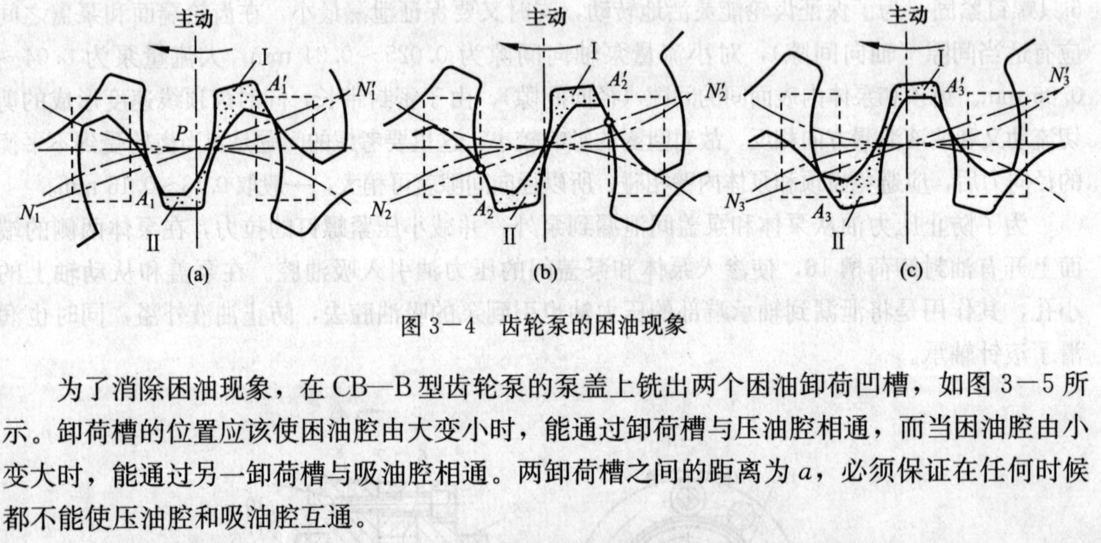

图 3—4 齿轮泵的困油现象

为了消除困油现象，在 CB—B 型齿轮泵的泵盖上铣出两个困油卸荷凹槽，如图 3—5 所示。卸荷槽的位置应该使困油腔由大变小时，能通过卸荷槽与压油腔相通，而当困油腔由小变大时，能通过另一卸荷槽与吸油腔相通。两卸荷槽之间的距离为 a，必须保证在任何时候都不能使压油腔和吸油腔互通。

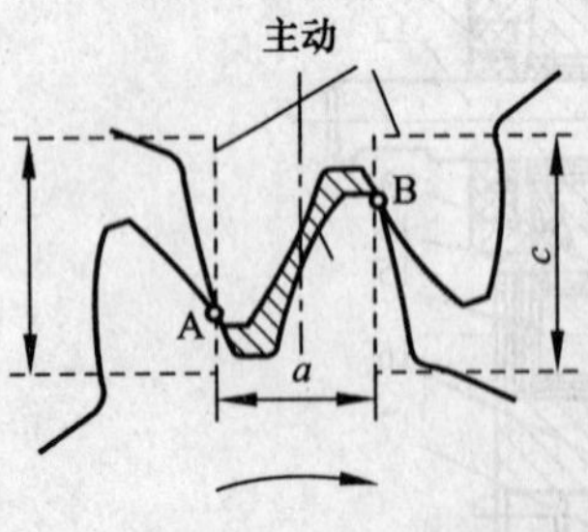

图 3—5 齿轮泵的困油卸荷槽图

(2) 径向作用力不平衡

齿轮泵工作时，在齿轮和轴承上会承受径向液压力的作用，如图 3—6 所示。泵的右侧为吸油腔，左侧为压油腔，吸、压油区液压力分布不均匀。液压力作用在齿轮及轴上的合力就是齿轮和轴承受到的径向不平衡力，而且油液压力越高，这个不平衡力就越大。其结果使轴承所受负载增加，不仅加速了轴承的磨损，降低了轴承的寿命，甚至使轴变形，造成齿顶和泵体内壁的摩擦等。

为了解决径向力不平衡问题，CB—B 型齿轮泵则采用缩小压油腔，以减少液压力对齿顶部分的作用面积来减小径向不平衡力，所以泵的压油口孔径比吸油口孔径要小。

(3) 泄漏

外啮合齿轮泵压油腔的压力油主要通过三条途径泄漏到吸油腔去：

①泵体内孔和齿顶间径向间隙的泄漏。

由于齿轮转动方向与泄漏方向相反，且压油腔到吸油腔通道较长，所以其泄漏量相对较小，占总泄漏量的10%～15%。

②齿面啮合处间隙的泄漏。

由于齿形误差会造成沿齿宽方向接触不好而产生间隙，使压油腔与吸油腔之间造成泄漏，这部分泄漏量很少。

③齿轮端面间隙的泄漏。

齿轮端面与前后盖之间的端面间隙较大，此端面间隙封油长度又短，所以泄漏量最大，占总泄漏量的70%～75%，油压越高，由间隙泄漏的液压油就越多。

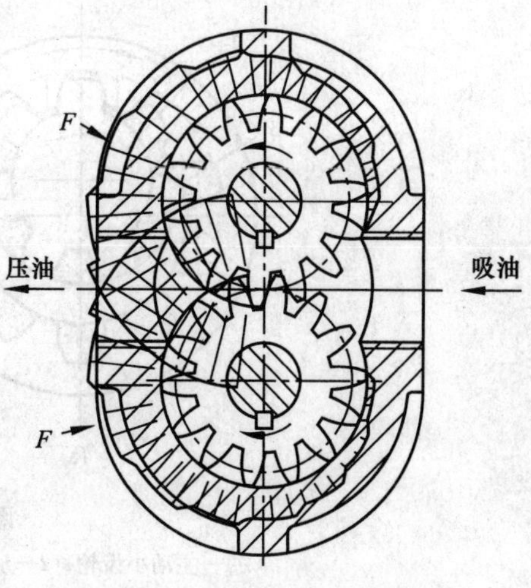

图3－6 齿轮泵的径向不平衡力

为了提高齿轮泵的压力和容积效率，实现齿轮泵的高压化，常采取的措施有：减小径向不平衡力，提高轴承的刚度，同时对泄漏量较大的端面间隙采用自动补偿装置。

4. 外啮合齿轮泵排量及流量计算

外啮合齿轮泵的排量是这两个齿轮的齿间槽容积的总合。如果近似地认为齿间槽的容积等于轮齿的体积，那么外啮合齿轮泵的排量计算式为

$$V=\pi DhB=2\pi zm^2B \tag{3—12}$$

式中 D——齿轮分度圆直径；

h——有效齿高，$h=2m$；

B——齿宽；

m——齿轮模数；

z——齿数。

实际上齿间槽容积要比轮齿体积稍大，故上式中的π常以3.33代替，则式（3—8）可写成：

$$V=6.66zm^2B \tag{3—13}$$

齿轮泵的实际流量q为

$$q=6.66zm^2Bn\eta_v \tag{3—14}$$

式中 n——齿轮泵转速；

η_v——齿轮泵的容积效率。

齿轮泵的排量与模数的平方和齿数成正比，可见要增大泵的排量，增大模数比增大齿数有利。齿轮泵的瞬时流量是脉动的，其脉动周期为$2\pi/z$，齿数越少，脉动率δ越大。流量脉动引起压力脉动，随之产生振动和噪声，所以精度要求高的场合不易采用外啮合齿轮泵。

3.2.2 内啮合齿轮泵

内啮合齿轮泵有渐开线齿形和摆线齿形两种，其工作原理如图3－7所示。

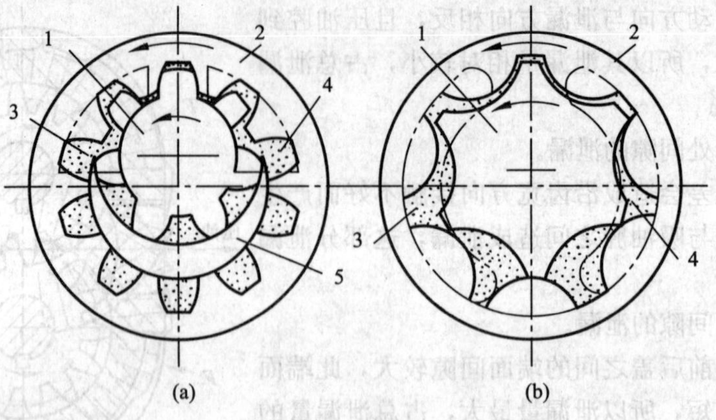

图 3—7　内啮合齿轮泵

1—主动小齿轮；2—从动外齿圈；3—吸油腔；4—压油腔；5—隔板

如图 3—7（a）所示，在渐开线齿形内啮合齿轮泵中，当小齿轮按图示方向旋转时，轮齿退出啮合时容积增大而吸油，进入啮合时容积减小而压油。主动小齿轮 1 和从动外齿圈 2 之间要装一块月牙隔板 5，以便把吸油腔 3 和压油腔 4 隔开。

如图 3—7（b）所示的摆线齿形内啮合泵又称摆线转子泵，由于小齿轮和内齿轮相差一齿，因而不需设置隔板。当在图上的最高位置时，小齿轮的齿顶紧紧顶在内齿轮的齿槽底部；当在图上的最低位置时，小齿轮的齿顶与内齿轮的齿顶紧密吻合。图中纵轴上的小齿轮轮齿与内齿轮轮齿相啮合将泵体内的吸油腔与压油腔隔开，起配流装置的作用。

3.2.3　齿轮泵的应用特点

一般外啮合齿轮泵具有结构简单、制造方便、重量轻、自吸性能好、价格低廉、对油液污染不敏感等特点；但由于径向力不平衡及泄漏的影响，一般使用的工作压力较低，另外其流量脉动也较大，噪声也大，因而常用于负载小、功率小的机床设备及机床辅助装置，如送料、夹紧等不重要的场合，在工作环境较差的工程机械上也广泛应用。

与外啮合齿轮泵相比，内啮合齿轮泵结构紧凑、重量轻、运转平稳、噪声低、无困油现象，且流量脉动小，在高转速工作时容积效率高。但是在低速、高压下工作时，压力脉动大，容积效率低，也不适合在高压场合工作。而且内啮合齿轮泵齿形复杂、加工困难、价格较贵。

3.2.4　齿轮式液压马达的工作原理和应用

图 3—8 为外啮合齿轮马达的工作原理图。图中Ⅰ为输出扭矩的齿轮，Ⅱ为空转齿轮，当高压油输入马达高压腔时，处于高压腔的所有齿轮均受到压力油的作用（如图中箭头所示，凡是齿轮两侧面受力平衡的部分均未画出），其中互相啮合的两个齿的齿面，只有一部分处于高压腔。设啮合点 c 到两个齿轮齿根的距离分别为 a 和 b，由于 a 和 b 均小于齿高 h，因此两个齿轮上就各作用一个使它们产生转矩的作用力 $pB(h-a)$ 和 $pB(h-b)$。这里 p 代表输入油压力，B 代表齿宽。在这两个力的作用下，两个齿轮按图示方向旋转，由扭矩输出轴输出扭矩。随着齿轮的旋转，油液被带到低压腔排出。

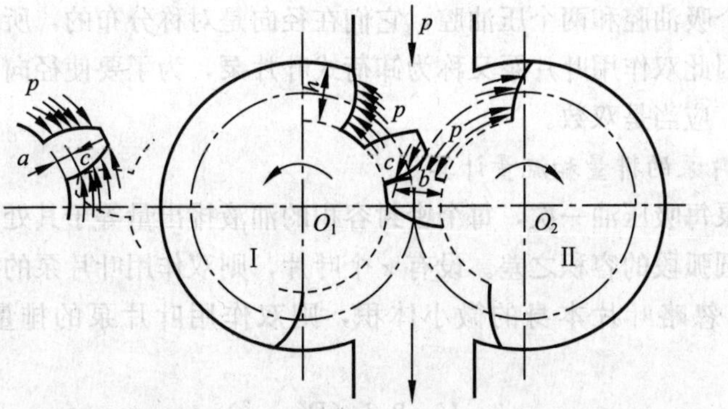

图 3－8　外啮合齿轮马达的工作原理图

齿轮马达的结构与齿轮泵一样，由于泄漏途径较多，故工作压力不能太高，否则容积效率过低。因此，齿轮马达一般属于高转速、低转矩液压马达。由于啮合点随时变化，输出转矩和转速会产生脉动，所以齿轮马达往往只用于一些传动精度要求不高的轻载场合。

3.3　叶片泵和液压马达

叶片泵分为单作用式叶片泵和双作用式叶片泵。单作用式叶片泵转子旋转一周进行一次吸油、排油，并且流量可调节，故为变量泵。双作用叶片泵转子旋转一周，进行二次吸油、排油，并且流量不可调节，故为定量泵。

3.3.1　双作用叶片泵

1. 双作用叶片泵的工作原理

双作用叶片泵的工作原理如图 3－9 所示，泵是由定子 1、转子 2、叶片 3 和配油盘 4（图中未画出）等组成。转子和定子中心重合，定子内表面近似为椭圆柱形，由两段长半径 R 圆弧、两段短半径 r 圆弧和四段过渡曲线所组成。当转子转动时，叶片在离心力和根部压力油（建压后）的作用下，在转子槽内作径向移动而压向定子内表面，使叶片、定子的内表面、转子的外表面和两侧配油盘间形成若干个密封空间。当转子按图示方向旋转时，处在小圆弧上的密封空间经过渡曲线运动到大圆弧的过程中，叶片外伸，密封空间的容积增大，要吸入油液；再从大圆弧经过渡曲线运动到小圆弧的过程中，叶片被定子内壁逐渐压进槽内，密封空间容积变小，将油液从压油口压出，因而，转子每转一周，每个密封空间要完成两次吸油和两次压油，所以称之为双作用叶片泵。

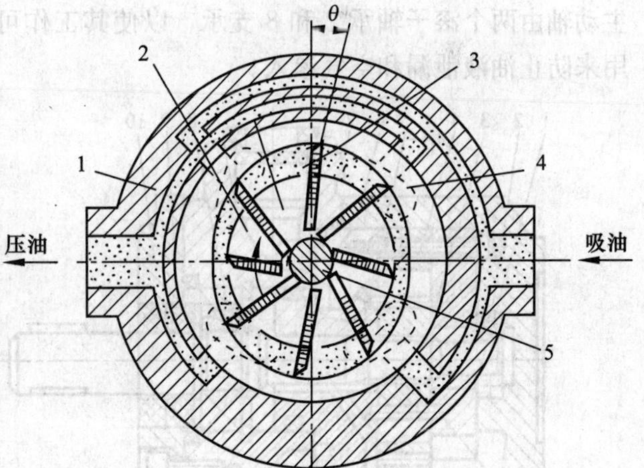

图 3－9　双作用叶片泵的工作原理
1—定子；2—转子；3—叶片；4—配油盘；5—轴

这种叶片泵有两个吸油腔和两个压油腔，它们在径向是对称分布的，所以作用在转子上的液压力相互平衡，因此双作用叶片泵又称为卸荷式叶片泵，为了要使径向力完全平衡，密封空间数（即叶片数）应当是双数。

2. 双作用叶片泵的排量和流量计算

双作用叶片泵每吸压油一次，每个密封容积的油液排出量等于其处于长半径圆弧段的容积与处于短半径圆弧段的容积之差。设有 z 个叶片，则双作用叶片泵的排量为上述油液的排出量的 $2z$ 倍。当忽略叶片本身的微小体积，则双作用叶片泵的排量即为环形容积的 2 倍，即

$$V=2\pi b\left(R^2-r^2\right) \tag{3—15}$$

双作用叶片泵的平均实际流量为

$$q=2\pi b\left(R^2-r^2\right)n\eta_v \tag{3—16}$$

式中 b——叶片的宽度；

R——长圆弧半径；

r——短圆弧半径；

n——转子转速。

3. 双作用叶片泵的结构特点

以 YB1 型叶片泵为例，它的结构如图 3－10 所示，由前、后泵体 7、6，左、右配油盘 1、5，定子 4、转子 12 等组成。为了便于装配和使用，两个配油盘与定子、转子和叶片可组装成一个部件。两个长螺钉 13 为组件的紧固螺钉，其头部作为定位销插入后泵体的定位孔内，以保证配油盘上吸、压油窗口的位置能与定子内表面的过渡曲线相对应。转子上开有 12 条狭槽，叶片 11 安装在槽内，并可在槽内自由滑动。转子通过内花键与主动轴相配合，主动轴由两个滚子轴承 2 和 8 支承，以使其工作可靠。骨架式密封圈 9 安装在盖板 10 上，用来防止油液泄漏和空气渗入。

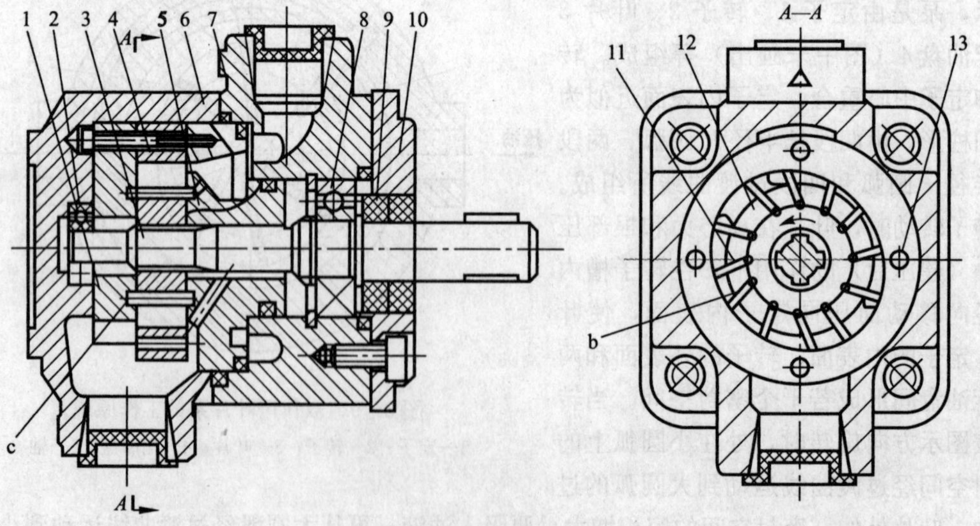

图 3－10 YB1 型叶片泵的结构

1—左配油盘；2、8—滚子轴承；3—传动轴；4—定子；5—右配油盘；6—后泵体；7—前泵体；9—密封圈；10—盖板；11—叶片；12—转子；13—螺钉

(1) 配油盘

封油区所对应的夹角必须等于或稍大于两个叶片之间的夹角。为减少两叶片间的密闭容积在吸压油腔转换时因压力突变而引起的压力冲击，在配流盘的配流窗口前段开有三角减振槽。

(2) 定子内表面曲线

合理设计过渡曲线形状，以使理论流量均匀、噪声低。常用定子内表面过渡曲线有阿基米德曲线、正弦曲线、等加速—等减速曲线、高次曲线等。定子曲线圆弧圆心角≥配流窗口的间距角≥叶片间夹角。

(3) 叶片倾角

叶片倾角为叶片与径向半径的夹角，如图 3—9 所示，叶片沿转子旋转方向先倾斜一角度，其目的是减小叶片和定子内表面接触时的压力角（定子对叶片的法向反力与叶片运动方向的夹角），从而减少叶片和定子间的摩擦磨损，但当叶片以前倾角安装时，叶片泵不允许反转。液压泵的叶片倾角一般取 10°～14°。

(4) 端面间隙

为了使转子和叶片能自由旋转，它们与配油盘两端面间应保持一定间隙。但间隙过大将使泵的内泄漏增加，容积效率降低。为了提高压力，减少端面泄漏，采取的间隙自动补偿措施是将配油盘的外侧与压油腔连通，使配油盘在液压推力作用下压向转子。泵的工作压力愈高，配油盘就愈加贴紧转子，对转子端面间隙进行自动补偿。

3.3.2　单作用叶片泵

1. 单作用叶片泵的工作原理

如图 3—11 所示，单作用叶片泵由转子 2、定子 1、叶片 3 和配流盘 4 等组成。在配流盘上开有吸油和压油窗口，分别与泵的吸、压油口连通。定子具有圆柱形内表面，定子和转子间有偏心距 e。叶片装在转子的叶片槽中，并可在槽内滑动，当转子回转时，由于离心力的作用，使叶片紧靠在定子内壁，这样在定子、转子、叶片和两侧配油盘间就形成若干个密封空间。当转子按图示的方向回转时，在图的下部，叶片逐渐伸出叶片槽，叶片间的密封容积逐渐增大，经配油盘的吸油窗从吸油口吸油；在图的上部，叶片被定子内壁逐渐压进叶片槽内，密封容积逐渐减小，将油液经配油盘的压油窗从压油口压出。吸油窗口对应的区域为吸油腔，压油窗口对应的区域为压油腔，在吸油窗口和压油窗口之间的区域为封油区，它把吸油腔和压油腔隔开。这种叶片泵转子每转一周，每个密封空间完成一次吸油和压油，因此称为单作用叶片泵。转子不停地旋转，泵就不断地吸油和排油。泵只

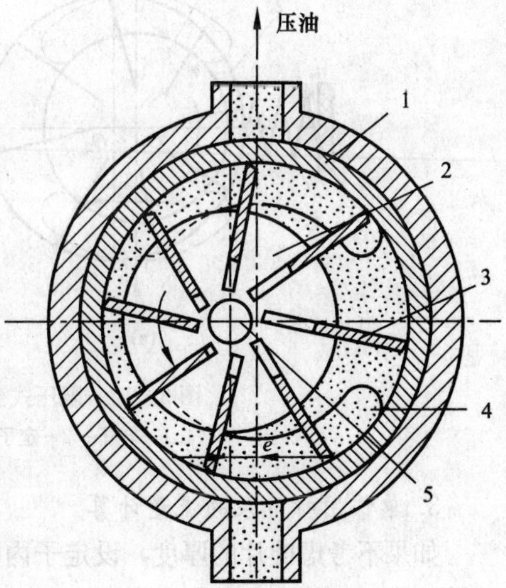

图 3—11　单作用叶片泵工作原理

1—定子；2—转子；3—叶片；4—配油盘；5—轴

有一个吸油区和一个压油区，因而作用在转子上的径向液压力不平衡，所以又称为非平衡式叶片泵。由于转子与定子偏心距 e 和偏心方向可调，所以单作用叶片泵可作双向变量泵使用。

2. 限压式变量叶片泵的工作原理

如图 3－12（a）所示为限压式变量叶片泵的工作原理图。转子的中心 O_1 是固定的，定子 2 可以左右移动。在限压弹簧 3 的作用下，定子被推向右端，使定子中心 O_2 和转子中心 O_1 之间有一初始偏心量 e_0，它决定了泵的最大流量。e_0 的大小可用螺钉 6 调节。泵的出口压力 p，经泵体内通道作用于有效面积为 A 的柱塞 6 上，使柱塞对定子 2 产生一作用力 pA。泵的限定压力 p_B 可通过调节螺钉 4，改变弹簧 3 的压缩量来获得。设弹簧 3 的预紧力为 F_s，当泵的工作压力小于限定压力 p_B 时，则 $pA<F_s$，此时定子不作移动，最大偏心量 e_0 保持不变，泵输出流量基本上维持最大；当泵的工作压力升高而大于限定压力 p_B 时，$pA\geqslant F_s$，定子左移，偏心量减小，泵的流量也减小。泵的工作压力愈高，偏心量就愈小，泵的流量也就愈小；当泵的压力达到极限压力 p_C 时，偏心量接近零，泵不再有流量输出。

图 3－12（b）所示为限压式变量叶片泵的特性曲线。图中曲线 AB 段，泵的工作压力小于限定压力 p_B，实际偏心距 e 就是最大偏心距 e_0，泵输出流量最大，稍有下降是由泵的内部流量泄漏引起的；BC 段是泵的变量段，B 点被称为曲线的拐点。此时，泵的工作压力大于限定压力 p_B，输出流量随着工作压力升高而逐渐减小，在 C 点泵的工作压力达到极限压力 $p_C=p_{max}$，偏心量 e 为零，泵没有输出流量。

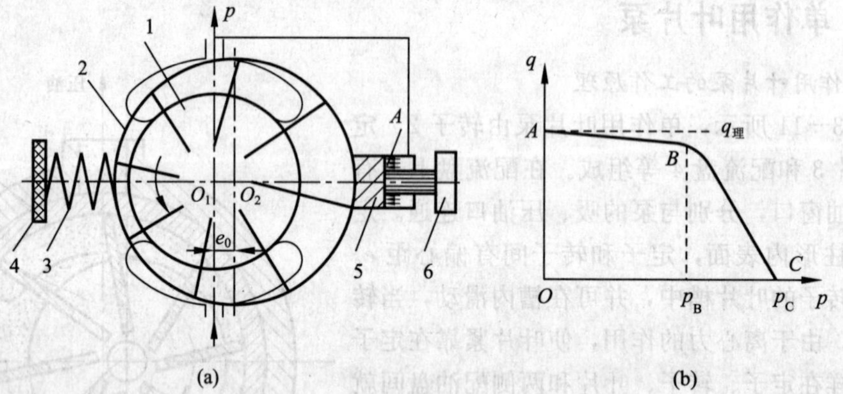

图 3－12　限压式变量叶片泵的工作原理及特性曲线

1—转子；2—定子；3—弹簧；4、6—螺钉；5—柱塞

3. 单作用叶片泵的流量计算

如果不考虑叶片的厚度，设定子内径为 D，定子与转子的偏心量为 e，叶片宽度 b，转子转速为 n，则泵的排量近似为

$$V=2\pi beD \tag{3—17}$$

单作用叶片泵的平均实际流量为

$$q=2\pi beDn\eta_v \tag{3—18}$$

4. 单作用叶片泵的结构特点

（1）叶片底部

处在压油腔的叶片顶部会受到压力油的作用，该作用要把叶片推入叶片槽内。为了使叶片顶部可靠地和定子内表面相接触，压油腔一侧的叶片底部要通过特殊的沟槽和压油腔相通，吸油腔一侧的叶片底部要和吸油腔相通，这样叶片上、下的液压力平衡中，有利于减少叶片与定子间的磨损。

(2) 叶片倾角

单作用叶片泵的叶片有一个与旋转方向相反的倾斜角，称为后倾角，它有利于叶片在离心力作用下向外伸出，后倾角一般为24°。

(3) 叶片数

单作用叶片泵的流量具有脉动性，泵内叶片数越多，流量脉动率越小。奇数叶片泵的脉动率比偶数叶片泵的脉动率小，所以单作用叶片泵的叶片数均为奇数，一般为13片或15片。

3.3.3　叶片泵的应用特点

双作用叶片泵不仅作用在转子上的径向力平衡、运转平稳、输油量均匀、噪声低，而且因是双作用泵，使流量增大，所以结构紧凑、体积小。双作用叶片泵的缺点是结构较复杂，吸油特性差，对油液的污染较敏感。双作用叶片泵广泛应用于各种中、低压液压系统中，完成中等负荷的工作。

单作用式叶片泵与双作用叶片泵相比结构复杂，外形尺寸大，受径向不平衡力作用，噪声较大，容积效率和机械效率都较低，流量脉动和困油现象变较严重，但它易于实现流量调节，常用于快慢速运动的液压系统，可降低功率损耗，减少油液发热，简化油路，节省液压元件。

3.3.4　叶片式液压马达的工作原理及应用

如图3—13所示为叶片式液压马达的工作原理，当压力油通入压油腔后，在叶片1、3（或5、7）上，一面作用有压力油，另一面则无压力油，由于叶片1、5受力面积大于叶片3、7，叶片受力不平衡使转子产生转矩。叶片式液压马达的输出转矩与液压马达的排量和液压马达进出油口之间的压力差有关，其转速由输入液压马达的流量大小来决定；如果改变压力油的输出方向，马达便反向旋转。

为使叶片马达正常工作，其结构与叶片泵有一些重要区别：由于液压马达一般都要求能正反转，所以叶片式液压马达的叶片要径向放置；为了确保叶片式液压马达在压力油通入后能正常启动，必须使叶片顶部和定子内表面紧密接触，以保证良好的密封，为此，在回、压油腔通入叶片根部的通路上应设置单向阀，使叶片根部始终通有压力油，此外，还在叶片根部设置预紧弹簧，使叶片始终处于伸出状态，保证初始密封。

叶片式液压马达体积小，转动惯量小，动作灵敏，可适用于换向频率较高的场合，但泄漏量较大，低速工作时不稳定。因此叶片式液压马达一般用于转速高、转矩小和动作要求灵敏的场合。

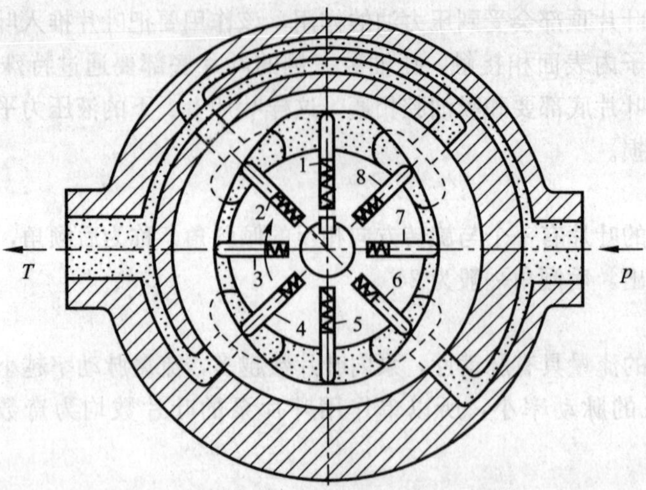

图 3－13 叶片式液压马达的工作原理

1、2、3、4、5、6、7、8—叶片

3.4 柱 塞 泵

柱塞泵是靠柱塞在缸体中作往复运动，使密封容积产生变化，来实现吸油与压油的液压泵。柱塞泵按柱塞的排列和运动方向不同，可分为径向柱塞泵和轴向柱塞泵两大类，轴向柱塞泵又分为斜盘式柱塞泵和斜轴式柱塞泵。

3.4.1 斜盘式轴向柱塞泵

1. 工作原理

如图 3－14 所示为斜盘式轴向柱塞泵的工作原理图，这种泵主体由缸体 1、配油盘 2、柱塞 3 和斜盘 4 组成。柱塞沿圆周均匀分布在缸体内。斜盘轴线与缸体轴线倾斜一角度，柱塞在弹簧或低压油作用下压紧在斜盘上，配油盘 2 和斜盘 4 固定不动。

当原动机通过传动轴使缸体转动时，由于斜盘的作用，迫使柱塞在缸体内作往复运动，并通过配油盘的配油窗口进行吸油和压油。当缸体按如图 3－14 所示方向回转时，缸体自最低位置向上方转动（前面半周）时，柱塞转角在 $0 \sim \pi$ 范围变化，柱塞被斜盘推入缸体，使柱塞孔容积减小，通过配油盘的压油窗口压油；当缸体自最高位置向下方转动（后面半周）时，柱塞转角在 $\pi \sim 2\pi$ 范围变化，柱塞向外伸出，柱塞底部柱塞孔的密封容积增大，通过配油盘的吸油窗口吸油。缸体每转一周，每个柱塞各完成吸、压油一次，如改变斜盘倾角 γ，就能改变柱塞行程的长度，即改变液压泵的排量；改变斜盘倾角方向，就能改变吸油和压油的方向，即成为双向变量泵。

配油盘上吸油窗口和压油窗口之间的封油区宽度应稍大于柱塞底部通油孔宽度，但不能相差太大，否则会发生困油现象。一般在两配油窗口的两端部开有小三角槽，以减小冲击和噪声。

轴向柱塞泵的优点是：结构紧凑、径向尺寸小，惯性小、容积效率高，目前最高压力可达 40.0 MPa，甚至更高，一般用于工程机械、压力机等高压系统中，但其轴向尺寸较大，轴向作用力也较大，结构比较复杂。

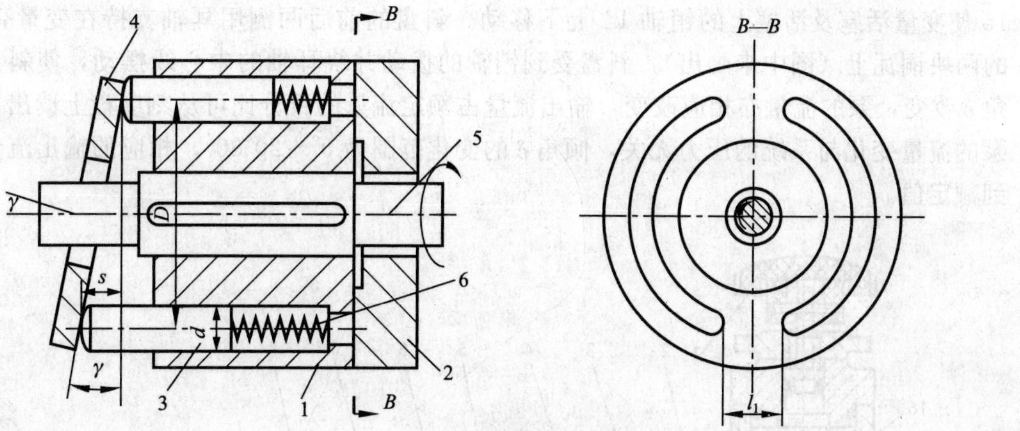

图3—14　轴向柱塞泵的工作原理

1—缸体；2—配油盘；3—柱塞；4—斜盘；5—传动轴；6—弹簧

2. 轴向柱塞泵的排量和流量计算

如图3—14所示，柱塞的直径为d，柱塞分布圆直径为D，斜盘倾角为γ时，柱塞的行程为$s=D\tan\gamma$，所以当柱塞数为z时，轴向柱塞泵的排量为

$$V=\frac{\pi d^2}{4}zD\tan\gamma \tag{3—19}$$

设泵的转数为n，容积效率为η_v，则泵的实际输出流量为

$$q=\frac{\pi d^2}{4}zD\eta_v n\tan\gamma \tag{3—20}$$

实际上，柱塞泵的排量是转角的函数，其输出流量是脉动的。就柱塞数而言，柱塞数为奇数时的脉动率比柱塞数为偶数时小，且柱塞数越多，脉动越小，故柱塞泵的柱塞数一般为奇数，从结构工艺性和脉动率综合考虑，柱塞个数一般为7、9或11。

3. 斜盘式轴向柱塞泵的结构特点

斜盘式轴向柱塞泵有很多种系列，其中以CY14—1型使用较广泛。如图3—15所示，为CY14—1型手动变量轴向柱塞泵的结构图。CY14—1型柱塞泵由主体和变量两部分组成，图中右半部分为主体部分（件1～14），左半部分为变量机构。相同流量的泵，其主体结构相同，配以不同的变量机构便派生出多种类型。

(1) CY14—1型柱塞泵的主体结构

中间泵体12和前泵体9组成泵的壳体，传动轴8通过花键带动缸体6旋转，使均匀分布在缸体上的7个柱塞5绕传动轴的轴线回转。每个柱塞的端部都装有滑靴4，滑靴与柱塞为球铰连接。定心弹簧10向左的作用力将滑靴压在斜盘2的斜面上，缸体转动时，该作用力使柱塞完成吸油的动作。定心弹簧向右的作用力传至缸体，使缸体压住配油盘7，起到密封的作用。柱塞的压油行程则是由斜盘通过滑靴推动的，圆柱滚子轴承11用以承受缸体的径向力，缸体的轴向力则由配油盘承受。配油盘上开有吸、排油窗口，分别与前泵体上的吸、排油口相通。

(2) 手动变量机构

CY14—1型柱塞泵的手动变量机构如图3—15左半部分所示。转动手轮1时，螺杆

16 使变量活塞及活塞上的销轴 14 上下移动。斜盘的前后两侧用耳轴支持在变量壳体 13 的两块铜瓦上（图中未画出），斜盘受到销轴的拨动并绕耳轴的中心线摆动，使斜盘的倾角 δ 改变，泵的流量亦相应改变，输出流量占额定流量的百分比可从刻度盘上读出，这种泵的流量变化与系统的压力无关，倾角 δ 的变化范围为 $0°\sim20°30'$，相应的输出流量从零到额定值。

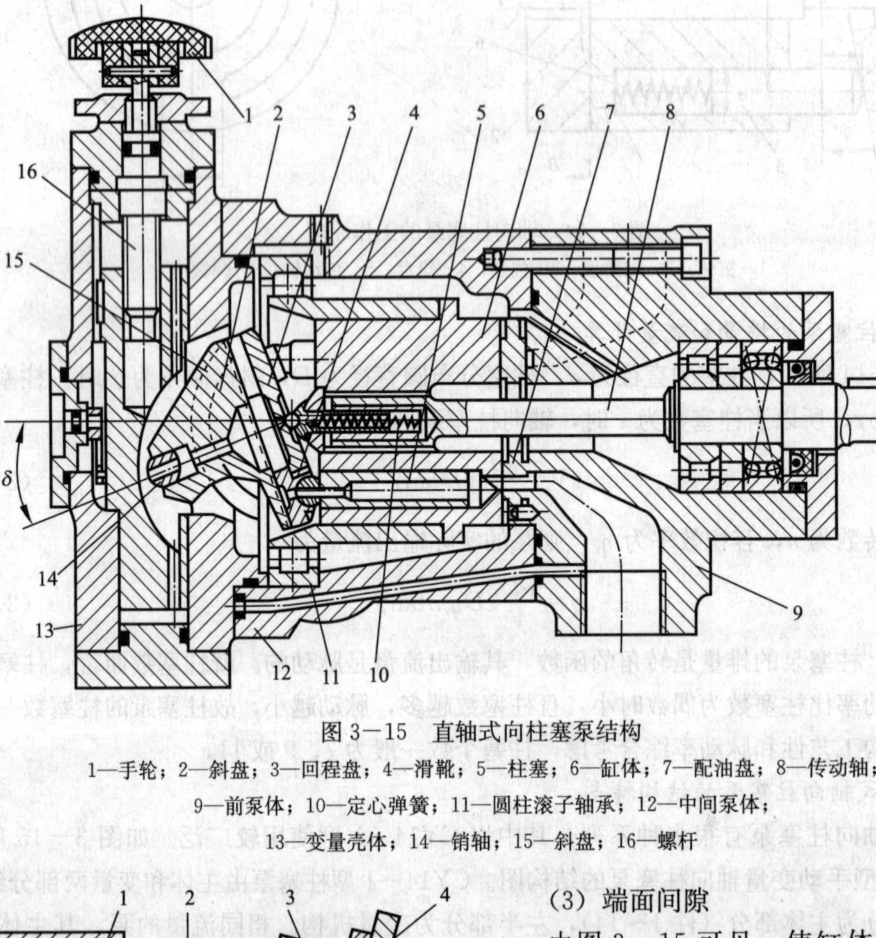

图 3－15　直轴式向柱塞泵结构

1—手轮；2—斜盘；3—回程盘；4—滑靴；5—柱塞；6—缸体；7—配油盘；8—传动轴；9—前泵体；10—定心弹簧；11—圆柱滚子轴承；12—中间泵体；13—变量壳体；14—销轴；15—斜盘；16—螺杆

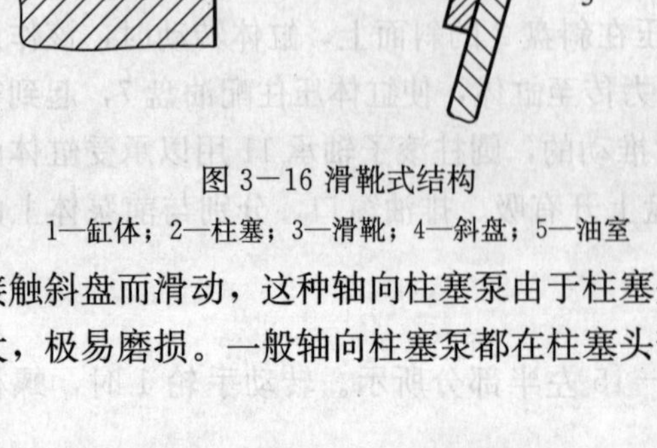

图 3-16 滑靴式结构

1—缸体；2—柱塞；3—滑靴；4—斜盘；5—油室

(3) 端面间隙

由图 3－15 可见，使缸体紧压配油盘端面的作用力，除弹簧的推力外，还有柱塞孔底部台阶面上所受的液压力，此液压力比弹簧力大得多，而且随泵的工作压力增大而增大。由于缸体始终受液压力作用，从而紧贴着配油盘，就使端面间隙得到了自动补偿。

(4) 滑靴及静压支承

如图 3－14 所示，柱塞以球形头部直接接触斜盘而滑动，这种轴向柱塞泵由于柱塞头部与斜盘平面理论上为点接触，因而接触应力大，极易磨损。一般轴向柱塞泵都在柱塞头部装一滑靴，如图 3－16 所示。滑靴是按静压轴承原理设计的，缸体中的压力油经过柱塞球头中间小孔流入滑靴油室，使滑靴和斜盘间形成液体润滑，改善了柱塞头部和斜盘的接触情况，有利于保证轴向柱塞泵在高压、高速下工作。

3.4.2　径向柱塞泵

1. 工作原理

如图 3—17 所示为径向柱塞泵的工作原理图。这种泵由柱塞 1、转子（缸体）2、定子 3、衬套 4、配油轴 5 等零件组成。衬套紧配在转子孔内随着转子一起旋转，而配油轴则是不动的。

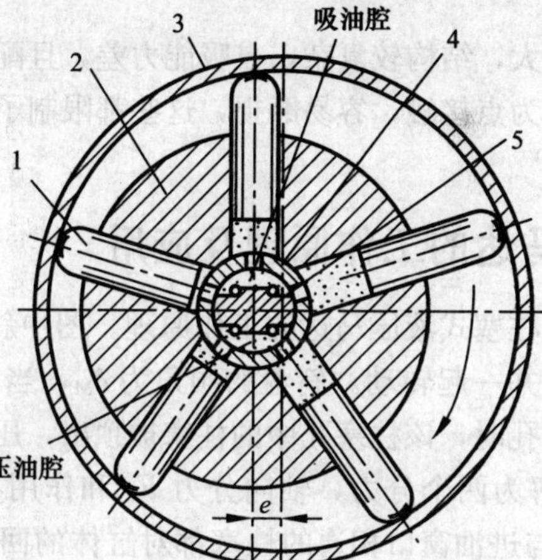

图 3—17　径向柱塞泵工作原理图

1—柱塞；2—转子；3—定子；4—衬套；5—配油轴

当转子顺时针旋转时，柱塞在离心力或在低压油作用下，压紧在定子内壁上。由于转子和定子间有偏心量 e，故转子在上半周转动时柱塞向外伸出，径向孔内的密封工作容积逐渐增大，形成局部真空，吸油腔则通过配油轴上面两个吸油孔从油箱中吸油；转子转到下半周时，柱塞向里推入，密封工作容积逐渐减小，压油腔通过配油轴下面两个压油孔将油液压出。转子每转一周，每个柱塞底部的密封容积完成一次吸油、压油，转子连续运转，即完成泵的吸压油工作。改变径向柱塞泵转子和定子间偏心量的大小，可以改变输出流量；若偏心方向改变，则液压泵的吸、压油腔互换，这就成为双向变量泵。

2. 流量计算

当转子和定子间的偏心量为 e 时，柱塞在缸体孔中的行程为 $2e$，若柱塞数目为 z、直径为 d 时，则泵的排量为

$$V=\frac{\pi}{4}d^2\ (2e)\ z \tag{3—21}$$

径向柱塞泵的实际流量为

$$q=\frac{\pi}{2}d^2 ezn\eta_v \tag{3—22}$$

3.4.3 柱塞泵的应用特点

与齿轮泵和叶片泵相比，柱塞泵有许多优点。首先，构成密封容积的零件为圆柱形的柱塞和缸孔，加工方便，可得到较高的配合精度，密封性能好，在高压下工作仍有较高的容积效率；第二，只需改变柱塞的工作行程就能改变流量，易于实现变量；第三，柱塞泵中的主要零件均受压应力作用，材料强度性能可得到充分利用。由于柱塞泵压力高，结构紧凑，输油量大、效率高，流量调节方便，故在需要高压、大流量、大功率的系统中和流量需要调节的场合，如龙门刨床、拉床、液压机、工程机械、矿山冶金机械及船舶上得到广泛的应用。

但径向柱塞泵径向尺寸大，结构较复杂，自吸能力差，且配油轴受到不平衡液压力的作用，柱塞顶部与定子内表面为点接触，容易磨损，这些都限制了它的使用，已逐渐被轴向柱塞泵替代。

3.4.4 柱塞式液压马达的工作原理及应用

如图 3－18 所示为轴向柱塞式液压马达的工作原理。图中斜盘 1 和配油盘 4 固定不动，缸体和马达输出轴 5 相连，并一起转动。斜盘的倾角为 δ_M，当压力油通过配油盘 4 上的进油窗口输入到缸体上的柱塞孔时，该柱塞孔中的柱塞被顶出，压在斜盘 1 上。设斜盘作用在柱塞上的反力为 F_n，可分解为两个分力，轴向分力 F_x 和作用在柱塞上的液压作用力相平衡，径向分力 F_r 使每一个与进油窗口相通的柱塞都对缸体的回转中心产生一个转矩，使缸体和液压马达轴做逆时针方向旋转，在马达输出轴 5 上输出转矩和转速。当液压马达的进、回油口互换时，液压马达将反向转动；当改变斜盘倾角 δ_M 时，液压马达的排量便随之改变，从而可以调节输出转矩或转速。由于柱塞的瞬时方位角是变量，柱塞产生的转矩也发生变化，故液压马达产生的总转矩也是脉动的。

轴向柱塞马达的结构和轴向柱塞泵基本相同。它们的区别是：为适应正反转的需要，马达的配油盘应做成对称结构，进、回油口通径须做的一样大，否则影响正反转性能。

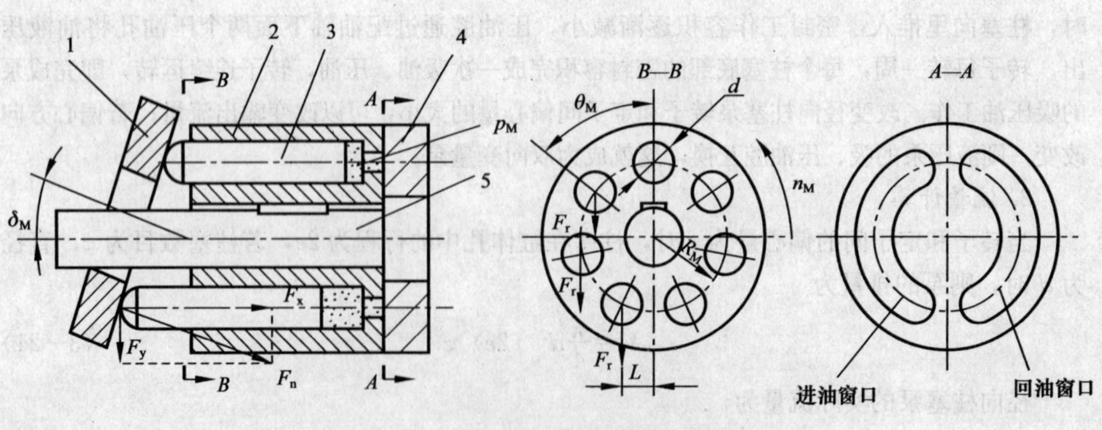

图 3－18　轴向柱塞式液压马达工作原理

1—斜盘；2—缸体；3—柱塞；4—配油盘；5—马达输出轴

图 3－19 为径向柱塞式液压马达的工作原理图，当压力油经固定配油轴 4 的窗口进入缸

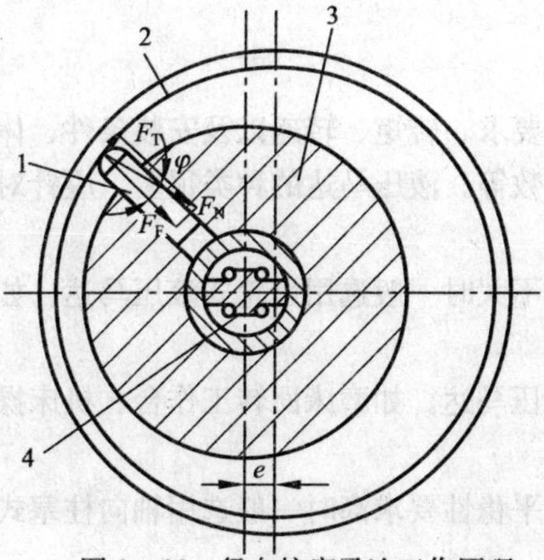

图3—19　径向柱塞马达工作原理

1—内柱塞；2—定子；3—缸体；4—配油轴

体3内柱塞1的底部时，柱塞向外伸出，紧紧顶住定子2的内壁，由于定子与缸体存在一偏心距 e，在柱塞与定子接触处，定子对柱塞的反作用力为 F_N，力 F_N 可分解为 F_T 和 F_F 两个分力。力 F_T 对缸体产生一转矩，使缸体旋转，缸体再通过端面连接的传动轴向外输出转矩和转速。

以上分析的是一个柱塞产生转矩的情况，实际上在压油区作用有好几个柱塞，在这些柱塞上所产生的转矩都使缸体旋转，并输出转矩。

柱塞式马达为低速大转矩液压马达，其特点是转矩大，低速稳定性好，因此，可以直接与工作装置连接，不需要减速装置，使机械的传动系统大为简化，结构更为紧凑。在一些工程机械的工作装置和传动装置（如起重机的卷筒、履带挖掘机的履带驱动轮、混凝土搅拌装置等）上得到了广泛应用。

3.5　液压泵及液压马达的选用

3.5.1　液压泵的选用

液压泵是为液压系统提供一定流量和压力的液压动力元件，是液压系统不可缺少的核心元件。合理地选择液压泵对于降低液压系统的能耗、提高系统的效率、降低噪声、改善工作性能和保证系统的可靠工作都十分重要。

选择液压泵的原则是：根据主机工况、功率大小和系统对工作性能的要求，首先确定液压泵的类型，然后按系统所要求的压力、流量大小确定其规格型号。

一般来说，由于各类液压泵特点存在差异，其结构、功用和运转方式各不相同，如表3—2所示。因此，应根据不同的使用场合选择合适的液压泵。在机床液压系统中，一般选用双作用叶片泵和限压式变量叶片泵；而在农业机械、港口机械以及小型工程机械中往往选择抗污染能力较强的齿轮泵；在负载大、功率大的场合往往选择柱塞泵。

表3—2　液压系统中常用液压泵的主要性能比较

性　能	外啮合齿轮	双作用叶片泵	限压式变量叶片泵	径向柱塞泵	轴向柱塞泵	螺杆泵
输出压力	低压	中压	中压	高压	高压	低压
流量调节	不能	不能	能	能	能	不能
效率	低	较高	较高	高	高	较高
输出流量脉动	很大	很小	一般	一般	一般	最小
自吸特性	好	较差	较差	差	差	好
对污染敏感性	不敏感	较敏感	较敏感	很敏感	很敏感	不敏感
噪声	大	小	较大	大	大	最小

3.5.2 液压马达的选用

选用液压马达的主要依据是设备对液压系统的工作要求、转矩、转速以及安装条件、体积、重量、价格等，用以确定液压马达的类型、性能参数等。液压马达的种类很多，应针对具体用途合理选用。

当负载转矩不大，速度平稳性要求不高，噪声限制不大时一般选用齿轮式液压马达。如驱动研磨机、风扇等。

当负载转矩不大，噪声要求小时一般选用叶片式液压马达。如磨床回转工作台、机床操纵机构等。

当负载速度大，有变速要求，负载转矩较小，低速平稳性要求高时一般选用轴向柱塞式马达。如起重机、绞车、铲车、内燃机车、数控机床等。

3.6 液压泵常见故障及排除方法

3.6.1 齿轮泵的常见故障及排除方法（表3—3）

表3—3 齿轮泵的常见故障及排除方法

故障现象	产生原因	排除方法
1. 剧烈振动与噪声	（1）齿轮的齿形精度不好或接触不良	（1）调换齿轮，并进行对研修整，直到符合精度要求
	（2）齿轮泵与电动机连接的联轴器碰擦	（2）齿轮泵与电动机连接应采用柔性连接；若联轴器中的轴销、橡皮圈损坏应更换新件
	（3）泵内零件损坏	（3）确定泵内零件损坏，应解体检查，发现损坏零件应更换新件
	（4）装配不良，转动主动轴时齿轮啮合有轻重现象	（4）按装配工艺进行装配，使齿轮啮合均匀，若属于齿轮质量问题，应进行修复或更换合格件
	（5）油的黏度随温度变化过大	（5）选用黏温性能好的液压油
2. 流量不足、压力上不去	（1）吸油不足，如吸油位置太高、过滤器堵塞、油箱油量不足	（1）检查油箱，使油量达到规定范围；清选过滤器，调整吸油高度，使吸油高度小于500 mm
	（2）轴向间隙、径向间隙过大	（2）调整轴向间隙与径向间隙，使间隙在规定的范围内。调整不过来的，对零件进行检测，不合格的零件应换新件
	（3）各连接处泄漏	（3）调整紧固各连接处，排除泄漏
	（4）油液黏度太高或太低	（4）按使用说明书上的要求选用油及控制油温

3.6.2　叶片泵的常见故障及排除方法（表 3—4）

表 3—4　叶片泵的常见故障及排除方法

故障现象	产生原因	排除方法
1. 流量不足、压力不能提高	（1）顶盖处螺钉松动，轴向间隙增大，容积效率下降	（1）适当拧紧螺钉，保证轴向间隙均匀、合理
	（2）各连接处密封不严，吸入空气	（2）检查各连接处是否漏油，若有松动和泄漏处，应紧固各连接处
	（3）个别叶片在转子槽内移动不灵活，甚至卡死	（3）检查叶片与转子槽配合间隙（其间隙为 0.013～0.018 mm，变量叶片泵的叶片与转子槽的配合间隙为 0.025～0.040 mm），若配合间隙过小，应单槽配研，使叶片在自重状态下能自动下落为宜
	（4）叶片与转子装反	（4）双作用叶片泵使叶片倾角方向与转子旋转方向一致，即前倾，单作用叶片泵叶片倾角为后倾
	（5）轴向间隙过大，内泄漏严重	（5）调整轴向间隙，其间隙应控制在 0.04～0.07 mm
	（6）配油盘内孔和端面严重磨损	（6）修复配油盘，磨损严重时应更换
	（7）叶片与转子槽配合间隙太大	（7）应根据叶片槽单配叶片
	（8）叶片与定子内环表面接触不良	（8）定子磨损一般在吸油腔，可翻转 180°安装，在对称位置重新加工定位孔定位；叶片顶端有缺陷或磨损严重，应进行修磨
	（9）吸油通路阻力大，吸油不畅	（9）吸油阻力大，应清洗过滤器；定期检测工作油的污染状况，超过使用标准，要更换新油；油液黏度太大，应调配到合适的黏度
2. 剧烈振动与噪声	（1）配油盘端面磨损与内孔不垂直	（1）修磨配油盘端面，保证其与内孔的垂直度误差小于 0.01 mm
	（2）叶片倒角太小，叶片高度尺寸不等高	（2）叶片倒角应为 C_1 或加工成圆弧形，以减小叶片运动时的突变作用力，每组叶片高度差不得超过 0.01 mm
	（3）主轴密封过紧	（3）调整主轴密封圈，使其松紧适宜
	（4）叶片泵端密封件磨损	（4）检查密封件，若磨损应更换新件
	（5）吸入管路连接处进气	（5）用涂润滑脂的方法，逐个检查吸油管路各接头处是否进气。涂黄油后若噪声减小，说明有进气处，应排除
	（6）吸油不畅	（6）检查并清洗管道、过滤器的污物，检查并调整油液黏度及吸油高度
	（7）转子的叶片槽两侧与其两端不垂直，或转子花键与两端面不垂直	（7）更换新转子
	（8）叶片泵盖螺钉由于振动而松动	（8）紧固叶片泵泵盖螺钉
	（9）在超过额定压力下工作	（9）一般应在稍低于叶片泵的额定工作压力下工作，长时间在高于叶片泵的额定压力下工作，不仅引起振动和噪声，还影响叶片泵的使用寿命
	（10）泵的转速太高	（10）更换驱动电动机，按规定的转速使用

3.6.3 柱塞泵的常见故障及排除方法（表3—5）

表3—5 柱塞泵的常见故障及排除方法

故障现象	产生原因	排除方法
1. 无油液排出或流量不足	(1) 吸入管路上过滤器堵塞	(1) 拆下过滤器清洗掉污物，并用压缩空气吹净
	(2) 液压油箱油位太低	(2) 增加油液至油箱标线范围
	(3) 吸入管路漏气	(3) 紧固吸油管各连接处，严防空气进入
	(4) 柱塞泵中心弹簧折断，使柱塞不能回程或缸体和配流盘初始密封不好	(4) 更换损坏的中心弹簧
	(5) 泵壳体内未充满液压油并存有空气	(5) 将泵壳体内注满油液，或将液压系统回油管分路接入泵体回油口，使泵内保持充满油液的状态
	(6) 由于带轮或齿轮直接装于泵轴上，致使泵轴受径向力，引起缸体和配流盘之间产生楔形间隙，使高低压腔连通	(6) 采用弹性联轴器，使泵轴不受径向力作用
	(7) 配流盘与缸体、柱塞与缸体磨损严重，造成泄漏	(7) 修复或更换磨损件，缸体配流端面如已损坏，则以缸体上的钢套为基准，在平面磨床上重新磨削配流端面。若磨削达不到表面粗糙度要求，可用氧化铬抛光。抛光时用力要均匀，最好不用金刚砂研磨。加工后表面平面度公差应不大于 0.005 mm 配流盘的配流端面磨损后，应将其两端重新研磨，保证两端面的平行度公差不大于 0.01 mm，平面度公差不大于 0.005 mm 斜盘与柱塞接触面磨损后，应将此面研磨至 $Ra=0.2\mu m$，并保证其平面度公差不大于 0.005 mm
2. 压力无法建立或压力不足	(1) 漏油严重	(1) 检查泄漏原因，若因零件损坏或磨损严重造成的，应进行修复更换新件
	(2) 驱动功率过小	(2) 核算电动机功率后使电动机输出功率大于或等于泵应输入的功率
	(3) 变量机构角 γ 太小，使流量太小，加上内漏影响，因而不能连续对外供压力油	(3) 增大变量机构 γ 角，以增大流量
	(4) 对于压力补偿变量泵，若控制变量机构的弹簧调得太松，当压力升高时，斜盘倾角迅速变得很小，使得流量也迅速下降到很低的数值，压力也就不易建立	(4) 重新调整弹簧

续表

故障现象	产生原因	排除方法
3. 噪声过大	(1) 吸油管道阻力过大，过滤器部分堵塞，使吸油不足	(1) 减小吸入管道阻力
	(2) 泵轴与电动机轴的同轴度差，泵轴受径向力，转动时产生振动	(2) 调整泵轴与电动机轴的同轴度
	(3) 油液的黏度太高	(3) 降低油液黏度，可用同类油液进行调配，或更换合适油液
	(4) 柱塞泵吸油腔距油箱液面大于500 mm，使柱塞泵吸油不良	(4) 降低柱塞泵吸油口高度
	(5) 油箱中通气孔被堵	(5) 清洗油箱中通气孔
4. 异常发热	(1) 油液黏度太高或黏温性能差	(1) 适当降低油液的黏度
	(2) 油箱容量小	(2) 增大油箱容量，或增设冷却器
	(3) 柱塞泵内部油液漏损太大	(3) 检修柱塞泵，减少泄漏
	(4) 柱塞泵体内运动件磨损异常	(4) 修复或更换磨损件，并排除异常磨损的原因
	(5) 装配不良、间隙选配不当	(5) 按装配工艺进行装配，测量间隙，重新配研，达到规定的合理间隙

习　题　三

1. 液压泵完成吸油和压油，必须具备什么条件？

2. 液压泵的工作压力和额定压力分别指什么？

3. 何谓液压泵的排量、理论流量、实际流量？它们的关系怎样？

4. 试述外啮合齿轮泵的工作原理，并解释齿轮泵工作时径向力为什么不平衡？

5. 双作用叶片泵和限压式变量叶片泵在结构上有何区别？

6. 为什么轴向柱塞泵适用于高压？

7. 试述叶片式液压马达的工作原理。

8. 有一台额定压力为6.3 MPa的液压泵，若将其出口通油箱，试问此时液压泵出口处的压力为多少？

9. 某液压泵的输出油压 $p=6$ MPa，排量 $V=100\ cm^3/r$，转速 $n=1450$ r/min，容积效率 $\eta_v=0.94$，总效率 $\eta=0.9$，求泵的输出功率 P 和电动机的驱动功率 $P_{电}$。

10. 有一齿轮泵，铭牌上注明额定压力为10 MPa，额定流量为16 L/min，额定转速为1 000 r/min，拆开实测齿数 $z=12$，齿宽 $b=26$ mm，齿顶圆直径 $d_a=45$ mm，求：

(1) 泵在额定工况下的容积效率 η_v；

(2) 在上述情况下，当电机的输出功率为3.1 kW时，求泵的机械效率 η_m 和总效率 η。

(3) 某轴向柱塞泵，柱塞直径 $d=20$ mm，柱塞孔的分布圆直径 $D=70$ mm，柱塞数 $z=7$，当斜盘倾角 $\gamma=22°$，转速 $n=960$ r/min，输出压力 $p=18$ MPa，容积效率 $\eta_v=0.95$，

机械效率 $\eta_m=0.9$，试求理论流量 q_t、实际流量 q 及所需电动机功率 $P_电$。

11. 已知液压泵的额定压力和额定流量，若不计管道内的压力损失，试说明图 3－20 所示各种工况下液压泵出口的工作压力。

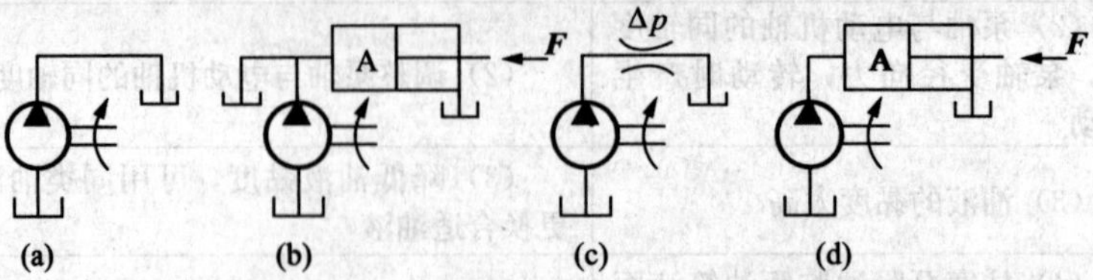

图 3－20

12. 某液压马达排量 $V=200\ cm^3/s$，入口压力为 8 MPa，出口压力为 0.3 MPa，其总效率为 0.8，容积效率为 0.9，当输入流量为 20 L/min 时，试求液压马达的输出转速 n 和输出转矩 T。

第4章　液　压　缸

学习目标

知识目标

- 掌握液压缸的功用、类型、原理及图形符号
- 掌握液压缸的推力和运动速度的计算
- 熟悉液压缸的结构特点

能力目标

- 能正确拆装液压缸，分析其结构及特点
- 能根据工作要求，合理选择液压缸的类型

4.1　液压缸的类型及其特点

液压缸与液压马达一样，也是液压传动系统的执行元件，它是将液压能转换为机械能，实现往复直线运动或摆动的能量转换装置。

液压缸有多种形式，按其结构形式不同，可分为活塞式、柱塞式和摆动式三大类。活塞缸和柱塞缸实现往复直线运动，输出推力和速度；摆动缸则能实现小于360°的往复摆动，输出转矩和角速度。

按作用方式不同，液压缸可分为单作用式和双作用式两种，单作用式液压缸利用液压力实现单方向运动，反方向运动则依靠外力来实现；双作用式液压缸利用液压力实现正、反两个方向的往复运动。

按所使用的压力不同，液压缸可分为低压缸、中压缸和高压缸。对于机床类机械而言，一般采用中、低压液压缸，其额定压力为2.5～6.3 MPa；对于建筑机械、工程机械和飞机等机械设备而言，多数采用中、高压液压缸，其额定压力为10～16 MPa；对于油压机一类机械而言，大多数采用高压液压缸，其额定压力为25～32 MPa。

液压缸除单个使用外，还可以几个组合起来或和其他机构组合起来，以完成特殊的功用。

4.1.1 活塞式液压缸

活塞式液压缸可分为双活塞杆式和单活塞杆式两种结构形式，其固定方式有缸体固定和活塞杆固定两种形式。

1. 双活塞杆式液压缸

双活塞式杆液压缸的两腔中都有活塞杆伸出。如图 4－1（a）所示，为缸体固定式结构，又称为实心双活塞杆式液压缸。当液压缸的左腔进油，推动活塞向右移动，右腔活塞杆向外伸出，左腔活塞杆向内缩进，液压缸右腔油液回油箱；反之，活塞向左移动。其工作台的往复运动范围约为有效行程 L 的 3 倍。这种液压缸因运动范围大，占地面积较大，一般用在行程短的小型液压设备上。

如图 4－1（b）所示，为活塞杆固定式结构，又称为空心双活塞杆式液压缸。当液压缸的左腔进油，缸体向左移动；反之，缸体向右移动。其工作台的往复运动范围约为有效行程 L 的 2 倍，因运动范围不大，占地面积较小，常用于行程长的大、中型液压设备。

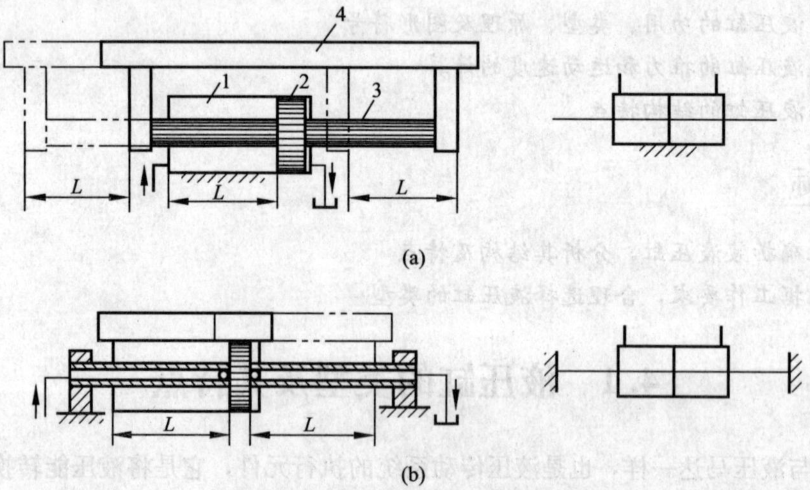

图 4－1 双活塞杆液压缸

1—缸筒；2—活塞；3—活塞杆；4—工作台

通常，双杆活塞缸两端的活塞杆直径是相等的，因此它左、右两腔的有效面积也相等，即

$$A_1=A_2=A=\frac{\pi}{4}(D^2-d^2) \tag{4—1}$$

当分别向左、右腔输入相同压力和相同流量的油液时，活塞（或缸体）两个方向的运动速度和推力也都相等，即

$$F_1=F_2=F=pA=p\frac{\pi}{4}(D^2-d^2) \tag{4—2}$$

$$v_1=v_2=v=\frac{q}{A}=\frac{4q}{\pi(D^2-d^2)} \tag{4—3}$$

式中 F_1、F_2——往复运动推力；

v_1、v_2——往复运动速度；

p——缸的供油压力；

q——输入液压缸的流量；

D——活塞的直径；

d——两活塞杆直径。

双杆活塞式液压缸因为具有等速度、等推力的特性，常用于要求往复运动速度和载荷相同的场合，如各种磨床。

2. 单杆活塞式液压缸

单杆活塞式液压缸仅一端有活塞杆伸出。单杆活塞式液压缸按固定方式不同也有缸体固定和活塞杆固定两种形式。如图4－2（a）所示为缸体固定式结构，图4－2（b）所示为活塞杆固定式结构。单杆活塞式液压缸无论缸体固定还是活塞杆固定，工作台的运动范围都等于活塞或缸体有效行程L的两倍，所以其结构紧凑，应用广泛。

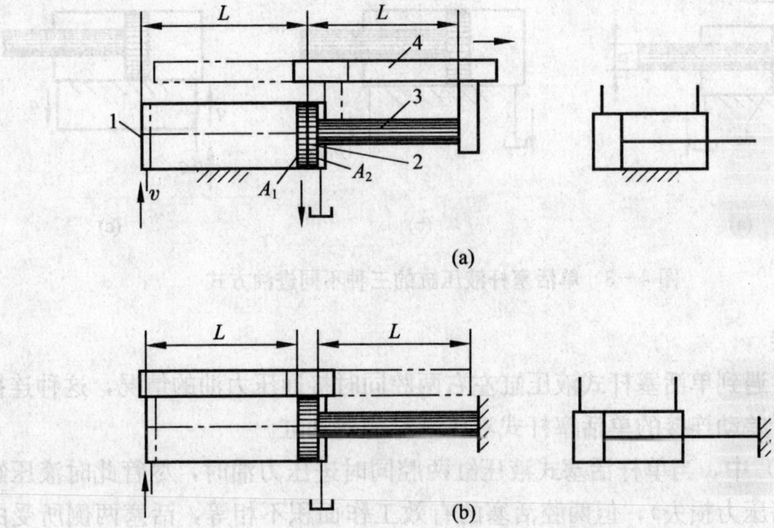

图4－2 单杆活塞式液压缸

1—缸筒；2—活塞；3—活塞杆；4—工作台

设缸筒内径为D，活塞杆直径为d，则液压缸无杆腔和有杆腔有效作用面积A_1、A_2分别为

$$A_1=\frac{\pi D^2}{4} \tag{4—4}$$

$$A_2=\frac{\pi(D^2-d^2)}{4} \tag{4—5}$$

由于两腔有效作用面积不相等，当向液压缸两腔分别供油，且压力和流量都不变时，活塞在两个方向上的运动速度和推力都不相等。

（1）无杆腔进油

如图4－3（a）所示，当无杆腔进油，有杆腔回油时，活塞的推力F_1和运动速度v_1分别为

$$F_1=pA_1=\frac{\pi D^2}{4}p \tag{4—6}$$

$$v_1=\frac{q}{A_1}=\frac{4q}{\pi D^2} \qquad (4—7)$$

此时，活塞的运动速度较慢，能克服的负载较大，常被用于实现机床的工作进给。

(2) 有杆腔进油

如图 4—3 (b) 所示，当有杆腔进油，无杆腔回油时，活塞的推力 F_2 和运动速度 v_2 分别为

$$F_2=pA_2=\frac{\pi}{4}(D^2-d^2)p \qquad (4—8)$$

$$v_2=\frac{q}{A_2}=\frac{4q}{\pi(D^2-d^2)} \qquad (4—9)$$

此时，活塞的运动速度较快，能克服的负载较小，常被用于实现机床的快速退回。

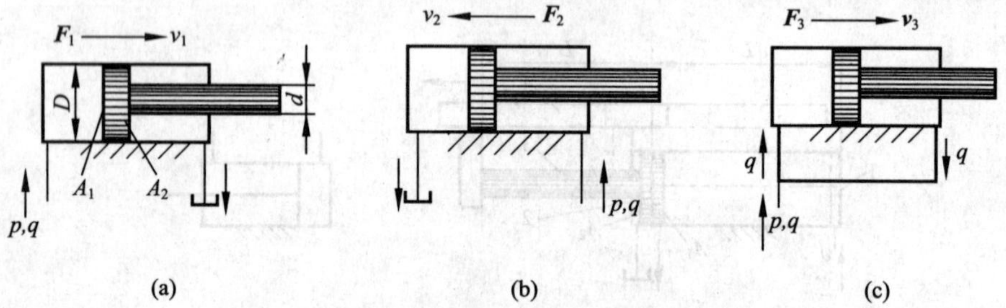

图 4—3 单活塞杆液压缸的三种不同进油方式

(3) 差动连接

工程中，经常遇到单活塞杆式液压缸左右两腔同时接通压力油的情况，这种连接方式称为差动连接，进行差动连接的单活塞杆式液压缸称为差动缸。

在图 4—3 (c) 中，当单杆活塞式液压缸两腔同时进压力油时，尽管此时液压缸两腔压力相等（不计管路压力损失），但两腔活塞的有效工作面积不相等，活塞两侧所受的作用力也不相等。因此，活塞将向有杆腔方向运动（缸体固定时），活塞杆向外伸出。与此同时，有杆腔排出的油液和油源输入的油液一起进入无杆腔，增加了进入无杆腔的流量，从而提高了活塞的运动速度，加快了活塞杆的伸出。

差动连接时，活塞的推力 F_3 为

$$F_3=pA_1-pA_2=pA_3=\frac{\pi}{4}d^2p \qquad (4—10)$$

若差动连接时，活塞的运动速度为 v_3，则无杆腔的进油量 $q_1=v_3A_1$，有杆腔的出油量 $q_2=v_3A_2$，因为：$q_1=q+q_2$ 即 $v_3A_1=q+v_3A_2$。

所以，活塞的运动速度 v_3 为

$$v_3=\frac{q}{A_1-A_2}=\frac{q}{A_3}=\frac{4q}{\pi d^2} \qquad (4—11)$$

由式 (4—1) 可知，差动连接时液压缸的推力比非差动连接时小，速度比非差动连接时大，可在不加大油源流量的情况下得到较快的运动速度，因此，这种连接方式被广泛应用于组合机床的液压动力滑台和其他机械设备的快速运动中，实现机床的快速进给。实际应用中，如果要求快速运动和快速退回速度相等即 $v_3=v_2$，则必须使 $D=\sqrt{2}d$。

4.1.2 柱塞缸

柱塞式液压缸是单作用式液压缸，只能实现单向运动，它的回程需要借助外力（如重力或弹力等）来完成。

1. 工作原理

柱塞式液压缸一般由缸体、柱塞、导向套、压盖等主要零件组成，如图 4－4（a）所示。当压力油进入缸体时，在压力油推动下，柱塞带动运动部件向右运动。如果要获得双向运动，可将两个柱塞液压缸相对安装，如图 4－4（b）所示，它可以使工作台得到双向运动。

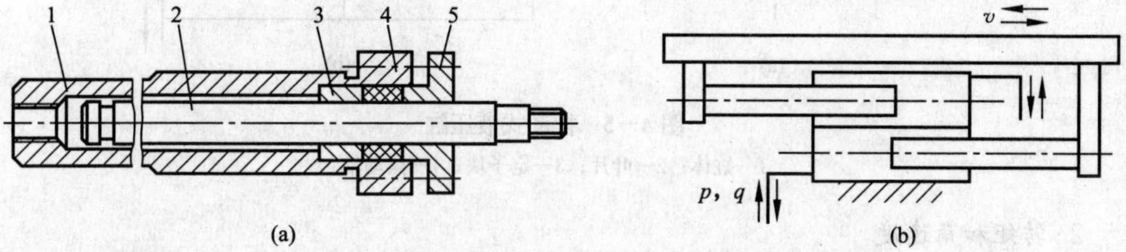

图 4－4 柱塞式液压缸

1—缸筒；2—柱塞；3—导向套；4—密封圈；5—压盖

2. 推力和速度

若柱塞直径为 d，则柱塞缸的有效作用面积为

$$A=\frac{\pi}{4}d^2$$

柱塞缸输出的推力 F 和速度 v 分别为

$$F=pA=\frac{\pi}{4}d^2 p \tag{4—12}$$

$$v=\frac{q}{A}=\frac{4q}{\pi d^2} \tag{4—13}$$

柱塞式液压缸的柱塞端面是受压面，其面积大小决定了柱塞伸出的速度和推力。为保证柱塞缸有足够的推力和稳定性，一般柱塞较粗，重量较大。柱塞缸水平安装时易产生单边摩擦损失，故适宜于垂直安装使用。为减轻柱塞的重量，有时制成空心柱塞。由于柱塞与缸筒无配合要求，柱塞缸筒内壁不需要精加工，甚至可以不加工，运动时由缸盖上的导向套来导向，而且结构简单，制造容易，所以它特别适用在行程较长的场合，如龙门刨床、导轨磨床、大型拉床等大行程设备的液压系统中。

4.1.3 摆动缸

摆动式液压缸也称为摆动液压马达，是输出转矩并实现往复摆动的液压缸。摆动式液压缸在结构上有单叶片和双叶片两种形式。

1. 工作原理

如图 4—5 所示，摆动式液压缸主要由叶片、摆动轴、定子块、缸体等主要零件组成。定子块固定在缸体上，而叶片和摆动轴联结在一起，当两油口相继通以压力油时，叶片即带动摆动轴做往复摆动。图 4－5（a）为单叶片式摆动液压缸，图 4－5（b）为双叶片式摆动液压缸。

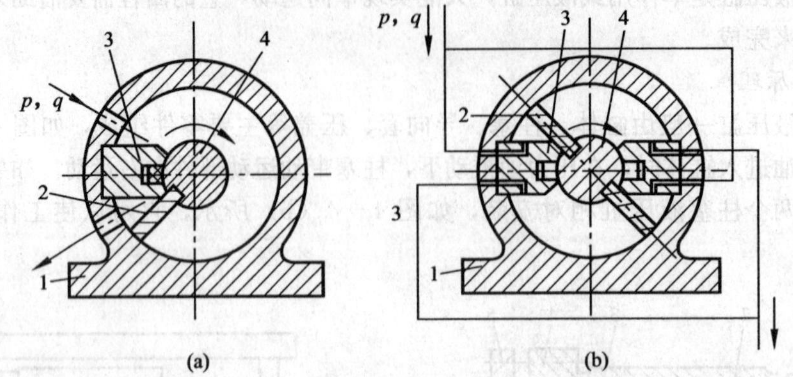

图 4－5　摆动式液压缸

1—缸体；2—叶片；3—定子块；4—摆动轴

2. 转矩和角速度

当考虑到机械效率时，单叶片摆动缸的摆动轴输出转矩为

$$T_{单}=\frac{b}{8}\left(D^2-d^2\right)p\eta_m \tag{4—14}$$

当考虑到容积效率时，单叶片摆动缸的输出角速度为：

$$\omega_{单}=\frac{8q}{b\left(D^2-d^2\right)}\eta_v \tag{4—15}$$

单叶片摆动缸的输出功率为

$$P_{单}=T_{单}\ \omega_{单}=pq\eta_m\eta_v$$

式中 D——缸体内径；

d——摆动轴直径；

b——叶片宽度；

p——进油压力；

q——进油流量；

η_v——容积效率；

η_m——机械效率。

双叶片摆动液压缸（摆角一般不超过 150°），当输入压力和流量不变时，双叶片摆动液压缸摆动轴输出转矩是相同参数单叶片摆动缸的两倍，而摆动角速度则是单叶片的一半。

摆动液压缸的结构紧凑，输出转矩大，但密封困难，一般只用于中低压系统。如机床的送料装置、间歇进给机构、回转夹具、工业机器人手臂和手腕的回转机构等液压系统。

4.1.4　其他液压缸

1. 增压缸

在某些短时或局部需要高压的液压系统中，常用增压缸与低压大流量泵配合作用，来得到高于泵压的输出压力，此时的液压缸称为增压缸。增压缸有单作用和双作用增压缸两种结构。

如图 4—6 所示为单作用增压缸，它由大、小直径分别为 D、d 的复合缸筒及有特殊功能的复合活塞组成。当低压为 p_1 的油液推动增压缸的大活塞时，大活塞带动与其连成一体的小活塞移动，由于 $F_1 = F_2$，即

$$p_1 A_1 = p_2 A_2$$

所以，小活塞输出压力 p_2 为$\dfrac{A_1}{A_2}p_1$

即

$$p_2 = p_1\left(\frac{D}{d}\right)^2 = Kp_1 \tag{4—16}$$

式中 $K=\dfrac{D^2}{d^2}$，称为增压比，它代表其增压能力。

单作用增压缸在小活塞运动到终点时，不能再输出高压液体，需要将活塞退回到左端位置，再向右运行时才输出高压液体，即只能在一次行程中输出高压液体。

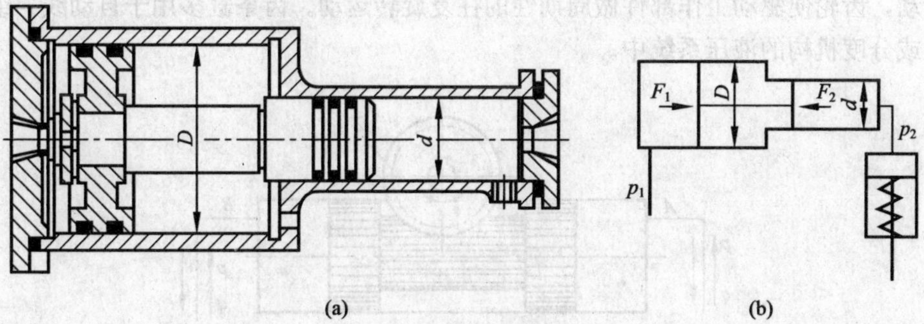

图 4—6 单作用增压缸

增压缸的特点如下：

①在不提高输入压力 p_1 的前提下，靠减少 A 来提高输出压力 p_2，其中单作用增压缸断续增压、双作用增压缸连续增压。

②增压缸只能将高压油输入其他液压缸以获得大的推力，其本身不能直接作为执行元件，所以安装时应尽量使它靠近执行元件。

2. 伸缩式液压缸

伸缩式液压缸又称多级液压缸，它是由二级或多级活塞缸（或柱塞缸）套装而成，前一级活塞就是后一级的缸体，这种伸缩缸的各级活塞依次伸出，可获得很长的行程。

如图 4—7 所示，为二级伸缩式液压缸的结构示意图，图中前一级的大活塞 2 与后一级的缸筒 3 连为一体，即前一级活塞杆是后一级活塞缸的缸筒。伸缩式液压缸工作时外伸动作是逐级进行的，首先是一级活塞外伸，当其达到行程终点的时候，二级活塞开始外伸，即活塞伸出的顺序是先大后小。工作时由于有效工作面积逐次减小，当输入流量相同时，活塞外伸速度为由慢到快，相应的推力也是由大到小；当负载恒定时液压缸的工作压力逐级增高。空载缩回时，活塞缩回的顺序一般是从小活塞到大活塞，即顺序是先小后大。收缩后液压缸的长度较短，占用空间较小，结构紧凑，适用于工程机械和其他行走机械，如自卸汽车、起重机等设备。

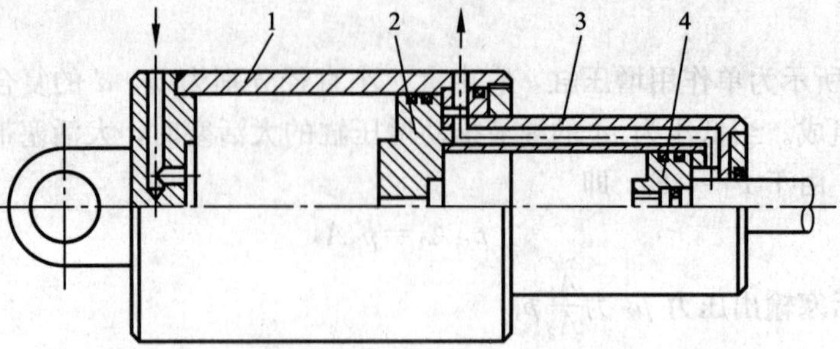

图 4－7 伸缩式液压缸

1——一级缸筒；2——一级活塞；3—二级缸筒；4—二级活塞

3. 齿条活塞液压缸

齿条活塞液压缸又称无杆式活塞缸，如图 4－8 所示，它由带有一根齿条杆的双活塞缸 1 和一套齿轮齿条传动机构 2 组成。当压力油推动活塞左右往复运动时，经齿条推动齿轮轴往复转动，齿轮便驱动工作部件做周期性的往复旋转运动。齿条缸多用于自动线、组合机床等转位或分度机构的液压系统中。

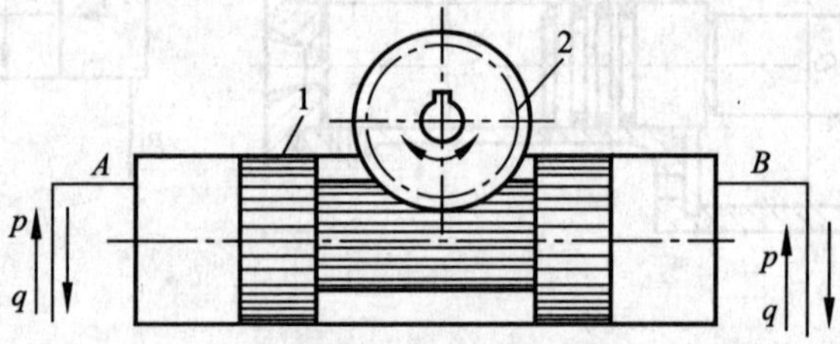

图 4－8 齿条液压缸

1—活塞缸；2—齿轮齿条传动机构

4.2 液压缸的结构

4.2.1 液压缸的典型结构

液压缸有多种结构形式，下面以一种典型液压缸——单杆活塞式液压缸为例，说明液压缸的基本组成。

由图 4－9 可知，无缝钢管制成的缸筒 8 和缸底 1 焊接在一起，另一端缸盖 11 与缸筒则采用螺纹连接，以便拆装检修。两端进出油口 A 和 B 都可通压力油或回油，以实现双向运动。活塞 5 用卡环 4、套环 3、弹簧挡圈 2 与活塞杆 13 连接。活塞和缸筒之间有密封圈 7，活塞杆和活塞内孔之间有密封圈 6，用以防止泄漏。导向套 10 用以保证活塞杆不偏离中心，它的外径和内孔配合处也都有密封圈。此外，缸盖 11 上还有防尘圈 12，活塞杆 13 左端带有缓冲柱塞等。

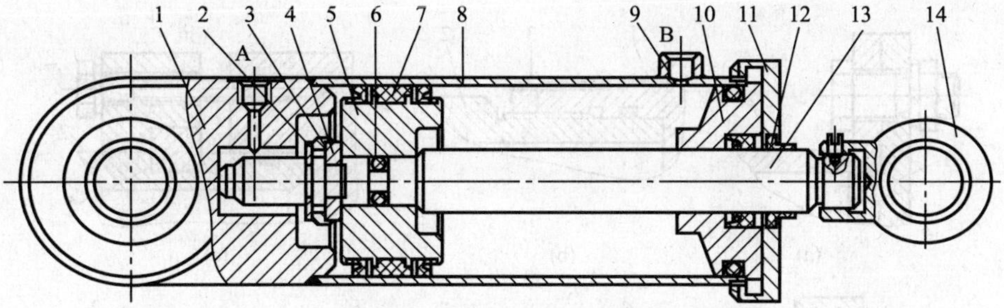

图 4—9 单活塞杆液压缸结构

1—缸底；2—弹簧挡圈；3—套环；4—卡环；5—活塞；6、7—密封圈；8—缸筒；9—管接头；10—导向套；11—缸盖；12—防尘圈；13—活塞杆；14—耳环

4.2.2 液压缸的组成

由图 4—9 可知，液压缸的结构基本上可以分为缸体组件、活塞组件、密封装置、缓冲装置和排气装置 5 个组成部分。

1. 缸体组件

缸体组件包括缸筒、前后缸盖和导向套等。它与活塞组件构成密封的油腔，承受很大的液压力，因此缸体组件要有足够的强度、刚度，较高的表面质量和可靠的密封。

(1) 缸筒、前后缸盖和导向套

缸筒是液压缸的主体，其内孔一般采用镗削、磨削、研磨等精密加工方法，表面粗糙度 Ra 值为 0.01～0.04 μm，以保证活塞及密封件、支承件的顺利滑动，减少磨损。缸筒要承受很大的液压力，要有足够的强度和刚度。

缸盖安装在缸筒的两端，同样承受较大的液压力，既要保证密封的可靠，又要使连接有足够的强度，因此设计时要选择工艺性好的连接结构。

导向套对活塞起支承和导向作用，其材料应耐磨且有足够的长度，有些液压缸不设导向套，直接用端盖孔导向，这种结构简单，但磨损后要更换端盖。

(2) 缸体组件的连接方式

液压缸缸筒与端盖的连接方式很多，其结构形式和使用的材料有关，一般工作压力 $p<10$ MPa时使用铸铁；工作压力为 10 MPa$<p<$20 MPa 时，使用无缝钢管；工作压力为 $p>20$ MPa 时，使用铸钢或锻钢。常用的缸筒与端盖连接的方式，如图 4—10 所示。

如图 4—10 (a) 所示为法兰连接式，这种结构容易加工和装拆，其缺点是外形尺寸和重量都较大，常用于铸铁制的缸筒上。

如图 4—10 (b) 所示为螺纹连接式，它的重量较轻、外形较小，但端部结构复杂，装卸要用专门工具，常用于无缝钢管或铸钢制作的缸筒上。

如图 4—10 (c) 所示为半环连接式，它结构简单、易装卸，但它的缸筒壁因开了环形槽而削弱了强度，为此有时要加厚缸壁，常用于无缝钢管或锻钢制的缸筒上。

如图 4—10 (d) 所示为拉杆连接式，缸筒易加工和装拆，结构通用性大，重量较重，外形尺寸较大，主要用于较短的液压缸。

如图 4—10 (e) 所示为焊接连接式，其结构简单，尺寸小，但缸筒有可能变形，缸底内径不易加工。

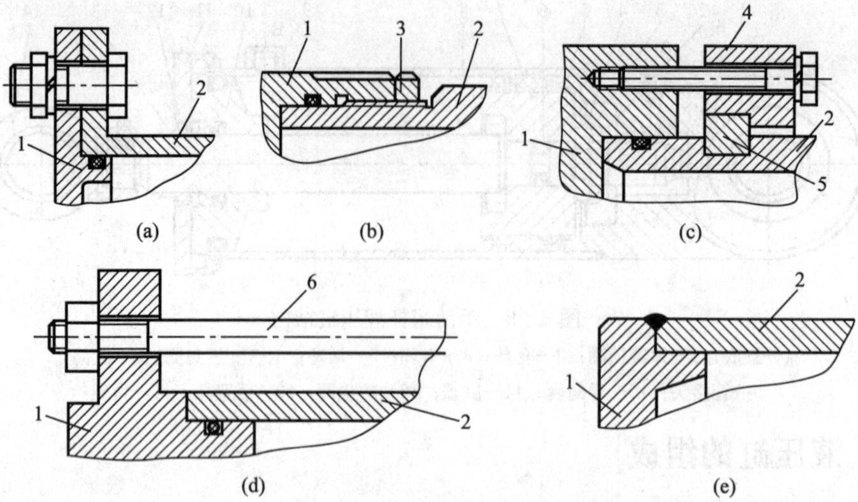

图 4－10　缸筒与端盖的连接形式

1—端盖；2—缸筒；3—防松螺母；4—压板；5—半环；6—拉杆

2. 活塞组件

活塞组件由活塞、活塞杆和连接件等组成。

(1) 活塞、活塞杆和连接件

活塞在缸筒内受油压作用实现往复直线运动，因此，必须具有良好的耐磨性和一定的强度，一般用耐磨铸铁制造，有整体式和组合式两种。

活塞杆是连接活塞和工作部件的传力零件，必须有足够的强度和刚度，通常都是钢料制造。活塞杆外圆表面应耐磨并有防锈能力，有时需镀铬，活塞杆头部有耳环式、球头式和螺纹式等几种。

(2) 活塞和活塞杆的连接方式

活塞和活塞杆的连接方式很多，如图 4－11 所示，常见的有锥销连接、螺纹连接和半环连接。

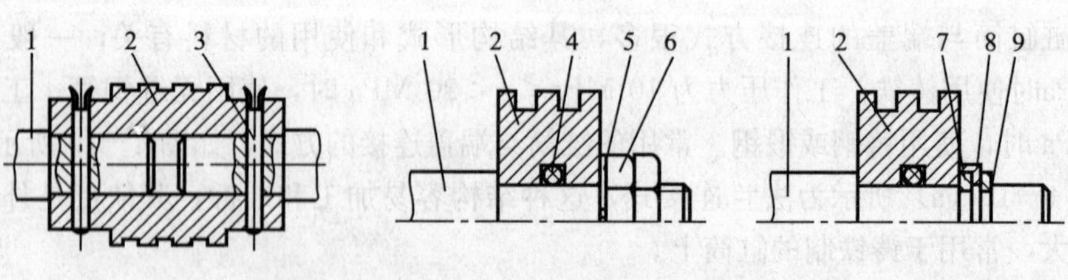

图 4－11　活塞与活塞杆的连接形式

1—活塞杆；2—活塞；3—销；4—密封圈；5—弹簧圈；

6—螺母；7—半环；8—套环；9—弹簧卡圈

如图 4－11 (a) 所示为锥销式连接，其加工容易，装拆方便，但承载能力小，多用于中、低压轻载液压缸中。

如图 4－11 (b) 所示为螺纹连接，其装卸方便，连接可靠，适用尺寸范围广，但一般应有锁紧装置。

如图 4－11（c）所示为半环连接，其连接强度高，但结构复杂，装拆不便，多用于高压大负载和振动较大的场合。

3．缓冲装置

当运动部件的质量较大，运动速度较高（如大于 12m/min）时，由于惯性力较大，具有很大的动量，因而在活塞运动到缸体的终端时，会与端盖发生机械碰撞，产生很大的冲击和噪声，严重影响机械精度和设备的使用寿命。为此，在大型、高速或高精度的液压设备中，液压缸端部还需设置缓冲装置。

缓冲装置的缓冲原理是活塞或缸筒移近行程的终端时，通过节流的方法增大回油阻力，降低活塞或缸筒的运动速度，使工作部件因运动受阻而减速，从而避免活塞与缸盖相撞，以达到缓冲目的。

如图 4－12 所示，常见的缓冲装置主要有下述几种。

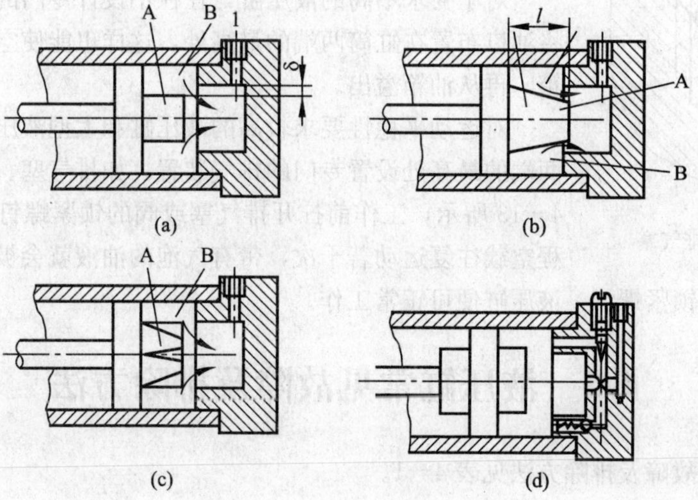

图 4－12 液压缸缓冲装置

（a）圆柱形环间隙式；（b）圆锥形环间隙式；（c）可变节流槽式；（d）可调节流孔式

A—缓冲柱塞；B—缓冲油腔；C—节流阀；D—单向阀

（1）环状间隙式缓冲装置

环状间隙式缓冲装置又称固定节流式缓冲装置，可分为圆柱形环间隙式和圆锥形环间隙式缓冲装置两种。如图 4－12（a）所示，为圆柱形环间隙式缓冲装置，当缓冲柱塞 A 进入缸盖上的内孔时，缸盖和柱塞间形成环形缓冲油腔 B，被封闭的油液只能经环状间隙 δ 排出，产生缓冲压力，从而实现减速缓冲。这种装置效果很差，液压冲击很大且实现减速所需行程较长，但这种装置结构简单，便于设计和降低成本，所以，常被采用在一般系列的成品液压缸中。如图 4－12（b）所示为圆锥形环隙式缓冲装置，由于缓冲柱塞 A 为圆锥形，所以缓冲环状间隙 δ 随位移量不同而改变，即节流面积随缓冲行程的增大而缩小，使机械能的吸收较均匀，其缓冲效果好，但仍有液压冲击。

（2）可变节流槽式缓冲装置

如图 4－12（c）所示，在缓冲柱塞 A 上开有三角节流沟槽，节流面积随着缓冲行程的增加而逐渐减小，其缓冲压力变化较平缓。

(3) 可调节流孔式缓冲装置

如图 4—12 (d) 所示，当缓冲柱塞 A 进入到缸盖内孔时，回油口被柱塞堵住，只能通过节流阀 C 回油，调节节流阀的开度，可以控制回油量，从而控制活塞的缓冲速度。当活塞反向运动时，压力油通过单向阀 D 很快进入到液压缸内，并作用在活塞的整个有效面积上，故活塞不会因推力不足而产生启动缓慢现象。这种缓冲装置可以根据负载情况调整节流阀开度的大小，改变缓冲压力的大小，因而使用范围较广。

4. 排气装置

液压系统中往往会混入空气，使系统工作不平稳，产生振动、噪音、爬行和启动时突然前冲等现象，严重时会使系统无法工作。为此设计液压缸时必须考虑空气的排除。为了便于排除积留在液压缸内的空气，油液最好从液压缸的最高点进入和排出。

对于要求不高的液压缸，往往不设计专门的排气装置，而是将油口布置在缸筒两端的最高处，这样也能使空气随油液排往油箱，再从油箱溢出。

对运动平稳性要求较高的液压缸和大型液压缸，常在液压缸两端的最高处设置专门的排气装置，如排气塞、排气阀等。如图 4—13 所示，工作前拧开排气塞或阀的锁紧螺钉，让液压缸全行程空载往复运动若干次，带有气泡的油液就会被排出。然后再拧紧排气塞或阀的锁紧螺钉，液压缸便可正常工作。

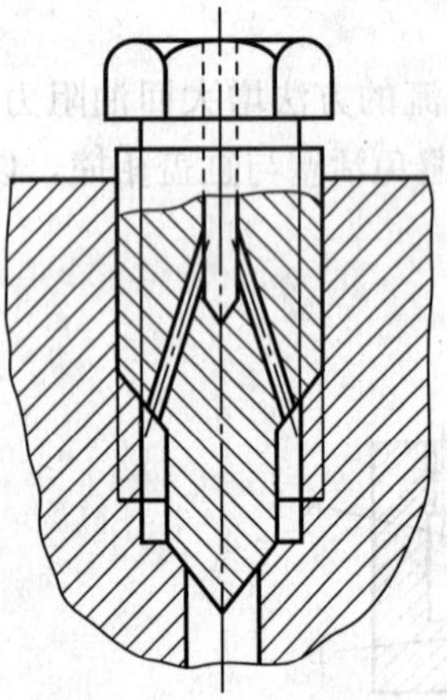

图 4—13 排气塞

4.3 液压缸常见故障及排除方法

液压缸常见故障及排除方法见表 4—1。

表 4—1 液压缸常见故障及排除方法

故障现象	产生原因	排除方法
1. 爬行	(1) 液压缸内有空气混入	(1) 设置排气装置或开动系统强迫排气
	(2) 运动密封件装配过紧	(2) 调整密封圈，使之松紧适当
	(3) 活塞杆与活塞不同轴，活塞杆不直	(3) 校正、修正或更换
	(4) 导向套与缸筒不同轴	(4) 修正调整
	(5) 液压缸安装不良，其中心线与导轨不平行	(5) 重新安装
	(6) 缸筒内壁锈蚀、拉毛	(6) 去除锈蚀、毛刺或重新镗缸
	(7) 活塞杆两端螺母拧得过紧，使其同轴度降低	(7) 略松螺母，使活塞杆处于自然状态
	(8) 活塞杆刚性差	(8) 加大活塞杆直径
2. 冲击	(1) 缓冲间隙过大	(1) 减小缓冲间隙
	(2) 缓冲装置中的单向阀失灵	(2) 修理单向阀

续表

故障现象	产生原因	排除方法
3. 推力不足或工作速度下降	(1) 缸体和活塞间的配合间隙过大，或密封件损坏，造成内泄漏 (2) 缸体和活塞的配合间隙过小，密封过紧，运动阻力大 (3) 缸盖与活塞杆密封压得太紧或活塞杆弯曲，使摩擦阻力增加 (4) 油温太高，黏度降低，泄漏增加，使缸速降低 (5) 液压油中杂质过多，使活塞或活塞杆卡死	(1) 修理或更换不合精度要求的零件，重新装配、调整或更换密件 (2) 增加密封间隙，调整密封件的压紧程度 (3) 调整密封件的压紧程度，校直活塞杆 (4) 检查温升原因，采取散热措施，改进密封结构 (5) 清洗液压系统，更换液压油
4. 外泄漏	(1) 活塞杆表面损伤或密封件损坏造成活塞杆处密封不严 (2) 密封件方向装反 (3) 缸盖处密封不良，缸盖螺钉未拧紧	(1) 检查并修复活塞杆，更换密封件 (2) 更正密封件方向 (3) 检查并修理密封件，拧紧螺钉

习 题 四

1. 液压缸有何功用？按其结构不同主要分为哪几类？

2. 什么是差动连接？它适用于什么场合？

3. 在某一工作循环中，若要求快进与快退速度相等，此时，单杆活塞缸需具备什么条件才能保证？

4. 柱塞缸、伸缩缸和摆动缸各有何特点？简述其应用场合。

5. 伸缩缸活塞伸出、缩回的顺序是怎样的？

6. 液压缸由哪几部分组成？缓冲和排气的作用是什么？

7. 液压缸缸体与端盖有哪些连接方式？

8. 如图 4－14 所示液压缸，输入压力为 p_1，活塞直径为 D，柱塞直径为 d，求输出压力 p_2 为多大？

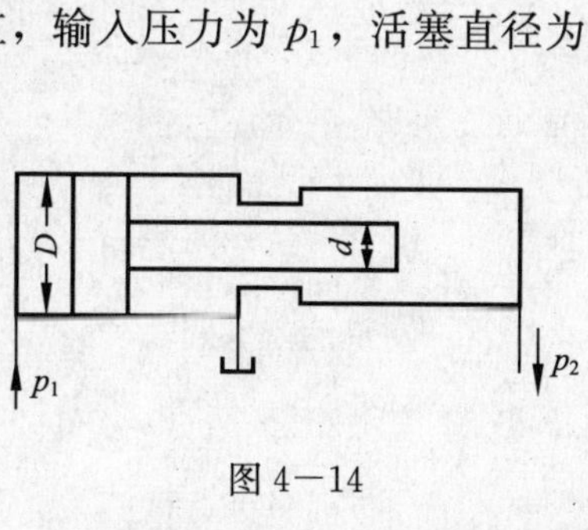

图 4－14

9. 如图 4－15 所示为一柱塞式液压缸，其柱塞固定，缸筒运动。压力油从空心柱塞通入，若压力 $p=3$ MPa，流量 $q=20$ L/min，柱塞外径 $d=70$ mm，内径 $d_0=30$ mm，试求缸筒运动速度 v 和推力 F。

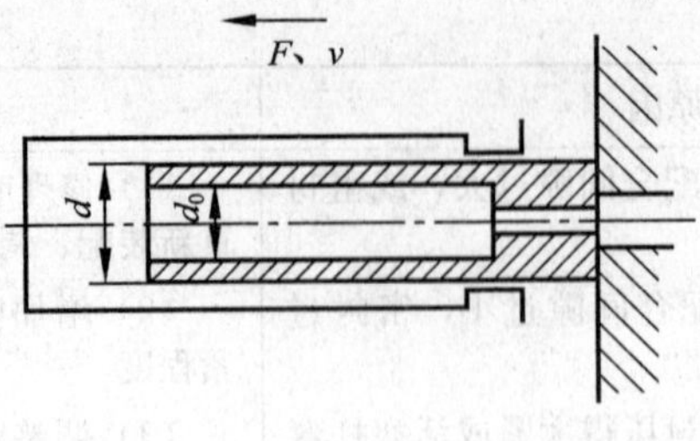

图 4—15

10. 如图 4—16 所示，两个结构相同的液压缸串联，已知液压缸无杆腔面积 A_1 为 100 cm^2，有杆腔面积 A_2 为 80 cm^2，缸 1 的输入压力为 $p_1=1.8$ MPa，输入流量 $q_1=15$ L/min，若不计泄漏和损失，试求：

(1) 当两缸承受相同的负载时（$F_1=F_2$）该负载为多少？两缸的运动速度 v_1、v_2 各是多少？

(2) 缸 2 的输入压力为缸 1 的一半（$p_2=p_1/2$）时，两缸各承受的负载 F_1、F_2 为多大？

(3) 当缸 1 无负载（$F_1=0$）时，缸 2 能承受多大负载？

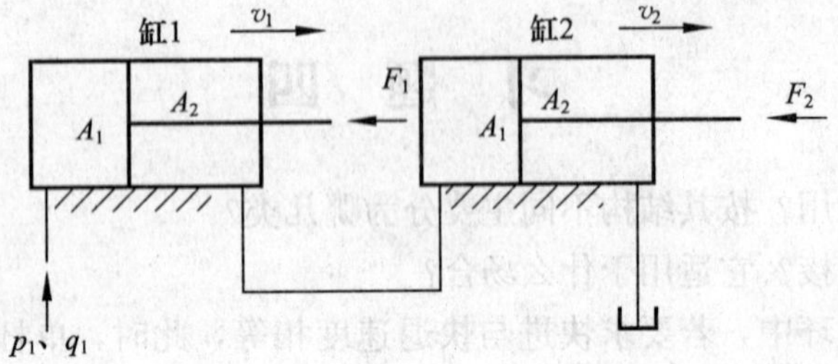

图 4—16

第 5 章　液压辅助装置

学习目标

知识目标

- 掌握各种液压辅助元件的分类、功用及工作原理
- 熟悉各类液压辅助元件的工作特点和适用场合
- 了解各种辅助元件安装及使用中的注意问题

能力目标

- 能根据设备的工况合理选择各类辅助元件
- 能识别并绘制各种辅助元件的图形符号
- 基本掌握各种辅助元件的使用和拆装方法

在液压传动系统中，液压辅助元件是指既不直接参与能量转换，也不直接参与方向、压力、流量等控制的元件或装置。液压系统的辅助元件包括蓄能器、过滤器、油箱、冷却器、加热器、密封件、检测仪表、油管及接头等，从液压传动的工作原理来看，这些元件是起辅助作用，但它们对系统的工作稳定性、可靠性、寿命、噪声、温升甚至动态性能都有直接影响，是液压系统不可缺少的部分。

5.1　油　　箱

5.1.1　油箱的功用及类型

1. 油箱的功用

油箱的功用主要是储存油液，此外还起着散发油液中的热量、分离油中的气体、沉淀油中的污物等作用。

2. 油箱的类型

液压系统中的油箱按布置方式可分为总体式和分离式两种。总体式是利用机器设备机身内腔为油箱（如压铸机、注塑机等），使其结构紧凑，体积小，回收漏油比较方便，但维修、

清理不便，油液不易散热，液压系统振动还会影响主机工作精度。分离式油箱是单独设置一个油箱，与主机分开，减少了油箱发热和液压振动对工作精度的影响，广泛用于组合机床、自动线和精密机械上。

油箱根据液面是否与大气相通，又分为开式油箱和闭式油箱。开式油箱通过空气滤清器与大气连通，油箱中的液体受到大气压的作用，在液压系统中应用广泛。闭式油箱完全与大气隔绝，有隔离式和充气式两种。箱体内设置气囊或者弹簧活塞对箱中油液施加一定压力，适用于水下作业机械或海拔较高地区及飞行器的液压系统中。

3. 油箱的图形符号

油箱的图形符号见表 5—1。

表 5—1 油箱的图形符号

油箱类型	开式			闭式
图形符号	管口在液面以上	管口在液面以下	管口连接于液面底部	
		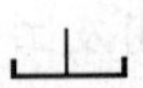	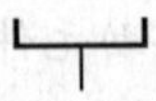	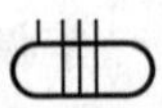

5.1.2 油箱的结构

开式油箱如图 5—1 所示，一般由吸油管、回油管、滤清器、隔板、放油塞和箱盖等部分组成。

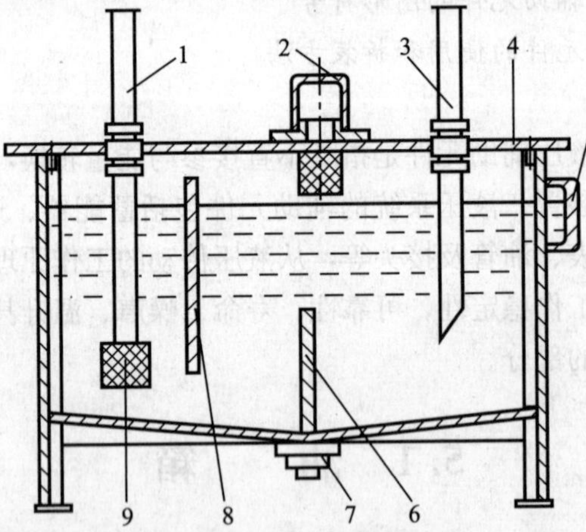

图 5—1 油箱结构

1—吸油管；2—滤清器；3—回油管；4—箱盖；5—液位计；
6、8—隔板；7—放油塞；9—滤油器

为了保证油箱的功能，油箱在结构上应注意以下几个方面。

①油箱底部应有适当斜度，并在最低处设置放油塞，换油时可使油液和污物顺利排出，以便于清洗。

②在易见的油箱侧壁上设置液位计（俗称油标），以指示油位高度。在开式油箱的上部通气孔上必须配置兼做注油口的空气滤清器，还应装温度计，以便随时观察系统油温的

情况。

③吸油管和回油管之间需用隔板隔开，以增加循环距离和改善散热效果。隔板高度一般不低于液面高度的 3/4。

④泵的进油管和系统的回油管应插入最低液面以下，以防吸入空气和回油冲溅产生气泡。吸油管口离油箱底面距离应大于 2 倍油管外径，离油箱箱边距离应大于 3 倍油管外径。吸油管和回油管的管端应切成 45°的斜口，回油管的斜口应朝向箱壁。

⑤阀的泄油管口应在液面之上，以免产生背压；液压马达和泵的泄油管则应引入液面之下，以免吸入空气。

⑥油箱的有效容积（油面高度为油箱高度 80%时的容积）一般按液压泵的额定流量估算。在低压系统中取额定流量的 2～4 倍，中压系统为 5～7 倍，高压系统为 6～12 倍。

⑦油箱正常工作温度应在 15℃～65℃，在环境温度变化较大的场合要安装热交换器。

⑧箱壁应涂耐油防锈涂料。

5.2 过　滤　器

在液压系统中约有 75%的故障与油液中混有杂质有关，因此，保持油液清洁，防止油液的污染是系统正常工作的必要条件。

5.2.1 滤油器的功用和要求

1. 滤油器的功用

滤油器又称过滤器，其功用是清除油液中的各种杂质，以免其划伤、磨损、甚至卡死有相对运动的零件，或堵塞零件上的小孔及缝隙，影响系统的正常工作，降低液压元件的寿命。

2. 对滤油器的要求

(1) 有适当的过滤精度

过滤精度是指过滤器滤芯滤除杂质颗粒尺寸的大小，以其直径的公称尺寸来表示。粒度越小，精度越高。按所能过滤杂质颗粒直径的大小，过滤器可分为 4 种，如表 5－2 所示。

表 5－2　过滤器的分类及过滤精度

过滤器	粗滤器	普通过滤器	精滤器	特精过滤器
过滤精度/μm	$d>100$	$d=10\sim100$	$d=5\sim10$	$d=1\sim5$

不同液压系统对过滤精度的要求可参照表 5－3 选择。

表 5－3　各种液压系统的过滤精度

系统类别	润滑系统	传动系统			伺服系统
工作压力 p/MPa	0～2.5	＜14	14～32	＞32	＝21
过滤精度/μm	100	25～30	＝25	＝10	＝5

(2) 有足够的过滤能力

过滤能力是指在一定压降下允许通过过滤器的最大流量。过滤器的过滤能力应大于通过它的最大流量，允许的压力降一般为 0.03～0.07 MPa。

（3）有足够的强度

过滤器的滤芯及壳体应有一定的机械强度，不因液压力的作用而破坏。

（4）滤芯要便于清洗和更换

（5）滤芯抗腐蚀性好，能在规定的温度下长期工作

5.2.1 过滤器的结构类型

过滤器按过滤精度来分可分为粗过滤器和精过滤器两大类；按滤芯的结构可分为网式、线隙式、烧结式、纸芯式和磁性过滤器等。

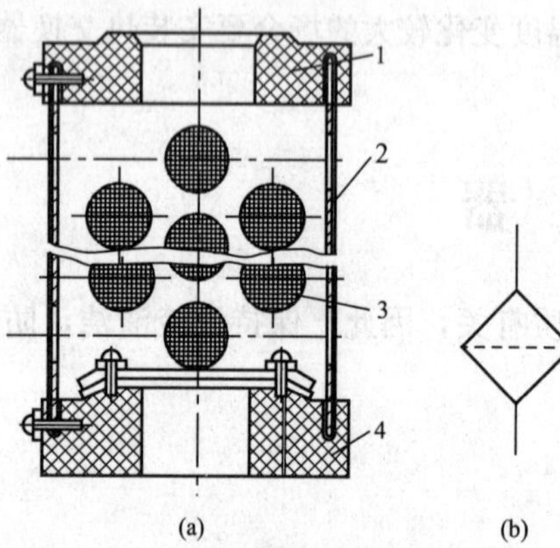

图 5—2 网式滤油器

1—上盖；2—骨架；3—滤网；4—下盖

1. 网式滤油器

如图 5—2（a）所示，网式滤油器由筒形骨架 2 上包一层或两层铜丝滤网 3 组成。其特点是结构简单，通油能力大，清洗方便，但过滤精度较低。常用于泵的吸油管路，对油液进行粗过滤。粗滤油器的图形符号如图 5—2（b）所示。

2. 线隙式滤油器

线隙式过滤器是靠金属丝之间的缝隙过滤出油液中的杂质，分为吸油管路用［图 5—3（a）］和压力管路用过滤器［图 5—3（b）］。压力管路用过滤器主要由外壳 1 和滤芯 2 构成，滤芯由铜线或铝线绕在筒形骨架上而形成（骨架上有许多纵向槽和径向孔）。线隙式过滤器结构较简单，过滤精度比网式滤油器高，通油能力较好，其主要缺点是杂质不易清洗，滤芯材料强度较低。

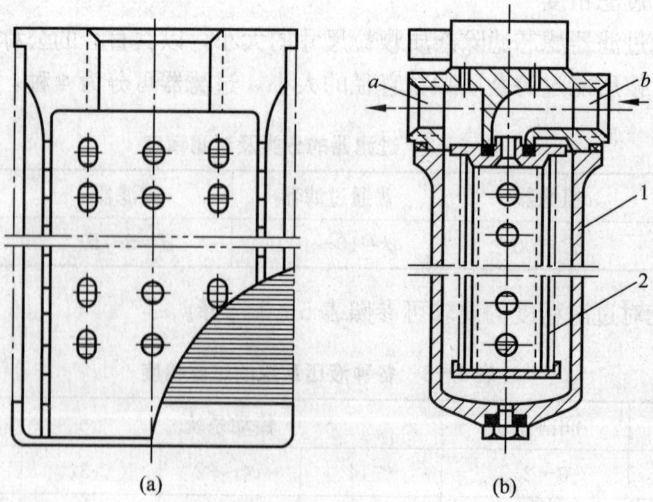

图 5—3 线隙式过滤器

1—外壳；2—滤芯

3. 烧结式滤油器

如图 5—4（a）所示，烧结式滤油器的滤芯 3 通常由青铜等颗粒状金属烧结而成，工作时利用颗粒间的微孔进行过滤。该滤油器的过滤精度高，适应精密过滤的要求，耐高温、抗腐蚀性强，滤芯强度大，但易堵塞，难于清洗，颗粒易脱落。图 5—4（b）所示为精滤油器的图形符号。

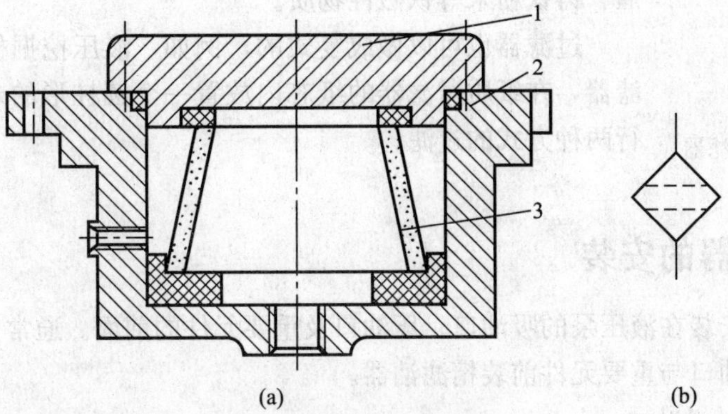

图 5—4　烧结式滤油器

1—顶盖；2—壳体；3—滤芯

4. 纸芯式滤油器

如图 5—5（a）所示为纸芯式滤油器，液压油从进油口 a 流入，在壳体 3 内自外向内穿过滤芯 3 而被过滤，然后从出油口 b 流出，滤芯由拉杆 4 和螺母 5 固定。滤芯如图 5—5（b）所示，由微孔滤纸组成，滤纸制成折叠式，以增加过滤面积。滤纸用骨架 7 支撑，以增大滤芯强度。过滤器工作时，杂质逐渐积聚在滤芯上，滤芯压差逐渐增大，为避免将滤芯破坏，防止未经过滤的油液进入液压系统，设置了堵塞状态的发信装置 1，当压差超过 0.3 MPa 时，发信装置发出信号。

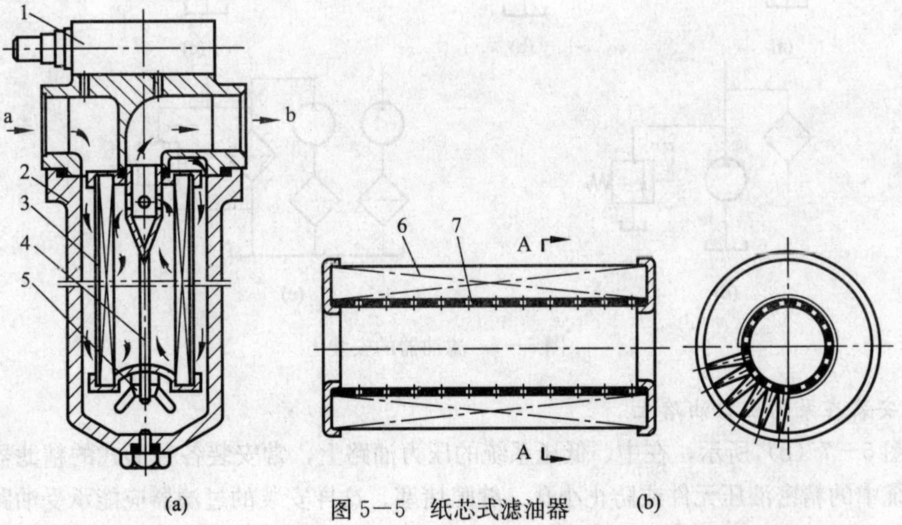

图 5—5　纸芯式滤油器

1—发信装置；2—外壳；3—滤芯；4—拉杆；5—螺母；6—纸芯；7—骨架

a、b—进、出油口

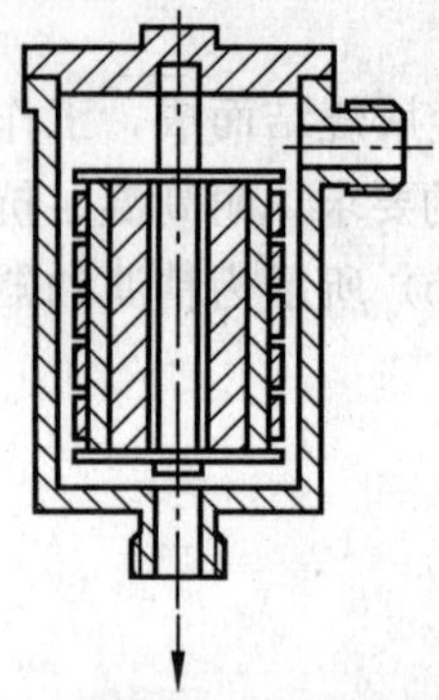

图 5—6　磁性过滤器

纸芯式滤油器过滤精度高，压力损失小，重量轻，成本低，但不能清洗，需定期更换滤芯，主要用于低压小流量的精过滤。

5. 磁性滤油器

如图 5—6 所示，磁性滤油器是利用永久磁铁来吸附油液中的铁屑、铸铁粉末等铁磁性物质。

过滤器也可以做成复式的，例如，液压挖掘机液压系统中的过滤器，在纸质过滤器的纸芯内放置一个圆柱形的永久磁铁，便于进行两种方式的过滤。

5.2.3　滤油器的安装

滤油器一般安装在液压泵的吸油口、压油口及重要元件的前面。通常，液压泵吸油口安装粗滤油器，压油口与重要元件前装精滤油器。

1. 安装在泵的吸油口

如图 5—7（a）所示，泵的吸油路上一般都安装粗过滤器，并浸没在油箱液面以下，目的是滤去较大的杂质微粒以保护液压泵，并防止空气进入液压系统。为不影响泵的吸油性能，防止气穴现象，过滤器的过滤能力应为泵流量的两倍以上，压力损失不得超过 0.02 MPa。因此，一般采用过滤精度较低的网式过滤器，并应经常进行清洗。

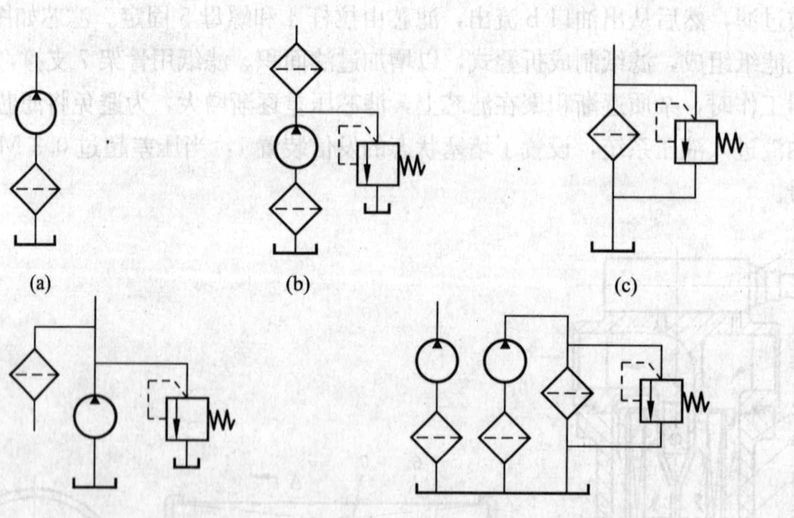

图 5—7　滤油器的安装

2. 安装在泵的出口油路上

如图 5—7（b）所示，在中、低压系统的压力油路上，常安装各种形式的精滤器，用以保护系统中的精密液压元件或防止小孔、缝隙堵塞。这样安装的过滤器应能承受油路上的工作压力和冲击压力，其压力降应小于 0.35 MPa，并应有安全阀和堵塞状态发讯装置，以防泵过载和滤芯损坏。

3. 安装在系统的回油路上

如图 5－7（c）所示，由于回油路压力低，可采用强度较低、刚度较小、体积和重量也较小的过滤器，用以对液压元件起间接保护作用。为防止过滤器堵塞，一般都与过滤器并联一安全阀，起旁通作用，该阀的开启压力应略高于滤油器的最大允许压差。

4. 安装在系统的分支油路上

如图 5－7（d）所示，当液压泵的流量较大时，若采用上述各种方式过滤，过滤器结构可能很大，为此可在只有泵流量 20%～30%的支路上安装一小规格过滤器，进行局部过滤。这种安装方式不会在主油路中造成压力损失，过滤器也不必承受系统工作压力，但是不能完全保证液压元件的安全，仅间接保护系统。

5. 单独过滤系统

如图 5－7（e）所示，大型液压系统可专设一液压泵和过滤器组成独立的过滤回路，专门用来清除系统中的杂质，还可与加热器、冷却器、排气器等配合使用。

此外，安装过滤器还应注意，一般过滤器只能单向使用，即进出油口不可反用，以利于滤芯清洗和安全。因此，过滤器不要安装在液流方向可能变换的油路上。作为过滤器的新进展，目前双向过滤器也已问世。

5.3　压力表与压力表开关

5.3.1　压力表

1. 压力表的功用

压力表用于观察液压系统中各工作点（如液压泵出口、减压阀之后等）的压力，以便工作人员把系统的压力调整到要求的工作压力。

2. 压力表的结构原理

压力表的种类很多，最常用的是弹簧管式压力表，如图 5－8（a）所示。当压力油进入弹簧弯管 1 时，弯管变形而使其曲率半径加大，端部的位移通过杠杆 4 使齿扇 5 摆动。于是与齿扇 5 啮合的小齿轮 6 带动指针 2 转动，此时就可在刻度盘 3 上读出压力值。图 5－8（b）所示为压力表的图形符号。

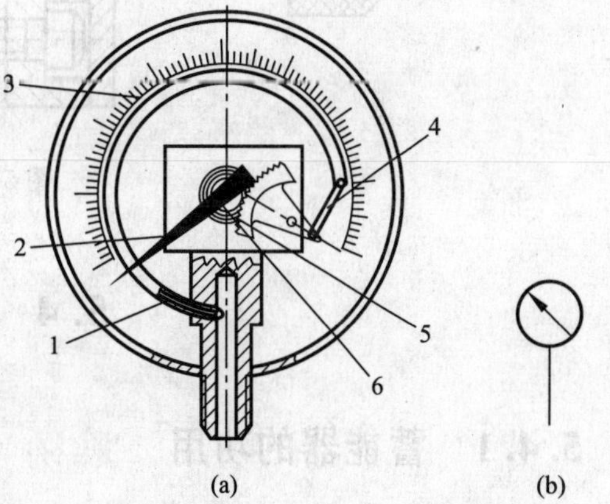

图 5－8　压力表

1—弯管；2—指针；3—刻度盘；4—杠杆；5—齿扇；6—小齿轮

压力表精度等级的数值是压力表最大误差占量程（压力表的测量范围）的百分数。一般机床上的压力表用 2.5～4 级精度即可。选用压力表时，一般取系统压力为量程的 2/3～3/4（系统最高压力不应超过压力表量程的 3/4），压力表必须直立安装。为了防止压力冲击损坏压力表，常在压力表的通道上设置阻尼小孔。

5.3.2 压力表开关

1. 压力表开关的功用

压力表开关用于接通或断开压力表与测量点油路的通道，开关中过油通道很小，对压力的波动和冲击起阻尼作用，防止压力表指针的剧烈摆动。

2. 压力表开关的类型

压力表开关按它所能连通的测量点的数目不同可分为一点、三点、六点几种；按连接方式不同又可分为管式和板式两种。多点压力表开关可按需要分别测量系统中多点的压力。图5－9所示为板式连接六点式压力表开关，图示位置为非测量位置，此时压力表油路经沟槽b、小孔a与油箱接通；若将手柄向右推进去，沟槽b将把压力表与测量点接通，并把压力表通往油箱的油路切断，这时便可测出该测量点的压力。如将手柄转到另一个位置，便可测出另一点的压力。依次转动，共有6个位置，可测量6个点的压力。

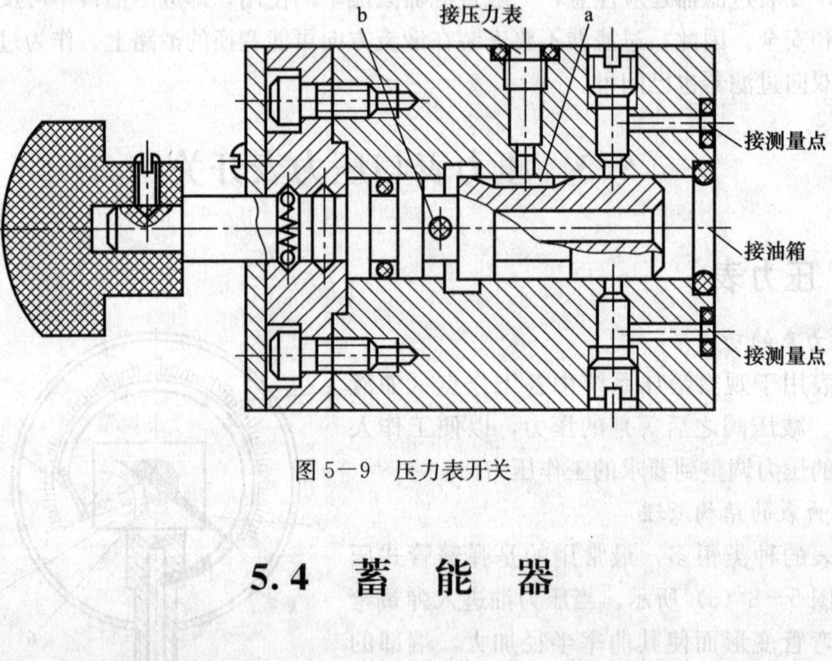

图5－9 压力表开关

5.4 蓄能器

5.4.1 蓄能器的功用

蓄能器是液压系统中的储能元件，它是一种能把液压能贮存在耐压容器里，待需要时再将其释放出来的装置，其具体用途如下。

1. 作辅助动力源

这是蓄能器最常见的用途，用于短时间内系统需要大量压力油的场合。例如，在间歇动作的压力系统中，当系统不需要大量油液时，蓄能器将液压泵输出的压力油储存起来，在需要时，再快速释放出来，以实现系统的动作循环。这样，系统可采用小流量规格的液压泵，既能减少功率损耗，又能降低系统的温升。

2. 保持系统压力

当执行元件停止运动的时间较长，并且需要保压时，为降低能耗，使泵卸荷，可以利用蓄能器贮存的液压油来补偿油路的泄漏损失，维持系统压力。

3. 缓冲和吸收压力脉动

当阀门突然关闭或换向时，系统中产生的冲击压力可由安装在冲击源和脉动源附近的蓄能器来吸收，使液压冲击的峰值降低。

4. 应急动力源

液压泵发生故障中断供油时，蓄能器能提供一定的油量作为应急动力源，使执行元件能继续完成必要的动作。

5.4.2　蓄能器的类型及特点

蓄能器按储能方式分，主要有重力加载式、弹簧加载式和气体加载式三种类型。其中重力加载式因体积大、结构笨重、反应迟钝，目前工业上已很少使用了。弹簧加载式虽结构较简单，反应较灵敏，但容量小，目前也已很少使用，只在个别低压系统中还能见到。因此本小节主要介绍气体加载式蓄能器。

气体加载式蓄能器是利用压缩气体（通常为氮气）来储存能量的。它包括气瓶式、活塞式和气囊式几种形式，在此主要介绍气囊式蓄能器。

如图5－10所示为气囊式蓄能器及其图形符号，它由充气阀1、壳体2、气囊3、提升阀4等部分组成。气囊用耐油橡胶制成，固定在壳体2的内部，囊内充入惰性气体（一般为氮气）。提升阀是一个用弹簧加载的具有菌形头部的阀，压力油由该阀通入。在液压油全部排出时，该阀能防止气囊膨胀挤出油口。

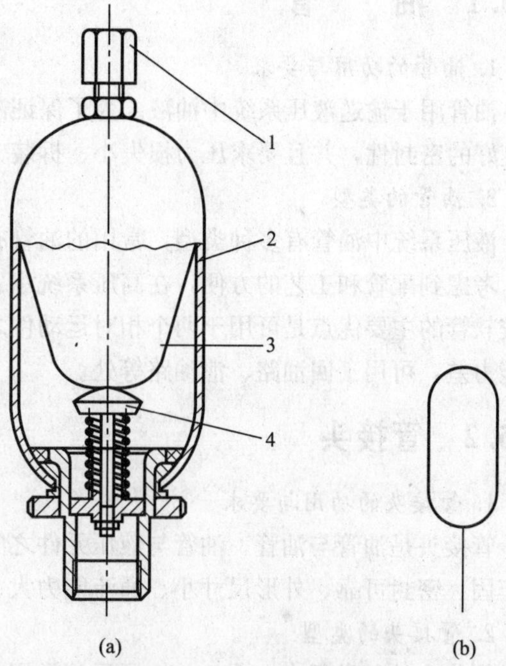

图5－10　气囊式蓄能器

1—充气阀；2—壳体；3—气囊；4—提升阀

这种蓄能器的优点是气囊惯性小，反应灵敏，且结构小、重量轻，容易维护，一次充气后能长时间的保存气体，充气也较方便，故在液压系统中得到广泛的应用。其缺点是容量较小，气囊和壳体的制造比较困难。

5.4.3　蓄能器的使用与安装

蓄能器在液压回路的安放位置随其功能的不同而不同，具体使用和安装时应注意以下事项。

①气体加载式蓄能器应充惰性气体，允许的最高充气压力视蓄能器的结构形式而定，例如气囊式蓄能器的充气压力是3.5～32 MPa。

②气囊式蓄能器原则上应油口向下垂直安装，只有在空间位置受限制时才考虑倾斜后水平安装。这是因为倾斜或水平安装时气囊会受浮力而与壳体单边接触，妨碍其正常伸缩且加快其损坏。

③吸收冲击压力和脉动压力的蓄能器应尽可能装在振源附近。

④装在管路上的蓄能器必须用支撑板或支架固定。

⑤蓄能器与管路系统之间应安装截止阀，以供充气或检修时使用。

⑥蓄能器与液压泵之间应安装单向阀，以防止液压泵停止工作时蓄能器内储存的压力油倒流。

5.5 油管与管接头

5.5.1 油　　管

1. 油管的功用与要求

油管用于输送液压系统中油液。为了保证液压系统工作可靠、要求油管应有足够的强度和良好的密封性，并且要求压力损失小、拆装方便。

2. 油管的类型

液压系统中油管有多种类型，常用的油管有钢管、紫铜管、橡胶软管、尼龙管、塑料管等。考虑到配管和工艺的方便，在高压系统中常用无缝钢管；中、低压系统一般用紫铜管；橡胶软管的主要优点是可用于两个相对运动件之间的连接；尼龙管和塑料管价格便宜，但承压能力差，可用于回油路、泄油路等处。

5.5.2 管接头

1. 管接头的功用与要求

管接头是油管与油管、油管与液压元件之间的可拆卸连接件。它必须具备装拆方便、连接牢固、密封可靠、外形尺寸小、通流能力大、压降小等特点。

2. 管接头的类型

管接头的种类很多，图 5－11 所示为常用的几种类型：

图 5－11（a）所示为扩口式管接头，用油管管端的扩口在管套的压紧下进行密封，结构简单，适用于铜管、薄壁钢管等中、低压管道的连接。

图 5－11（b）所示为焊接式管接头，连接牢固，简单可靠，但拆装不方便，用来连接管壁较厚的钢管。

图 5－11（c）所示为卡套式管接头，用卡套卡住油管进行密封，装拆方便，对轴向尺寸要求不严，对油管径向尺寸精度要求较高，适应于高压系统中无缝钢管的连接。

图 5－11（d）所示为扣压式管接头，用于中、低压系统软管的连接。

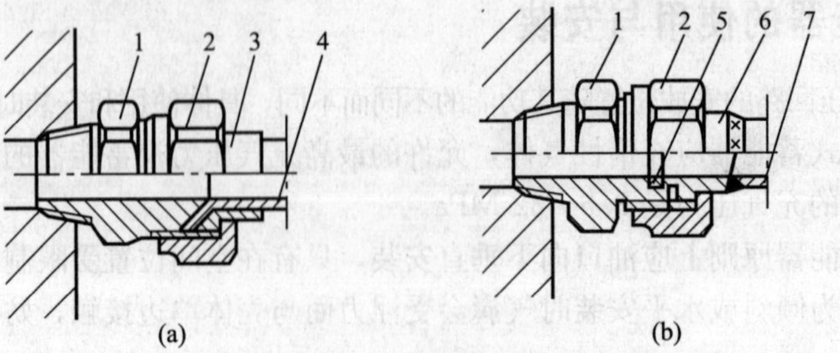

图 5－11　管接头

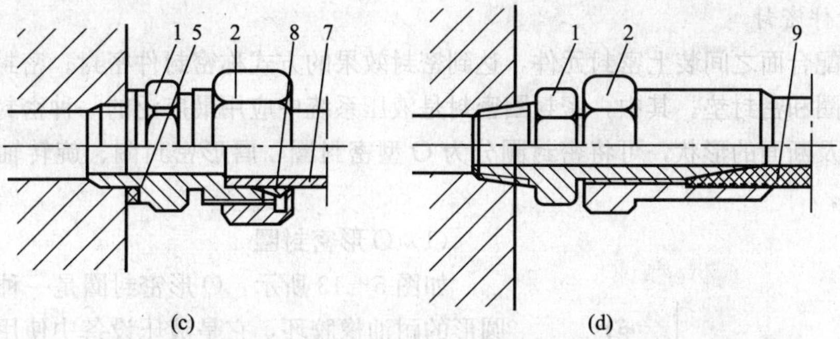

图5－11　管接头（续）

1—接头体；2—螺母；3—管套；4—扩口薄管；5—密封垫；6—接管；7—钢管；8—卡套；9—橡胶软管

5.6　密封装置

5.6.1　密封的作用与要求

在液压系统中，密封的作用不仅是防止液压油的泄漏，还要防止空气和尘埃进入液压系统。对密封装置的要求如下。

①在一定压力、温度范围内具有良好的密封性能。

②对运动表面产生的摩擦力小，磨损小，磨损后能自动补偿。

③密封性能可靠，能抗腐蚀，不易老化，工作寿命长。

④结构简单，便于制造和拆装。

5.6.2　密封元件的种类及特点

按工作状态的不同，密封分为静密封和动密封两种。静密封指正常工作时，无相对运动的配合表面间的密封；动密封指正常工作时，有相对运动的配合表面间的密封。按其工作原理不同，密封分为间隙密封和密封件密封两种。

1. 间隙密封

如图5－12所示，间隙密封是利用运动件之间的微小间隙（0.02～0.05 mm）起密封作用，是最简单的一种密封形式，其密封的效果取决于间隙的大小、压力差、密封长度和零件表面质量。为增加泄漏油的阻力，减少泄漏量，通常还在圆柱面上开几条等距环形槽。

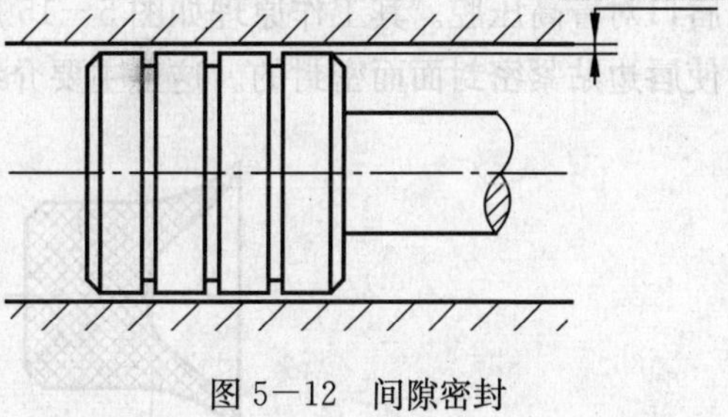

图5－12　间隙密封

由于配合零件间有间隙，所以摩擦力小，发热少，寿命长，结构简单紧凑。间隙密封一般都用于动密封，如泵和马达的柱塞与柱塞孔之间的密封，配油盘与缸体之间的密封；液压控制阀阀体与阀芯之间的密封等。间隙密封的缺点是不可能完全达到无泄漏，不能用于严禁外泄的地方。

2. 密封件密封

在零件配合面之间装上密封元件，达到密封效果的方式称密封件密封。密封件通常指各种橡胶密封圈和密封垫。其中，密封圈密封是液压系统中应用最广泛的一种密封方法。按密封圈的组成及断面的形状，可将密封圈分为O型密封圈、唇形密封圈、旋转轴密封圈和组合密封圈等。

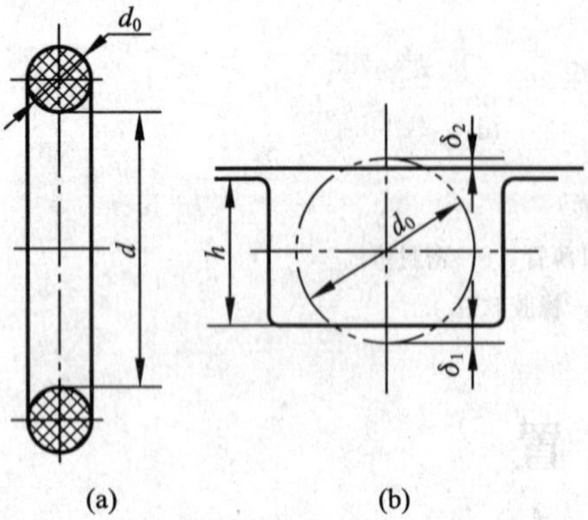

图 5－13　O形密封圈

(1) O形密封圈

如图 5－13 所示，O形密封圈是一种断面形状为圆形的耐油橡胶环，它是液压设备中使用得最多、最广泛的一种密封件，既可以用于外径或内径密封，又可以用于端面密封；既可用于静密封，又可用于动密封。如图 5－14 所示，O形密封圈在安装时要有合理的预压缩量 δ_1 和 δ_2，当油液压力超过 10 MPa 时，O形密封圈在往复运动中容易被油液压力挤入间隙而提早损坏，为此，要在它的低压侧设置 1.2～1.5 mm 厚的挡环。双向受力时则在两侧各放一个挡环。

O形密封圈的特点是结构简单、制造容易、成本低、拆卸方便、动摩擦阻力小，对油液、压力和温度的适应性好。其缺点是动密封时，静摩擦系数大，摩擦产生的热量不易散去，易引起橡胶老化，使密封失效，密封圈磨损后不能自动补偿。

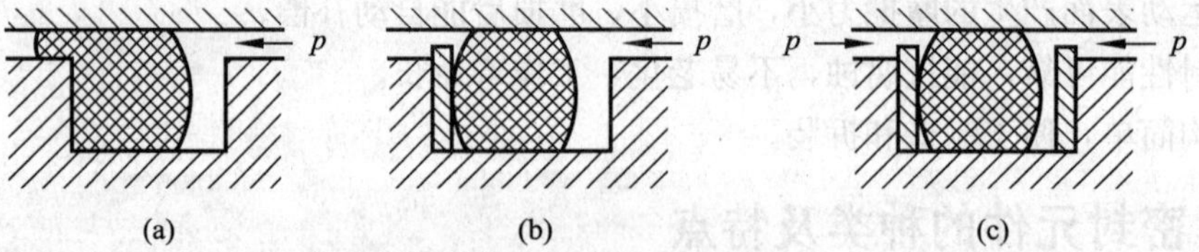

图 5－14　O形密封圈挡环安装

(2) 唇形密封圈

按截面形状唇形密封圈分为Y形、V形、U形、L形等，主要用于动密封，安装时将唇口对着高压腔。其工作原理如图 5－15 所示，是依靠密封圈的唇边受液压力作用而变形，使唇边贴紧密封面而密封的。这里主要介绍Y形和V形密封圈两种。

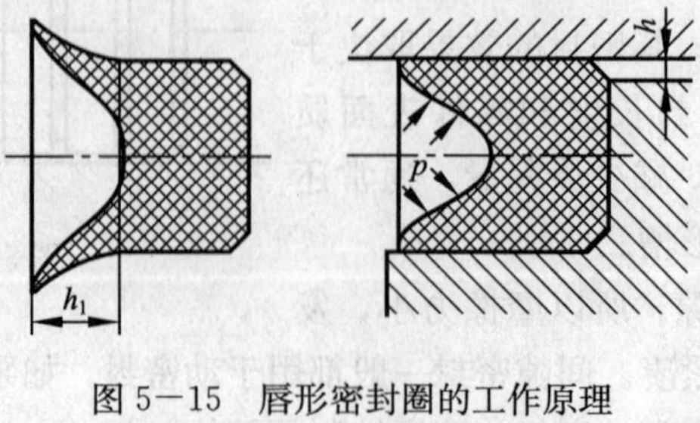

图 5－15　唇形密封圈的工作原理

①Y形密封圈。如图 5－16 所示为Y形密封圈，分为普通Y形和 Y_X 形两种。如

图 5－16（a)所示，普通 Y 形的截面呈 Y 形，用耐油橡胶制成。Y 形密封圈结构简单，适用性很广，密封效果好，常用于活塞和液压缸之间、活塞杆与液压缸端盖之间的密封。一般情况下，Y 形密封圈可直接装入沟槽使用，但在压力变动较大、运动速度较高时易翻转而损坏，应使用支承环固定 Y 形密封圈，如图 5－17 所示。

Y_X 形密封圈是由 Y 形密封圈改进而成，内、外唇不相等，如图 5－16（b)、（c）所示，分孔用和轴用两种，由聚氨酯橡胶制成，它可以避免摩擦力造成的密封圈的翻转和扭曲，比普通 Y 形适用于更高的压力和更高的温度。

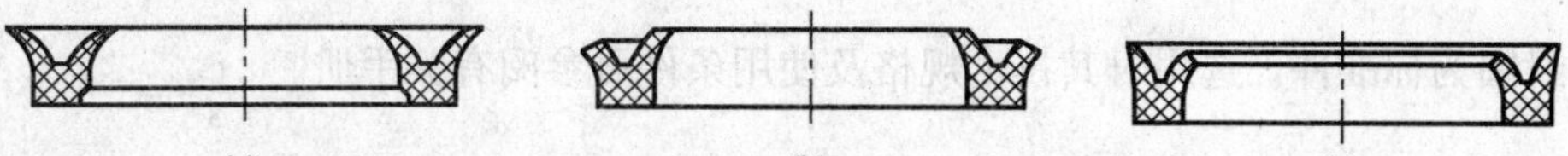

图 5－16　Y 形密封圈

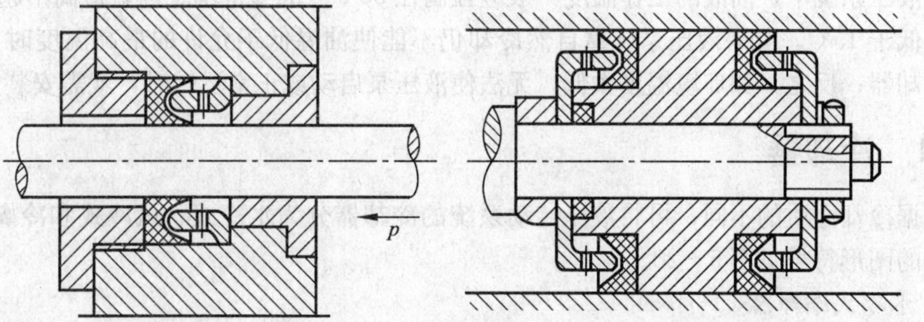

图 5－17　Y 形密封圈支承环安装

②V 形密封圈。如图 5－18 所示为 V 形密封圈，由形状不同的支撑环 1、密封环 2，压环 3 组成。当压力小于 10 MPa 时，使用一套三件已足够保证密封。压力更高时，可以增加中间密封环的个数。

V 形密封圈的接触面较长，密封性能好，耐高压（可达 50 MPa)，寿命长，但摩擦力较大，主要用于移动速度不高的液压缸中（如磨床工作台液压缸)。

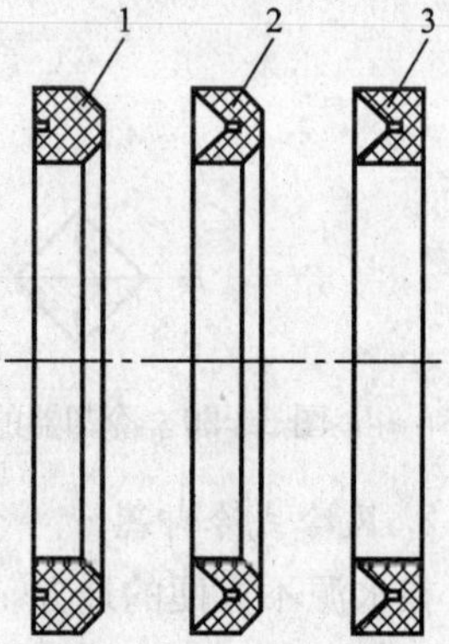

图 5－18　V 形密封圈

1—支撑环；2—密封环；3—压环

（3）组合密封圈

组合密封圈是两个以上元件组成的密封装置。如图 5－19 所示，由聚四氟乙烯滑环 2 和 O 形密封圈 1 组成的组合密封圈。滑环紧贴密封面，O 形圈为滑环提供弹性预压力，从而使滑环产生微小变形而与配合件表面贴合。图 5－19（a）为孔用组合密封，图 5－19（b）为轴用组合密封。因滑环与金属的摩擦系数小耐磨，故组合式密封装置的使用寿命比单独使用普通橡胶密封圈提高了近百倍，在工程上的应用日益广泛。

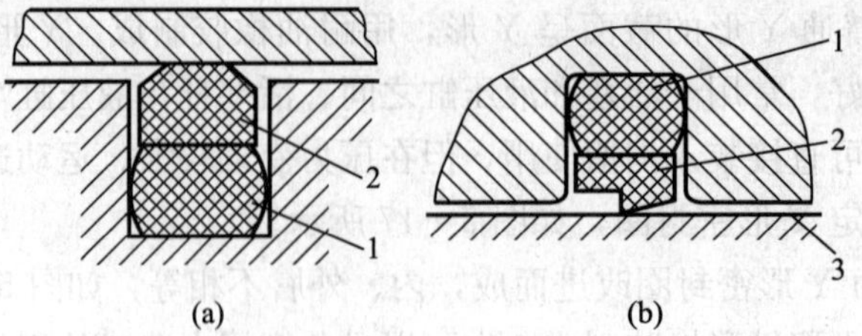

图 5－19　组合密封圈

1—O 形密封圈；2—滑环；3—被密封件

密封圈为标准件，选用时其技术规格及使用条件可参阅有关手册。

5.7　热交换器

在液压系统中，油液的工作温度一般应控制在 30℃～50℃范围之内，最高不超过 65℃，最低不低于 15℃。如果液压系统靠自然冷却仍不能使油温低于允许的最高温度时，就需要安装冷却器；反之，如环境温度太低，无法使液压泵启动或正常运转时，就需安装加热器。

5.7.1　冷却器

根据冷却介质的不同，可将液压传动系统的冷却器分为水冷式、风冷式和冷媒式三种。冷却器的图形符号见图 5－20。

1. 水冷式冷却器

最简单的水冷式冷却器是蛇形管式，如图 5－21 所示，它以一组或几组的形式，直接装在液压油箱内。冷却水从管内流过时，就将油液中的热量带走。这种冷却器的散热面积小，油的流动速度很低，冷却效率较低。

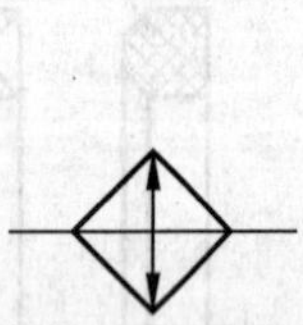

图 5－20　冷却器的图形符号

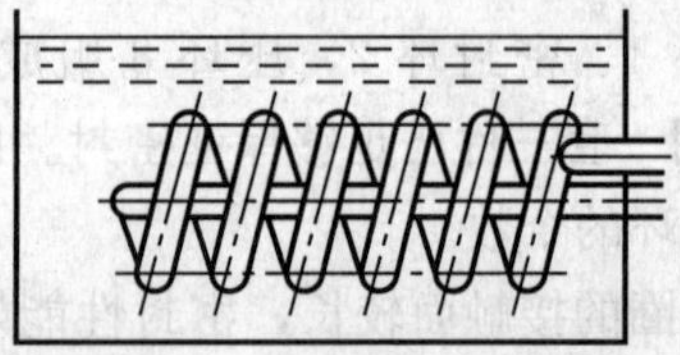

图 5－21　蛇形管式水冷却器

2. 风冷式冷却器

在水源不方便的地方（如在行走设备上）可以用风冷式冷却器。图 5－22 所示是一种强制风冷板翅式冷却器，其优点是散热效率高、结构紧凑、体积小、强度大；缺点是易堵塞、清洗困难。图 5－23 所示为翅片管式（圆管、椭圆管）冷却器，其圆管外嵌入大量的散热翅片，翅片一般用厚度为 0.2～0.3 mm 的铜片或铝片制成，散热面积可达光管的 8～10 倍，而且体积和质量相对较小。椭圆管因涡流区小，空气流动性好，散热系数高。

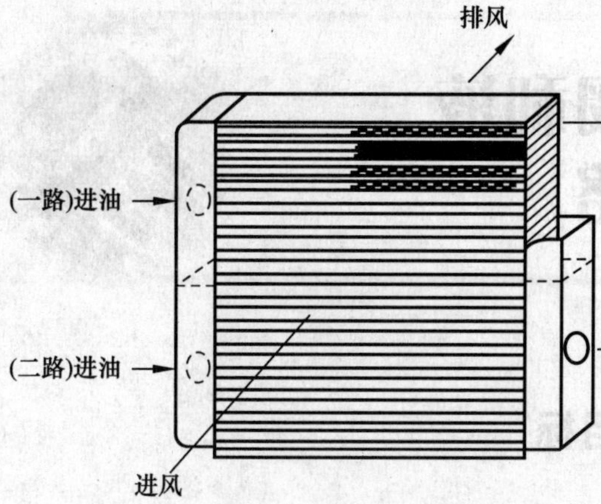

图 5—22　强制风冷板翅式冷却器

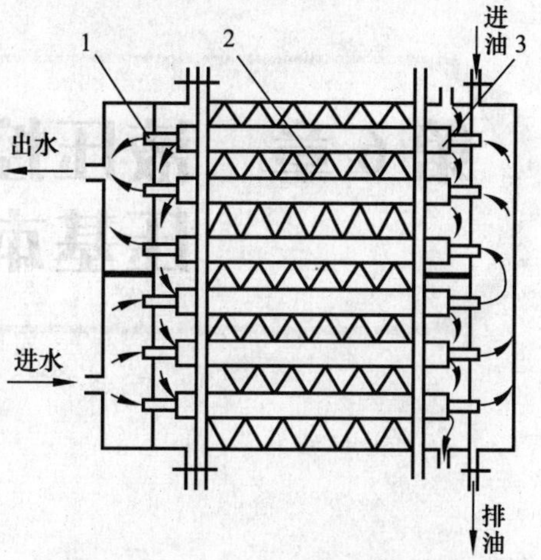

图 5—23　翅片管式冷却器

1—水管；2—翅片；3—油管

5.7.2　加热器

加热器的作用将油温升高到 15℃以上。在液压试验设备中，用加热器和冷却器可一起进行油温的精确控制。加热器的图形符号如图 5—24 所示。

液压系统中一般常用的是电加热器，其安装方式如图 5—25 所示。加热器 2 通过法兰固定在油箱 1 的侧壁上，其发热部分全部浸在油液内。由于油是热的不良导体，故单个加热器的功率不能太大，而且应装在油箱内油液流动处，以免周围油液因过热而老化变质。

图 5—24　加热器的图形符号

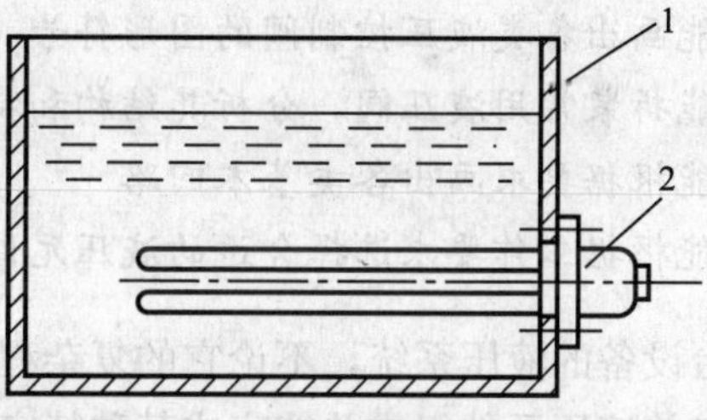

图 5—25　电加热器安装示意图

1—油箱；2—加热器

习　题　五

1. 过滤器在液压系统中应安装在什么位置？各起什么作用？
2. 油箱的功用是什么？设计油箱时应注意哪些问题？
2. 油管和管接头有哪些类型？各适用于什么场合？
3. 蓄能器有哪些主要功用？安装和使用蓄能器应注意哪些事项？
4. 密封的作用是什么，常用的密封方法有哪些，分别有什么特点？
5. 热交换器的作用是什么？类型有哪些？
6. 试画出各种液压辅助元件的图形符号。

第6章　液压控制阀和液压基本回路

学习目标

知识目标

• 掌握各类普通液压阀的功用、结构特点、工作原理和应用特点
• 掌握各类基本回路的作用、组成、工作原理及应用
• 熟悉各类液压控制阀的图形符号画法及应用
• 了解各类新型液压元件（插装阀、叠加阀、比例阀、数字阀）的结构、工作原理和应用特点

能力目标

• 能画出各类液压控制阀的图形符号
• 能拆装常用液压阀，分析其结构和特点
• 能根据要求画出各类基本回路
• 能根据工作要求选择合适的液压元件，并能熟练地安装和调试回路

一台设备的液压系统，不论它的复杂程度如何，总是由一些基本回路组成。液压基本回路是由有关液压元件组成并能完成某种特定功能的典型油路结构。液压元件除了以前讲述的动力元件、执行元件和辅助元件以外，还包括控制元件。控制元件就是指各种液压控制阀。液压控制阀（液压阀）是液压系统中控制油液流动方向、压力和流量的元件。液压阀按其用途不同可分为方向控制阀、压力控制阀和流量控制阀三类，其性能的好坏直接影响液压系统的工作过程和工作特性，它是液压系统中的重要元件。熟悉各种液压控制阀的工作原理、结构、性能和使用方法，是分析液压基本回路的基础；而熟悉和掌握基本回路的工作原理、组成和性能，有助于更好地分析、设计和使用各种液压系统。

6.1　方向控制阀和方向控制回路

6.1.1　方向控制阀

方向控制阀主要用于控制液压系统中液流的通、断或改变流动方向，从而控制执行元件的启动、停止及运动方向。方向控制阀分为单向阀和换向阀两类。

1. 单向阀

单向阀分为普通单向阀和液控单向阀。

(1) 普通单向阀

普通单向阀简称为单向阀，只允许油液向一个方向流动，而不允许反向流动。单向阀结构如图6—1所示，图6—1（a）为管式连接，图6—1（b）为板式连接，图6—1（c）为单向阀的图形符号。单向阀由阀体1、阀芯2、弹簧3等零件组成。当压力油从P_1口进入时，克服弹簧3的阻力和阀芯2与阀体1之间的摩擦力，推动阀芯右移，顶开阀芯2，再从P_2口流出。当压力油从反向流入时，油液压力和弹簧力将阀芯压紧在阀座上，阀口关闭，油液不能通过。

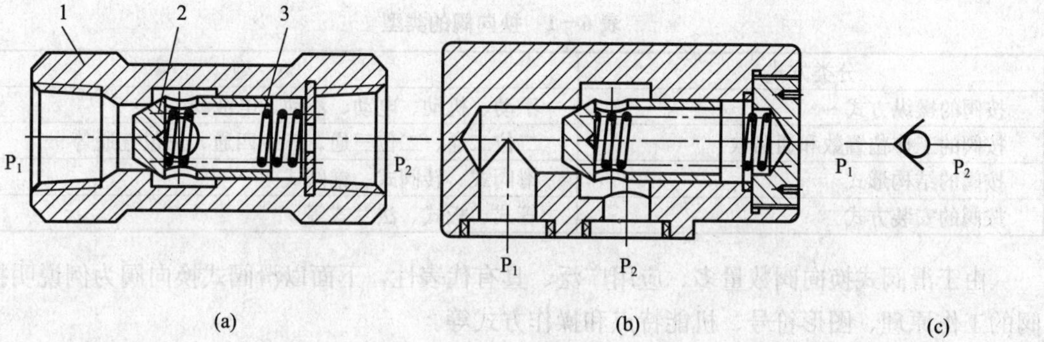

图6—1 单向阀

1—阀体；2—阀芯；3—弹簧

单向阀中弹簧较软，主要用于克服阀芯上惯性力和摩擦力，使阀芯复位快、工作灵敏可靠。其开启压力一般为 0.035～0.1 MPa。若将单向阀作为背压阀使用，弹簧要换为硬弹簧，其背压力一般为 0.2～0.6 MPa。

(2) 液控单向阀

液控单向阀的特点是允许油液正向导通，而反向则受控导通。图6—2（a）为液控单向阀的结构。当控制油口K不通压力油时，油液只能从P_1口流向P_2口，不能反向流动，此时阀的作用与普通单向阀相同；当控制口K通压力油时，控制活塞1右侧油腔通泄油口，压力油推动控制活塞1并通过顶杆2使阀芯3右移，使油口P_1与P_2相通，油液双向都能自由通过。图6—2（b）所示为液控单向阀的图形符号。

液控单向阀具有良好的单向密封性，常用于执行元件需要长时间保压、锁紧的情况下，这种阀也称为液压锁。一般控制油的压力不应低于主油路压力的30%～50%。

2. 换向阀

换向阀的作用是利用阀芯位置的变动，改变阀体上各油口的通断状态，从而控制油路连通、断开或改变液流方向。换向阀的用途十分广泛，种类也很多，其分类见表6—1。

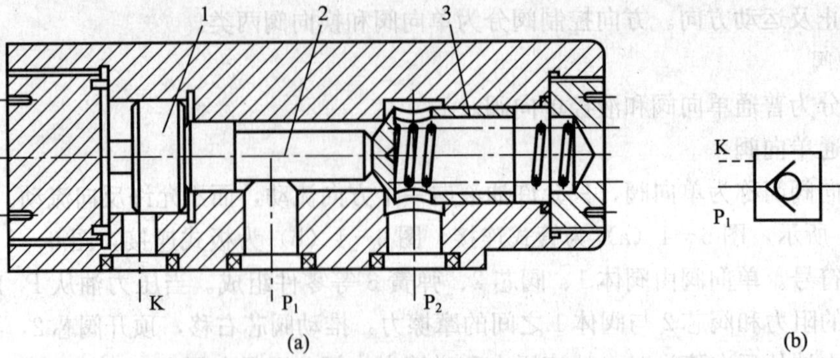

图 6－2 液控单向阀

1—控制活塞；2—顶杆；3—阀芯

表 6－1 换向阀的类型

分类方式	类 型
按阀的操纵方式	手动、机动、电动、液动、电液动
按阀的工作位置数和通路数	二位二通、二位三通、三位四通、三位五通等
按阀的结构形式	滑阀式、转阀式、锥阀式
按阀的安装方式	管式、板式、法兰式等

由于滑阀式换向阀数量多、应用广泛、具有代表性，下面以滑阀式换向阀为例说明换向阀的工作原理、图形符号、机能特点和操作方式等。

(1) 滑阀式换向阀的换向原理

滑阀换向阀是由阀体和阀芯两个主要部件组成的。阀芯是一个有多段台阶的圆柱体，直径大的部分称为凸肩，有的阀芯内部开有油液的阀内通道。阀体内孔加工出若干段环形槽称为沉割槽，每条沉割槽都通过相应的孔道与外部相通。换向原理是利用阀芯位置的变动，改变阀体上各油口的通断状态，从而控制油路连通、断开或改变液流方向。

如图 6－3 所示为二位四通换向阀，其中 P 口为进油口，T 口为回油口，而 A 口和 B 口则通液压缸两腔。当阀芯处于图 6－3 (b) 所示的中间位置时，四个油口 P、A、B、T 互不相通，活塞停止运动；当阀芯右移至图 6－3 (a) 所示的位置时，P 口与 A 口相通，B 口与 T 口相通，液压缸左腔进油，右腔排油，活塞向右运动，此时换向阀工作在“左位”；当阀芯向左移至图 6－3 (c) 所示的位置时，P 口与 B 口相通，A 口与 T 口相通，液压缸右腔进油，左腔排油，活塞向左运动，此时换向阀工作在“右位”。

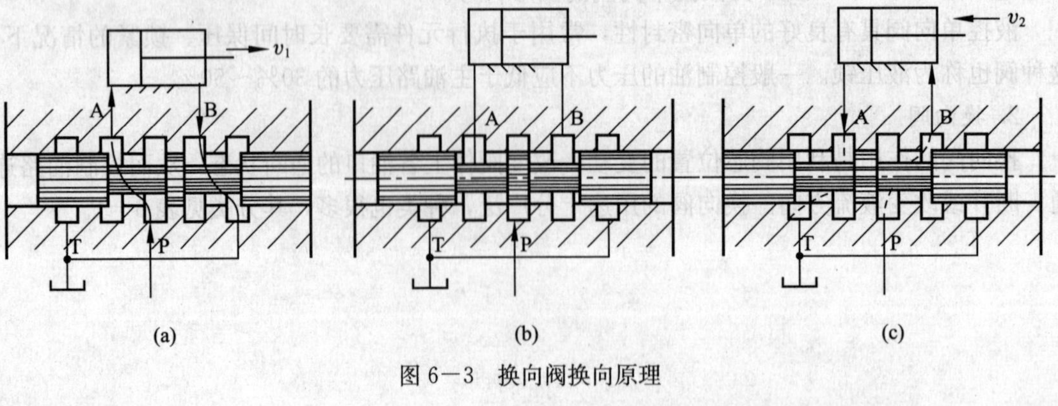

图 6－3 换向阀换向原理

（2）换向阀的图形符号

一个完整的换向阀图形符号应包括：位、通、操纵方式、复位方式或定位方式。表6－2列出了几种常用的滑阀式换向阀的结构原理图及其图形符号。

①位：阀芯相对于阀体的工作位置数。用方框表示，方框数即“位”数。

②通：阀体对外连接的主要油口数（不包括泄漏油口和控制油口）。箭头表示两油口连通，但并不表示流向；“⊥”或“⊤”表示此油口不通流。在一个方框内，箭头、“⊥”“⊤”符号与方框的交点数为油口的通路数，即“通”数。P表示压力油的进口，T表示与油箱连通的回油口，A和B表示连接其他工作油路。

③常态位：阀芯在原始状态下（即施加控制信号之前的原始位置）的通路状况。三位阀的中位及二位阀侧面画有弹簧的那一方框为常态位。在画液压系统图时，换向阀与油路的连接一般应画在常态位上，同时，在常态位上应标出油口的代号。另外，二位二通阀有常开型（常态位置两油口连通）和常闭型（常态位置两油口不连通）。

表6－2　换向阀结构原理图及其图形符号

名称	结构原理图	符号
二位二通	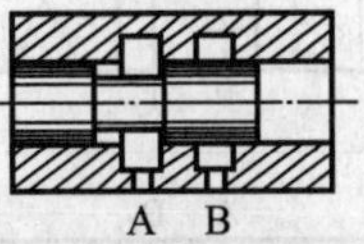	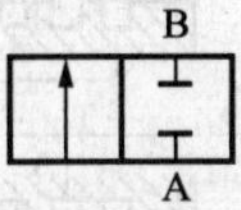
二位三通	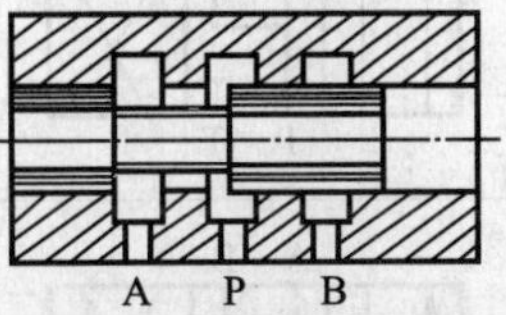	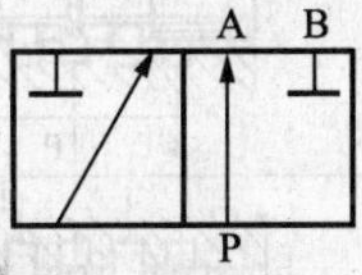
二位四通	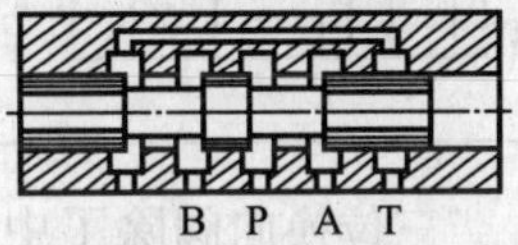	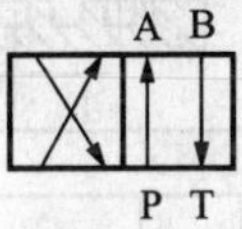
二位五通	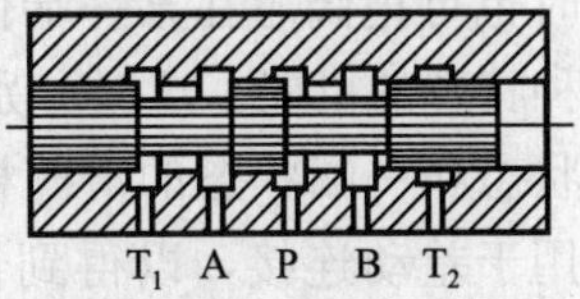	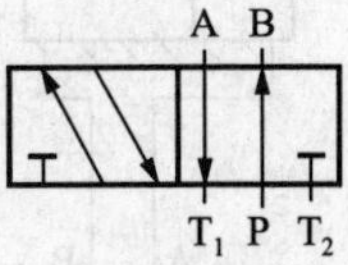
三位四通	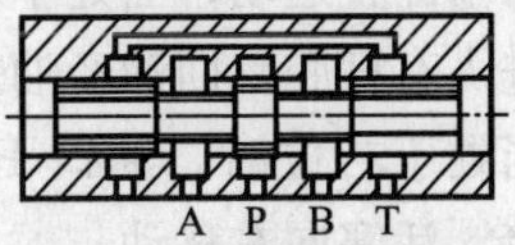	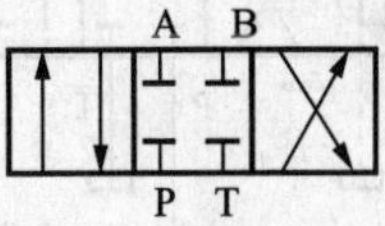
三位五通	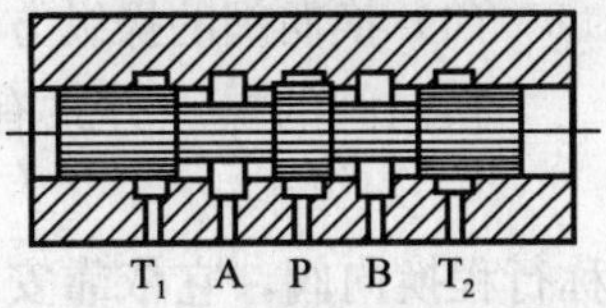	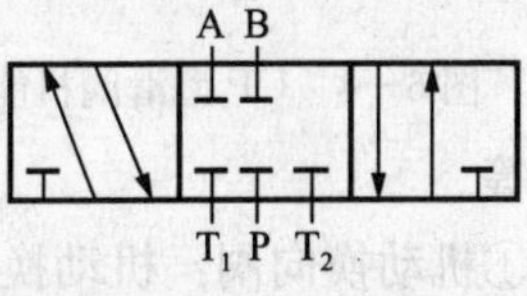

(3) 换向阀的滑阀机能

滑阀式换向阀处于常态位时，各油口的连通方式称为滑阀机能（又称中位机能）。表6—3列出了几种常用的三位四通换向阀在中位时的结构简图、图形符号以及特点和应用。

表 6—3　三位换向阀的滑阀机能

形式	结构简图	图形符号	特点及应用
O	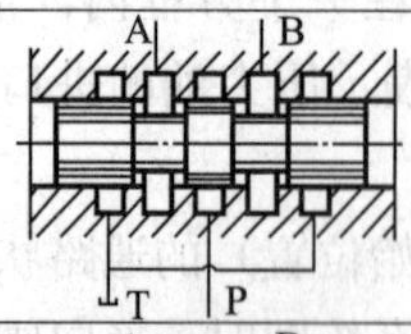	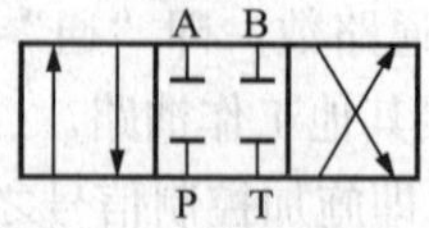	各油口全部封闭，液压缸被锁紧，液压泵不卸荷，并联缸可运动
H	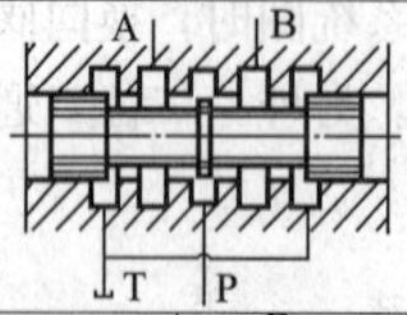	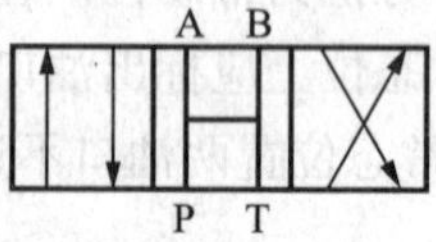	各油口全部连通，液压缸浮动，液压泵卸荷，其他缸不能并联使用
Y	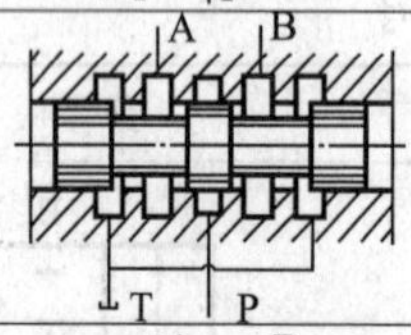	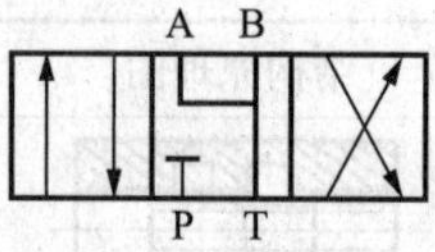	液压缸两腔通油箱，液压缸浮动，液压泵不卸荷，并联缸可运动
P	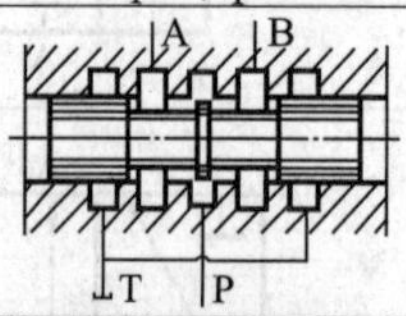	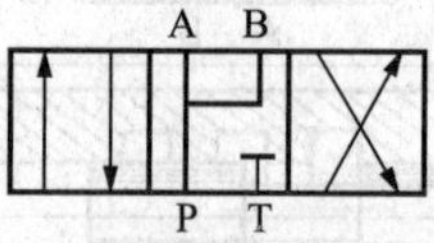	压力油口与液压缸两腔连通，回油口封闭，液压泵不卸荷，并联缸可运动，单杆活塞缸实现差动连接
M	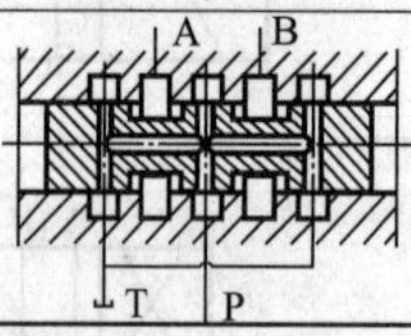	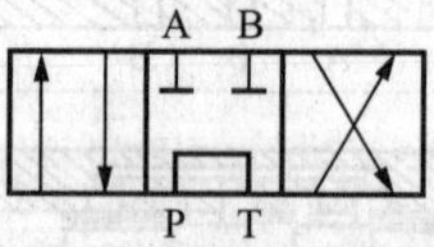	液压缸两腔封闭，液压缸被锁紧，液压泵卸荷，其他缸不能并联使用

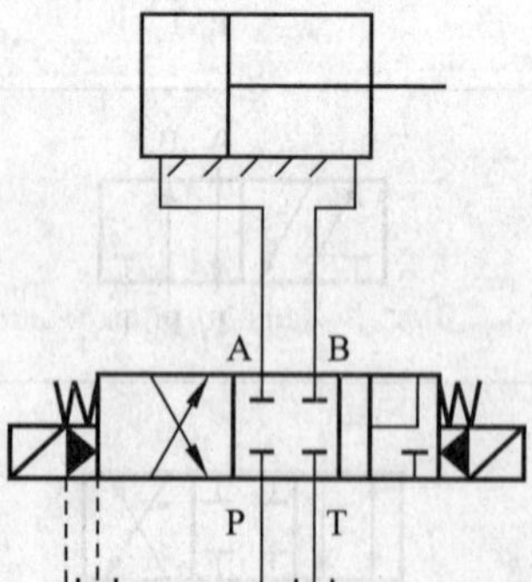

图 6—4　OP 型滑阀机能

三位换向阀除了中间位置时有各种滑阀机能外，有时也可把阀芯在某一端位置时的油口连接形式设计成某种特殊的机能。这时分别用两个字母来表示滑阀在中间状态和一端状态的滑阀机能。如图 6—4 所示为 OP 型，用于差动连接，以得到快速运动。当处于图示位置时，活塞停止运动；当处于左位时，油口 P、B 相通，压力油进入有杆腔，回油经油口 A、T 回油箱，活塞向左运动；当处于右位时，油口 P、A、B 相通，液压缸为差动连接，活塞向右移动。

(4) 换向阀的操纵方式

换向阀的操纵方式有机动、电磁、液动、电液动和手动等。

①机动换向阀：机动换向阀又称行程换向阀，它依靠安装在运动部件上的挡块或凸轮，推动阀芯移动，实现换向。机动换向阀通常是二位阀，它有二通、三通、四通等几种。对于

二位二通阀，又有常闭和常通两种形式。

图 6—5（a）所示为滚轮式二位二通常闭机动换向阀。在图示位置（常态位），阀芯 3 在弹簧 4 作用下处于上位，P 口与 A 口不相通；当运动部件上的行程挡块 1 压住滚轮 2，使阀芯移至下位时，P 口与 A 口相通。

机动换向阀结构简单，换向时阀口逐渐关闭或打开，故换向平稳、可靠、位置精度高。常用于控制运动部件的行程，或快、慢速度的转换。其缺点是必须安装在运动部件附近，一般油管较长。图 6—5（b）所示为其图形符号。

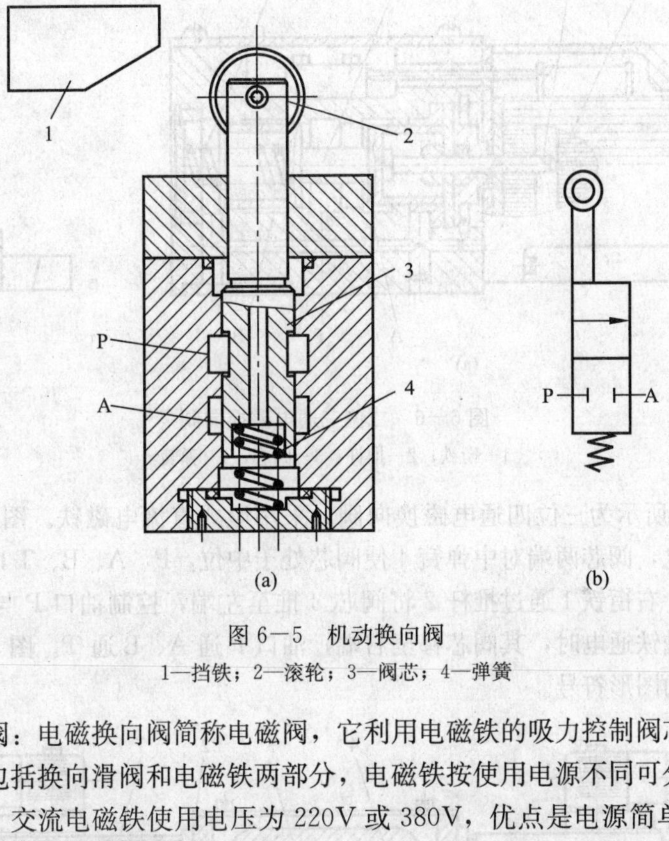

图 6—5　机动换向阀

1—挡铁；2—滚轮；3—阀芯；4—弹簧

②电磁换向阀：电磁换向阀简称电磁阀，它利用电磁铁的吸力控制阀芯动作。

电磁换向阀包括换向滑阀和电磁铁两部分，电磁铁按使用电源不同可分为交流电磁铁和直流电磁铁两种。交流电磁铁使用电压为 220V 或 380V，优点是电源简单方便，电磁吸力大，吸合、释放快，因此换向迅速；缺点是噪声大，换向冲击大，因而换向频率不能太高（不得超过 30 次/分钟），另外，交流电磁铁启动电流大，在阀芯被卡住时易烧毁电磁铁线圈。直流电磁铁使用电压为 24V，工作可靠，换向冲击小，噪声小，换向频率高（允许 120 次/分钟，甚至可达 240 次/分钟以上）；缺点是启动力小，换向时间长，还需要有直流电源。电磁铁按衔铁工作腔是否有油液，又可分为干式和湿式两种。干式电磁铁不允许油液进入电磁铁内部，因此在滑阀和电磁铁之间要有可靠的密封，密封处摩擦阻力较大，从而影响了换向的可靠性，也易造成外泄漏；湿式电磁铁可以浸在油液中工作，相对运动件之间不需要设置密封装置，从而减小了阀芯的运动阻力，提高了滑阀换向的可靠性，而且没有外泄漏，另外，油液还起润滑、冷却和吸振作用，使湿式电磁铁的吸力损耗小，延长了电磁铁的使用寿命。湿式电磁铁虽然性能好，但价格较高。

此外，还有一种整形电磁铁，其电磁铁是直流的，但电磁铁本身带有整流器，通入的交流电整流后再供给直流电磁铁。目前，国外新发展了一种油浸式电磁铁，不止衔铁，而且激磁线圈也都浸在油液中工作，它具有寿命更长、工作更平稳等特点，但由于价格较高而应用不广。

图 6－6（a）所示为二位三通电磁换向阀，采用干式交流电磁铁。图示位置为电磁铁不通电状态（常态位），此时 P 口与 A 口相通，B 口封闭；当电磁铁通电时，衔铁 1 右移，通过推杆 2 使阀芯 3 推压弹簧 4，并移至右端，P 口与 B 口接通，而 A 口封闭。图 6－6（b）为二位三通电磁换向阀的图形符号。

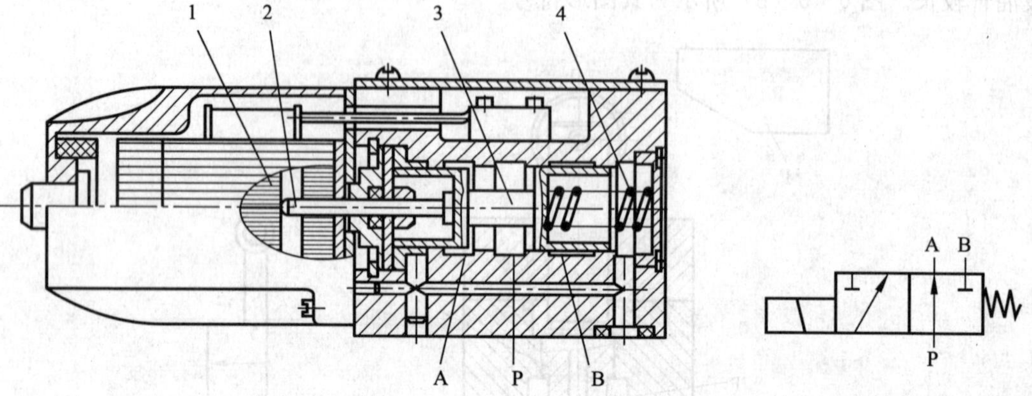

图 6－6　二位三通电磁换向阀

1—衔铁；2—推杆；3—阀芯；4—弹簧

图 6－7（a）所示为三位四通电磁换向阀，采用湿式直流电磁铁。图示位置（常态位）两端电磁铁均断电，阀芯两端对中弹簧 4 使阀芯处于中位，P、A、B、T 口互不相通；当右端电磁铁通电时，右衔铁 1 通过推杆 2 将阀芯 3 推至左端，控制油口 P 与 B 连通，A 与 T 连通；当左端电磁铁通电时，其阀芯移至右端，油口 P 通 A、B 通 T。图 6－7（b）为三位四通电磁换向阀的图形符号。

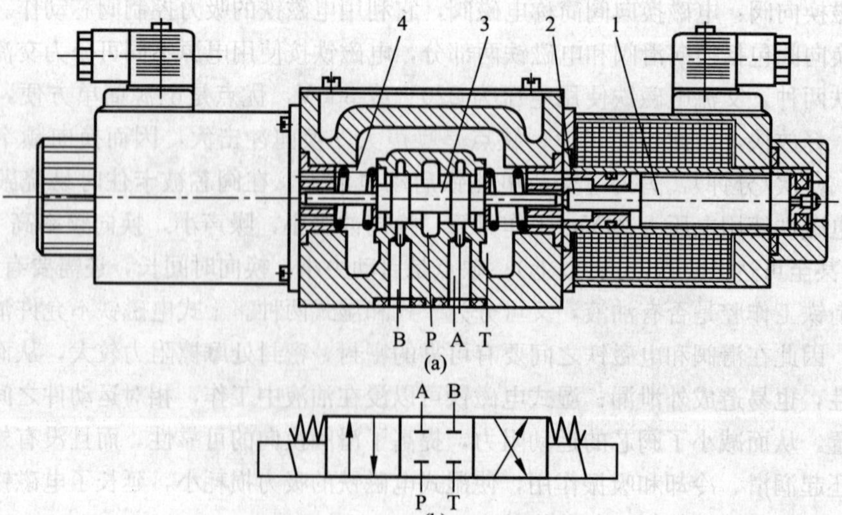

图 6－7　三位四通电磁换向阀

1—衔铁；2—推杆；3—阀芯；4—弹簧

电磁阀操纵方便，布置灵活，易于实现动作转换的自动化。但因电磁铁吸力有限，所以电磁阀只适用于流量不大的场合。

③液动换向阀：液动换向阀利用控制油路的压力油推动阀芯实现换向。

图 6－8（a）所示为三位四通液动换向阀。图示位置（常态位）当其两端控制油口 K_1 和 K_2 都通油箱时，阀芯在两端弹簧的作用下处于中位，P、A、B、T 口互不相通；当控制油路的压力油从 K_1 口进入滑阀左腔，K_2 口接油箱时，阀芯移至右端，P 口通 A 口，B 口通 T 口；反之，K_2 口进压力油，K_1 接油箱时，阀芯移至左端，P 口通 B 口，A 口通 T 口。图 6－8（b）为三位四通液动换向阀的图形符号。

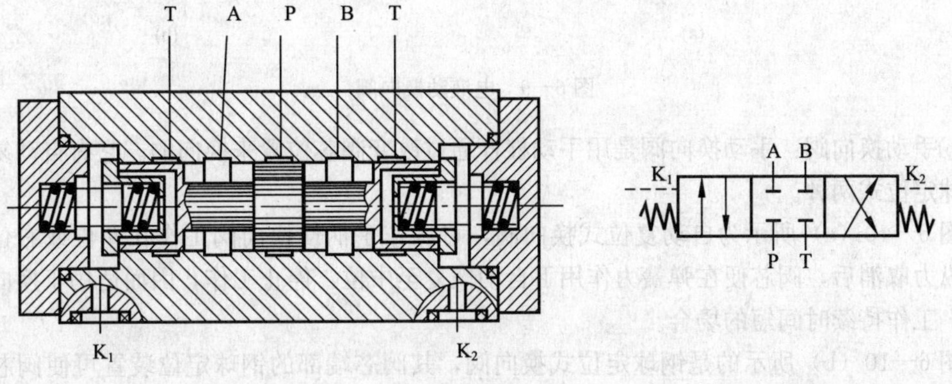

(a)　(b)

图 6－8　液动换向阀

液动换向阀结构简单、动作可靠、平稳，由于液压驱动力大，故可用于流量大的液压系统，但它不如电磁阀控制方便。

④电液动换向阀：电液动换向阀是由电磁换向阀和液动换向阀组成的复合阀。电磁换向阀为先导阀，它用以改变控制油路的方向，控制油液可以直接来自主油路（内控式），也可以另外引入（外控式）；液动换向阀为主阀，它用以改变主油路的方向。这种阀综合了电磁阀和液动阀的优点，具有控制方便、流量大的特点。

图 6－9（a）、（b）分别为三位四通电液换向阀（外控式）的图形符号和简化符号。当先导阀的电磁铁 1YA 和 2YA 都断电时，电磁阀芯在两端弹簧力作用下处于中位，控制油口 P′关闭，此时主阀芯两侧的油经两个小节流阀及先导阀的中位与油箱相通，主阀芯也在两端弹簧的作用下处于中位，主阀的 P、A、B、T 口互不相通。当 1YA 通电、2YA 断电时，先导阀阀芯移至右端，工作在左位，控制油路的压力油经过 P′口、A′口及单向阀进入主阀芯左端油腔，主阀芯右端油腔经节流阀、B′口、T′口通油箱，于是，主阀芯在左端液压推力的作用下移至右端，主阀 P 口通 A 口，B 口通 T 口，主阀工作在左位。同理，当 2YA 通电、1YA 断电时，电磁阀工作在右位，控制主阀芯右位工作，主阀 P 口通 B 口，A 口通 T 口。主阀的换向速度可由两端节流阀调整，因而可使换向平稳，无冲击。图 6－9（b）所示为三位四通电液换向阀（外控式）的简化符号。

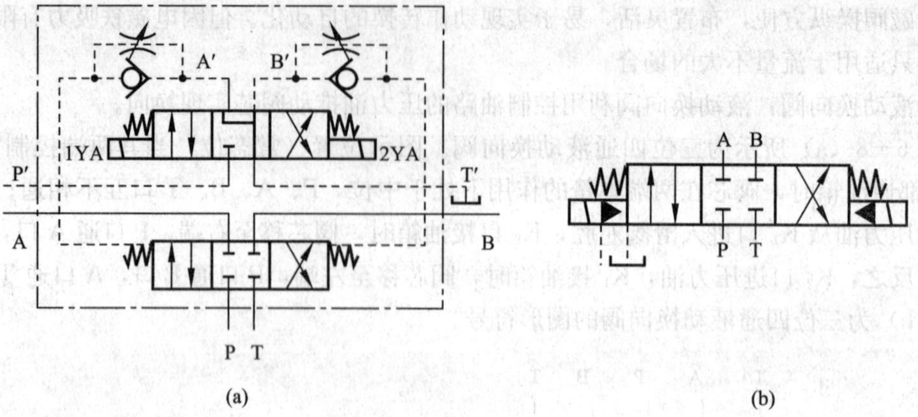

图 6—9 电液动换向阀

⑤手动换向阀：手动换向阀是用手动杠杆通过改变阀芯位置来换向的。它有自动复位式和钢球定位式两种。

图 6—10（a）所示为自动复位式换向阀，可操作手柄使换向阀工作在左位或右位，但当操纵力取消后，阀芯便在弹簧力作用下自动恢复至中位，停止工作，因而适用于换向动作频繁，工作持续时间短的场合。

图 6—10（b）所示的是钢球定位式换向阀，其阀芯端部的钢球定位装置可使阀芯分别停止在左、中、右三个位置上，当松开手柄后，阀仍保持在所需的工作位置上，因而可用于工作持续时间较长的场合。

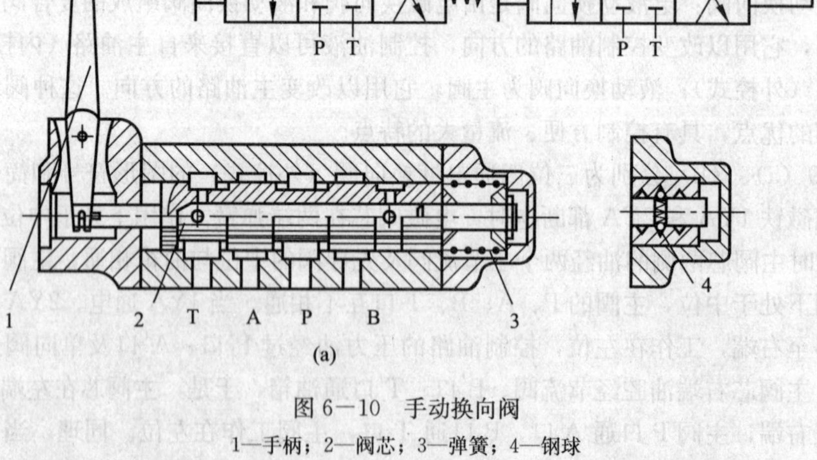

图 6—10 手动换向阀

1—手柄；2—阀芯；3—弹簧；4—钢球

6.1.2 方向控制回路

方向控制回路是利用方向控制阀控制液流的通、断和流动方向，以实现液压系统执行元件的启动、停止或改变运动方向的回路。它包括换向和闭锁两种回路。

1. 换向回路

换向回路的作用是改变液压系统中执行元件的运动方向。

换向回路的主要职能元件是换向阀，根据执行元件换向的要求，可采用二位四（五）通、三位四（五）通换向阀，控制方式可以是人力、机械、电动、液动和电液动等。

图 6—11（a）所示的是采用二位四通电磁换向阀的换向回路。当电磁铁通电时，压力油进入液压缸左腔，推动活塞向右移动；电磁铁断电时，弹簧力使阀芯复位，压力油进入液压缸右腔，推动活塞向左移动。此回路只能停留在缸的两端，不能停留在任意位置上。

图 6—11（b）所示的是采用三位四通手动换向阀的换向回路。当阀处于中位时，M 形滑阀机能使泵卸荷，缸两腔油路封闭，活塞制动；当阀左位工作时，液压缸左腔进油，活塞向右移动；当阀右位工作时，液压缸右腔进油，活塞向左移动。此回路可以使执行元件在任意位置停止运动。

图 6—11（c）所示的是采用三位四通电液动换向阀（内控式）的换向回路。当阀处于中位时，O 形滑阀机能使缸两腔油路封闭，活塞制动；当阀工作在左位或右位时，活塞可实现左、右往复运动，此回路也可以使执行元件在任意位置停止运动。

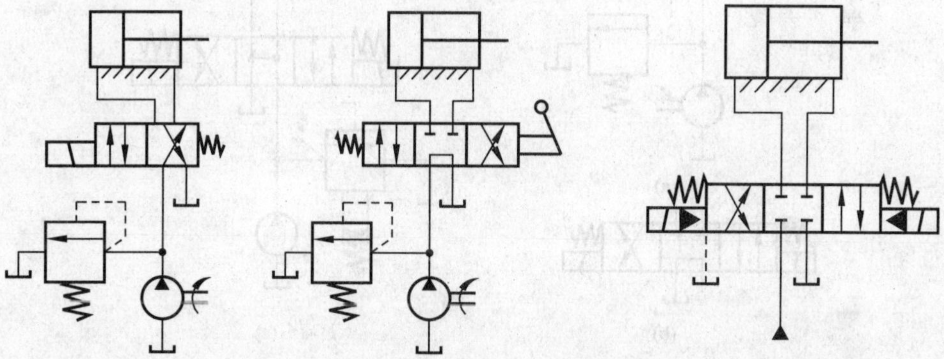

(a)　(b)　(c)

图 6—11　换向回路

2. 闭锁回路

闭锁回路又称锁紧回路，作用是使执行元件能在任意位置上停止，并防止停止后在外力作用下移动位置。闭锁回路的原理是将执行元件的进、回油路封闭，常用的有以下两种：

（1）采用“O”形或“M”形滑阀机能的三位换向阀的闭锁回路

图 6—12（a）为采用三位四通 M 形滑阀机能的电磁换向阀实现闭锁，当两电磁铁均断电时，弹簧使阀芯处于中间位置，液压缸的两工作油口被封闭。由于液压缸两腔都充满油液，而油液又是不可压缩的，所以向左或向右的外力均不能使活塞移动，活塞被双向锁紧。图 6—12（b）为采用三位四通 O 形滑阀机能的电液动换向阀，具有相同的锁紧功能。不同的是前者液压泵不卸荷，并联的其他执行元件运动不受影响，后者的液压泵卸荷。

这种闭锁回路可使活塞在行程范围内的任意位置上停止运动，结构简单，但因滑阀密封性差，内泄漏较大，所以闭锁效果较差。只能用于对锁紧性能要求不高、停留时间不长的液压系统中。

（2）采用液控单向阀的闭锁回路

如图 6－12（c）所示为采用液控单向阀的闭锁回路。在液压缸的进、回油路上串接液控单向阀 A、B，当两侧电磁铁断电，换向阀处于中间位置时，液压泵卸荷，输出油液经换向阀回油箱，由于系统无压力，液控单向阀 A 和 B 反向截止，液压缸左右两腔的油液均不能流动，活塞被双向闭锁。当左侧电磁铁通电，换向阀左位工作，压力油经液控单向阀 A 进入液压缸左腔，同时沿控制油路进入液控单向阀 B 的控制油口，使其反向导通。液压缸右腔的油液可经单向阀 B 及换向阀回油箱，活塞向右运动。当右侧电磁铁通电时，换向阀右位工作，活塞向左运动。

这种闭锁回路液控单向阀有良好的密封性，闭锁效果较好，活塞可以在行程中的任意位置停止并锁紧。它被广泛应用于工程机械、起重运输机械等有锁紧要求的场合。

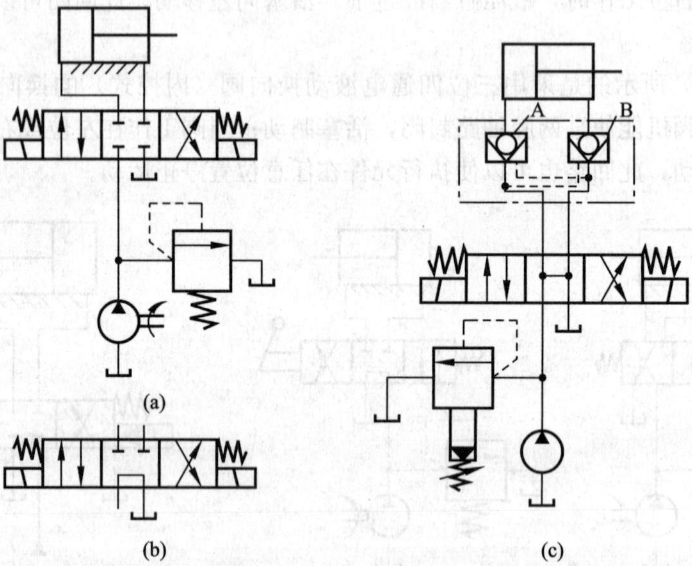

图 6－12 闭锁回路

6.2 压力控制阀和压力控制回路

6.2.1 压力控制阀

在液压系统中，通过控制油液压力高低或利用压力变化来实现某种动作的阀称为压力控制阀，简称压力阀。压力阀都是利用液体压力对阀芯产生的液压作用力与弹簧力相平衡的原理，来自动调节阀口的大小，从而实现控制系统压力的目的。常见的压力阀按其功能可分为溢流阀、减压阀、顺序阀和压力继电器等。

1. 溢流阀

(1) 溢流阀的功用和分类

溢流阀在液压系统中的功用主要有两种。

①溢流稳压：在定量泵供油的液压系统中，溢流阀通常并联在泵的出口处，如图 6－13（a）所示。泵供油的一部分按速度要求由流量阀调节流往执行元件，多余油液通过溢流阀流

回油箱，在溢流的同时稳定了泵的供油压力。

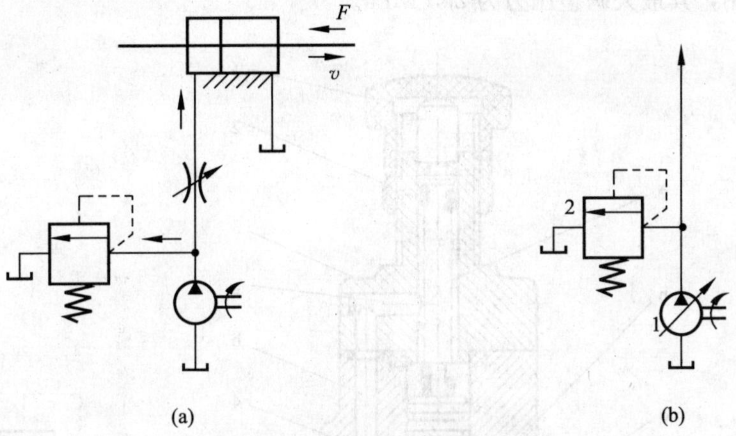

图 6—13　溢流阀的功用

1—液压泵；2—溢流阀

②过载保护：变量泵供油的液压系统中，如图 6—13（b）所示，执行元件速度由变量泵调节，泵的供油压力可随负载变化，不需稳压。在泵出口处并联一溢流阀，其调定压力设为系统最高工作压力的 1.1 倍。系统一旦过载，溢流阀立即打开，从而保证了系统的安全，起过载保护作用的溢流阀又称安全阀。

根据结构和工作原理不同，溢流阀可分为直动式溢流阀和先导式溢流阀两类。

（2）溢流阀的结构和工作原理

①直动式溢流阀：直动式溢流阀是依靠系统中的压力油直接作用在阀芯上而与弹簧力相平衡，以控制阀芯的启闭动作的溢流阀。

图 6—14（a）所示为直动式溢流阀的结构简图，图 6—14（b）为其图形符号。当进油口 P 的压力油经阀芯 4 上的阻尼孔 f 通入阀芯底部，阀芯的下端面便受到压力油的作用。当进油压力 p 较小时，$pA<F_s$，阀芯 4 被弹簧 2 压到下端位置，关闭回油口 T，P 与 T 不通，即为常闭状态；随着进油压力 p 升高，当 $pA>F_s$ 时，阀芯上移，弹簧 2 被压缩，打开回油口 T，P 与 T 接通，溢流阀开始溢流；当溢流阀稳定工作时，若不考虑阀芯的自重、摩擦力和液动力的影响，则溢流阀进口压力为：$p=F_s/A$。

当在工作过程中由于某外负载变化，引起溢流阀进油口压力变化时，阀芯底部油腔压力也会变化，破坏阀芯的初始平衡状态，这时，阀芯上、下移动至一平衡位置，改变阀口开度，使溢流回油箱的油量发生变化，因而使瞬时升高的进油口压力又很快回到原来的调定值上。故可以认为溢流阀进口处的压力 p 基本保持恒定，这时溢流阀起稳压溢流作用。

调节螺母 1 可以改变弹簧的预压缩量，从而调定溢流阀的工作压力 p。通道 g、h 使弹簧腔与回油口沟通，以排掉泄入弹簧腔的油液，此泄油方式为内泄式。阀芯上阻尼孔 f 的作用是减小油压的脉动，提高阀工作的平稳性。

直动式溢流阀结构简单、制造容易、成本低。但因油液作用力直接靠弹簧力相平衡，当控制较高压力时，需安装刚度较大的硬弹簧，不但手动调节困难，而且阀口开度略有变化便会引起较大的压力流动，所以压力稳定性较差。直动式溢流阀只用于低压小流量的液压系统，或作为背压阀（将溢流阀串联在回油路上，可以产生背压，使运动部件运动平稳），或作为先导阀使用，其最大调整压力为 2.5 MPa。

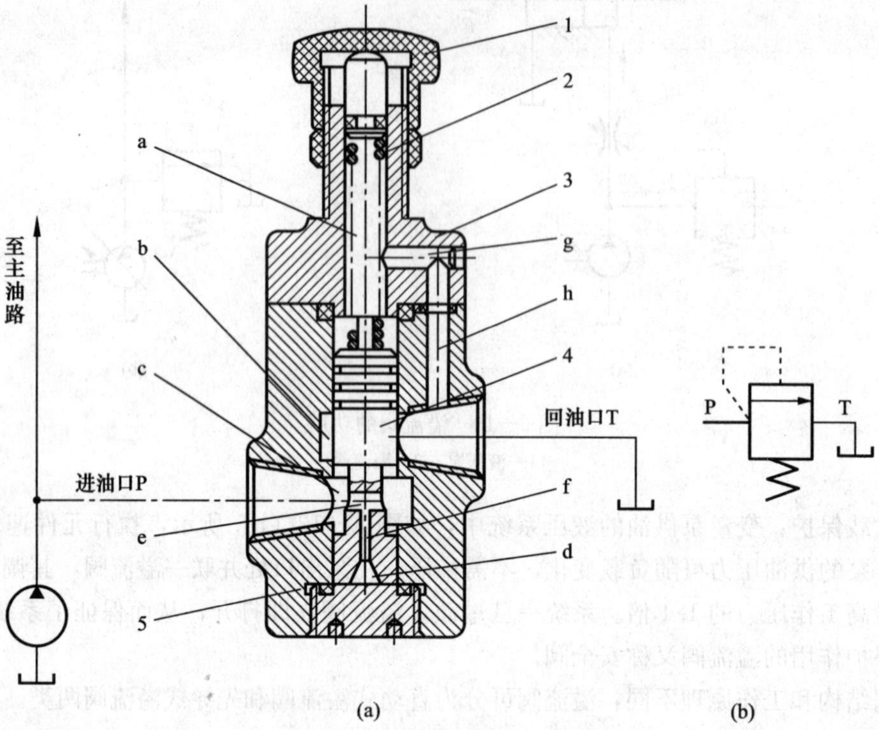

图 6—14　直流式溢流阀

1—调节螺母；2—弹簧；3—上盖；4—阀芯；5—阀体

a、b、c、d—油腔；e—径向口；f—阻尼孔；g、h—通道

图 6—15 所示锥阀芯直动式溢流阀即常作为先导式溢流阀的先导阀用。

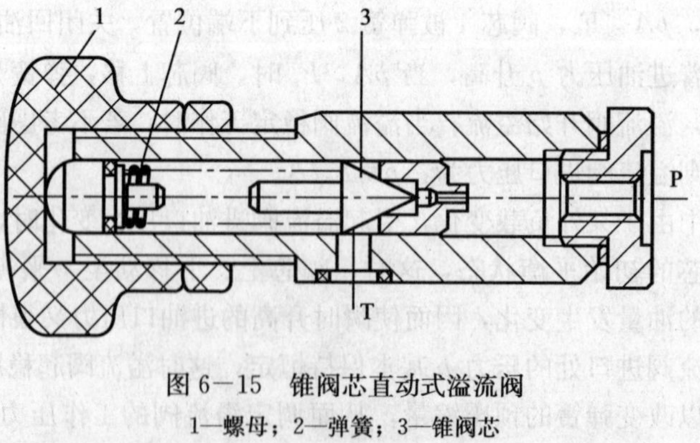

图 6—15　锥阀芯直动式溢流阀

1—螺母；2—弹簧；3—锥阀芯

②先导式溢流阀：先导式溢流阀由主阀和先导阀两部分组成。其中，先导阀部分就是一种直动式溢流阀（多为锥阀式结构），先导阀内的弹簧用来调定主阀的溢流压力。主阀控制溢流量，主阀的弹簧不起调压作用，仅是为了克服摩擦力使主阀芯及时复位而设置的。如图 6—16 所示为滑阀式先导型溢流阀，如图 6—16（a）所示为其结构图，图 6—16（b）为其图形符号。

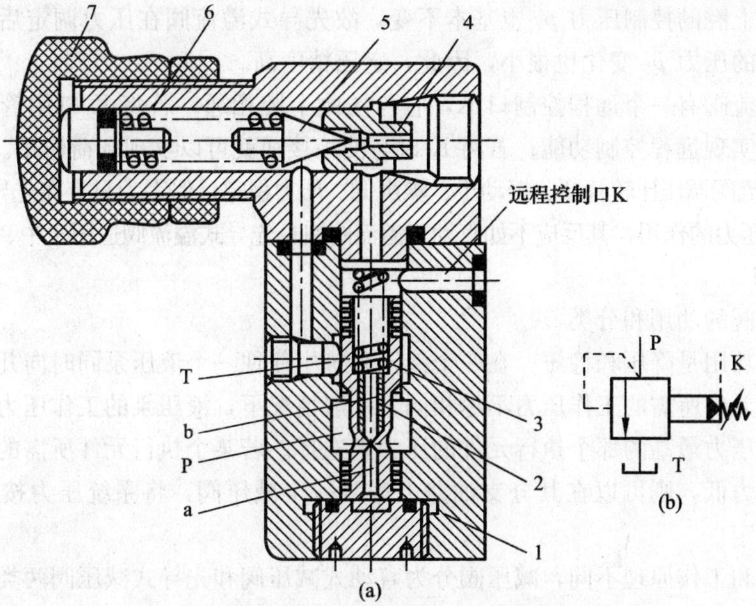

图 6－16　滑阀式先导式溢流阀

1—阀体；2—主阀阀芯；3—主阀弹簧；4—先导阀阀座；5—先导阀阀芯；6—先导阀弹簧；7—调节螺母；a—小孔；b—阻尼小孔

先导式溢流阀的工作原理：压力油从主阀进油口P进入，通过主阀阀芯2上的阻尼小孔b后，作用在先导阀的阀芯5上。

当进油口压力较低时，作用在先导阀阀芯上的油液作用力不足以克服先导阀弹簧6的弹力，先导阀关闭，此时，溢流阀腔体为一个密闭的容器且油液处于静止，没有油液通过阻尼小孔b，所以，主阀阀芯2两端压力相等（$\Delta p=0$），在较软的主阀弹簧3作用下处于下端，主阀阀口关闭，进油口P和出油口T不通，没有溢流。

当进油口压力升高到作用在先导阀上的油液作用力大于先导阀弹簧的作用力时，先导阀打开，压力油通过阻尼小孔b，经先导阀流回油箱。由于阻尼小孔b的节流作用，使主阀芯上端的油液压力 p_2 小于下端油液压力 p_1，产生一个压力差 $\Delta p=p_1-p_2$，当这个压力差 Δp 作用在主阀阀芯上的作用力能够克服主阀弹簧力 F_s、主阀芯摩擦力和主阀芯自重的合力时，主阀芯开启，油液从P口流入，经T口溢流回油箱。

当溢流阀稳定工作时，则溢流阀进口处的压力为

$$p_1=p_2+\frac{F_s}{A} \tag{6—1}$$

由于先导式溢流阀的阀芯一般为锥阀，阀孔一般做得较小，受压面积小，所以，用一个刚度不太大的弹簧即可调整较高的压力 p_2，调节先导阀弹簧的预紧力，就可调节溢流阀的溢流压力。

对于先导式溢流阀，由于阀芯上腔有控制压力 p_2 存在，所以主阀芯弹簧的刚度可以做得较小。当负载增大时，p_1 增大，Δp 增大，阀口开度也随之增大，主弹簧的附加压缩 Δx 增大。反之，主弹簧的附加压缩 Δx 减小。由于主弹簧的刚度低，Δx 的变动量相对预压缩量来说又很小，故溢流阀进口的压力 p_1 变化很小；同理，调压弹簧刚度亦不大，弹簧调定

后，在溢流时上腔的控制压力 p_2 也基本不变，故先导式溢流阀在压力调定后，即使溢流量变化，进口处的压力 p_1 变化也很小，因此，定压精度高。

先导式溢流阀有一个远程控制口 K，它与主阀上腔相通，若将 K 口用管道与其他控制阀接通就可以实现远程控制功能；若将 K 口与油箱接通就可以实现卸荷作用。

先导式溢流阀调压比较轻便、振动小、噪声低、压力稳定，但因为只有在先导阀和主阀都动作后才起控制压力的作用，其反应不如直动式溢流阀快；先导式溢流阀适用于中、高压系统。

2. 减压阀

(1) 减压阀的功用和分类

减压阀的功用是降压和稳压。在一个液压系统中往往一个液压泵同时向几个执行元件供油，而各执行元件所需的工作压力不尽相同。一般情况下，液压泵的工作压力依据系统各执行元件中需要压力最高的那个执行元件的压力来选择。若某个执行元件所需的工作压力比液压泵的供油压力低，则可以在其分支油路上串联一个减压阀，将系统压力按规定的要求减小，并保证稳定。

根据结构和工作原理不同，减压阀分为直动式减压阀和先导式减压阀两类。按照压力调节要求的不同，减压阀分为三类。

①定值减压阀——保证出口压力值恒定的减压阀。

②定差减压阀——保证进口、出口压力差恒定的减压阀。

③定比减压阀——保证进口、出口压力成比例恒定的减压阀。

其中定值减压阀应用最为广泛，所以又简称减压阀。在下面的内容中，如果不加说明，都是指定值减压阀。

(2) 减压阀的结构和工作原理

减压阀利用液体流过狭小的缝隙产生压力损失，使其出口压力低于进口压力。

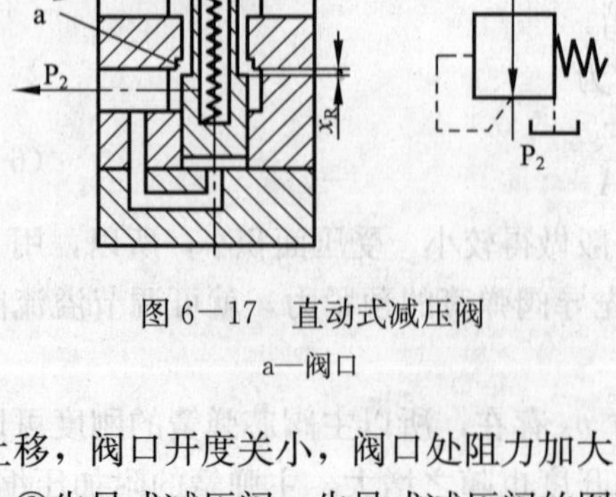

图 6－17　直动式减压阀

a—阀口

①直动式减压阀：如图 6－17 所示为直动式减压阀的结构图和图形符号。当阀芯处在原始位置上时，它的阀口 a 是打开的，阀的进、出口相通。阀芯受其出口处的压力控制。当出口压力未达到调定压力时阀口全开，阀芯不动。当出口压力达到调定压力时，阀芯上移，阀口开度 x_R 关小，起减压作用。当减压阀稳定工作时，如忽略其他阻力，仅考虑阀芯上的液压力和弹簧力相平衡的条件，则可以认为出口压力基本上维持在某一调定值上。当出口压力减小时，阀芯下移，阀口开度 x_R 增大，阀口处阻力减小，压降减小，使出口压力回升，达到调定值。反之，如果出口压力增大，则阀芯上移，阀口开度关小，阀口处阻力加大，压降增大，使出口压力下降，达到调定值。

②先导式减压阀：先导式减压阀的图形符号如图 6－18 (a) 所示，图 6－18 (b) 为其结构图。先导式减压阀与先导式溢流阀的结构有相似之处，也是由先导阀和主阀两部分组

成，其主要区别是：减压阀的进、出油口位置与溢流阀相反；减压阀主阀芯中间多一个凸肩（即三节杆）；减压阀的进、出口都通压力油，所以，通过先导阀的油液必须从泄油口L另接油管引入油箱（称为外部回油）；减压阀保证出口压力基本不变，而溢流阀保证进口压力基本不变；不工作时，减压阀阀口开得很大（常开），而溢流阀阀口则关闭（常闭）。

系统工作时，高压油液 p_1 从进油口 P_1 进入减压阀，经节流缝隙h减压后的低压油液 p_2 从出油口 P_2 输出，经分支油路送往执行机构。同时低压油液 p_2 经通道a进入主阀芯5下腔，又经阻尼小孔b进入主阀芯上端油腔，此时油压为 p_3，经通道c进入先导阀右端油腔，给锥阀3一个向左的液压力。

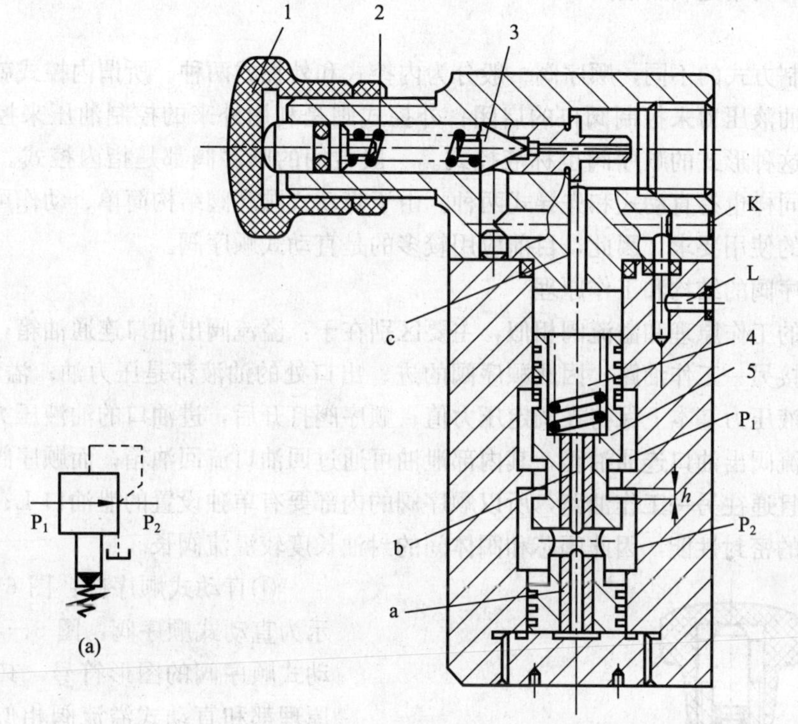

图6－18　先导式减压阀

1—调节螺母；2—调压弹簧；3—锥阀；4—主阀弹簧；5—主阀芯；
a，c—通道；b—阻尼小孔；h—节流缝隙

当 p_3 低于先导阀的调定压力时，先导阀关闭，主阀芯上阻尼小孔b中的油液不流动，主阀阀芯5上、下两腔压力相等，这时主阀芯在主阀弹簧3作用下处于最下端位置，阀口处于最大开口状态，不起减压作用。

当 p_3 大于先导阀的调定压力时，先导阀打开，一小部分油液经阻尼小孔b、先导阀和泄油口L流回油箱。由于阻尼小孔b的作用，在主阀芯上形成一个压力差，使主阀芯在两端压力差的作用下向上移动，使阀口关小而起到减压作用，这时出油口的压力即为减压阀的调定压力。若由于负载继续增大，使出油口压力大于调定压力时，主阀芯会立即上移，使阀口的开度迅速减小，油液流动的阻力进一步增大，出口压力自动下降，仍恢复为原来的调定值。反之，如负载减小，使出油口压力小于调定压力时，通过主阀芯会下移，也可使出口压

力自动上升，恢复为原来的调定值。由此可见，减压阀是利用出油口油液作用于阀芯上的液压力和弹簧力相平衡来控制阀芯移动，保持出口压力恒定的。当减压阀稳定工作时，出口压力为

$$p_2=p_3+\frac{F_s}{A} \tag{6—2}$$

先导式减压阀与先导式溢流阀相同，也有一个远程控制口 K，它与主阀上腔相通，若将 K 口用管道与其他控制阀接通也可以实现远程控制功能。

3. 顺序阀

(1) 顺序阀的功用和分类

顺序阀的功用是利用油路中压力的变化控制阀口启闭，以控制液压系统各执行元件先后顺序动作。

按照控制方式的不同，顺序阀一般分为内控式和外控式两种。所谓内控式就是直接利用阀进口处的油液压力来控制阀口的启闭；外控式则是利用外来的控制油压来控制阀口的启闭，所以，这种形式的顺序阀也称液控式。一般常用的顺序阀都是指内控式。从结构上来说，顺序阀同样也有直动式和先导式两种。由于直动式顺序阀结构简单、动作可靠，能满足大多情况下的使用要求，因此，目前应用较多的是直动式顺序阀。

(2) 顺序阀的结构和工作原理

顺序阀的工作原理和溢流阀相似，主要区别在于：溢流阀出油口连通油箱，顺序阀的出油口通常连接另一工作油路，因此顺序阀的进、出口处的油液都是压力油；溢流阀打开时，进油口的油液压力基本上保持在调定压力值；顺序阀打开后，进油口的油液压力可以继续升高；由于溢流阀出油口连通油箱，其内部泄油可通过回油口流回油箱；而顺序阀出油口油液为压力油，且通往另一工作油路，所以顺序阀的内部要有单独设置的泄油口 L；顺序阀关闭时要有良好的密封性能，因此阀芯和阀体间的封油长度较溢流阀长。

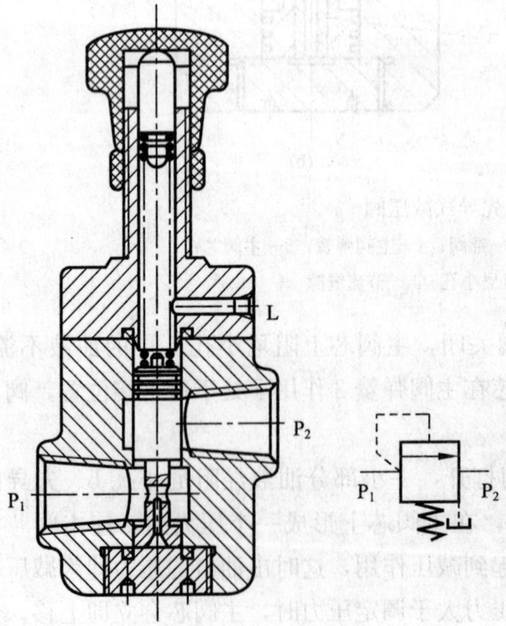

图 6－19　直动式顺序阀

①直动式顺序阀：图 6－19 (a) 所示为直动式顺序阀，图 6－19 (b) 为直动式顺序阀的图形符号，其结构和工作原理都和直动式溢流阀相似。压力油自进油口 P_1 进入阀体，经阀芯中间小孔流入阀芯底部油腔，对阀芯产生一个向上的液压作用力。当油液的压力较低时，液压作用力小于阀芯上部的弹簧力，在弹簧力作用下，阀芯处于下端位置，P_1 和 P_2 两油口被隔断，即处于常闭状态。当油液的压力升高到作用于阀芯底部的液压作用力大于调定的弹簧力时，在液压作用力的作用下，阀芯上移，进油口 P_1 与出油口 P_2 相通，压力油液自 P_2 口流出，可控制另一执行元件动作。直动式顺序阀的最大调定压力为 2.5 MPa。

②先导式顺序阀：图 6－20（a）为先导式顺序阀的结构图，图 6－20（b）为先导式顺序阀的图形符号，其结构和工作原理与先导式溢流阀相似。

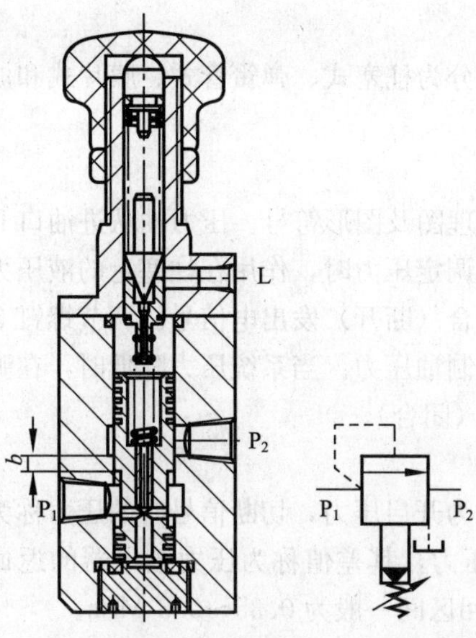

图 6－20　先导式顺序阀

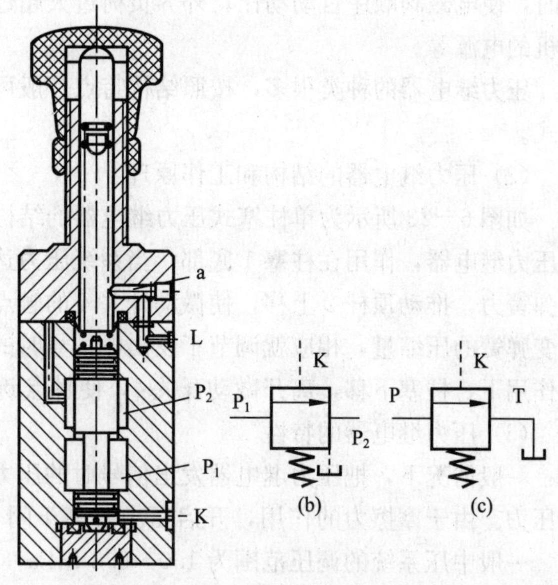

图 6－21　液控顺序阀

a—小孔

③液控顺序阀：图 6－21（a）为液控顺序阀的结构，它与直动式顺序阀的主要差异在于阀芯底部有一个控制油口 K。当 K 口输入的控制压力油产生的液压作用力大于阀芯上端调定的弹簧力时，阀芯上移，阀口打开，P_1 与 P_2 相通，压力油液自 P_2 口流出，控制另一执行元件动作。此阀阀口的开启闭合与阀的主油路进油口压力无关，而只决定于控制口 K 引入油液的控制压力。图 6－21（b）为液控顺序阀的图形符号。图 6－21（c）为液控顺序阀作卸荷阀用时的图形符号，此时，液控顺序阀的端盖转过一定角度，使泄油孔处的小孔 a 与阀体上接通出油口 P_2 的小孔连通，并使顺序阀的出油口与油箱连通。当阀口打开时，进油口 P_1 的压力油可以直接通往油箱，实现卸荷。

④单向顺序阀：图 6－22 为单向顺序阀的图形符号，它由单向阀和顺序阀并联组合而成。当油液从 P_1 油口进入时，单向阀关闭，顺序阀起控制作用；当油液从 P_2 油口进入时，油液经单向阀从 P_1 口流出。

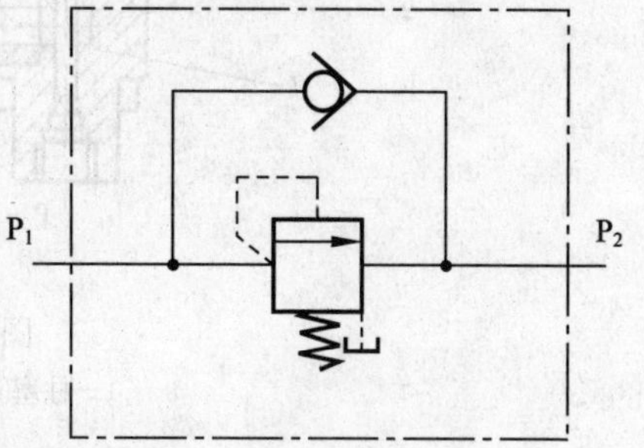

图 6－22　单向顺序阀

4. 压力继电器

（1）压力继电器的功用和分类

压力继电器功用是将液压信号转换为电信号的电液控制元件，它所起的作用就是当回路中的油液压力达到压力继电器预先调定的压力时，就会控制电路的接通或断开，从而控制电磁铁、电磁离合器、继电器等电气元器件动作，以实现自动控制或起到安全保护作用等。例如，在各种机械设备中，当机床的切削力过大时，实现自动退刀；在润滑系统发生故障不能起到润滑作用时能够及时停车，避免机器因磨损过度而损坏；刀架移动到预定的地点碰到死挡铁时，由于压力的改变，实现自动退刀；当系统的某部分达到预定的压力时，使电磁阀顺序自动动作；外界负荷过大超过系统的压力时，为了安全而断开液压泵电动机的电源等。

压力继电器的种类很多，按照结构特点一般可以分为柱塞式、弹簧管式、膜片式和波纹管式。

（2）压力继电器的结构和工作原理

如图 6—23 所示为单柱塞式压力继电器的结构原理图及图形符号。压力油从进油口 P 进入压力继电器，作用在柱塞 1 底部，当系统压力达到调定压力时，作用在柱塞上的液压力克服弹簧力，推动顶杆 2 上移，使微动开关 4 的触点闭合（断开）发出电信号。调节螺钉 3 可改变弹簧的压缩量，相应就调节了发出电信号时的控制油压力。当系统压力降低时，在弹簧力作用下，柱塞下移，离开微动开关 4，使触点断开（闭合）。

（3）压力继电器的特性

一般情况下，把压力继电器发出信号时的压力称为开启压力，切断信号时的压力称为闭合压力。由于摩擦力的作用，开启压力要高于闭合压力，其差值称为压力继电器的返回区间。一般中压系统的调压范围为 1.0～6.3 MPa，返回区间一般为 0.35～0.8 MPa。

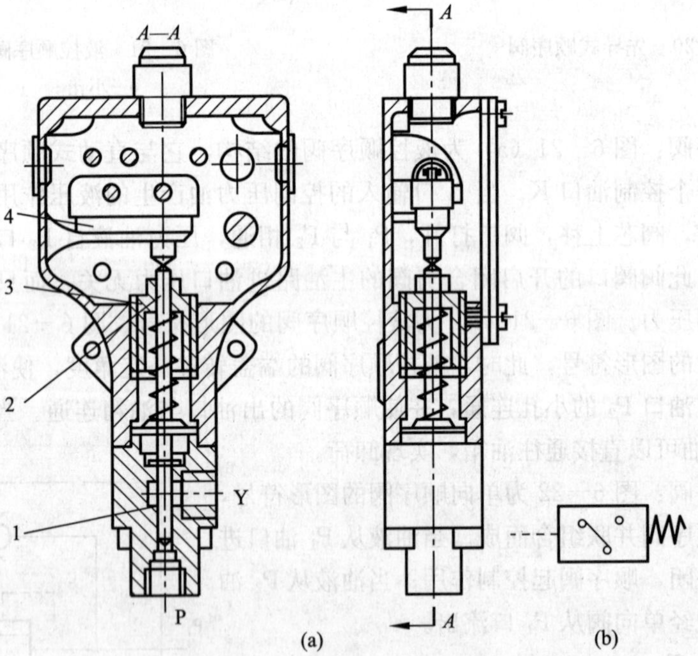

图 6—23　单柱塞式压力继电器

1—柱塞；2—顶杆；3—调节螺钉；4—微动开关

6.2.2　压力控制回路

压力控制回路是利用压力控制阀来控制系统整体或某一部分的压力，以满足液压执行元件对力或转矩要求的回路。这类回路包括调压回路、减压回路、增压回路、卸荷回路和平衡回路等。

1. 调压回路

调压回路的作用是使液压系统整体或部分的压力保持恒定或不超过某个数值。在定量泵系统中，液压泵的供油压力可以通过溢流阀来调节。在变量泵系统中，用安全阀来限定系统的最高压力，防止系统过载。若系统中需要两种以上的压力，则可采用多级调压回路。

（1）单级调压回路

在图6－24（a）所示的定量泵系统中，液压泵输出油液的流量除满足系统工作用油量和补偿系统泄漏外，还有油液经溢流阀流回油箱，所以这种回路效率较低，一般用于流量不大的场合。调节溢流阀便可调节泵的供油压力，溢流阀的调定压力必须大于液压缸的最大工作压力和油路上各种压力损失的总和。

（2）二级调压回路

图6－24（b）所示为二级调压回路，可实现两种不同的压力控制，先导式溢流阀1和远程调压阀6分别调整工作压力。当二位二通电磁阀4不通电时，系统最高压力由先导式溢流阀1的调压弹簧调定。当二位二通电磁阀4通电后时，系统压力由远程调压阀6调定。但要注意，远程调压阀6的调定压力一定要低于先导式溢流阀1的调定压力，否则不能实现二级调压；当系统压力由远程调压阀6调定时，先导式溢流阀1的先导阀口关闭，但主阀开启，液压泵的溢流流量经主阀流回油箱。

（3）多级调压回路

如图6－24（c）所示，由先导式溢流阀1、2、3分别控制系统的压力，从而组成了三级调压回路。当两个电磁铁均不通电时，系统压力由先导式溢流阀1调定；当1YA通电时，系统压力由先导式溢流阀2调定；当2YA通电时，系统压力由先导式溢流阀3调定。但在这种调压回路中，先导式溢流阀2、3的调定压力要低于先导式溢流阀1的调定压力，而先导式溢流阀2、3的调定压力没有一定的关系。

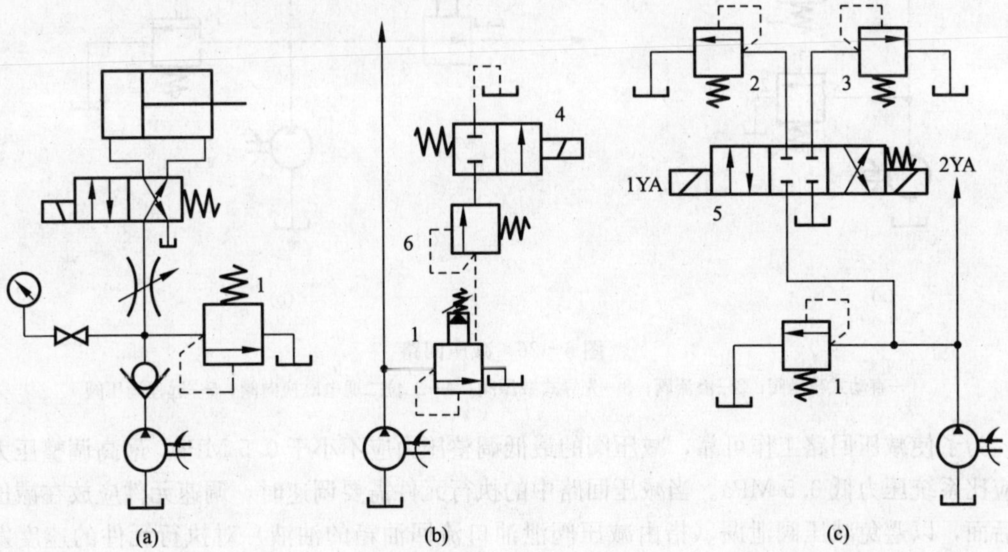

图6－24　调压回路

1—溢流阀；4—二位二通电磁阀；5—三位四通电磁阀；2、3、6—远程调压阀

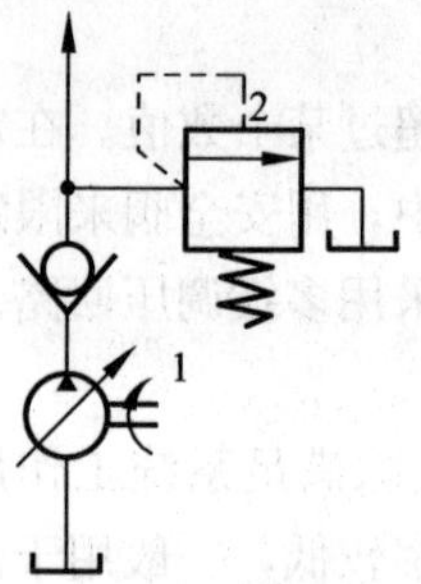

图 6－25 用变量泵的调压回路

1—变量泵；2—安全阀

(4) 变量泵的调压回路

采用非限压式变量泵 1 时，系统的最高压力由安全阀 2 限定，如图 6－25 所示。如采用限压式变量泵时，系统的最高压力由泵调节，其值为泵处于无流量输出时的压力值。

2. *减压回路*

在定量液压泵供油的液压系统中，溢流阀按主系统的工作压力进行调定。若系统中某个执行元件或某个支路所需要的工作压力低于溢流阀所调定的主系统压力（如控制系统、润滑系统等），这时就要采用减压回路。减压回路主要由减压阀组成。

在图 6－26（a）所示的减压回路中，单向阀用于防止主油路压力低于减压阀调整压力时油液回流，起短时保压作用。

减压回路中也可以采用类似两级或多级调压的方式获得两级或多级减压。如图 6－26（b）所示，先导式减压阀 3 的远程控制口连接着一个二位二通电磁换向阀 4 和一个远程调压阀 5，电磁阀通断电可使支路油压在两种低压间进行转换。远程调压阀 5 的调定压力值一定要低于阀 3 先导阀的调定压力值。

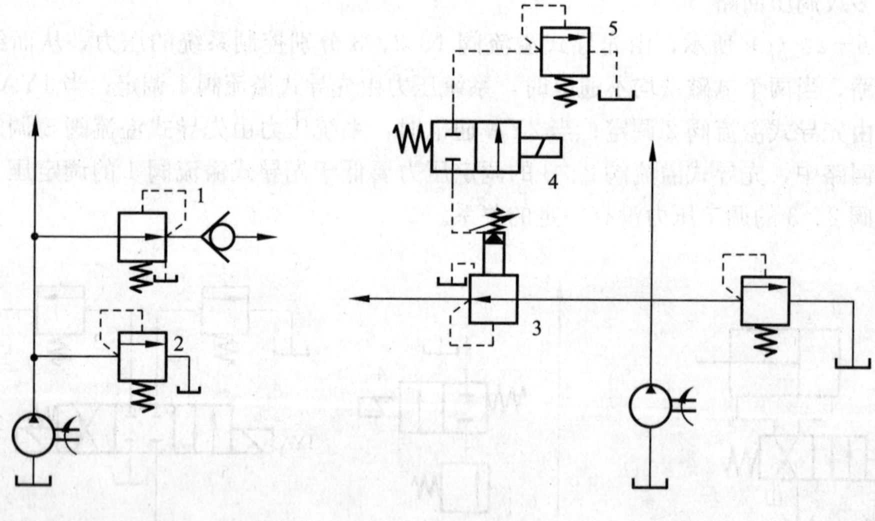

图 6－26 减压回路

1—直动式减压阀；2—溢流阀；3—先导式减压阀；4—二位二通电磁换向阀；5—远程调压阀

为了使减压回路工作可靠，减压阀的最低调整压力应不小于 0.5 MPa，最高调整压力至少应比系统压力低 0.5 MPa。当减压回路中的执行元件需要调速时，调速元件应放在减压阀的后面，以避免减压阀泄漏（指由减压阀泄油口流回油箱的油液）对执行元件的速度发生影响。

3. 增压回路

增压回路的作用是使局部油路或个别执行元件得到比主系统油压高得多的压力。当液压系统中的某一支路需要压力较高但流量小的压力油时，若采用高压泵不经济，或者根本就没有这样高压力的液压泵，这时可以采用增压回路。采用增压回路可节省能源，而且工作可靠、噪声小。

(1) 单作用增压缸的增压回路

如图 6－27（a）所示为单作用增压回路。在图示位置工作时，系统的供油压力 p_1 进入增压缸的大活塞左腔，此时在小活塞右腔即可得到所需的较高压力 p_2。当二位四通电磁换向阀右位接入系统时，增压缸返回，辅助油箱中的油液经单向阀补入小活塞右腔。因该回路只能间断增压，所以称之为单作用增压回路。

(2) 双作用增压缸的增压回路

如图 6－27（b）所示为采用双作用增压缸的增压回路，能连续输出高压油。在图示位置时，液压泵输出的压力油经电磁换向阀 5 和单向阀 1 进入增压缸左端大、小活塞的左腔。大活塞右腔通油箱，右端小活塞右腔增压后的高压油经单向阀 4 输出，此时单向阀 2、3 被关闭。当增压缸活塞移到右端时，电磁换向阀通电换向，增压缸活塞向左移动，左端小活塞左腔输出的高压油经单向阀 3 输出。这样，增压缸的活塞不断往复运动，两端便交替输出高压油，从而实现了连续增压。

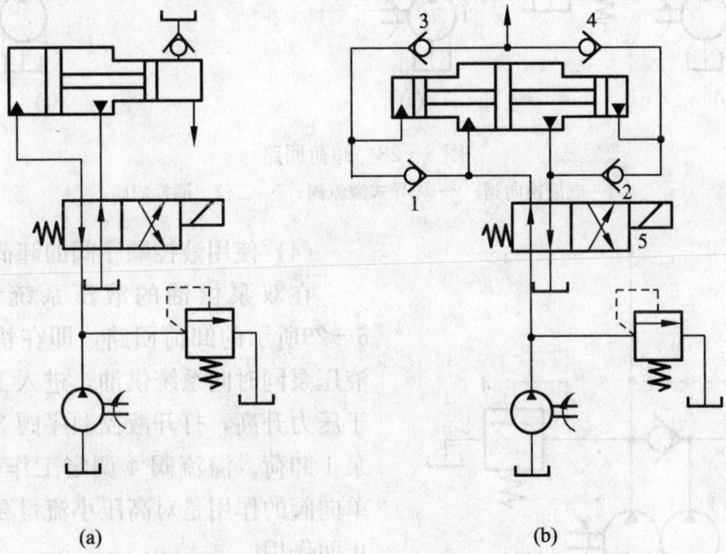

图 6－27　增压回路

1、2、3、4—单向阀；5—电磁换向阀

4. 卸荷回路

卸荷回路的作用是当液压系统中的执行元件停止运动或需要长时间保持压力时，使液压泵输出的油液以最小的压力直接流回油箱，以减小液压泵的输出功率，降低驱动液压泵电动机的动力消耗，减小液压系统的发热，从而延长液压泵的使用寿命。这种卸荷方式称为压力卸荷，常见的压力卸荷方式有如下几种。

（1）换向阀卸荷回路

当M、H和K型中位机能的三位换向阀处于中位时，液压泵即卸荷。图6－28（a）所示为采用M型中位机能的电液换向阀的卸荷回路。这种回路切换时压力冲击小，但回路中必须设置单向阀，以使系统能保持0.3 MPa左右的压力，供控制油路用。

（2）先导式溢流阀卸荷回路

图6－28（b）中，当二位二通电磁换向阀3右位工作时，先导式溢流阀2的远程控制口直接与油箱相连，构成一种用先导式溢流阀的卸荷回路，这种卸荷回路切换时冲击小。

（3）采用二位二通换向阀的卸荷回路

如图6－28（c）所示为采用二位二通换向阀的卸荷回路。当执行元件停止运动时，使二位二通换向阀3电磁铁断电，其右位接入系统，这时液压泵输出的油液通过该阀流回油箱，使液压泵卸荷。应用这种卸荷回路时，二位二通换向阀的流量规格应能流过液压泵的最大流量。

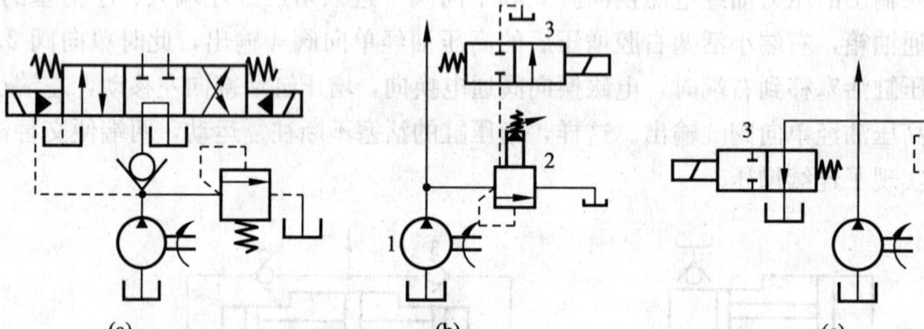

图6－28　卸荷回路

1—电液换向阀；2—先导式溢流阀；3—二位二通换向阀

图6－29　液控顺序阀的卸荷回路

1—低压大流量泵；2—高压小流量泵；

3—液控顺序阀；4—溢流阀

（4）使用液控顺序阀的卸荷回路

在双泵供油的液压系统中，常采用图6－29所示的卸荷回路，即在快速行程时，两液压泵同时向系统供油，进入工作阶段后，由于压力升高，打开液控顺序阀3使低压大流量泵1卸荷。溢流阀4调定工作行程时的压力，单向阀的作用是对高压小流量泵2的高压油起止回作用。

必须指出，在限压式变量泵供油的回路中，当执行元件不工作而不需要流量输入时，泵继续在转动。输出压力最高，但输出流量接近于零。因功率是流量和压力的乘积，所以这种情况下，驱动泵所需的功率也接连于零，就是说系统实现了卸荷。所以，确切地说，所谓卸荷即为卸功率之荷。

5. 保压回路

有些机械设备在工作过程中，常常要求液压执行机构在其行程终止时，保持压力一段时间，这时须采用保压回路。所谓保压回路，就是在执行元件停止工作或仅有工件变形所产生的微小位移的情况下，使系统压力基本上保持不变。最简单的保压回路是使用密封性能较好的液控单向阀的回路，但是阀类元件的泄漏使得这种回路的保压时间不能维持太久。常用的保压回路有以下几种：

（1）利用液压泵的保压回路

在保压过程中，液压泵仍以较高的压力（保压所需压力）工作。此时，若采用定量泵则压力油几乎全经溢流阀流回油箱，系统功率损失大，发热严重，故只在小功率系统且保压时间较短的场合下使用。若采用限压式变量泵，在保压时泵的压力虽较高，但输出流量几乎等于零。因而，系统的功率损失较小，且能随泄漏量的变化而自动调整输出流量，故其效率也较高。

（2）利用蓄能器的保压回路

如图 6－30（a）所示，当三位四通电磁换向阀 5 左位接入工作时，液压缸 6 向右运动，例如压紧工件后，进油路压力升高至调定值，压力继电器 3 发出信号使二位二通电磁阀 7 通电，液压泵 1 卸荷，单向阀 2 自动关闭，液压缸则由蓄能器 4 保压。油压不足时，压力继电器复位使泵重新工作。保压时间的长短取决于蓄能器容量和压力继电器的通断调节区间，而压力继电器的通断调节区间决定了缸中压力的最高和最低值。图 6－30（b）所示为多个执行元件系统中的保压回路，这种回路的支路需保压。液压泵 1 通过单向阀 2 向支路输油，当支路压力升高达到压力继电器 3 的调定值时，单向阀关闭，支路由蓄能器 4 保压并补偿泄漏，与此同时，压力继电器发出信号，来控制换向阀（图中未画出），使泵向主油路输油，另一个执行元件开始动作。

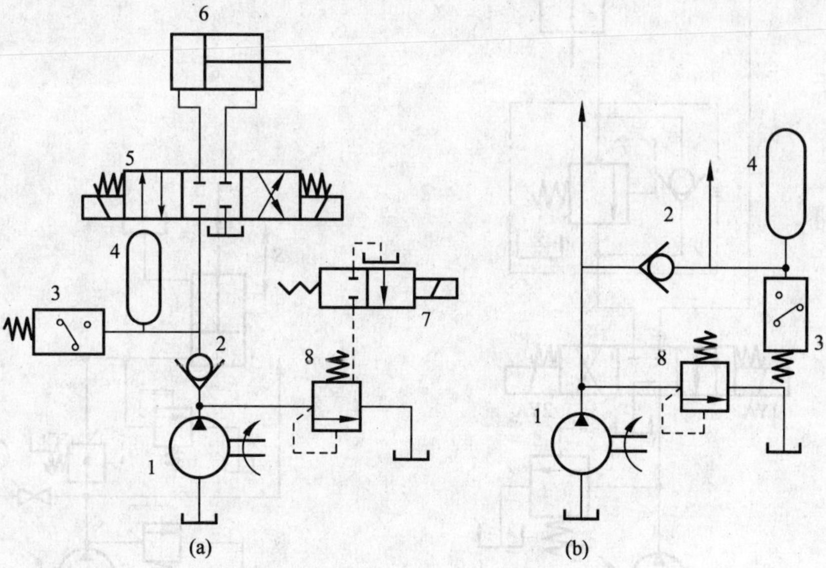

图 6－30　利用蓄能器的保压回路

1—液压泵；2—单向阀；3—压力继电器；4—蓄能器；5—三位四通电磁换向阀；6—液压缸；7—二位二通电磁换向阀；8—溢流阀

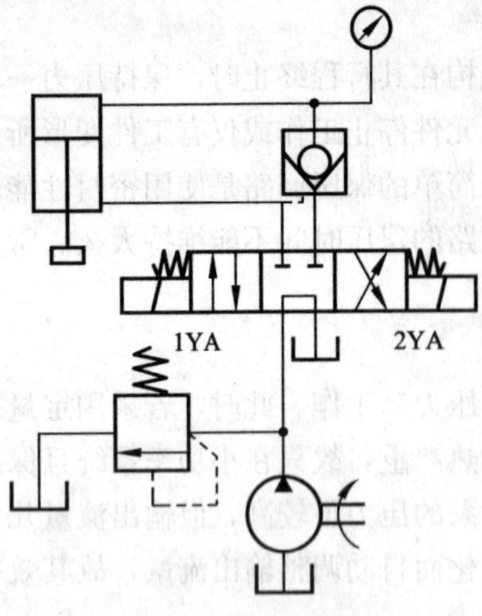

图 6—31 自动补油的保压回路

(3) 自动补油保压回路

图 6—31 所示为采用液控单向阀和电接点压力表的自动补油保压回路，其工作原理为：当 2YA 通电，换向阀右位接入回路。液压缸上腔压力上升至电接点压力表的上限值时，压力表触点通电，使电磁铁 2YA 断电，换向阀处于中位，液压泵卸荷，液压缸由液控单向阀保压。当液压缸上腔压力下降到电接点压力表调定的下限值时，压力表又发出信号，使 2YA 通电，液压泵再次向系统供油，使压力上升。因此，这一回路能自动地补充压力油，使液压缸的压力能长期保持在所需范围内。

6. 平衡回路

平衡回路的作用在于执行机构不工作时，防止在负载重力作用下使执行机构自行下落。图 6—32 所示为采用单向顺序阀的平衡回路。当 1YA 通电后活塞下行时，液压缸下腔的油液打开顺序阀而回油箱，回油路上存在一定背压。如果此顺序阀调定的背压值大于活塞和与之相连的工作部件自重在缸下腔产生的压力值时，且当换向阀处于中位时，活塞及工作部件就能被顺序阀锁住而停止运动。这种回路在活塞向下快速运动时功率损失大，锁住时活塞和与之相连的工作部件会因单向顺序阀和换向阀的泄漏而缓慢下落，因此它只适用于工作部件自重不大，活塞锁住时定位要求不高的场合。

由减压阀和溢流阀组成减压平衡回路，如图 6—33 所示。进入液压缸的压力由减压阀调

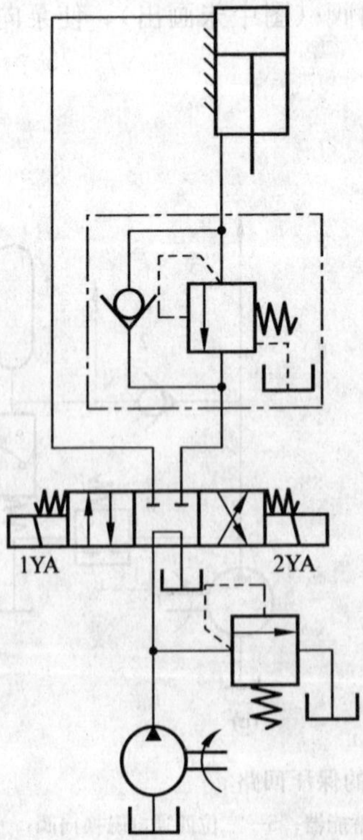

图 6—32 用顺序阀的平衡回路

图 6—33 减压平衡回路

节，以平衡载荷 F；液压缸的活塞杆跟随载荷作随动位移 s，当活塞杆向上移动时，减压阀向液压缸供油；当活塞杆向下移动时，溢流阀溢流；保证液压缸在任何时候都保持对载荷的平衡。溢流阀的调定压力要大于减压阀的调定压力。在工程机械中常用平衡阀直接形成平衡回路。

6.3 流量控制阀和速度控制回路

液压系统中执行元件的有效作用面积一定时，其运动速度将取决于输入执行元件的流量。通过改变阀口通流截面面积调节通过阀口的流量，进而控制执行元件运动速度的控制阀称为流量控制阀，简称流量阀。常用的流量阀主要有节流阀和调速阀。

6.3.1 流量控制阀

1. 节流口的流量特性及节流口形式

(1) 节流口的流量特性

节流口通常有三种基本形式：薄壁孔、短孔和细长孔，但无论节流口采用何种形式，通过节流口的流量都遵循节流口流量特性公式 $q=KA\Delta p^m$。当系数 K、压力差 Δp 和指数 m 不变时，改变节流口的过流断面面积 A 便可调节通过节流口的流量。理论上，当过流断面面积 A 不变时，通过节流口的流量是不变的，而实际上流量是有变化的，特别是在小流量时变化较大。影响流量稳定性的主要因素如下：

①节流口前后的压力差 Δp 对流量的影响：由于负载变化，引起节流口出口压力变化，而进油压力由溢流阀调定，所以造成节流口前后压力差 Δp 变化，使流量不稳定。指数 m 越小，Δp 变化对流量的影响越小，三种形式节流口中薄壁孔 m 值最小，所以薄壁孔受压力差影响最小。

②温度对流量的影响：温度变化影响黏度变化，从而影响流量的稳定性，薄壁孔 K 值与黏度关系很小，而细长孔的 K 值与黏度关系大，所以薄壁孔的流量受油温影响很小。

③孔口形状对流量的影响：油液中的杂质、油液高温氧化后析出的胶质、沥青，以及油液老化或受到挤压后产生带电极化分子，会吸附在金属表面上，在节流口表面逐步形成附着层，造成节流口的局部堵塞，它不断的堆积又不断被高速液流冲掉，这就不断改变过流断面面积的大小，使流量不稳定（周期性脉动），尤其是开口较小时，这一影响更为突出，严重时会完全堵塞而出现断流现象。因此，节流口的抗堵塞性能也是影响流量稳定性的重要因素，尤其会影响流量阀的最小稳定流量。所谓流量阀的最小稳定流量是指流量阀能正常工作（指无断流且流量变化不大于 10%）的最小流量限制值。一般流量控制阀的最小稳定流量为 0.05 L/min。一般节流口过流断面面积越大、节流通道越短和水利直径越大，越不容易堵塞。当然油液的清洁度也对堵塞产生影响，一般要求过滤精度为 5～10μm，采用磁性滤油器、定期更换油液等。

由以上分析，为保证流量稳定，节流口的形式以薄壁小孔较为理想。

(2) 节流口的结构形式

节流阀节流口的形式很多，图 6－34 所示为常用的几种。

图 6－34 (a) 为针阀式节流口，针阀芯作轴向移动时，将改变环形通流截面积的大小，

从而调节流量。

图 6－34（b）为偏心式节流口，在阀芯上开有一个截面为三角形（或矩形）的偏心槽，当转动阀芯时，就可以调节通流截面积大小从而调节流量。

上述两种形式的节流口结构简单、制造容易，但节流口容易堵塞，流量不稳定，适用于性能要求不高的场合。

图 6－34（c）为轴向三角槽式节流口，在阀芯端部开有一个或两个斜的三角沟槽，轴向移动阀芯时，就可以改变三角槽通流截面积的大小，从而调节流量。这是目前应用很广的节流口形式。

图 6－34（d）为周向缝隙式节流口，阀芯上开有狭缝，油液可以通过狭缝流入阀芯内孔，然后由左侧孔流出，旋转阀芯就可以改变缝隙的通流截面积。

图 6－34（e）为轴向缝隙式节流口，在套筒上开有轴向缝隙，轴向移动阀芯即可改变缝隙的通流面积大小，以调节流量。

上述三种节流口性能较好，尤其是轴向缝隙式节流口，其节流通道厚度可薄到 0.07～0.09 mm，可以得到较小的稳定流量。

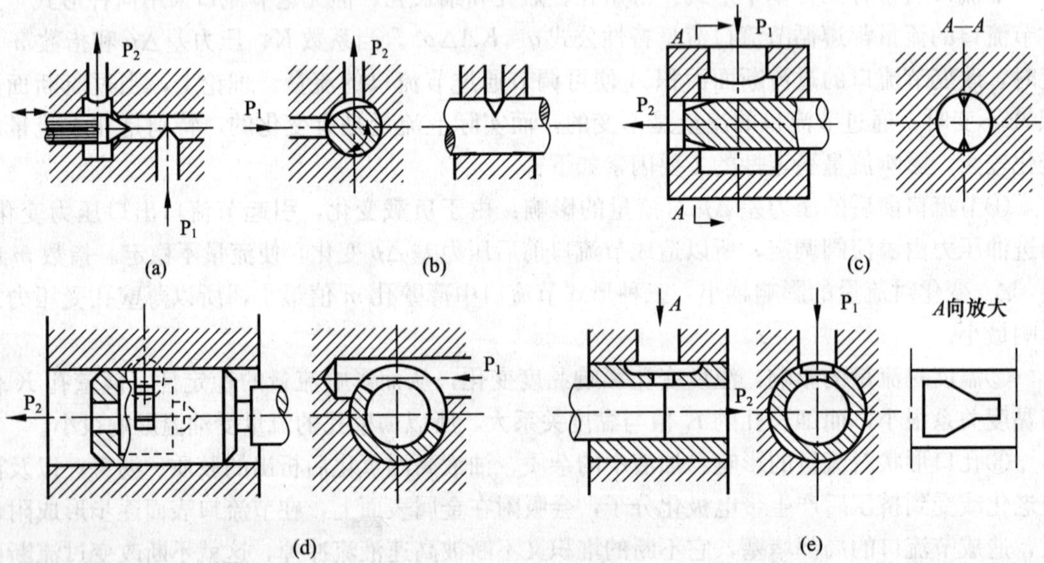

图 6－34　节流口的形式

2. 节流阀

图 6－35（a）所示为普通节流阀的结构原理图，它的节流口是轴向三角槽式。打开节流阀时，压力油从进油口 P_1 进入，经小孔 a、阀芯 1 左端的轴向三角槽，小孔 b 和出油口 P_2 流出。阀芯 1 在弹簧力的作用下始终紧贴在推杆 2 的端部。旋转手轮 3，可使推杆沿轴向移动，改变节流口的通流面积，从而调节通过阀的流量。图 6－35（b）所示为该节流阀的职能图形符号。

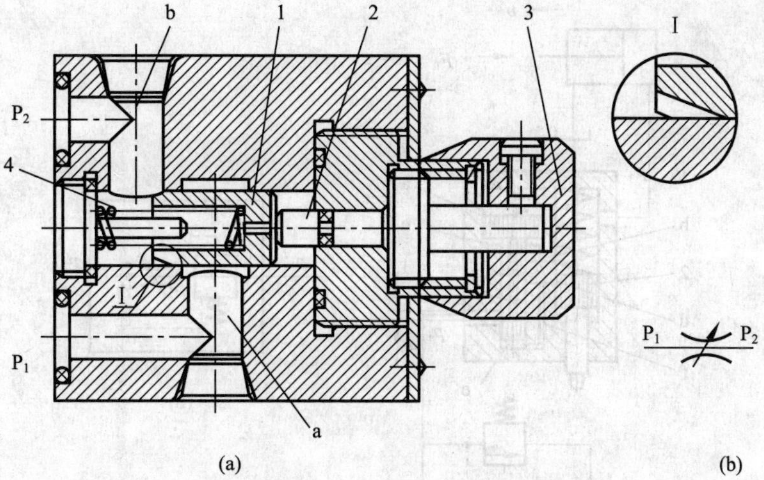

图 6—35　普通节流阀

1—阀芯；2—推杆；3—手轮；4—弹簧；a、b—小孔

节流阀结构简单、体积小、成本低、使用方便、维护保养容易。但由于负载和温度的变化对流量的稳定性影响比较大，所以，节流阀只适用于负载和温度变化不大的场合，或者对执行元件速度稳定性要求不高的液压系统。

3. 调速阀

调速阀是由一个定差减压阀和一个节流阀串联组合而成。节流阀用来调节流量，定差减压阀用来保证节流阀前后的压力差 Δp 不受负载变化的影响，从而使通过节流阀的流量保持稳定。

图 6—36（a）为调速阀的工作原理图，图 6—36（b）为调速阀的详细图形符号，图 6—36（c)为其简化图形符号。当压力为 p_1 的油液由调速阀进油口流入，经减压阀阀口 h 后压力降为 p_2，再分别经孔道 b 和 f 进入油腔 c 和 e。减压阀出口 d 同时也是节流阀 2 的入口，油液经节流口后，压力由 p_2 降为 p_3。压力为 p_3 的油液一部分经调速阀的出口进入执行元件，另一部分经孔道 g 进入减压阀芯 1 的上腔 a。若 a、c、e 腔的有效工作面积分别为 A_1、A_2、A_3，则 $A_1=A_2+A_3$。减压阀阀芯的受力平衡方程为

$$p_2A_2+p_2A_3=p_3A_1+F_s \tag{6—3}$$

即：

$$\Delta p=p_2-p_3=\frac{F_s}{A_1}$$

由于定差减压阀的弹簧刚度很小，工作时阀芯的移动量也很小，故弹簧力 Fs 的变化也很小，因此节流阀前后的压力差基本保持不变。这就使得调速阀的流量只随节流口开度大小而改变，而与负载变化无关。若负载增加，使 p_3 增大的瞬间，减压阀向下推力增大，使阀芯下移，阀口开大，阀口液阻减小，使 p_2 也增大，其差值（$\Delta p=p_2-p_3$）基本保持不变。同理，当负载减小，p_3 减小时，减压阀阀芯上移，p_2 也减小，其差值亦不变。所以只要将弹簧力固定，则在油温不变时，输出流量就可固定。

调速阀与节流阀的特性比较如图 6—37 所示，节流阀的流量随进、出油口压力差 Δp 变化较大。而调速阀在压差较小时，性能与普通节流阀相同，即二者曲线重合，这是由于较小的压力差不能克服定差减压阀的弹簧力，减压阀不起减压作用，整个调速阀就相当于一个节流阀。因此，为了保证调速阀正常工作，必须保证其前后压差 Δp 在 0.5 MPa 以上。

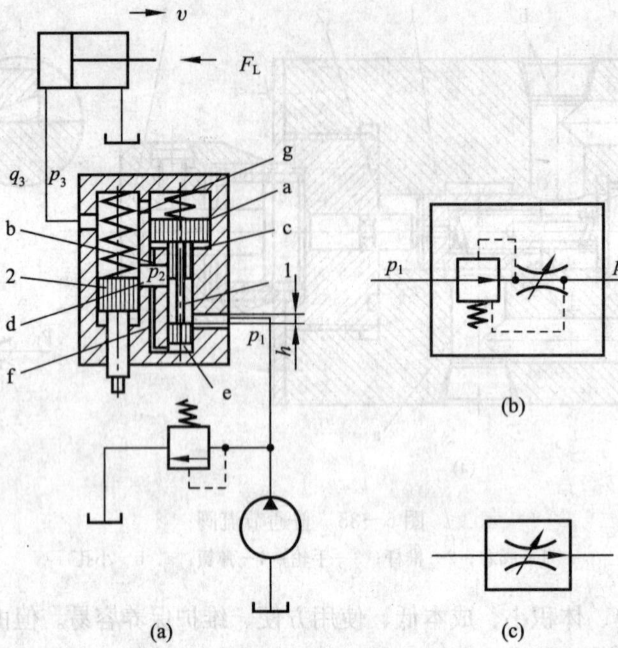

图 6－36　调速阀

a—上腔；b、f、g—孔；c、e—下油腔；d—出油口

1—减压阀芯；2—节流阀芯

调速阀适用于负载变化较大，速度平稳性要求较高的液压系统。如各类组合机床、铣床、车床等设备的液压系统常用调速阀调速。

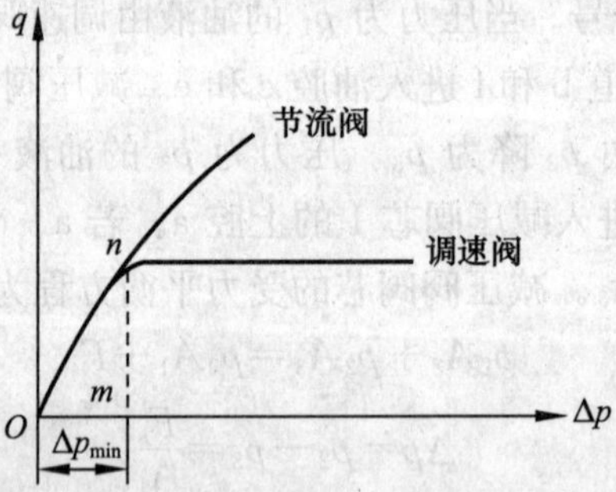

图 6－37　调速阀与节流阀特性比较

6.3.2　速度控制回路

用来控制执行元件运动速度的回路称为速度控制回路。速度控制回路包括调速回路、快速运动回路和速度换接回路等。

1. 调速回路

调速回路的功用是调节执行元件工作行程的速度。在不考虑液压油的可压缩性和泄漏的情况下，液压缸的运动速度为

$$v=\frac{q}{A} \tag{6—4}$$

液压马达的转速为：

$$n=\frac{q}{V_M} \tag{6—5}$$

式中　q——输入液压执行元件的流量；

A——液压缸的有效面积；

V_M——液压马达的排量。

由以上两式可知，改变输入液压执行元件的流量 q 或液压马达的排量 V_M，就可以达到调节速度的目的。

调速方法有以下三种：

①节流调速——采用定量泵供油，由流量阀改变进入执行元件的流量以实现调速。

②容积调速——采用变量泵或变量马达实现调速。

③容积节流调速——采用变量泵和流量阀联合调速。

(1) 节流调速回路

节流调速回路的工作原理是通过改变回路中流量控制元件的（节流阀或调速阀）通流面积的大小来控制流入执行元件或自执行元件流出的流量，以调节其运动速度。根据流量阀在回路中的位置不同，分为进油节流调速、回油节流调速和旁路节流调速三种回路。

①进油节流调速回路：如图 6－38 所示，把流量控制阀串联在执行元件的进油路上的节流调速回路称为进油路节流调速回路。回路工作时，液压泵输出的油液（压力 p_B 由溢流阀调定），经节流阀进入液压缸左腔，推动活塞向右运动，右腔的油液则流回油箱。液压缸左腔的油液压力 p_1 由作用在活塞上的负载阻力 F 的大小决定。液压缸右腔的油液压力 $p_2\approx 0$，进入液压缸油液的流量 q_1 由节流阀调节，多余的油液 q_2 经溢流阀流回油箱。A 为活塞的有效作用面积，A_0 为流量阀节流口通流截面积。

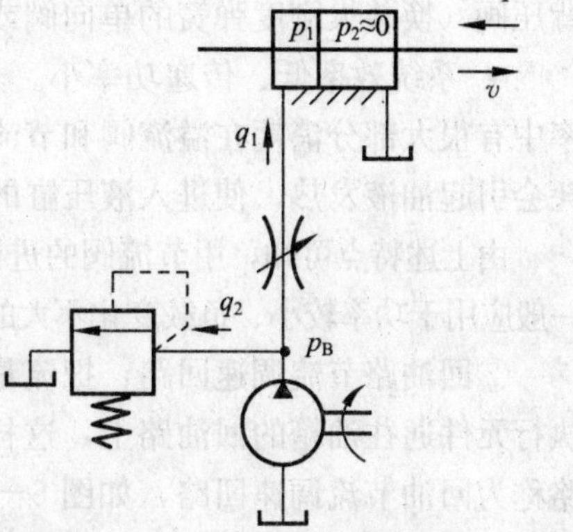

图 6－38　进油路节流调速回路

当活塞带动执行机构以速度 v 向右做匀速运动时，作用在活塞两个方向上的力互相平衡，则

$$p_1A=F$$

即：

$$p_1=\frac{F}{A}$$

设节流阀前后的压力差为 Δp，则 $\Delta p - p_B - p_1$

假定节流口形状为薄壁小孔，由于经流量阀流入液压缸右腔的流量为

$$q_1=KA_0\Delta p^m=KA_0\sqrt{\Delta p}$$

所以活塞的运动速度为

$$v=\frac{q_1}{A}=\frac{KA_0}{A}\sqrt{\Delta p}=KA_0\sqrt{p_B-\frac{F}{A}} \tag{6—6}$$

在进油节流调速回路中，液压泵的输出功率为 $P_{泵}=p_Bq_B=$常量；而液压缸的输出功率为 $P_{缸}=Fv=Fq_1/A_1=p_1q_1$，所以该回路的功率损失为

$$\Delta P=P_{泵}-P_{缸}=p_Bq_B-p_1q_1=p_B(q_1+q_2)-(p_B-\Delta p)q_1=p_Bq_2+\Delta pq_1 \quad (6—7)$$

由式（6—7）可知，这种调速回路的功率损失由两部分组成，即溢流损失 $\Delta P_{溢}=p_Bq_2$ 和节流损失 $\Delta P_{节}=\Delta pq_1$，故这种调速回路的效率较低。

进油路节流调速回路的特点如下：

• 结构简单，使用方便。由于活塞运动速度 v 与节流阀口通流截面积 A_0 成正比，调节 A_0 即可实现无级调速，且调速范围大。

• 速度稳定性差。由式（6—6）可知，液压泵工作压力 p_B 经溢流阀调定后趋于恒定，节流阀调定后 A_0 也不变，活塞有效作用面积 A 为常量，所以活塞运动速度 v 将随负载 F 的变化而波动。

• 运动平稳性差。由于回油路压力为零，即回油腔没有背压力，当负载突然变小、为零或为负值时，活塞会产生突然前冲。为了提高运动的平稳性，通常在回油管路中串接一个背压阀（换装大刚度弹簧的单向阀或溢流阀）。

• 系统效率低、传递功率小。尤其是当执行元件在轻载低速下工作时，液压泵输出功率中有很大部分消耗在溢流阀和节流阀上，流量损失和压力损失大，系统效率很低。功率损耗会引起油液发热，使进入液压缸的油液温度升高，导致泄漏增加。

由上述特点可知，用节流阀的进油节流调速回路一般应用于功率较小、负载变化不大的液压系统中。

②回油路节流调速回路：把流量控制阀安装在执行元件通往油箱的回油路上，这样的节流调速回路称为回油节流调速回路，如图 6−39 所示。回油路节流调速是借助于节流阀控制液压缸的排油量 q_2 来实现速度调节。由于进入液压缸的流量 q_1 受到回油路上排油量 q_2 的限制，因此用节流阀来调节液压缸的排油量 q_2，也就调节了进油量 q_1，定量泵多余的油液仍经溢流阀流回油箱，溢流阀调整压力基本稳定。

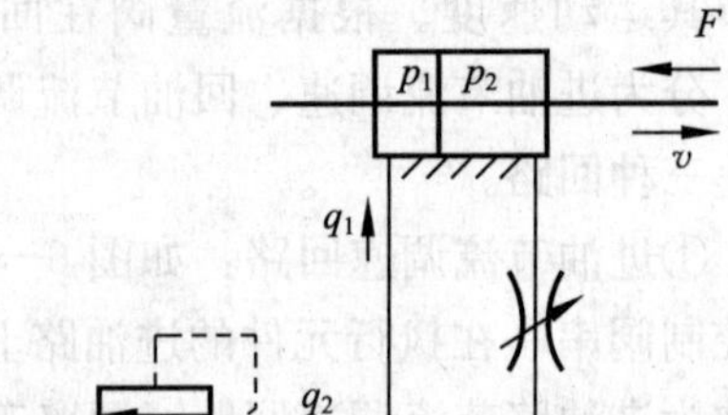

图 6−39　回油路节流调速回路

当活塞匀速运动时，活塞上的受力平衡方程式为

$$p_1A=F+p_2A$$

p_1 等于由溢流阀调定的液压泵出口压力 p_B，则

$$p_2=p_1-\frac{F}{A}=p_B-\frac{F}{A}$$

因节流阀出口接油箱，即 $p_3\approx 0$，所以

$$\Delta p=p_2=p_B-\frac{F}{A}$$

活塞运动速度为

$$v=\frac{q_1}{A}=\frac{KA_0}{A}\sqrt{\Delta p}=KA_0\sqrt{p_B-\frac{F}{A}} \quad (6—8)$$

另外，在回油路节流调速度回路中，也包括溢流损失和节流损失功率，所以它的效率也较低。

从以上分析可知，进、回油节流调速回路有许多相同之处，但是，它们也有如下不同：

• 节流阀装在回油路上，回油路上有较大的背压，因此在外界负载变化时可起缓冲作用，运动的平稳性比进油节流调速回路要好。

• 回油节流调速回路中，经节流阀后压力损耗而发热，导致温度升高的油液直接流回油箱，容易散热。

• 停车后的启动性能不同。长期停车后液压缸油腔内的油液会流回油箱，当液压泵重新向液压缸供油时，在回油节流调速回路中，由于进油路上没有节流阀控制流量，即使回油路上节流阀关得很小，也会使活塞前冲；而在进油节流调速回路中，由于进油路上有节流阀控制流量，故活塞前冲很小，甚至没有前冲。

由上述特点可知，回油节流调速回路广泛应用于功率不大、负载变化较大或运动平稳性要求较高的液压系统中。为了提高回路的综合性能，一般常采用进油节流调速，并在回油路上加背压阀的回路，使其兼备两者的优点。

③旁油路节流调速回路：如图 6—40 所示，将节流阀设置在与执行元件并联的旁油路上，即构成了旁油路节流调速回路。该回路中，节流阀调节了液压泵溢回油箱的流量 q_2，从而控制了进入液压缸的流量 q_1，调节流量阀的通流面积，即可实现调速。液压缸的工作压力基本上等于泵的输出压力，其大小取决于负载。溢流阀作为安全阀，系统正常工作时关闭，只有在过载时才打开，其调定压力为最大工作压力的 1.1～1.2 倍。

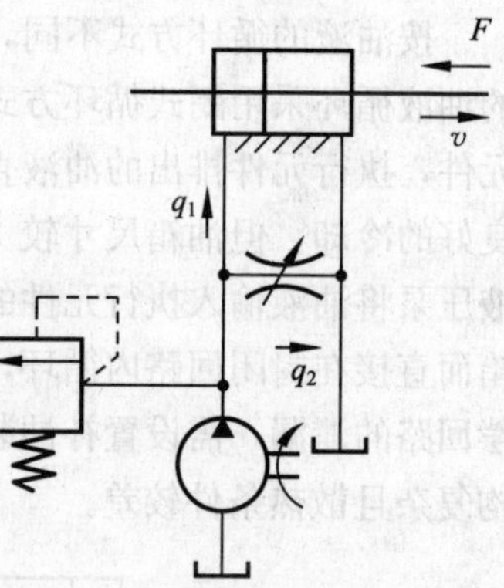

图 6—40　旁油路节流调速回路

当活塞克服负载 F 向右做匀速运动时，活塞受力平衡方程为

$$p_1A=F$$

又因为

$$p_B=p_1$$

所以

$$p_B=p_1=\frac{F}{A}$$

则节流阀前后的压力差为

$$\Delta p=p_B=\frac{F}{A}$$

假定节流口形状为薄壁小孔，流入液压缸右腔的流量为

$$q_1=q_B-q_2=q_B-KA_0\sqrt{\Delta p}=q_B-KA_0\sqrt{\frac{F}{A}}$$

所以活塞的运动速度为

$$v=\frac{q_1}{A}=\frac{q_B-KA_0\sqrt{\frac{F}{A}}}{A} \tag{6—9}$$

此外，旁路节流调速回路只有节流损失而无溢流损失，液压泵的输出压力随负载而变化，即节流损失和输入功率随负载而变化，所以比前两种调速回路效率高。旁油路节流调速回路主要用于高速、重载、对速度平稳性要求不高的场合，如牛头刨床液压系统。

使用节流阀的节流调速回路，速度受负载影响较大，变载荷下的运动平稳性比较差。为了克服这个缺点，回路中的节流阀可用调速阀来代替。由于调速阀能在负载变化时保证节流阀前后的压差基本不变，即在负载变化的情况下，通过调速阀的流量基本不变。采用调速阀后，虽然回路的速度稳定性大大提高了，但回路的效率仍然是很低的。因为调速阀中包含了减压阀和节流阀的功率损失，所以其功率损失比采用节流阀的相应节流调速回路还要大些。

（2）容积调速回路

节流调速回路虽然调节起来非常方便，但存在速度随负载变化的问题，同时油液通过流量阀时所造成的功率损失大、回路效率低，只适用于小功率液压系统。容积调速回路通过改变变量泵或变量马达的排量以调节执行元件的运动速度。回路中，液压泵输出的液压油全部直接进入液压缸或液压马达，无溢流损失和节流损失。而且，液压泵的工作压力随负载的变化而变化，因此，这种调速回路效率高，发热量少，其缺点是变量泵或变量马达结构复杂，价格较高，且维修也较困难。容积调速回路多用于工程机械、矿山机械、农业机械和大型机床等大功率的调速系统中。

按油液的循环方式不同，容积调速回路可分为开式和闭式两种，绝大部分容积调速回路的油液循环采用闭式循环方式。图 6－41（a）所示的是开式回路，泵从油箱吸油供给执行元件，执行元件排出的油液直接返回油箱，油液在油箱中便于沉淀杂质、析出空气，并得到良好的冷却，但油箱尺寸较大，空气、污物容易侵入。图 6－41（b）所示的是闭式回路，液压泵将油液输入执行元件的进油腔中，又从执行元件的回油腔处吸油，油液不一定经过油箱而直接在封闭回路内循环，因而减少了空气侵入的可能性，运动平稳、噪声小。但为了补偿回路的泄漏，需设置补油装置，包括辅助泵及与其配套的溢流阀和油箱，这样使得回路结构复杂且散热条件较差。

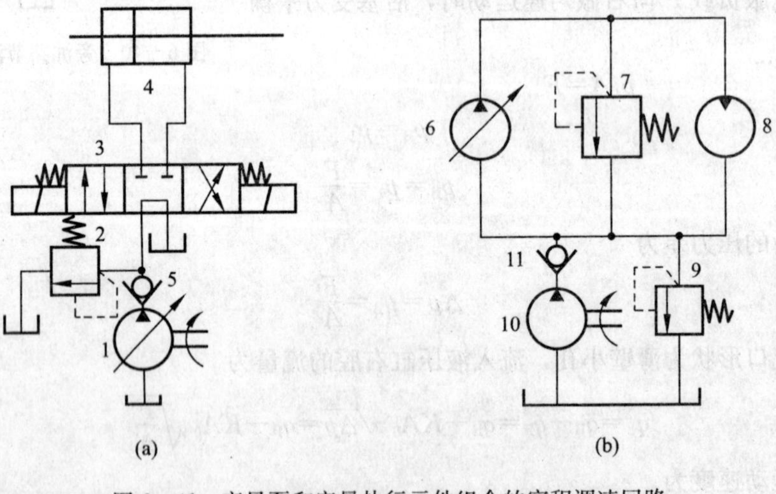

图 6－41 变量泵和定量执行元件组合的容积调速回路

1、6—变量泵；2、7、9—溢流阀；3—换向阀；4—液压缸；
5、11—单向阀；8—定量马达；10—辅助定量泵

根据液压泵和执行元件组合方式不同，容积调速回路有以下三种形式：

①变量泵和定量执行元件组成的容积调速回路：图 6－41（a）所示为变量泵和液压缸组成的容积调速回路，图 6－41（b）所示为变量泵和定量液压马达组成的容积调速回路。这两种回路均采用改变变量泵的输出流量来调速的方法。工作时，溢流阀 2、7 作安全阀用，

它可以限定液压泵的最高工作压力，起过载保护作用。辅助定量泵 10 将油箱中经过冷却的油液输入到封闭回路中，同时与油箱相通的溢流阀 9 溢流出定量马达 8 排出的多余热油，从而起到稳定低压管路压力和置换热油的作用。单向阀 5、11 在系统停止工作时可以起到防止系统中的油液倒流和空气侵入的作用。

②定量泵和变量液压马达组合：在图 6－42 所示的回路中，定量泵 1 的输出流量不变，调节变量液压马达的排量，便可改变其转速。溢流阀 2 在回路中作安全阀用。

③变量泵和变量液压马达组合：在图 6－43 所示的回路中，变量泵可双向供油，用以实现双向变量液压马达的换向。调速时液压泵和液压马达的排量分阶段调节。在低速阶段，液压马达排量保持最大，由改变液压泵的排量来调速；在高速阶段，液压泵排量保持最大，通过改变液压马达的排量来调速。这样就扩大了调速范围。单向阀 6、7 用于使辅助定量泵 4 双向补油，单向阀 8、9 则使溢流阀 5 能在两个方向起过载保护作用。

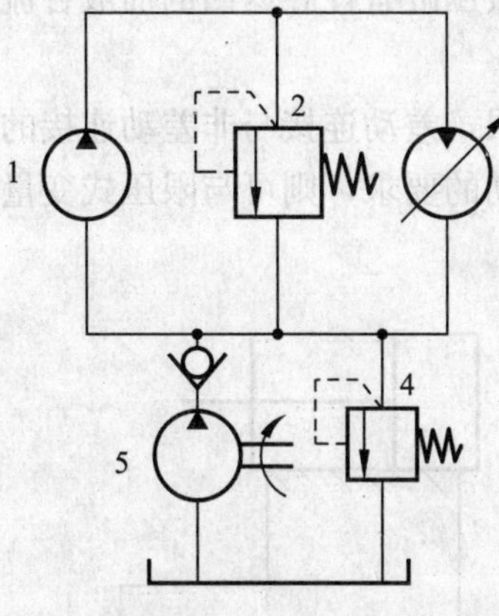

图 6－42　定量泵和变量马达的容积调速回路

1—定量泵；2、4—溢流阀；
3—变量马达；5—辅助定量泵

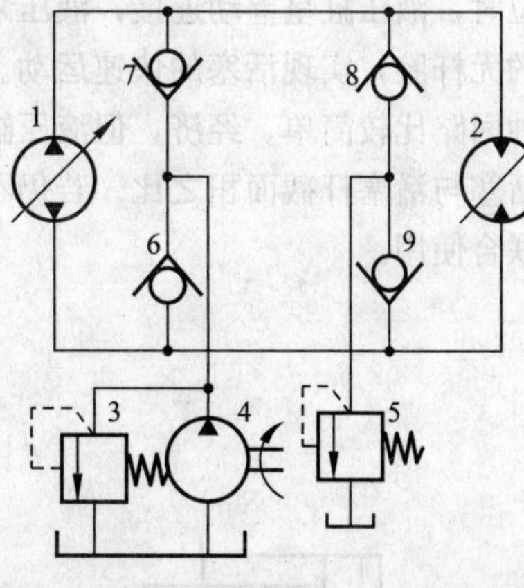

图 6－43　变量泵和变量马达的容积调速回路

1—双向变量泵；2—双向变量马达；3、5—溢流阀
4—辅助定量泵；6、7、8、9—单向阀

（3）容积节流调速回路

采用变量液压泵供油，用流量阀控制进入或流出液压缸的流量来调节液压缸的运动速度，并可使变量泵的供油量自动与液压缸所需的流量相适应。图 6－44 所示为由限压式变量叶片泵和调速阀组成的容积节流调速回路。压力油经调速阀 2 进入液压缸 3 工作腔，回油经背压阀 4 返回油箱。调节调速阀节流口的开口大小，就可以调节输入液压缸的流量。如果调速阀开口由大变小，变量泵的流量就会大于调速阀调定的流量。由于进油路没有溢流阀，多余的油液没有排油通路，势必使液压泵和调速阀之间油路的油液压力升高，使泵的偏心距自动减小，直至泵的输出流量等于调速阀的调定流量。如果调速阀开口由小变大，变量泵的流量小于调速阀调定的流量，则泵出口的压力将降低，偏心距自动增大，输出流量与调速阀的调定流量相适应。

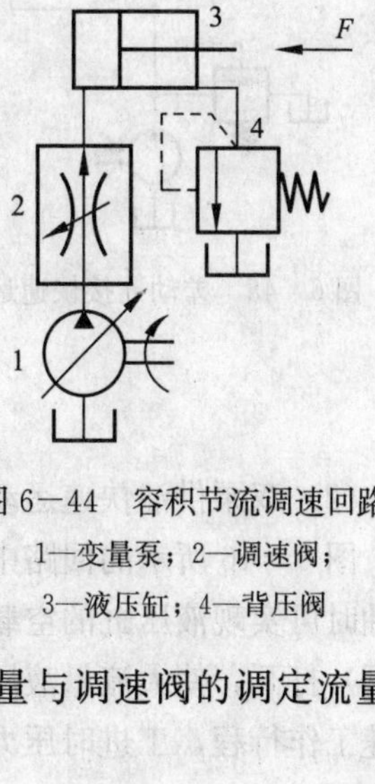

图 6－44　容积节流调速回路

1—变量泵；2—调速阀；
3—液压缸；4—背压阀

在这种回路中，泵的输出流量与通过调速阀的流量是相适应的，有节流功率损失，但没有溢流功率损失，回路效率较高，发热量较小。同时，采用调速阀，液压缸的运动速度基本不受负载变化的影响，即使在较低的运动速度下工作，运动也较稳定。但是随着负载减小，其节流损失也就增大，相应效率降低，因此这种调速回路不宜用于负载变化大且大部分时间在低负载下工作场合。

2. 快速运动回路

快速运动回路又称增速回路，其作用在于使液压执行元件获得所需的高速度，缩短机械空行程运动时间，以提高系统的工作效率。实现快速运动方法不同，可有多种结构方案。下面介绍几种常用的快速运动回路。

(1) 液压缸差动连接快速运动回路

如图 6—45 所示的差动回路是利用液压缸的差动连接来实现的。当二位三通电磁换向阀处于右位时，液压缸呈差动连接，液压泵输出的油液和液压缸有杆腔返回的油液合流，进入液压缸的无杆腔，实现活塞的快速运动。

这种回路比较简单、经济，但液压缸的速度加快有限，差动连接与非差动连接的速度之比等于活塞与活塞杆截面积之比。若仍不能满足快速运动的要求，则可与限压式变量泵等其他方法联合使用。

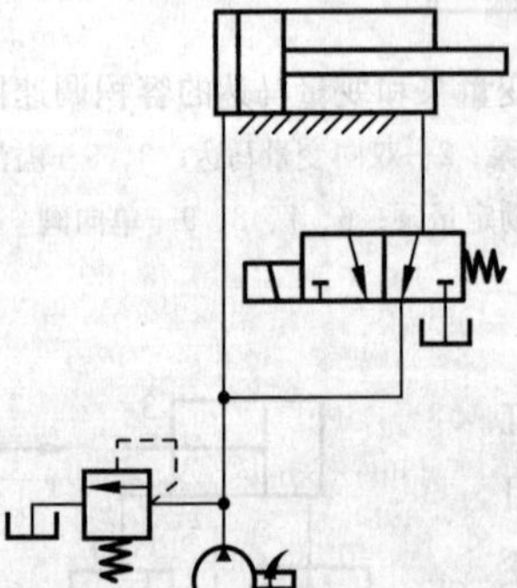

图 6—45 差动连接快速运动回路

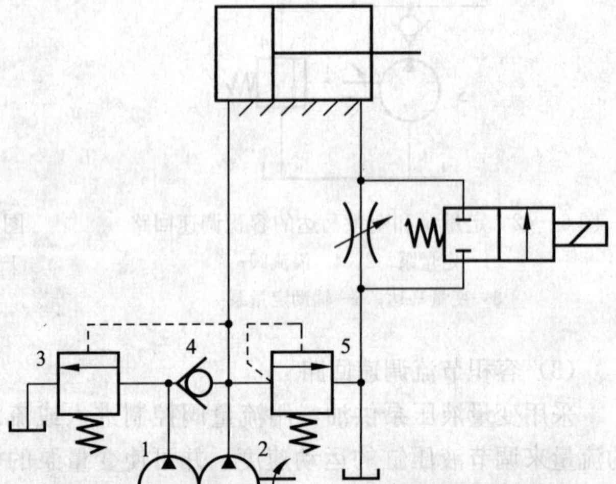

图 6—46 双泵供油快速运动回路

1—低压大流量泵；2—高压小流量泵；
3—液控顺序阀；4—单向阀；5—溢流阀

(2) 双泵供油快速运动回路

图 6—46 所示的回路中采用了低压大流量泵 1 和高压小流量泵 2 并联，它们同时向系统供油时可实现液压缸的空载快速运动；进入工作行程时，系统压力升高，液控顺序阀 3（卸荷阀）打开，使大流量液压泵 1 卸荷，仅由小流量液压泵 2 向系统供油，液压缸的运动变为慢速工作行程，工进时压力由溢流阀 5 调定。

(3) 蓄能器快速运动回路

在图 6—47 所示的用蓄能器辅助供油的快速回路中，用蓄能器使液压缸实现快速运动。当换向阀处于中位时，液压缸停止工作，液压泵经单向阀向蓄能器充油，随着蓄能器内油量的增加，压力亦升高，至液控顺序阀 2 的调定压力时，液压泵卸荷。当换向阀处于左位或右位时，液压泵 1 和蓄能器 3 同时向液压缸供油，实现快速运动。

这样系统中可选用流量较小的液压泵及功率较小的电动机，可节约能源并降低油温，实现短期大量供油。这种回路适用于短时间内需要大流量的场合，但蓄能器充油时，液压缸必须有足够的停歇时间。

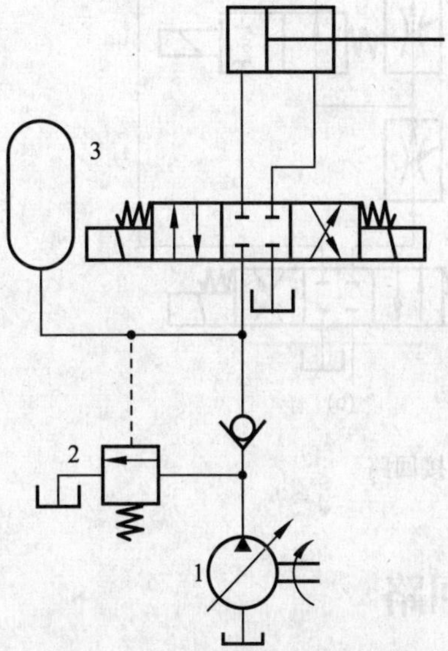

图 6—47　蓄能器辅助供油的快速回路

1—液压泵；2—液控顺序阀；3—蓄能器

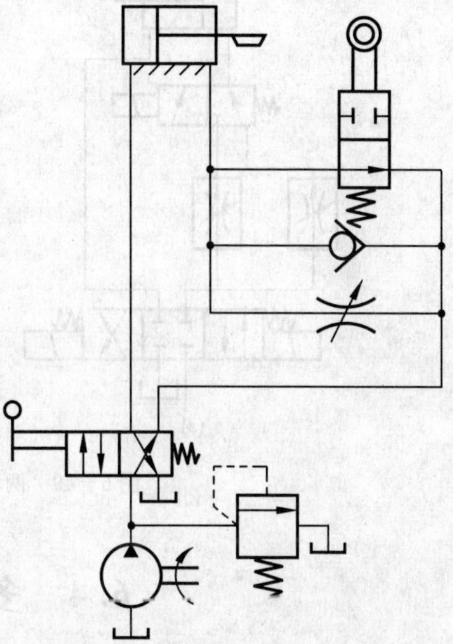

图 6—48　快慢速的速度换接回路

3. 速度换接回路

速度换接回路的作用是使液压执行元件在一个工作循环中从一种运动速度换到另一种运动速度，因而这个转换不仅包括快速转慢速的换接，而且也包括两个慢速之间的换接。实现这些功能的回路应该具有较高的速度换接平稳性。

(1) 快速与慢速的速度换接回路

如图 6—48 所示，在用行程阀控制的快慢速换接回路中，活塞杆上的挡块未压下行程阀时，液压缸右腔的油液经行程阀回油箱，活塞快速运动；当挡块压下行程阀时，液压缸回油经节流阀回油箱，活塞转为慢速工进。

这种回路的快慢速换接过程比较平稳，换接点的位置比较准确，缺点是行程阀的安装位置不能任意布置，管路连接较为复杂，若将行程阀改为电磁阀，安装连接比较方便，但速度换接的平稳性、可靠性以及换向精度都较差。

(2) 两种慢速的速度换接回路

如图 6—49 (a) 所示，在用两个调速阀并联实现两种进给速度的换接回路中，两调速阀由二位三通换向阀换接，它们各自独立调节流量，互不影响，一个调速阀工作时，另一个调速阀没有油液通过。在速度换接过程中，由于原来没工作的调速阀中的减压阀处于最大开口位置，速度换接时大量油液通过该阀，将使执行元件突然前冲，因此它不宜用于在工作过程中的速度换接。

如图 6－49（b）所示，在用两调速阀串联的方法来实现两种不同速度的换接回路中，两调速阀由二位二通换向阀换接，但后接入的调速阀的开口要小，否则，换接后得不到所需要的速度，起不到换接作用，该回路的速度换接平稳性比调速阀并联的速度换接回路好，但由于油液经过两个调速阀，所以能量损失较大。

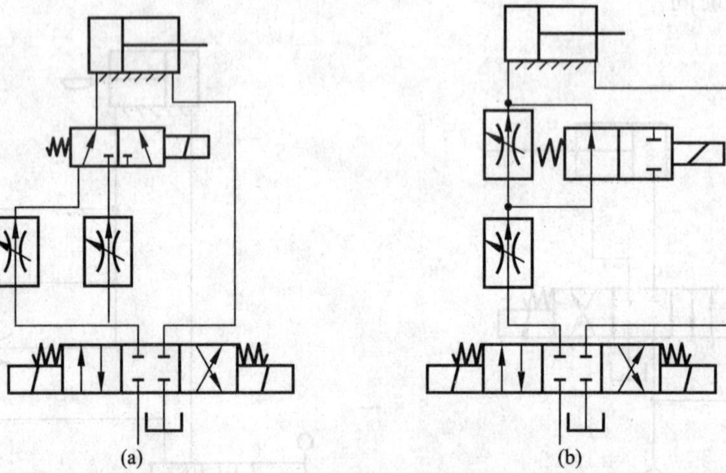

图 6－49　两种慢速的速度换接回路

6.4　多缸动作回路

在液压系统中，由一个油源向多个液压缸供油时，为满足各缸的顺序动作或同步动作的要求，以防止各缸之间油液压力和流量的干扰，需采用多缸动作回路，它包括：顺序动作回路、同步回路、互不干扰回路等。

6.4.1　顺序动作回路

控制液压系统中执行元件动作的先后次序的回路称为顺序动作回路。按照控制的原理和方法不同，顺序动作的方式分成压力控制、行程控制和时间控制三种。时间控制的顺序动作回路控制准确性较低，应用较少。常用的是压力控制和行程控制的顺序动作回路。

1. *压力控制的顺序动作回路*

压力控制是利用油路本身压力的变化来控制阀口的启闭，使执行元件按顺序动作的一种控制方式。其主要控制元件是顺序阀和压力继电器。

（1）采用顺序阀控制的顺序动作回路

图 6－50 为采用顺序阀控制的顺序动作回路。阀 1 和阀 2 是由顺序阀与单向阀构成的组合阀——单向顺序阀。系统中有两个执行元件：夹紧液压缸 A 和进给液压缸 B。两液压缸按夹紧→工作进给→快退→松开的顺序动作。系统工作过程如下：

二位四通电磁阀通电，左位接入系统，压力油液进入 A 缸左腔，由于系统压力低于单向顺序阀 1 的调定压力，顺序阀未开启，A 缸活塞向右运动实现夹紧，完成动作①，回油经阀 2 的单向阀流回油箱。

当 A 缸活塞右移到达终点，工件被夹紧，系统压力升高。超过阀 1 中顺序阀调定值时，顺序阀开启，压力油进入加工液压缸 B 左腔，活塞向右运动进行加工，回油经换向阀回油箱，完成动作②。

加工完毕后，二位四通电磁阀断电，右位接入系统（如图 6—5 所示位置），压力油液进入 B 缸右腔，阀 2 的顺序阀未开启，回油经阀 1 的单向阀流回油箱，活塞向左快速运动实现快退，完成动作③。

到达终点后，油压升高，使阀 2 的顺序阀开启，压力油液进入 A 缸右腔，回油经换向阀回油箱，活塞向左运动松开工件，完成动作④。

用顺序阀控制的顺序动作回路，其顺序动作的可靠程度主要取决于顺序阀的质量和压力调定值。为了保证顺序动作的可靠准确，应使顺序阀的调定压力大于先动作的液压缸的最高工作压力（0.8～1 MPa），以避免因压力波动使顺序阀先行开启。这种顺序动作回路适用于液压缸数量不多、负载阻力变化不大的液压系统。

(2) 采用压力继电器控制的顺序动作回路

图 6—51 是采用压力继电器控制的顺序动作回路。按下按钮，使二位四通换向阀 1 电磁铁通电，左位接入系统，压力油液进入液压缸 A 左腔，推动活塞向右运动，回油经换向阀 1 流回油箱，完成动作①；当活塞碰上定位挡铁时，系统压力升高，使安装在液压缸 A 进油路上的压力继电器动作，发出电信号，使二位四通换向阀 2 电磁铁通电，左位接入系统，压力油液进入液压缸 B 左腔，推动活塞向右运动，完成动作②；实现 A、B 两液压缸先后顺序动作。

采用压力继电器控制的顺序动作回路，简单易行，应用较普遍。使用时应注意，压力继电器的压力调定值应比先动作的液压缸 A 的最高工作压力高 0.3～0.5 MPa，同时又应较溢流阀调定压力低 0.3～0.5 MPa，以防止压力继电器误发信号。

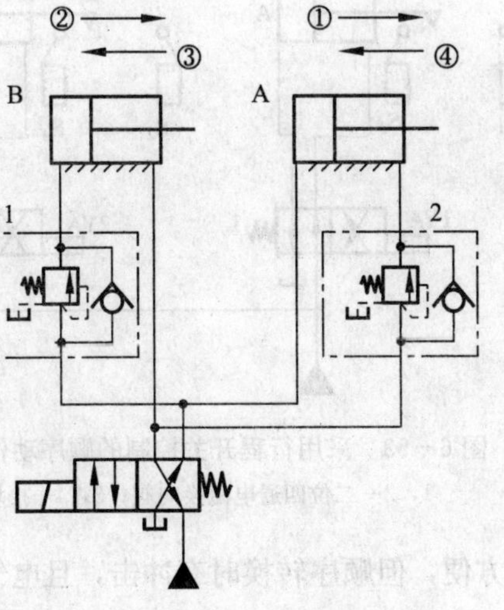

图 6—50　采用顺序阀控制的顺序动作回路

1，2—单向顺序阀

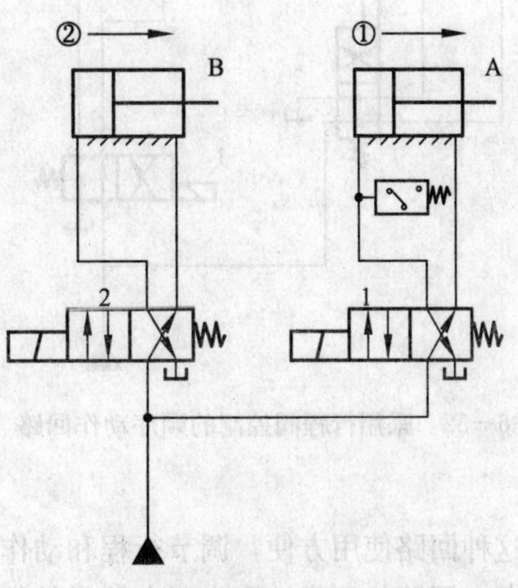

图 6—51　采用压力继电器控制的顺序动作回路

1，2—二位四通换向阀

2. 行程控制的顺序动作回路

行程控制是利用执行元件运动到一定的位置时发出控制信号，启动下一个执行元件的动作，使各液压缸实现顺序动作的控制过程。

(1) 采用行程阀控制的顺序动作回路

图6—52是采用行程阀控制的顺序动作回路。循环开始前，两液压缸活塞如图示位置。二位四通换向阀电磁铁通电后，左位接入系统，压力油液经换向阀进入液压缸A右腔，推动活塞向左移动，实现动作①；到达终点时，活塞杆上的挡块压下二位四通行程阀的滚轮，使阀芯下移，压力油液经行程阀进入液压缸B的右腔，推动活塞向左运动，实现动作②；当二位四通换向阀电磁铁断电时，弹簧复位，使右位接入系统，压力油经换向阀进入液压缸A左腔，推动活塞向右退回，实现动作③；当挡块离开行程阀滚轮时，行程阀复位，压力油经行程阀进入液压缸B左腔，使活塞向右运动，实现动作④。

这种回路动作灵敏，工作可靠，其缺点是行程阀只能安装在执行元件的附近，调整和改变动作顺序也较为困难。

(2) 采用行程开关控制的顺序动作回路

图6—53采用行程开关控制的顺序动作回路，液压缸按①→②→③→④的顺序动作，其工作过程如下：

电磁铁1YA通电，阀1左位工作，缸A活塞左移，实现动作①；当挡块3压下行程开关S_1，2YA通电，阀2换至左位，缸B活塞左移，实现动作②；当挡块4压下行程开关S_2，1YA断电，阀1换至右位，缸A活塞右移，实现动作③；当挡块3压下行程开关S_3，2YA断电，阀2换至右位，缸B活塞右移，实现动作④；当B缸活塞运动至挡块4压下行程开关S_4，1YA通电，即可开始下一个工作循环。

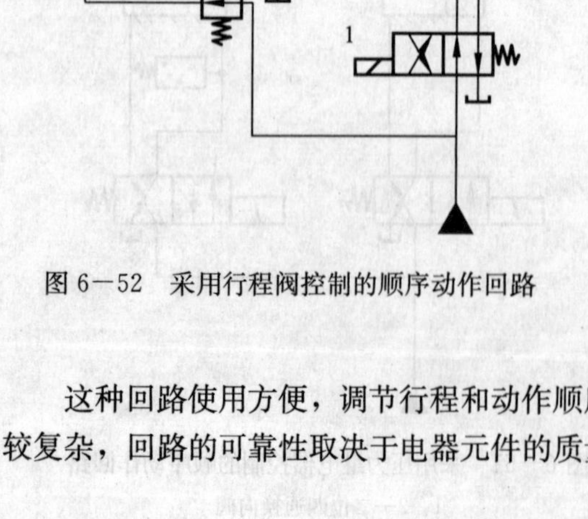

图6—52 采用行程阀控制的顺序动作回路

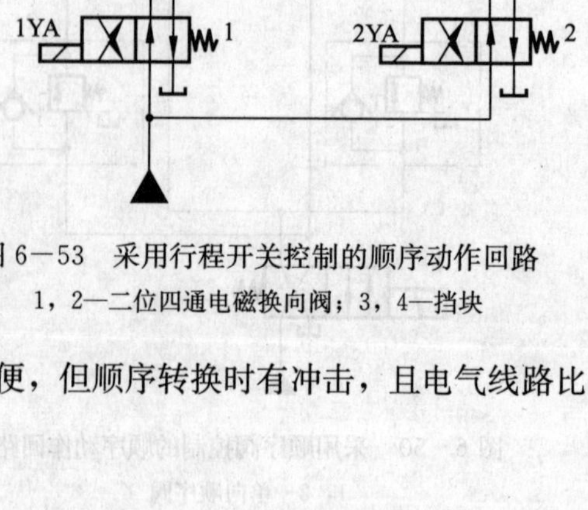

图6—53 采用行程开关控制的顺序动作回路

1，2—二位四通电磁换向阀；3，4—挡块

这种回路使用方便，调节行程和动作顺序也方便，但顺序转换时有冲击，且电气线路比较复杂，回路的可靠性取决于电器元件的质量。

6.4.2　同步动作回路

同步动作回路的作用是使液压系统中两个或两个以上执行元件在运动中保持相同的位移或相同的速度运动。在多缸液压系统中，由于泄漏、摩擦阻力、负载和制造精度等都会使同步难以保证，因此，同步动作回路要尽量克服或减少这些因素的影响，有时需要采取补偿措施，消除累积误差。

1. 机械连接实现同步的回路

如图 6—54 所示为液压缸机械连接的同步回路，将两个（或若干个）液压缸运用机械装置（刚性梁、齿轮或齿条等机械零件）刚性连接在一起使它们的运动受到牵制，以实现的同步。

此同步方法不用在液压系统中采用任何措施，简单经济，工作可靠，能基本上保证位置同步的要求，但由于机械零件在制造、安装上的误差，同步精度不高，它不宜用于两缸距离过大或两缸负载差别过大的场合。

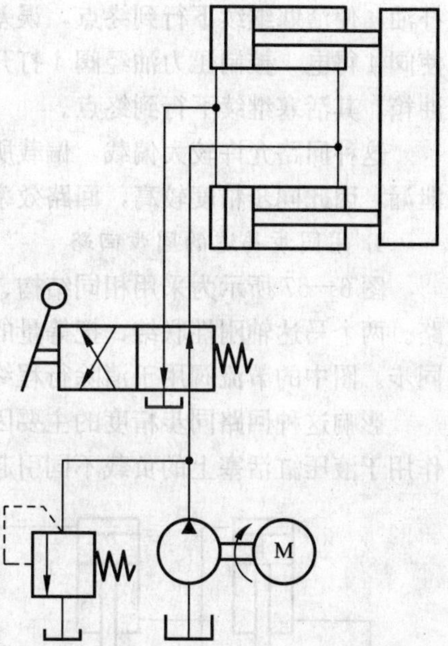

图 6—54　机械连接的同步回路

2. 用调速阀的同步回路

图 6—55 所示是采用调速阀的同步回路，图 6—55（a）为单向同步回路，两个调速阀可分别调节两个并联液压缸有杆腔流出的流量，使两缸向右运动的速度相等。图 6—55（b）为双向同步回路，可通过调速阀调节液压缸上、下两个行程的运动速度。

这种回路结构简单，成本低，但是两个调速阀的调节比较麻烦，而且还受油温、泄漏等的影响，故同步精度不高，不宜用在偏载或负载变化频繁的场合。

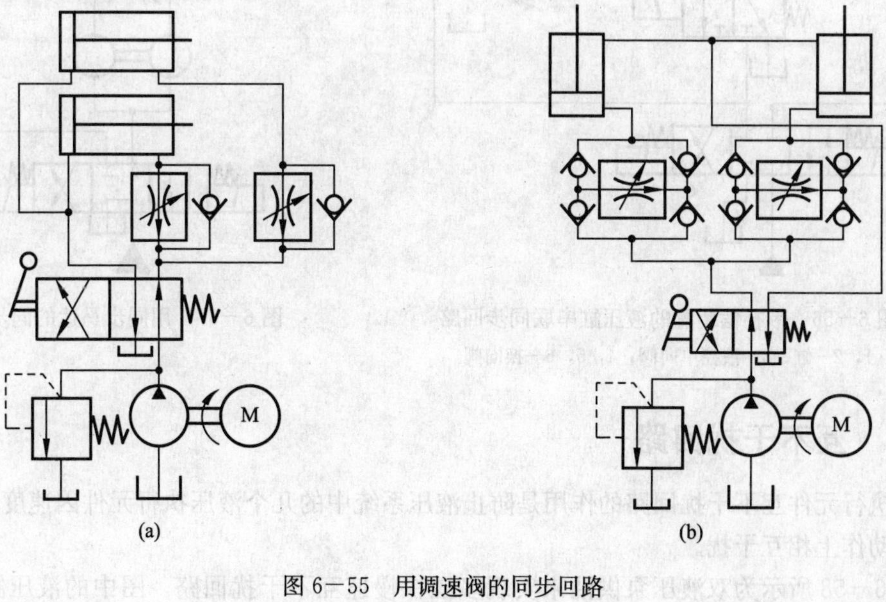

图 6—55　用调速阀的同步回路

3. 用串联液压缸的同步回路

如图 6—56 所示为带补偿装置的液压缸串联同步回路。在这个回路中，缸 1 的有杆腔 A 的有效面积与缸 2 的无杆腔 B 的面积相等，因而从 A 腔排出的油液进入 B 腔后，从理论上两液压缸的升降应该是同步的。但实际工作中因受各种因素影响，两缸位移不同步，不能同时到达终点，这时可采用图示的补偿措施。当三位四通换向阀右位工作时两缸下行，若缸 1 活塞先到终点，将触动行程开关 a 使阀 5 得电，压力油经阀 5 和液控单向阀 3 向缸 2 的 B 腔补油，使活塞继续下行到终点，误差即被消除。若缸 2 的活塞先到终点，则触动行程开关 b 使阀 4 得电，控制压力油经阀 4 打开液控单向阀 3，缸 1 下腔油液经液控单向阀 3 及阀 5 回油箱，其活塞继续下行到终点。

这种回路允许较大偏载，偏载所造成的压差不影响流量的改变，只会导致微小的压缩和泄漏，因此同步精度较高，回路效率也较高。

4. 用同步马达的同步回路

图 6—57 所示为采用相同结构、相同排量的两个液压马达作为等流量分流装置的同步回路。两个马达轴刚性联结，把等量的油分别输入两个尺寸相同的液压缸中，使两液压缸实现同步。图中的节流阀用于消除行程终点两缸的位置误差。

影响这种回路同步精度的主要因素有：马达由于制造上的误差而引起的排量上的差别；作用于液压缸活塞上的负载不同引起的漏油以及摩擦阻力的不同等等。

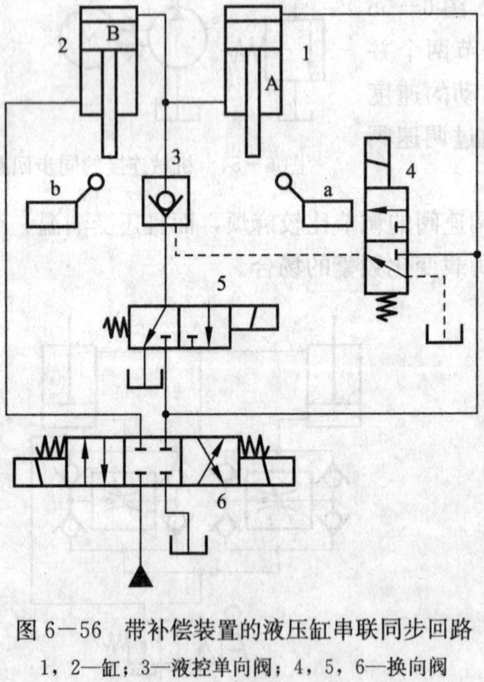

图 6—56 带补偿装置的液压缸串联同步回路

1，2—缸；3—液控单向阀；4，5，6—换向阀

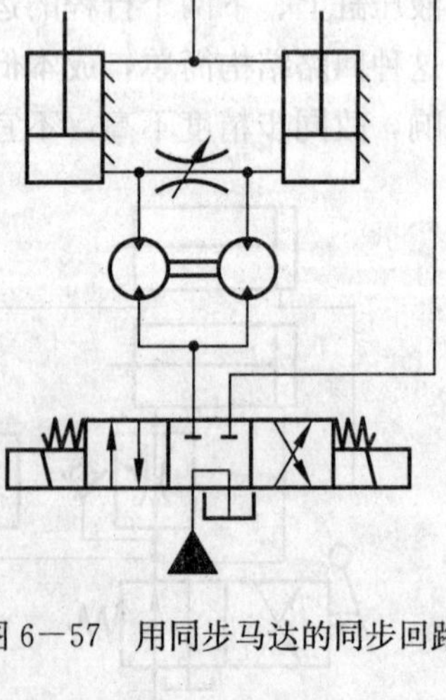

图 6—57 用同步马达的同步回路

6.4.3 互不干扰回路

多执行元件互不干扰回路的作用是防止液压系统中的几个液压执行元件因速度快慢的不同而在动作上相互干扰。

图 6—58 所示为双液压泵供油来实现多缸快慢速互不干扰回路。图中的液压缸 A 和 B

各自要完成“快进→工进→快退”的自动工作循环。在图示状态下各缸原位停止，当二位五通电磁换向阀 5、二位五通电磁换向阀 6 的电磁铁均通电时，各缸均由双泵中的大流量泵 2 供油并作差动快进。这时如果某一个液压缸，例如缸 A，先完成快进动作，由行程开关使二位五通电磁换向阀 7 电磁铁通电，二位五通电磁换向阀 6 电磁铁断电，此时大泵进入缸 A 的油路被切断，而双泵中的高压小流量泵 1 经调速阀 9、换向二位五通电磁换向阀 7、单向阀 8、二位五通电磁换向阀 6 把油液送入缸 A 左腔，而缸右腔油经二位五通电磁换向阀 6、二位五通电磁换向阀 7 回油箱，缸 A 速度由调速阀 9 调节。但此时缸 B 仍作快进运动，互不影响。当各缸都转为工进后，它们全由小流量泵 1 供油。此后，若缸 A 又率先完成工进行程开关使二位五通电磁换向阀 7 和二位五通电磁换向阀 6 的电磁铁均通电，缸 A 即由大流量泵 2 供油快退，当电磁铁均断电时，各缸都停止运动，并被锁在所在的位置上。

由此可见，这种回路之所以能够防止多缸的快慢速运动互不干扰，是由于快速和慢速各由一个液压泵分别供油，再由相应的电磁铁进行控制的缘故。

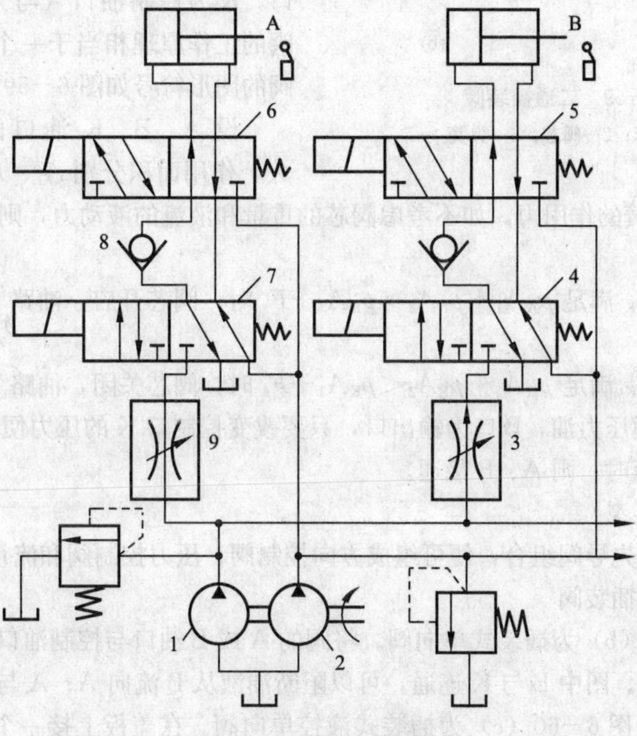

图 6−58　互不干扰回路

A、B—缸；1—小流量泵；2—大流量泵；3、9—调速阀；
4、5、6、7—二位五通电磁换向阀；8—单向阀

6.5　新型液压元件

6.5.1　插装阀

为了适应现代液压技术的需要，高压、大流量液压系统中常把相关的阀做成插装阀。插

装阀是一种以锥阀为基本单元的新型液压元件，由于这种阀具有通、断两种状态，可以进行逻辑运算，故又称为逻辑阀。常用的插装阀为二通插装阀，由于插装元件已标准化，可将几个插装式元件组成复合阀。

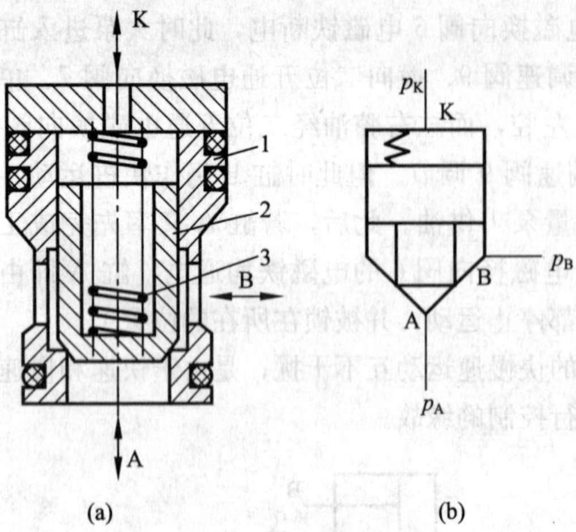

图 6－59　二通插装阀

1—阀套；2—阀芯；3—弹簧

1. 插装阀的结构及原理

插装阀的结构一般由插装块体、插装单元（由阀套、阀芯及弹簧组成）、控制盖板和先导控制阀组成。插装块体是指在方块阀体上挖有阀孔，用以承装阀的插装单元。先导控制阀为控制插装阀动作的小型电磁换向阀或压力控制阀，叠装在阀盖上。

插装阀插装单元的结构如图 6－59（a）所示，图中 A 和 B 为主油路的两个工作油口，K 为控制油口（与先导阀相接）。插装阀的工作原理相当于一个液控单向阀。插装阀的图形符号如图 6－59（b）所示。

设 A、B、K 油口的压力为 p_A、p_B、p_K，作用面积分别 A_1、A_2、A_3，其中 $A_3=A_1+A_2$，F_s 为弹簧的作用力，如不考虑阀芯的重量和液流的液动力，则阀芯有两种状态。

（1）阀芯打开

当 p_A、p_B、p_K 满足 $p_AA_1+p_BA_2>p_KA_3+F_s$ 时，阀芯开启，油路 A、B 接通。

（2）阀芯关闭

当 p_A、p_B、p_K 满足 $p_AA_1+p_BA_2<p_KA_3+F_s$ 时，阀芯关闭，油路 A、B 断开。

如阀的 A 口通压力油，B 口为输出口，只要改变控制口 K 的压力便可控制 B 口的输出。当控制口 K 接油箱时，则 A、B 接通。

2. 插装阀的类型

插装阀与各种先导阀组合，便可组成方向控制阀、压力控制阀和流量控制阀。

（1）方向控制插装阀

图 6－60（a）（b）为插装式单向阀。将阀的 A 或 B 油口与控制油口 K 直接连通时，即构成大流量单向阀。图中 B 与 K 连通，可以阻断油液从 B 流向 A；A 与 K 连通，可以阻断油液从 A 流向 B。图 6－60（c）为插装式液控单向阀。在盖板上接一个先导二位三通液动换向阀，控制锥阀上腔的通油状态。当 K 口无油通入，则为单向阀。当 K 口通入控制油液，使 B 与锥阀上腔油路断开，且使上腔通油箱，则油液可从 B 流向 A。

图 6－61（a）为二位二通阀，当电磁阀断电时，阀芯开启，A 与 B 接通；电磁阀通电时，阀从 B 向 A 单向导通。

图 6－61（b）为二位三通阀，当电磁阀断电时，A 与 T 接通；电磁阀通电时，A 与 P 接通。图 6－61（c）为二位四通阀，电磁阀断电时，P 与 B 接通，A 与 T 接通；电磁阀通电时，P 与 A 接通，B 与 T 接通。

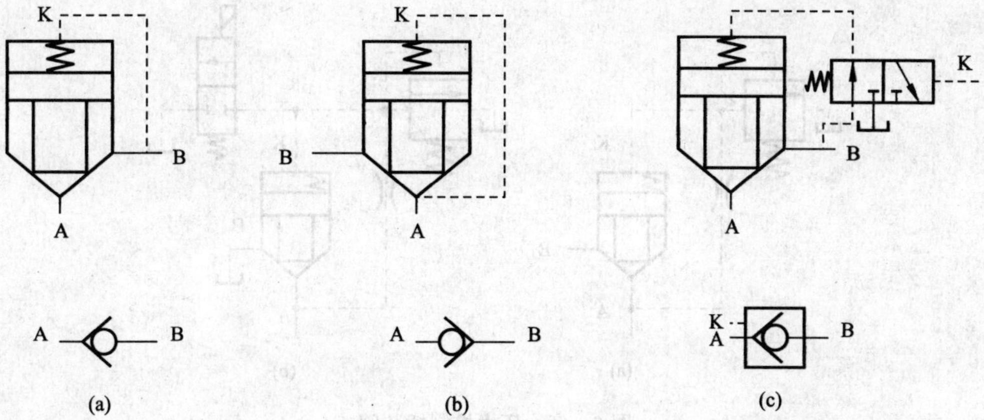

图 6—60　插装式单向阀

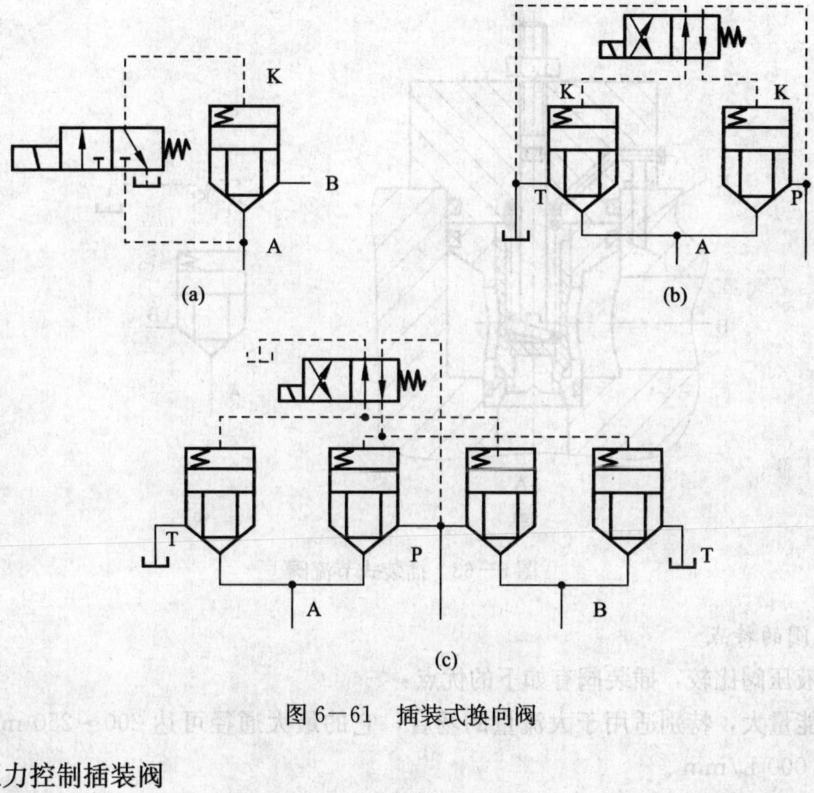

图 6—61　插装式换向阀

(2) 压力控制插装阀

在图 6—62 (a) 中，A 口油液经阻尼小孔进入控制口 K，并与先导阀进口相通，B 口若接油箱，这样锥阀的开启压力可由先导阀来调节，其原理与先导式溢流阀相同。若 B 接负载时，插装阀起顺序阀的作用。

图 6—62 (b) 所示为电磁换向阀控制的插装溢流阀，当二位二通电磁阀断电时用作溢流阀，当二位二通电磁阀通电时起卸荷作用。

(3) 流量控制插装阀

用机械或电气方式限制锥阀阀芯的行程。如图 6—63 所示为二通插装节流阀的结构及图形符号，在插装阀的控制盖板上有阀芯限位器，用来调节阀芯开度，从而起到流量控制阀的作用。若在二通插装阀前串联一个定差减压阀，则可组成二通插装调速阀。

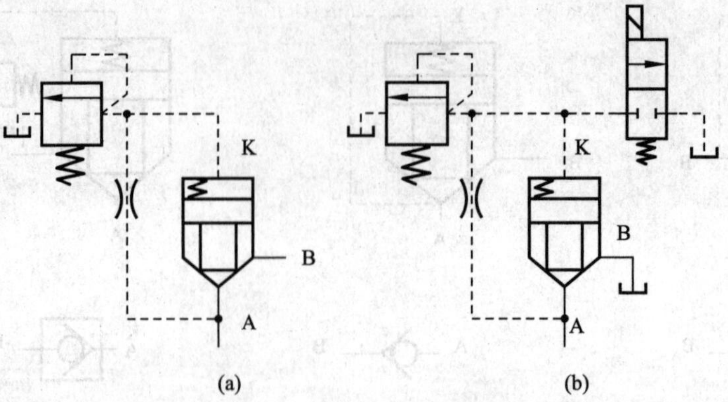

图 6－62　压力控制插装阀

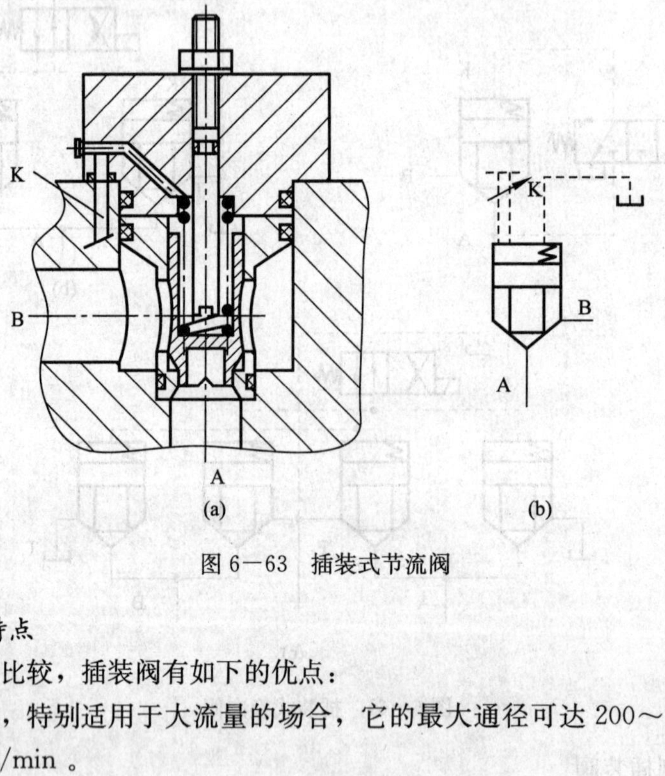

图 6－63　插装式节流阀

3. 插装阀的特点

和普通液压阀比较，插装阀有如下的优点：

①通流能量大，特别适用于大流量的场合，它的最大通径可达 200～250 mm，通过的流量可达 10 000 L/min 。

②阀芯动作灵敏。

③密封性好，泄漏小。

④结构简单，易于实现标准化。

由以上特点，插装阀适用于钢铁设备、塑胶成型机以及船舶等流量要求较大或对密封性能要求较高的系统中。

6.5.2　叠加阀

叠加式液压阀简称叠加阀，其阀体本身既是元件又是具有油路通道的连接体，阀体的上、下两面做成连接面。选择同一通径系列的叠加阀，叠合在一起用螺栓紧固，便可组成所需要的液压传动系统。叠加阀按功用的不同分为压力控制阀、流量控制阀和方向控制阀三类，其中方向控制阀仅有单向阀类。

1. 叠加阀的结构及工作原理

叠加阀的工作原理与一般液压阀相同，只是具体结构有所不同，现以溢流阀为例，说明其结构和工作原理。图6－64（a）所示为Y1－F10D－P/T先导型叠加式溢流阀的结构原理图，图6－64（b）为其图形符号。

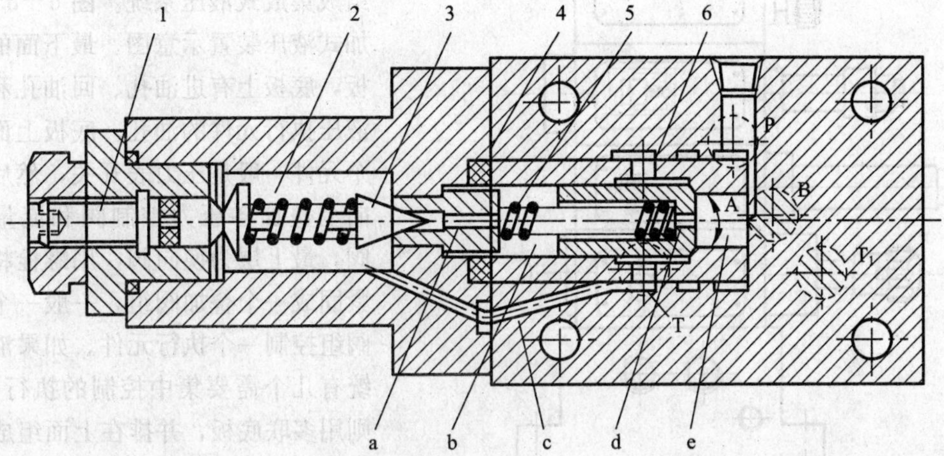

(a)

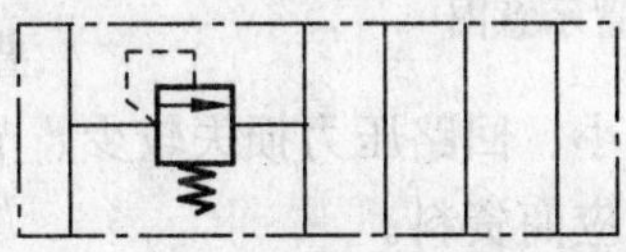

(b)

图6－64　叠加式溢流阀

a，c，d—孔；b，e—油腔；

1—推杆；2—弹簧；3—锥阀阀芯；4—阀座；5—弹簧；6—主阀阀芯

该阀由先导阀和主阀两部分组成，先导阀为锥阀，主阀相当于锥阀式的单向阀。其工作原理是：压力油由P口进入主阀阀芯6右端的油腔e，并经阀芯上阻尼孔d流至主阀阀芯6左端油腔b，再经小孔a作用于锥阀阀芯3上。当系统压力低于溢流阀调定压力时，锥阀关闭，主阀也关闭，阀不溢流。当系统压力达到溢流阀的调定压力时，锥阀阀芯3打开，油腔b的油液经锥阀口及孔c由油口T流回油箱，主阀阀芯6右腔的油经阻尼孔d向左流动，于是使主阀阀芯的两端油液产生压力差。此压力差使主阀阀芯克服弹簧5的作用力而左移，主阀阀口打开，实现了油液从油口P向油口T的溢流。调节弹簧2的压缩量便可调节溢流阀的调整压力，即溢流压力。

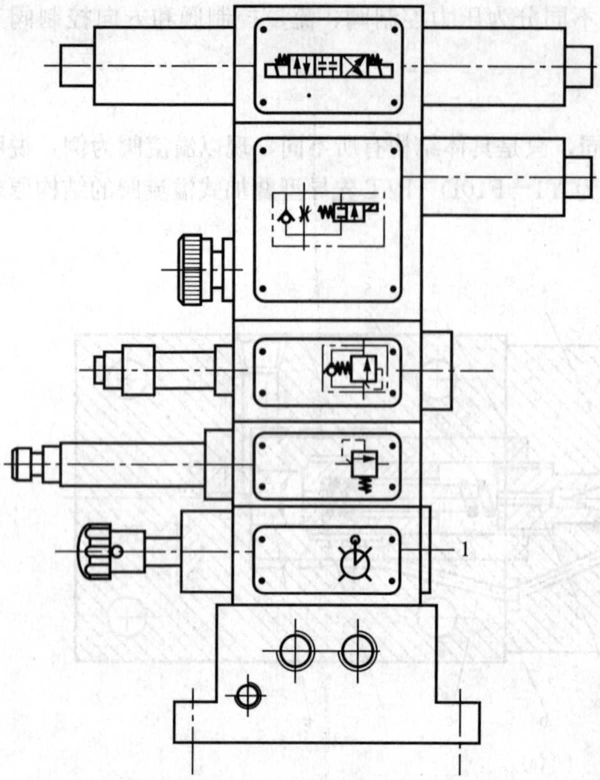

图 6－65 叠加式液压装置示意图

2. 叠加式液压系统的组装

叠加阀自成体系，每一种通径系列的叠加阀，其主油路通道和螺钉孔大小、位置、数量都与相应通径的板式换向阀相同。因此，将同一通径系列的叠加阀互相叠加，可直接连接而组成集成式液压系统。图 6－65 为叠加式液压装置示意图。最下面的是底板，底板上有进油孔、回油孔和通向液压执行元件的油孔。底板上面第一个元件一般是压力表开关，然后依次向上叠加各压力控制阀和流量控制阀，最上层为换向阀，用螺栓将它们紧固成一个叠加阀组，一般一个叠加阀组控制一个执行元件。如果液压系统有几个需要集中控制的执行元件，则用多联底板，并排在上面组成相应的几个叠加阀组，这样可以充分发挥叠加阀的优点。

叠加阀组成的液压系统具有缩小安装空间、减少漏油和振动、噪声小、回路压力损失较少、节省能源等优点。另外，流经第一个叠加阀的压力损失必须详查供应商资料。

6.5.3 电液比例控制阀

比例阀是一种新型电—液控制元件，它可根据输入的电信号连续地、按比例地控制液压系统中液流的压力、流量和方向，并可防止液压冲击。其结构设计、工艺性能、使用维修和价格都介于通断式控制元件和伺服控制元件之间，并兼备了两种元件的一些优点，近年来在液压系统中，尤其是在有简易的自动控制的液压系统中得到了较多的应用。

比例阀由直流比例电磁铁与液压阀两部分组成。其液压阀部分与一般液压阀差别不大，而直流比例电磁铁和一般电磁阀所用的电磁铁不同，比例电磁铁要求吸力（或位移）与输入电流成比例。比例阀按用途和结构不同可分为比例压力阀、比例流量阀、比例方向阀三大类。

1. 电磁比例压力阀

如图 6－66 所示为一种比较典型的比例溢流阀结构及其图形符号，它由直流比例电磁铁（又称电磁式力马达）和先导式溢流阀组成，是一种电液比例压力阀。当电流输入电磁铁 1 后，便产生与电流成比例的电磁推力，该力通过推杆 3、弹簧作用于先导阀芯 4 上，这时顶开先导阀芯所需要的压力就是系统所调定的压力。因此，系统压力与输入电流成比例。如果输入电流按比例或预定程序变化，则比例溢流阀所控制的系统压力也按比例或预定程序变化。

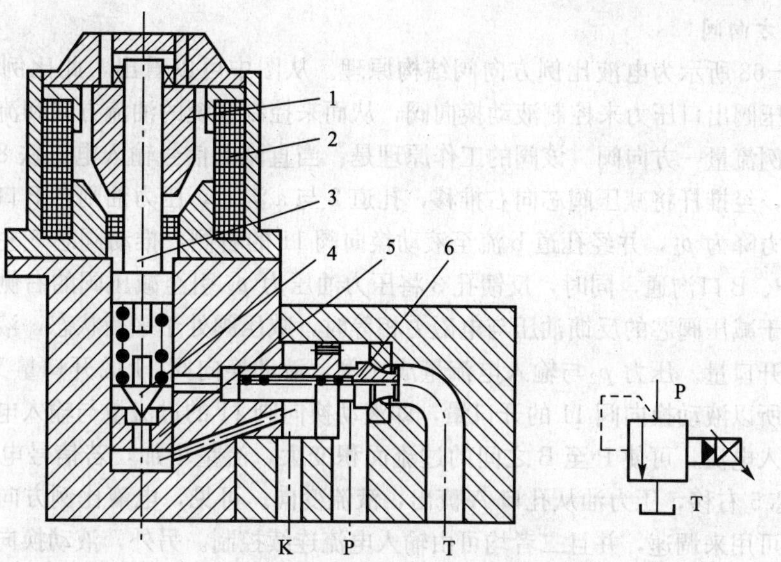

图 6－66　电磁比例溢流阀

1—比例电磁铁；2—线圈；3—推杆；4—先导阀芯；5—导阀座；6—主阀阀芯

2. 比例流量阀

如图 6－67 所示为电磁比例调速阀结构及其职能图形符号。与普通调速阀相比，其主要区别是用直流比例电磁铁对节流阀的控制代替了节流阀的手动控制。当电流输入比例电磁铁 5 后，比例电磁铁便产生一个与电流成比例的电磁力。此力经推杆 4 作用于节流阀阀芯 3 上，使阀芯左移，阀口开度增加。当作用于阀芯上的电磁力与弹簧力相平衡时，节流阀阀芯停止移动，节流口保持一定的开度，调速阀通过一确定的流量。因此，只要改变输入比例电磁铁的电流的大小，即可控制通过调速阀的流量。若输入的电流连续或按一定程序变化，则比例调速阀所控制的流量也按比例或按一定程序变化。

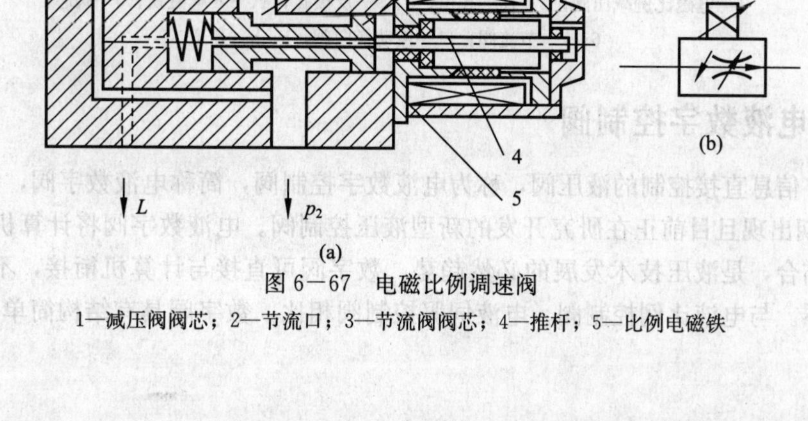

图 6－67　电磁比例调速阀

1—减压阀阀芯；2—节流口；3—节流阀阀芯；4—推杆；5—比例电磁铁

3. 比例方向阀

如图 6－68 所示为电液比例方向阀结构原理。从图中可以看出，此比例减压阀为先导阀，利用减压阀出口压力来控制液动换向阀，从而来控制系统的油流方向和流量。因此，这种阀也叫比例流量—方向阀。该阀的工作原理是：当直流电信号输入电磁铁 8 时，电磁铁 8 产生电磁力，经推杆将减压阀芯向右推移，孔道 2 与 a 沟通，压力油则自 P 口进入，经减压阀阀口后压力降为 p_2，并经孔道 b 流至液动换向阀 11 的右侧，推动阀芯 5 左移，使液动换向阀 11 的 P、B 口沟通，同时，反馈孔 3 将压力油压力 p_2 引至减压阀的右侧，形成压力反馈。当作用于减压阀芯的反馈油压与电磁力相等时，减压阀处于平衡状态，液动换向阀则有一相对应的开口量。压力 p_2 与输入电流量成比例，液动换向阀 11 的开口量又与压力 p_2 呈线性关系，所以液动换向阀 11 的开口量，即液动换向阀 11 的过流量与输入电流的大小成比例。增大输入电流，可使 P 至 B 之间的过流面积变大，流量增加，若信号电流输入电磁铁 4，则使阀芯 5 右移，压力油从孔口 A 流出，液流变向。可见，电液比例方向阀既可改变液流方向，又可用来调速，并且二者均可由输入电流连续控制。另外，液动换向阀的端盖上装有节流阀 6、7，可用来调节液动换向阀的换向时间。

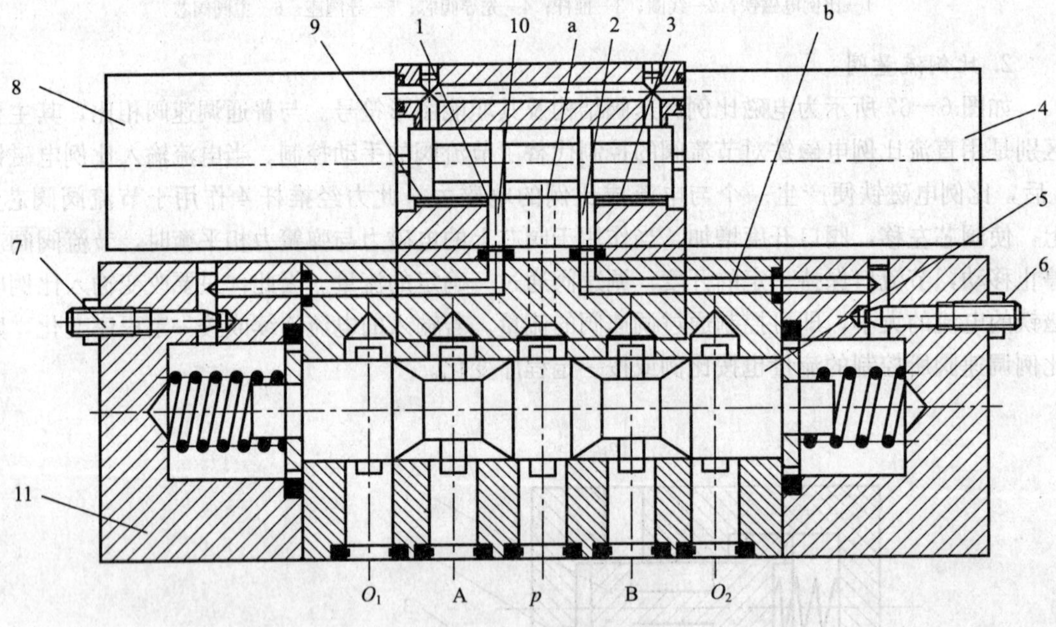

图 6－68 电磁比例方向阀

1—电磁比例减压阀；2、10—孔道；3、9—反馈孔；4、8—电磁铁；5—阀芯；6、7—节流阀；11—液动换向阀；a、b—孔道

6.5.4 电液数字控制阀

用数字信息直接控制的液压阀，称为电液数字控制阀，简称电液数字阀，它是 20 世纪 80 年代初期出现且目前正在研究开发的新型液压控制阀。电液数字阀将计算机技术和液压技术紧密结合，是液压技术发展的必然趋势。数字阀可直接与计算机衔接，不需要“数—模”转换器。与电液比例控制阀、电液伺服控制阀相比，数字阀具有结构简单、工艺性好、

灵活可靠、价格低廉、抗污染性强、重复性好和功率损失小等优点。数字阀已在塑料注射成型机、压榨机、运输线、机床、飞行控制系统等方面得到了应用，有着广阔的发展前景。

接受计算机数字控制的方法有多种，技术比较成熟的是增量式数字阀，即用步进电动机驱动的液压控制阀。它是在原有步数的基础上增加或减少一些步数以达到控制的目的，这种方法称为增量法。用增量方法控制的液压控制阀称为增量式数字阀，目前已有数字流量阀、数字压力阀等系列产品。步进电机能接受计算机发出的经驱动电源放大的脉冲信号，每接受一个脉冲便转动一定的角度。步进电机的转动又通过凸轮或丝杠等机构转换成直线位移量，从而推动阀芯或压缩弹簧，实现液压控制阀对液流方向、流量或压力的控制。

1. 增量式数字流量阀

如图 6—69 所示为增量式数字流量阀。当计算机发出信号后，步进电机 1 转动，通过滚珠丝杠 2 将旋转角度转化为轴向位移，带动节流阀阀芯 3 移动，开启阀口。步进电机转动一定的步数，对应于阀芯一定的开度。该阀有两个节流口，当阀芯移动时，首先打开右边的非全周节流口，流量较小；继续移动，打开左边第二个全周节流口，流量较大，可达 3 600 L/min。该阀的流量由阀芯 3、阀套 4 及推杆 5 的相对热膨胀取得温度补偿。当油液温度上升时，油的黏度下降，流量增加。与此同时，阀套、阀芯及推杆的不同方向的热膨胀使阀的开口变小，从而保持了流量的恒定。

该阀无反馈功能，但装有零位移传感器 6，在每个控制周期终了时，阀芯都被控制而回到零位。这样就能保证阀芯的每个工作周期都在相同的位置开始，使阀有较高的重复精度。

2. 增量式数字压力阀

图 6—70 所示为增量式数字压力阀，其中，图 6—70（a）为结构原理图，图 6—70（b）为压力控制阀先导级的示意图。当计算机发出脉冲信号时，使步进电机 1 转动且带动偏芯轮 2 转动，顶杆 3 作往复运动，从而使弹簧的压缩量及先导阀的针阀 4 的开度产生相应的变化，也就调整了压力。

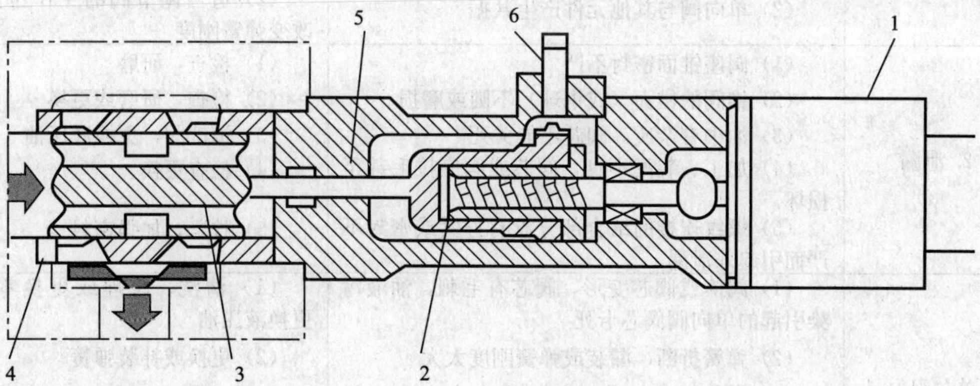

图 6—69　步进电机直接驱动的增量式数字流量阀

1—步进电机；2—滚珠丝杠；3—节流阀阀芯；4—阀套；5—推杆；6—零位移传感器

该数字阀的最高压力和最低压力取决于凸轮的行程和弹簧的刚度及压缩量。这种压力阀也可手动调节，图 6—70（a）中的手轮 5 即为手动调节压力时使用。

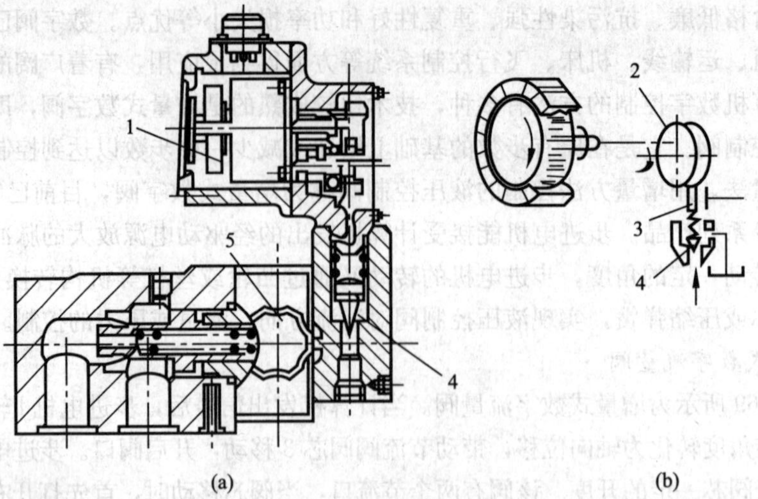

图 6—70 增量式数字压力阀

1—步进电机；2—偏芯轮；3—顶杆；4—针阀；5—手轮

6.6 液压控制阀常见故障及排除方法

6.6.1 单向阀的常见故障及排除方法（表 6—4）

表 6—4 单向阀的常见故障及排除方法

故障现象	产生原因	排除方法
1. 产生噪声	（1）单向阀的流量超过额定流量 （2）单向阀与其他元件产生共振	（1）更换大规格的单向阀或减少通过阀的流量 （2）适当调节阀的工作压力或改变弹簧刚度
2. 泄漏	（1）阀座锥面密封不严 （2）锥阀的锥面（或钢球）不圆或磨损 （3）油中有杂质，阀芯不能关死 （4）加工、装配不良，阀芯或阀座拉毛甚至损坏 （5）螺纹连接的结合部分没有拧紧或密封不严而引起外泄漏	（1）检查，研磨 （2）检查，研磨或更换 （3）清洗阀，更换液压油 （4）检查更换 （5）拧紧，加强密封
3. 单向阀失灵	（1）阀体或阀芯变形，阀芯有毛刺，油液污染引起的单向阀阀芯卡死 （2）弹簧折断、漏装或弹簧刚度太大 （3）锥阀（或钢球）与阀座完全失去密封作用 （4）锥阀与阀座同轴度超差或密封表面有生锈麻点，从而形成接触不良及严重磨损等	（1）清洗、修理或更换零件，更换液压油 （2）更换或补装弹簧 （3）研配阀芯和阀座 （4）清洗、研配阀芯和阀座
4. 液控单向阀反向时打不开	（1）控制油压力低 （2）泄油口堵塞或有背压 （3）反向进油腔压力高，液控单向阀选用不当	（1）按规定压力调整 （2）检查外泄管路和控制油路 （3）选用带卸荷阀芯的液控单向阀

6.6.2　换向阀的常见故障及排除方法（表6—5）

表6—5　换向阀的常见故障及排除方法

故障现象	产生原因	排除方法
1. 阀芯不动或不到位	（1）滑阀卡住 ①滑阀与阀体配合间隙过小，阀芯在阀孔中卡住不能动作或动作不灵活 ②阀芯被碰伤，油液被污染 ③阀芯几何形状误差大，阀芯与阀孔装配不同轴，产生轴向液压卡紧现象 ④阀体因安装螺钉的拧紧力过大或不均而变形，使阀芯卡住不动 （2）液动换向阀控制油路有故障 ①油液控制压力不够，弹簧过硬，使滑阀不动，不能换向或换向不到位 ②节流阀关闭或堵塞 ③液动滑阀的两端（电磁阀的专用）泄油口没有接回油箱或泄油管堵塞 （3）电磁铁故障 ①因滑阀卡住交流电磁铁的铁芯，使得吸不到底面而烧毁 ②漏磁，吸力不足 ③电磁铁接线焊接不良，接触不好 ④电源电压太低造成吸力不足，推不动阀芯 （4）弹簧折断、漏装、太软，不能使滑阀恢复中位 （5）电磁换向阀的推杆磨损后长度不够，使阀芯移动过小，引起换向不灵或不到位	（1）检查滑阀 ①检查间隙情况，研修或更换阀芯 ②检查、修磨或重配阀芯，换油 ③检查、修正形状误差及同轴度，检查液压卡紧情况 ④检查，使拧紧力适当、均匀 （2）检查控制回路 ①提高控制压力，检查弹簧是否过硬，更换弹簧 ②检查、清洗节流口 ③检查，将泄油管接回油箱，清洗回油管使之畅通 （3）检查电磁铁 ①清除滑阀卡住故障，更换电磁铁 ②检查漏磁原因，更换电磁铁 ③检查并重新焊接 ④提高电源电压 （4）检查、更换或补装弹簧 （5）检查并修复，必要时更换推杆
2. 电磁铁过热或烧毁	（1）电磁铁线圈绝缘不良 （2）电磁铁铁芯与滑阀轴线同轴度太差 （3）电磁铁铁芯吸不紧 （4）电压不对 （5）电线焊接不好 （6）换向频繁	（1）更换电磁铁 （2）拆卸重新装配 （3）修理电磁铁 （4）改正电压 （5）重新焊线 （6）减少换向次数，或采用高频性能换向阀
3. 电磁铁动作响声大	（1）滑阀卡住或摩擦力过大 （2）电磁铁不能压到底 （3）电磁铁接触面不平或接触不良 （4）电磁铁的磁力过大	（1）修研或更换滑阀 （2）校正电磁铁高度 （3）清除污物，修整电磁铁 （4）选用电磁力适当的电磁铁

6.6.3 溢流阀的常见故障及排除方法（表 6—6）

表 6—6 溢流阀的常见故障及排除方法

故障现象	产生原因	排除方法
1. 压力波动	（1）弹簧弯曲或弹簧刚度太低 （2）油液不清洁，阻尼孔不畅通 （3）锥阀与锥阀阀座接触不良或磨损 （4）滑阀表面拉伤或弯曲变形，滑阀动作不灵	（1）更换弹簧 （2）清洗阻尼孔 （3）更换锥阀 （4）修磨滑阀或更换滑阀
2. 振动和噪声	（1）回油路有空气进入 （2）调压弹簧永久变形 （3）流量超过额定值 （4）锥阀与阀座接触不良或磨损 （5）油温过高，回油阻力过大 （6）滑阀与阀盖配合间隙过大 （7）回油不畅通	（1）拧紧油管接头 （2）更换弹簧 （3）更换流量匹配的溢流阀 （4）修磨锥阀或更换锥阀 （5）降低油温，降低回油阻力 （6）检查滑阀，控制配合间隙 （7）清洗回油管路
3. 压力调整无效	（1）滑阀卡住 （2）进、出油口接反 （3）远程控制口接油箱或泄漏严重 （4）主阀弹簧太软、变形 （5）先导阀座小孔堵塞 （6）滑阀阻尼孔堵塞 （7）紧固螺钉松动 （8）压力表不准 （9）调压弹簧折断	（1）修磨滑阀或更换滑阀 （2）纠正进、出油口位置 （3）切断远程控制口接油箱的油路，加强密封 （4）更换弹簧 （5）检查清洗 （6）清洗阻尼孔 （7）调整阀盖螺钉 （8）检修或更换压力表 （9）更换弹簧
4. 泄漏	（1）锥阀与阀座配合不良 （2）滑阀与阀体配合间隙过大 （3）紧固螺钉松动 （4）密封件损坏 （5）工作压力过高	（1）修磨锥阀或更换锥阀 （2）修配滑阀或更换滑阀 （3）拧紧螺钉 （4）检查密封，更换密封 （5）降低工作压力或选用额定压力高的阀

6.6.4 减压阀的常见故障及排除方法（表 6—7）

表 6—7 减压阀的常见故障及排除方法

故障现象	产生原因	排除方法
1. 压力调整无效	（1）弹簧折断 （2）阀阻尼孔堵塞 （3）滑阀卡住 （4）先导阀阀座小孔堵塞 （5）泄油口的螺纹堵头未拧出	（1）更换弹簧 （2）清洗阻尼孔 （3）清洗、修磨滑阀或更换滑阀 （4）清洗小孔 （5）拧出螺纹堵头，接上泄油管

续表

故障现象	产生原因	排除方法
2. 出口压力不稳定	（1）油箱液面低于回油管口或过滤器，空气进入系统 （2）主阀弹簧太软、变形 （3）滑阀卡住 （4）泄漏 （5）锥阀与阀座配合不良	（1）补油 （2）更换弹簧 （3）清洗修磨滑阀或更换滑阀 （4）检查密封，拧紧螺钉 （5）更换锥阀

6.6.5　顺序阀的常见故障及排除方法（表6—8）

表6—8　顺序阀的常见故障及排除方法

故障现象	产生原因	排除方法
顺序阀不起顺序作用	（1）滑阀卡死 （2）阻尼孔堵塞 （3）回油阻力过大 （4）调压弹簧变形 （5）油温过高 （6）控制油路堵塞	（1）清洗、修磨滑阀或更换 （2）清洗阻尼孔 （3）降低回油阻力 （4）更换弹簧 （5）降低油温至规定值 （6）清洗控制油路

6.6.6　节流阀的常见故障及排除方法（表6—9）

表6—9　节流阀的常见故障及排除方法

故障现象	产生原因	排除方法
1. 流量调节失灵或调节范围小	（1）节流阀阀芯与阀体间隙过大，发生泄漏 （2）节流口阻塞或滑阀卡住 （3）节流阀结构不完善 （4）密封件损坏	（1）修复或更换磨损零件 （2）清洗元件，更换液压油 （3）选用节流特性好的节流口 （4）更换密封件
2. 流量不稳定	（1）油液中杂质污物黏附在节流口上，通流面积小，速度变慢 （2）节流阀性能差，由于振动使节流口变化 （3）节流阀内外泄漏大 （4）负载变化使速度突变 （5）油温升高，油液黏度降低，使速度加快 （6）系统中存在大量空气	（1）清洗元件，更换油液，加强过滤 （2）增加节流锁紧装置 （3）检查零件精度和配合间隙，修正或更换精度差的零件 （4）改用调速阀 （5）采用温度补偿节流阀或调速阀，或设法减少温升，并采取散热冷却措施 （6）排除空气

6.6.7 调速阀的常见故障及排除方法（表6—10）

表6—10 调速阀的常见故障及排除方法

故障现象	产生原因	排除方法
1. 压力补偿装置失灵	（1）阀芯、阀孔尺寸精度及形位公差过大，间隙过小，压力补偿阀芯卡死 （2）弹簧弯曲、使压力补偿阀芯卡死 （3）油液污染物使补偿阀芯卡死 （4）调速阀进出油口压力差太小	（1）拆卸检查，修配或更换超差的零件 （2）更换弹簧 （3）清洗元件，疏通油路 （4）调整压力，使之达到规定值
2. 流量调节失灵或调节范围小	见表6—9	见表6—9
3. 流量不稳定		

习题六（一）
方向控制阀及方向控制回路部分

1. 液压控制阀的作用是什么？有哪些类型？

2. 试比较普通单向阀和液控单向阀的区别？

3. 画出以下各种方向阀的图形符号：

（1）二位四通电磁换向阀；

（2）二位五通手动换向阀；

（3）三位四通电液动换向阀（O形机能）；

（4）二位二通液动阀；

（5）二位三通行程换向阀；

（6）液控单向阀。

4. 如图6—71所示为采用标准液压元件的行程换向阀A、B及带定位机构的液动换向阀C组成的自动换向回路，试说明其自动换向过程。

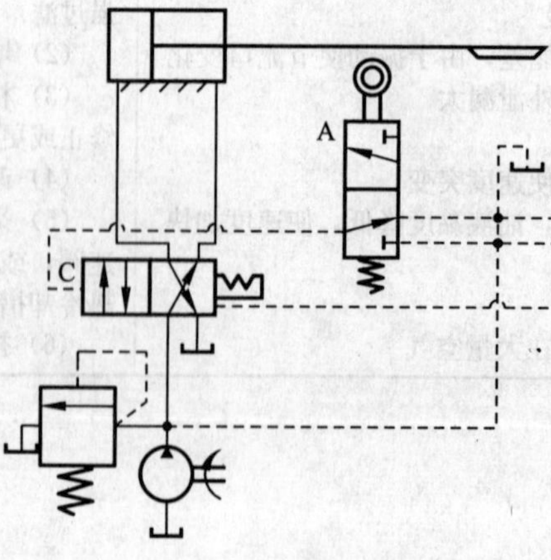

图6—71

习题六（二）
压力控制阀及压力控制回路部分

1. 压力控制阀的共同特点是什么？
2. 卸载回路的作用是什么？常用类型有哪些？
3. 分析比较直动式溢流阀、减压阀、顺序阀的异同，并填写表 6－11：

表 6－11　直动式溢流阀、减压阀、顺序阀的异同

类　型	图形符号	主要功用	控制信号来源	进出油压	常态启闭	泄油方式
溢流阀						
减压阀						
顺序阀						

4. 有些液压系统为什么要有保压回路？它应满足哪些基本要求？
5. 试分析图 6－72 所示回路之压力表 A 在系统工作时能显示出哪些读数（压力）？
6. 一夹紧回路，如图 6－73 所示，若溢流阀的调定压力为 5 MPa，减压阀的调定压力为 2.5 MPa，试分析活塞快速运动时和夹紧工件后，A、B 两点的压力各为多少？

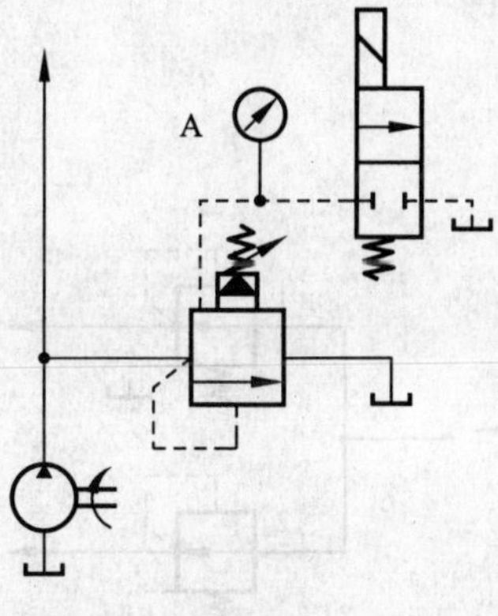

图 6－72

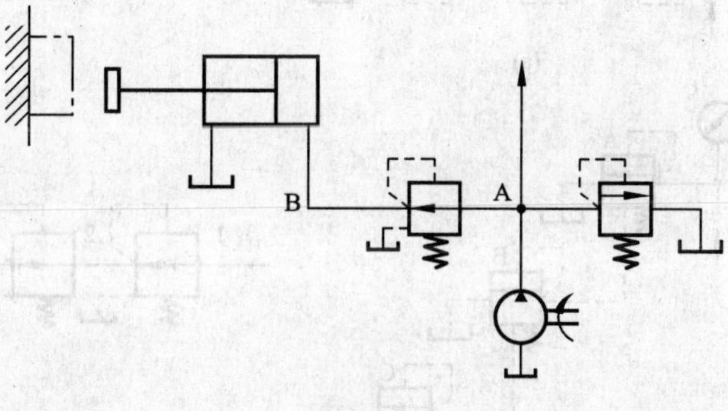

图 6－73

7. 如图 6－74 所示液压系统，液压缸有效工作面积 $A_1=A_2=100\ \text{cm}^2$，缸Ⅰ负载 $F=35\,000$ N，缸Ⅱ运动时负载为零。不计摩擦阻力、惯性力和管路损失。溢流阀、顺序阀和减压阀的调整压力分别为 $p_Y=4$ MPa、$p_X=3$ MPa、$p_J=2$ MPa。求下面三种工况下 A、B 和 C 处的压力：

（1）液压泵启动后，两换向阀处于中位。

（2）1YA 通电，缸Ⅰ活塞移动时及活塞运动到终点时。

（3）1YA 断电，2YA 通电，缸Ⅱ活塞运动时及活塞碰到固定挡块时。

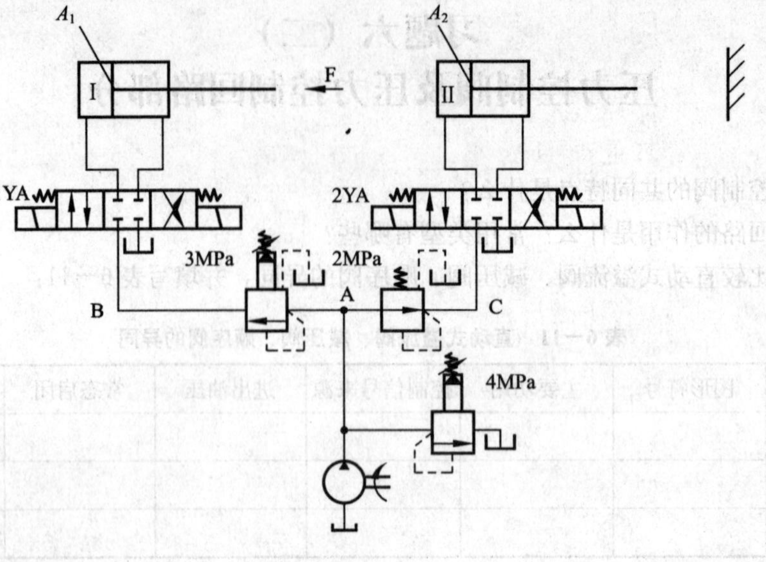

图 6－74

8. 如图 6－75 所示，两液压系统中溢流阀的调定压力分别为 $p_A=4$ MPa，$p_B=3$ MPa，$p_C=5$ MPa。试求在系统的负载趋于无限大时，液压泵的工作压力各为多少？

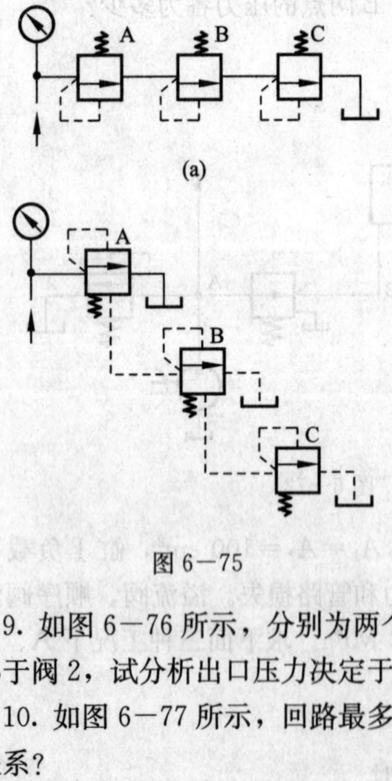

图 6－75

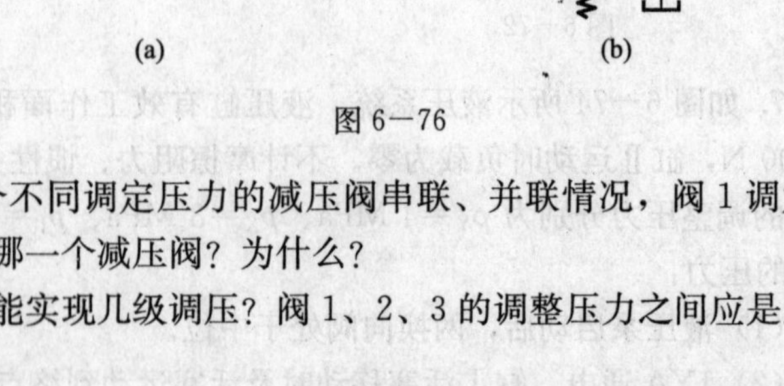

图 6－76

9. 如图 6－76 所示，分别为两个不同调定压力的减压阀串联、并联情况，阀 1 调定压力小于阀 2，试分析出口压力决定于哪一个减压阀？为什么？

10. 如图 6－77 所示，回路最多能实现几级调压？阀 1、2、3 的调整压力之间应是怎样的关系？

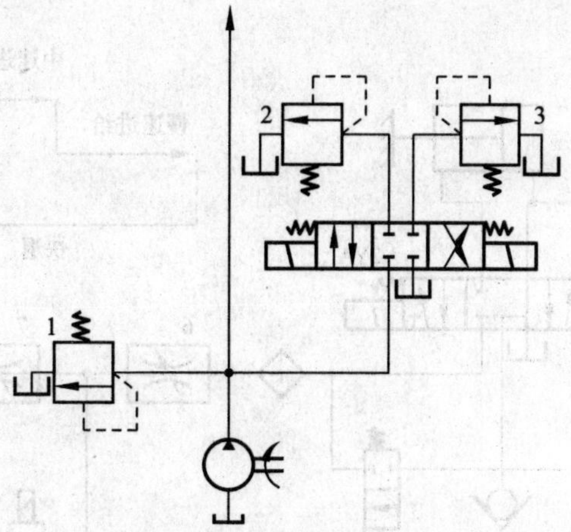

图 6－77

习题六（三）
流量控制阀及速度控制回路部分

1. 节流阀可以反接而调速阀不能反接，这是为什么？

2. 如图 6－78 所示，节流阀串联在液压泵和执行元件之间，调节节流阀的通流面积，能否改变执行元件的运动速度？简述理由。

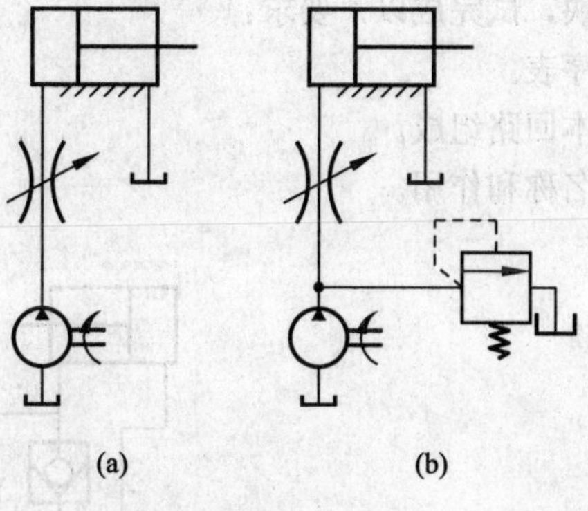

图 6－78

3. 如图 6－79 所示，填写实现下列工作循环时的电磁铁动作顺序表（表 6－12）。

表 6－12　电磁铁动作顺序表

	1YA	2YA	3YA	4YA
快进				
中速进给				
慢速进给				
快退				

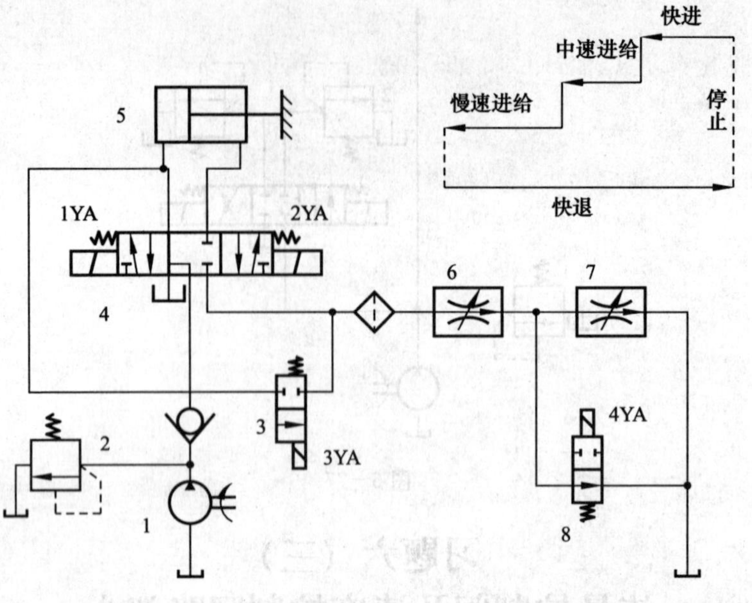

图 6－79

4. 试分析图 6－80 所示回路的工作原理，欲实现“快进—工进Ⅰ—工进Ⅱ—快退—停止”的动作循环回路，且工进Ⅰ速度比工进Ⅱ快，请列出各电磁铁的动作顺序表，且比较阀 1 和阀 2 的异同之处。

5. 图 6－81 所示的回路为实现“快进—工进Ⅰ—工进Ⅱ—快退—停止”的动作循环回路，且工进Ⅰ速度比工进Ⅱ快，试完成以下要求：

(1) 填写电磁铁动作顺序表。

(2) 说明系统由哪些基本回路组成。

(3) 简述阀 1 和阀 2 的名称和作用。

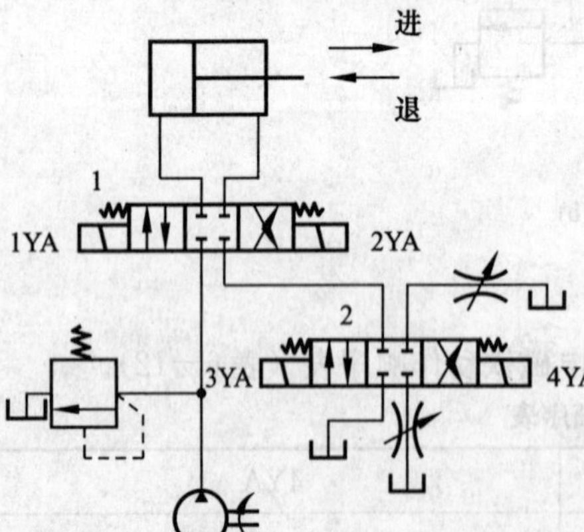

图 6－80

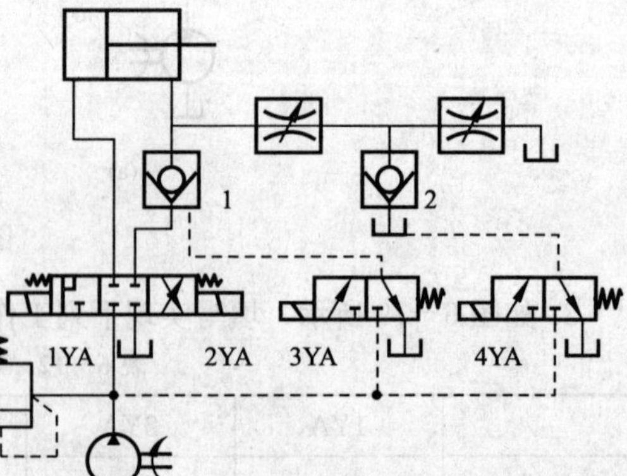

图 6－81

6. 假如要求图 6－82 所示之系统实现“快进—工进—快退—原位停止且液压泵卸荷”的工作循环，试列出电磁铁动作顺序表，并指出系统中包括哪些液压基本回路。

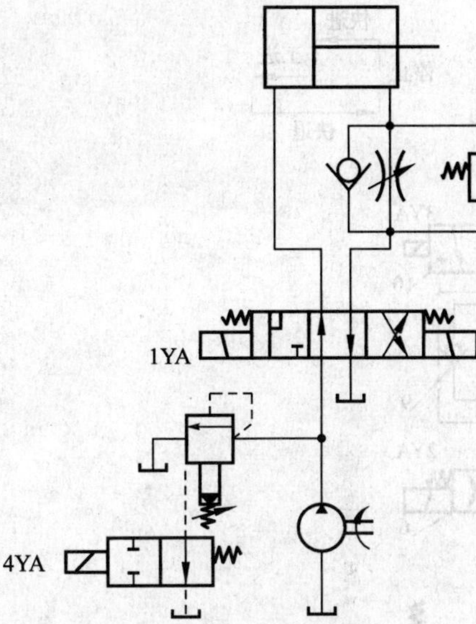

图 6－82

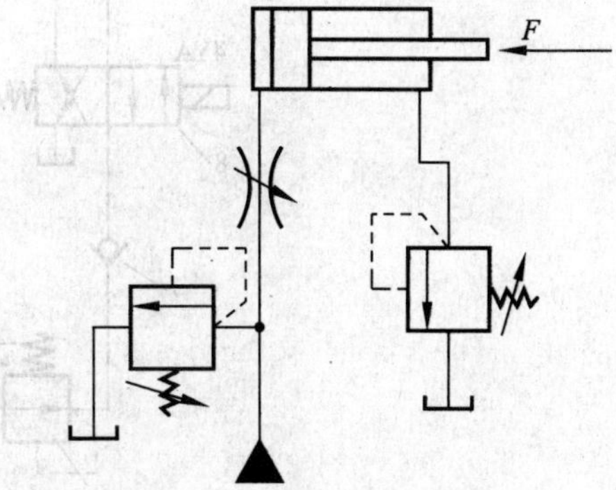

图 6－83

7. 图 6－83 所示液压回路，已知泵的流量 $q=8$ L/min，液压缸无杆腔面积 $A_1=50$ cm^2，有杆腔面积 $A_2=25$ cm^2，溢流阀调整压力 $p_y=2.4$ MPa，负载 $F=10\ 000$ N，节流阀孔口为薄壁孔，流量系数 $K=0.62$，节流阀通流面积 $A=0.06$ cm^2，油液密度 $\rho=900$ kg/m^3，背压阀的调整压力 $p_b=0.3$ MPa。试计算回路中活塞的运动速度和液压泵的工作压力？

习题六（四）
多缸动作回路部分

1. 顺序动作回路的作用是什么，类型有哪些，各自的特点是什么？

2. 同步回路的作用是什么，常用的同步方法有哪些，各自有什么特点？

3. 如图 6－84 所示的液压系统能实现："A 夹紧—B 快进—B 工进—B 快退—B 停止—A 松开—泵卸荷"等顺序动作的工作循环。

（1）试列出上述循环时电磁铁动作顺序表。

（2）说明系统是由哪些基本回路组成的。

习题六（五）
新型液压元件部分

1. 插装阀的基本结构和工作原理是什么？

2. 何为叠加阀？叠加阀有何特点？

3. 什么是电液比例控制阀？电液比例控制阀的特点是什么？

4. 什么是电液数字控制阀？电液数字控制阀的特点是什么？

5. 试解释叠加阀型号 Y_1－F10D－P/T 表示的含义，以及该阀在使用过程中的优点。

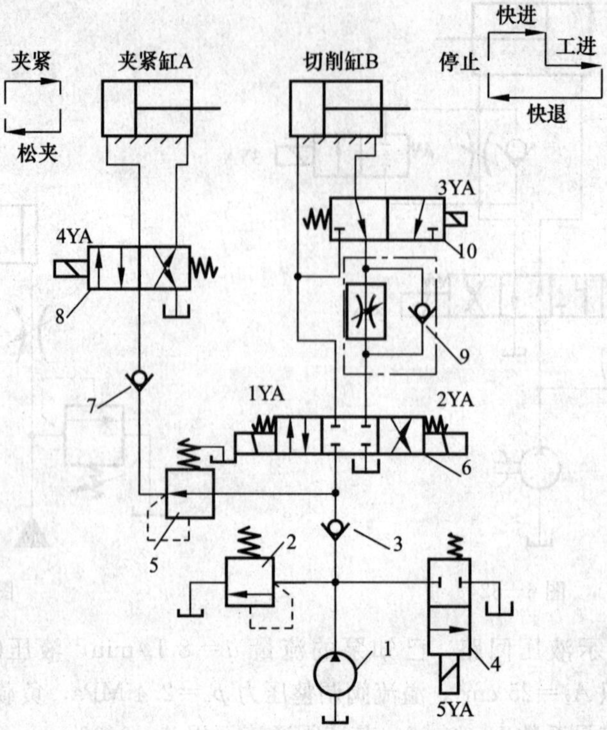

图 6－84

6. 试分析图 6－85 所示插装式锥阀可以组成何种类型的液压阀，并画出相应一般液压阀的图形符号。

7. 如图 6－86 所示为由插装阀组成方向阀的两个例子，如果在阀关闭时，A、B 有压力差，试判断电磁铁得电和断电时，压力油能否开启锥阀而流动，并分析它们是作为何种换向阀使用的？

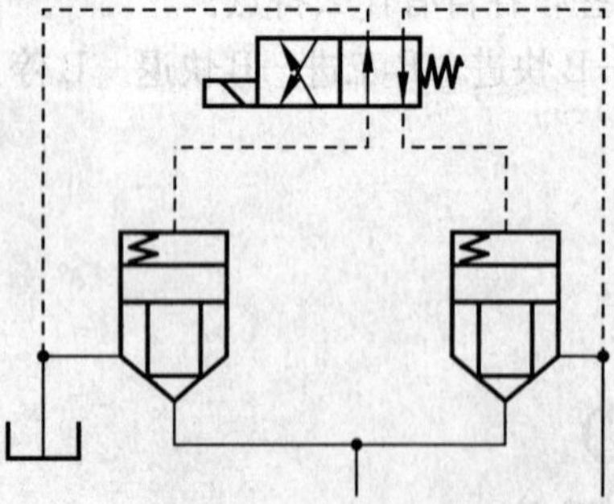

图 6－85

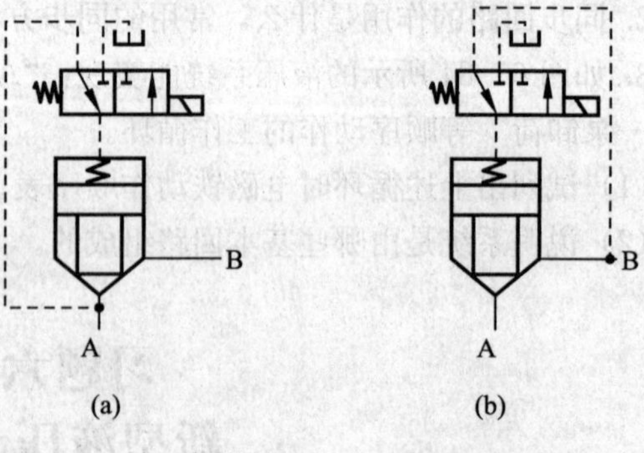

图 6－86

第 7 章　典型液压系统

学习目标

知识目标

- 了解液压设备的功用及对液压系统的动作、工作循环和性能的要求
- 熟练掌握阅读和分析液压系统图的方法及步骤
- 理解液压系统的元件组成及功用，进而理解系统的工作原理

能力目标

- 能根据动作要求和工作循环，参照电磁铁动作顺序表，读懂液压系统图，理解整个液压系统的工作原理
- 能在理解液压系统原理的基础上归纳液压系统的工作特点

学习了流体力学的基本理论，掌握了液压传动的工作原理和系统组成，熟悉了各液压元件的结构、原理和特点，掌握了作为系统组成单元的基本回路的作用与功能，在此基础上，本章通过介绍一些典型液压系统应用实例，来分析系统的组成，剖析各种元件在系统中的作用，分析系统的性能，从而培养学生分析问题和解决问题的能力，加深对所学知识的理解，并为设计液压系统打下基础。

7.1　液压系统图及阅读方法

近年来，液压传动技术已广泛应用于工程机械、起重运输机械、冶金机械、矿山机械、建筑机械、农业机械、轻工机械、机械制造、航空航天等领域。由于液压系统所服务主机的工作循环、动作特点等各不相同，相应的各液压系统的组成、作用和特点也不尽相同。为了准确地搞清液压系统的功能，首先必须具备阅读液压系统图的能力。

7.1.1 液压系统图

液压系统图用来描述系统内各液压元件及其连接关系、各液压基本回路的组成与功能、能量的转换与控制情况、执行元件输出动作的实现方法等。通过对典型液压系统图的阅读和分析，能

进一步加深对各种基本回路和液压元件的理解，为液压系统的调整、维护和使用打下基础。

7.1.2 读图步骤

阅读、分析液压系统图，可分为以下几个步骤：

①了解液压系统的任务以及完成该任务应具备的动作要求和特性。

②在液压系统图中找出实现上述动作要求所需的执行元件，并搞清其类型、工作原理及性能。

③找出系统的动力元件，并弄清其类型、工作原理、性能以及吸、排油情况。

④理清各执行元件与动力元件的油路联系，并找出该油路上相关的控制元件，弄清其类型、工作原理及性能，从而将一个复杂的系统分解成若干个独立的子系统。

⑤分析各子系统的工作原理，包括分析各基本回路的组成，每个元件在回路中的功用及其相互间的关系，实现各执行元件的各种动作的操作方法，弄清油液流动路线，写出进、回油路线。

⑥分析各子系统之间的关系及实现方法，如动作顺序、互锁、同步、防干扰等。

在读懂系统图后，要归纳出系统的特点，以加深对系统的理解。

特别说明一下，在阅读液压系统图时应注意以下两个问题：

①液压系统图中的符号只表示液压元件的职能和各元件的连通方式，而不表示元件的具体结构和参数。

②各元件在系统图中的位置及相对位置关系，并不代表它们在实际设备中的位置及相对位置关系。

7.2 组合机床动力滑台液压系统

7.2.1 概述

组合机床是由通用部件和某些专用部件组成的效率和自动化程度较高的专用机床。

如图 7—1 所示，组合机床通用部件有动力箱 3，动力滑台 4、支承件（侧底座 5、立柱

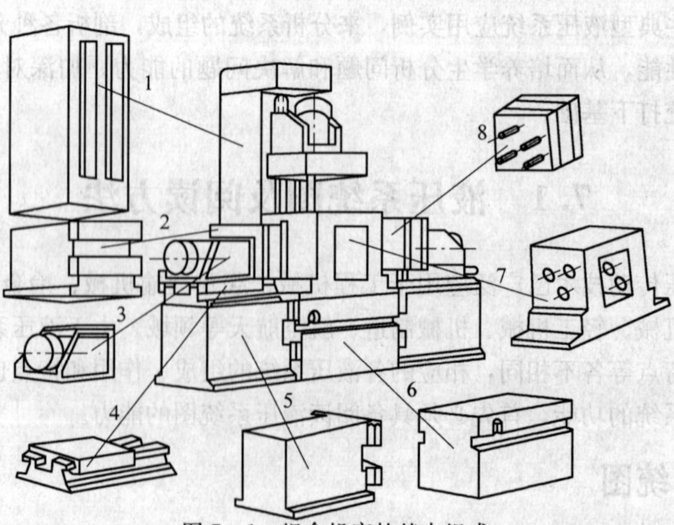

图 7—1 组合机床的基本组成

1—立柱；2—立柱底座；3—动力箱；4—动力滑台；5—侧底座；6—中间底座；7—夹具；8—多轴箱

1、立柱底座2、中间底座6）和输送部件（回转和移动工作台，图中未给出）等，而专用部件有多轴箱8和夹具7。组合机床通常采用多轴、多刀、多面、多工位加工，能完成钻、扩、铰、镗、铣、攻螺纹、磨削等加工方法和工件的转位、定位、夹紧、输送等动作。其加工范围广，自动化程度高，在成批和大量生产中得到了广泛的应用，这里只介绍组合机床动力滑台的液压系统。

7.2.2 工作原理

以YT4543组合机床液压动力滑台为例，它可以实现多种不同的工作循环，其中一种比较典型的工作循环是：快进→一工进→二工进→死挡铁停留→快退→停止。图7－2所示为完成这一动作循环的动力滑台液压系统工作原理图。系统中采用限压式变量叶片泵供油，并使液压缸差动连接以实现快速运动。由电液换向阀换向，用行程阀、液控顺序阀实现快进与工进的转换，用二位二通电磁换向阀实现一工进和二工进之间的速度换接。为保证进给的尺寸精度，采用了死挡铁停留来限位。

1. 快进

按下启动按钮，三位五通电液动换向阀5的1YA得电，先导电磁阀左位进入工作状态，这时的主油路包含两部分。

(1) 进油路

滤油器1→变量泵2→单向阀3→管路4→电液换向阀5的P口到A口→管路10→管路11→行程阀17→管路18→液压缸19左腔；

(2) 回油路

液压缸19右腔→管路20→电液换向阀5的B口到T口→管路8→单向阀9→管路11→行程阀17→管路18→液压缸19左腔。

此时，快进的原因有二：一是因为动力滑台的载荷较小，系统中的压力较低，变量泵2输出流量增大；二是因为差动的原因，使活塞右腔的油液没有流回到油箱中，而是进入到活塞的左腔，增大了进入活塞左腔的流量。上述两个原因导致活塞左腔的流量剧增，从而使活塞推动动力滑台快速前进，实现快进动作。

2. 第一次工作进给（一工进）

随着液压缸缸体的左移，行程阀17的阀芯被压下，行程阀上位工作，使管路11和18断开，快进阶段结束，转为一工进。此时，电磁铁1YA继续通电，电液换向阀5仍在左位工作，电磁换向阀14的电磁铁处于断电状态。进油路必须经调速阀12进入液压缸左腔，与此同时，系统压力升高，将液控顺序阀7打开，并关闭单向阀9，使液压缸实现差动连接的油路切断。回油经液控顺序阀7和背压阀6（这里采用溢流阀）回到油箱。这时的主油路是：

(1) 进油路

滤油器1→变量泵2→单向阀3→电液换向阀5的P口到A口→管路10→调速阀12→电磁换向阀14→管路18→液压缸19左腔。

(2) 回油路

液压缸19右腔→管路20→电液换向阀5的B口到T口→管路8→液控顺序阀7→背压阀6→油箱。

因为工作进给时油压升高，所以变量泵 2 的流量自动减小，动力滑台向前作第一次工作进给，进给速度的大小用调速阀 12 调节。

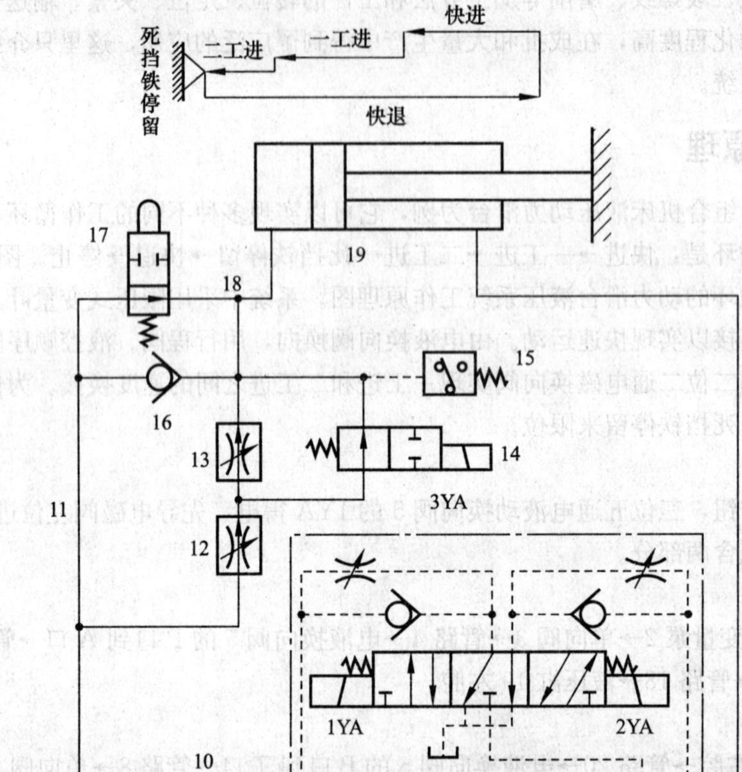

图 7－2　YT4543 型组合机床动力滑台液压系统原理图

1—滤油器；2—变量泵；3、9、16—单向阀；4、8、10、11、18、20—管路；5—电液换向阀；6—背压阀；7—液控顺序阀；12、13—调速阀；14—电磁换向阀；15—压力继电器；17—行程阀；19—液压缸

3. 第二次工作进给（二工进）

在第一次工作进给结束时，滑台上的挡铁压下行程开关（图中未画出），使电磁铁 3YA

得电，电磁换向阀14右位工作，切断了该阀所在的支路，经调速阀12的油液必须经过调速阀13进入液压缸的左腔，其他油路不变。此时，动力滑台由一工进转为二工进。由于调速阀13的控制流量小于调速阀12的控制流量，进给速度进一步降低。该阶段进给速度由调速阀13来调节。这时的主油路有两路。

（1）进油路

滤油器1→变量泵2→单向阀3→电液换向阀5的P口到A口→管路10→调速阀12→调速阀13→管路18→液压缸19左腔。

（2）回油路

液压缸19右腔→管路20→电液换向阀5的B口到T口→管路8→液控顺序阀7→背压阀6→油箱。

4. 死挡铁停留

当动力滑台第二次工作进给终了碰上死挡铁后，液压缸停止不动，系统的压力进一步升高，达到压力继电器15的调定值时，经过时间继电器延时，再发出电信号，使滑台退回。在时间继电器延时动作前，滑台停留在死挡铁限定的位置上。

5. 快退

时间继电器发出电信号后，使2YA得电，1YA和3YA均失电，电液换向阀5右位工作，这时的主油路有两路。

（1）进油路

滤油器1→变量泵2→单向阀3→管路4→电液换向阀5的P口到B口→管路20→液压缸19的右腔。

（2）回油路

液压缸19的左腔→管路18→单向阀16→管路11→电液换向阀5的A口到T口→油箱。

这时系统的压力较低，变量泵2输出流量大，动力滑台快速退回。由于活塞杆的面积大约为活塞的一半，所以动力滑台快进、快退的速度大致相等。

6. 原位停止

当动力滑台退回到原始位置时，挡块压下行程开关（图中未画出），这时电磁铁1YA、2YA、3YA都失电，电液换向阀5处于中位，动力滑台停止运动，电磁铁动作顺序如表7—1所示。

表7—1 动力滑力液压系统主要元件动作顺序

工作循环	信号来源	电磁铁			电液换向阀5	行程阀17	液控顺序阀7
		1YA	2YA	3YA			
快进	电磁铁1YA得电	+	—	—	左位	开	关
一工进	行程阀17被压下	+	—	—	左位	关	开
二工进	电磁铁3YA得电	+	—	+	左位	关	开
停　留	死挡铁	+	—	+	左位	关	开
快　退	时间继电器	—	+	—	右位	关/开	关
原位停止	终点开关	—	—	—	中位	开	关

7.2.3 系统特点

动力滑台的液压系统是能完成较复杂工作循环的典型单缸中压系统，其特点如下：

①系统采用了限压式变量叶片泵和调速阀组成的容积节流调速回路，且在回油路上设置背压阀。能获得较好的速度刚性和运动平稳性，并可减少系统的发热。

②采用电液动换向阀的换向回路，发挥了电液联合控制的优点，而且主油路换向平稳、无冲击。

③采用液压缸差动连接的快速回路，简单可靠，能源利用合理。

④采用行程阀和液控顺序阀，实现快进与工进速度的转换，使速度转换平稳、可靠、且位置准确。

⑤采用两个串联的调速阀及用行程开关控制的电磁换向阀实现两种工进速度的转换。由于进给速度较低，故也能保证换接精度和平稳性的要求。

⑥采用压力继电器发信号，控制滑台反向退回，方便可靠。止挡块的采用还能提高滑台工进结束时的位置精度。

7.3 数控车床液压系统

7.3.1 概述

装有程序控制系统的车床简称为数控车床。在数控车床上进行车削加工时，其自动化程度高，能获得较高的加工质量。目前，在数控车床上，大多都应用了液压传动技术。

7.3.2 工作原理

图 7—3 所示为 MJ—50 型数控车床的液压系统原理图。机床中由液压系统实现的动作有：卡盘的夹紧与松开、刀架的夹紧与松开、刀架的正反转、尾座套筒的伸出与缩回。液压系统中各电磁阀的电磁铁的得电与失电由数控系统的 PC 控制实现。机床的液压系统采用单向变量泵供油，系统压力调至 4MPa，压力由压力计 15 显示。泵输出的压力油经过单向阀进入系统，其工作原理如下。

1. 卡盘的夹紧与松开

(1) 卡盘处于正卡

当卡盘处于正卡且在高压夹紧状态下，夹紧力的大小由减压阀 8 来调整，夹紧压力由压力计 14 来显示。当 1YA 通电时，换向阀 3 左位工作，系统压力油经减压阀 8、电磁溢流阀 4、换向阀 3 到液压缸右腔，液压缸左腔的油液经换向阀 3 直接回油箱。此时，活塞杆左移，卡盘夹紧。当 2YA 通电（1YA 同时断电）时，换向阀 3 右位工作，系统压力油经减压阀 8、电磁溢流阀 4、换向阀 3 到液压缸左腔，液压缸右腔的油液经换向阀 3 直接回油箱，活塞杆右移，卡盘松开。

当卡盘处于正卡且在低压夹紧（3YA 通电）状态下，夹紧力的大小由减压阀 9 来调整。此时，3YA 通电，电磁溢流阀 4 右位工作。换向阀 3 的工作情况与高压夹紧时相同。

(2) 卡盘反卡

当卡盘处于反卡且在高压夹紧（3YA 断电）状态下，夹紧力的大小由减压阀 8 来调整，夹紧压力由压力计 14 来显示。当 1YA 断电（2YA 同时通电）时，换向阀 3 右位工作，系统压力油经减压阀 8、电磁溢流阀 4、换向阀 3 到液压缸左腔，液压缸右腔的油液经换向阀 3 直接回油箱。此时，活塞杆右移，卡盘夹紧。当 2YA 断电（1YA 同时通电）时，换向阀 3 左位工作，系统压力油经减压阀 8、电磁溢流阀 4、换向阀 3 到液压缸右腔，液压缸左腔的油液经换向阀 3 直接回油箱，活塞杆左移，卡盘松开。当卡盘处于反卡且在低压夹紧状态下，夹紧力的大小由减压阀 9 来调整。此时，3YA 通电，电磁溢流阀 4 右位工作，换向阀 3 的工作情况与高压夹紧时相同。

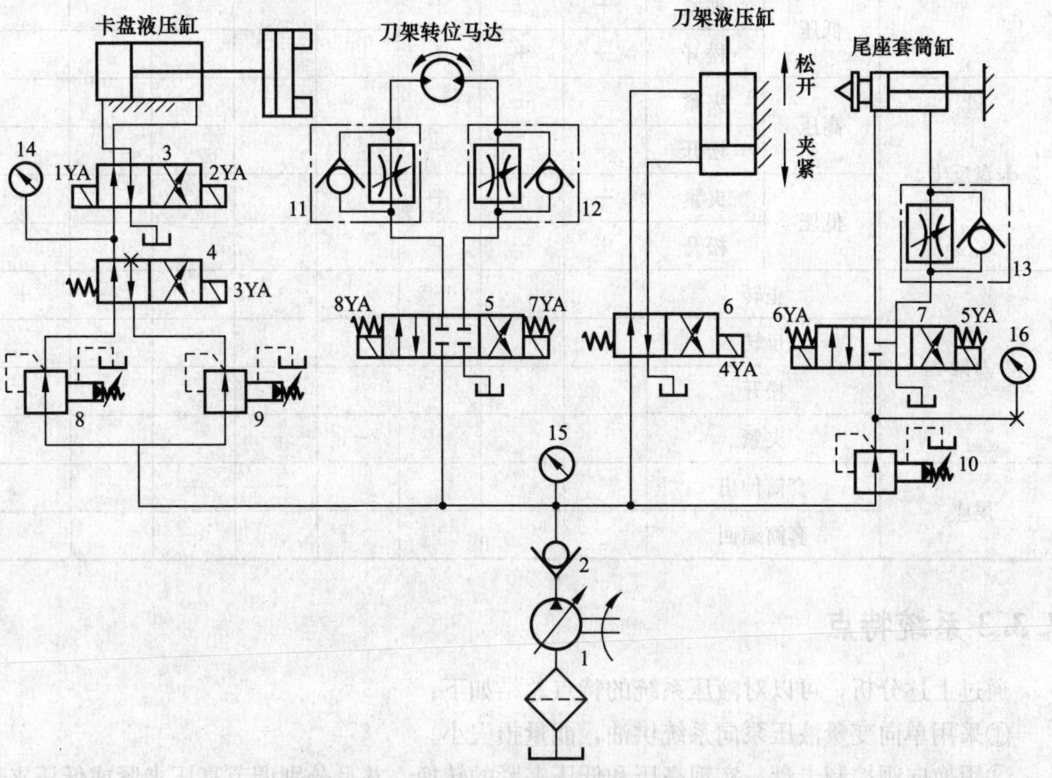

图 7—3　MJ—50 型数控车床的液压系统

1—变量泵；2—单向阀；3，5，7—换向阀；4，6—电磁溢流阀；
8、9、10—减压阀；11、12、13—单向调速阀；14、15、16—压力计

2. 回转刀架的回转

回转刀架换刀时，首先使刀架松开，然后刀架转位到指定的位置，最后刀架复位夹紧，当 4YA 通电时，电磁溢流阀 6 右位工作，刀架松开。当 8YA 通电时，液压马达带动刀架正转，转速由单向调速阀 11 控制。若 7YA 通电，则液压马达带动刀架反转，转速由单向调速阀 12 控制。当 4YA 断电时，电磁溢流阀 6 左位工作，液压缸使刀架夹紧。

3. 尾座套筒的伸缩运动

当 6YA 通电时，换向阀 7 左位工作，系统压力油经减压阀 10、换向阀 7 到尾座套筒液压缸的左腔，液压缸右腔油液经单向调速阀 13 中的单向阀，通过换向阀 7 流回油箱，缸筒带动尾座套筒伸出，伸出时的预紧力大小通过压力计 16 显示。反之，当 5YA 通电时，换向

阀 7 右位工作，系统压力油经减压阀 10、换向阀 7、单向调速阀 13 到液压缸右腔，液压缸左腔的油液经换向阀 7 流回油箱，套筒缩回。各电磁铁动作见表 7—2。

表 7—2　电磁铁动作顺序表

工作部件	动作		电磁铁							
			1YA	2YA	3YA	4YA	5YA	6YA	7YA	8YA
卡盘正卡	高压	夹紧	+	−	−					
		松开	−	+	−					
	低压	夹紧	+	−	+					
		松开	−	+	+					
卡盘反卡	高压	夹紧	−	+	−					
		松开	+	−	−					
	低压	夹紧	−	+	+					
		松开	+	−	+					
刀架	正转								−	+
	反转								+	−
	松开					+				
	夹紧					−				
尾座	套筒伸出						−	+		
	套筒缩回						+	−		

7.3.3 系统特点

通过上述分析，可以对液压系统的特点总结如下：

①采用单向变量液压泵向系统供油，能量损失小。

②用换向阀控制卡盘，实现高压和低压夹紧的转换，并且分别调节高压夹紧或低压夹紧压力的大小，这样可根据工件情况调节夹紧力，操作方便简单。

③用液压马达实现刀架的转位，可实现无级调速，并能控制刀架正、反转。

④用换向阀控制尾座套筒液压缸的换向，以实现套筒的伸出或缩回，并能调节尾座套筒伸出工作时的预紧力大小，以适应不同工件的需要。

⑤压力计 14、15、16 可分别显示系统相应处的压力，以便于故障诊断和调试。

7.4　机械手液压系统

7.4.1 概述

机械手是模仿人的手部动作，按给定程序、轨迹和要求实现自动抓取、搬运和操作的自动装置。因为能在高温、高压、多粉尘、易燃、易爆、放射性等恶劣环境中，代替人完成笨重、单调、频繁的作业，而获得广泛的应用。

机械手一般由执行机构、驱动系统、控制系统及检测装置四大部分组成，智能机械手还具有感觉系统和智能系统。驱动系统多采用电液（气）机联合传动。现以 JS01 工业机械手为例来讲解。

7.4.2 工作原理

JS01 工业机械手属于圆柱坐标式全液压驱动机械手，具有手臂升降、伸缩、回转和手腕回转四个自由度。执行机构相应由手臂、手腕、手臂伸缩机构、手臂升降机构、手臂回转机构和回转定位装置等组成，每一部分均由液压缸驱动与控制。机械手完成的动作循环为：插定位销→手臂前伸→手指张开→手指夹紧并抓料→手臂上升→手臂缩回→手腕回转 180°→拔定位销→手臂回转 95°→插定位销→手臂前伸→手臂中停（此时主机的夹头下降夹料）→手指松开（此时主机夹头夹着料上升）→手指闭合→手臂缩回→手臂下降→手腕回转复位→拔定位销→手臂回转复位→待料，泵卸载。

JS01 工业机械手液压系统图如图 7－4 所示，电磁铁动作顺序见表 7－3。

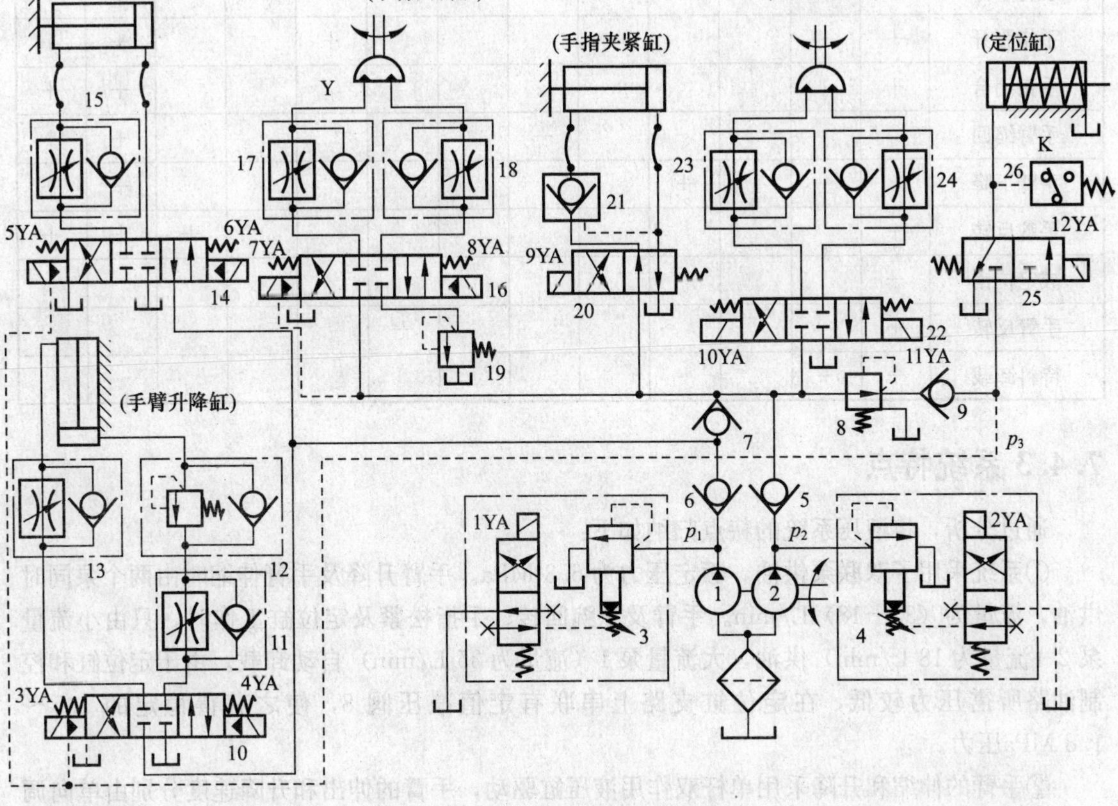

图 7－4 JS01 工业机械手液压系统

1—大流量液压泵；2—小流量液压泵；3、4—调压阀；5、6、7、9—单向阀；8—定值减压阀；10、14、16—电液换向阀；11、13、15、17、18、23、24—单向调速阀；12—平衡阀；19—背压阀；20、22、25—电磁阀；21—液控单向阀；26—压力继电器

表 7—3　JS01 工业机械手液压系统电磁铁动作顺序表

动作顺序	1YA	2YA	3YA	4YA	5YA	6YA	7YA	8YA	9YA	10YA	11YA	12YA	K26
插定位销	+											+	+
手臂前伸					+							+	+
手指张开	+								+			+	+
手指抓料	+											+	+
手臂上升			+									+	+
手臂缩回						+						+	+
手腕回转	+									+		+	++
拔定位销	+												
手臂回转	+						+						
插定位销	+											+	+
手臂前伸					+							+	+
手臂中停												+	+
手指张开	+								+			+	+
手指闭合	+											+	+
手臂缩回						+						+	+
手臂下降				+								+	+
手腕反转	+										+	+	+
拔定位销	+												
手臂反转	+							+					
待料卸载	+	+											

7.4.3 系统特点

通过分析，将液压系统的特点归纳如下：

①系统采用了双联泵供油，额定压力为 6.3 MPa。手臂升降及手臂伸缩时由两个泵同时供油，流量为（35+18）L/min。手臂及手腕回转、手指松紧及定位缸工作时，只由小流量泵 2（流量为 18 L/min）供油，大流量泵 1（流量为 35 L/min）自动卸载。由于定位缸和控制油路所需压力较低，在定位缸支路上串联有定值减压阀 8，使之获得稳定的 1.5～1.8 MPa压力。

②手臂的伸缩和升降采用单杆双作用液压缸驱动，手臂的伸出和升降速度分别由单向调速阀 15、13 和 11 实现回油节流调速；手臂及手腕的回转由摆动马达驱动，其正向、反向运动亦采用单向调速阀 17 和 18、23 和 24 回油节流调速。

③执行机构的定位和缓冲是机械手工作平稳可靠的关键。该机械手手臂伸出、手腕回转由挡铁定位保证精度，到达端点前发信号切断油路，滑行缓冲；手臂缩回和手臂上升由行程

开关适时发信号，提前切断油路滑行缓冲并定位。此外，手臂伸缩缸和升降缸采用了电液换向阀换向。

④为使手指夹紧缸夹紧工件后不受系统压力波动的影响，保证牢固地夹紧工件，系统采用液控单向阀 21 实现锁紧回路。

7.5　汽车起重机液压系统

7.5.1 概述

汽车起重机是将起重机安装在汽车底盘上的一种可自行行走、机动性好的起重机械。汽车起重机采用液压传动方式，可实现在冲击、振动和环境条件恶劣的情况下承载大负荷的目的。其特点是执行元件需要完成的动作较为简单，位置精度低，大部分采用手动操纵，液压系统工作压力较高。现以 Q2-8 型汽车起重机为例来讲述其液压系统。

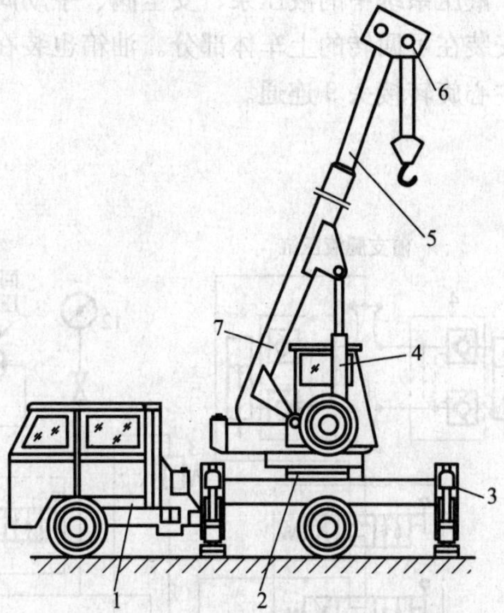

图 7—5　Q2-8 汽车起重机外形图

1—载重汽车；2—转台；3—支腿；4—吊臂变幅液压缸；5—吊臂伸缩缸；6—起降机构；7—基本臂

Q2-8 型汽车起重机是一种中型起重机，如图 7—5 所示。其最大起重量为80 kN，最大起重高度为 11.5 m。起重机的工作机构由以下五部分组成：

①支腿机构。由于汽车轮胎支承能力有限，且为弹性变形体，作业时很不安全，故在起重作业前必须放下前、后支腿，使汽车轮胎架空，用支腿承重，在行驶时又必须将支腿收起，轮胎着地。该机构的作用是：起重作业前，将汽车轮胎离开地面并调平车架；起重作业中，使载荷通过车架“刚性”地传到地面上。

②回转机构。该机构的作用是起重作业中使起重吊臂回转，将重物在某个水平面上从一个位置转移到另一个位置。

③伸缩机构。该机构用以改变起重吊臂的长度，将重物在垂直面上从一个位置转移到另一个位置。

④变幅机构。该机构用以改变起重吊臂的倾角，将重物在垂直面上从一个位置转移到另一个位置。

⑤起降机构。该机构用以在其他机构不变时，通过钢缆将重物吊起、放下，实现重物在纵向上的位置变换。

7.5.2 工作原理

Q2—8 型汽车起重机的液压系统如图 7—6 所示。该系统属于中高压系统，用一个轴向柱塞泵作动力源，液压泵的额定压力为 21 MPa，排量为 40 mL/min，转速为 1 500 r/min，液压泵由汽车发动机通过传动装置（取力箱）驱动。与工作机构相对应，液压系统由支腿收放、转台回转、吊臂伸缩、吊臂变幅和吊重起降五个工作支路所组成。其中，前、后支腿收放支路的换向阀 A、B 组成一个手动阀组 1。其余四支路的换向阀 C、D、E、F 组成另一手动阀组 2。各换向阀均为 M 型中位机能三位四通手动阀，换向阀 C、D、E、F 依次串联组合而成的四联多路阀，可实现多缸卸荷。根据起重工作的具体要求，操纵各阀不仅可以分别控制各执行元件的运动方向，还可以通过控制阀芯的位移量来实现节流调速。

液压系统中的液压泵、安全阀、手动阀组 1 及支腿液压缸安装在车架上，其他液压元件都安装在可回转的上车体部分。油箱也装在上车体部分，兼作配重。车架与上车体的油路通过中心旋转接头 9 连通。

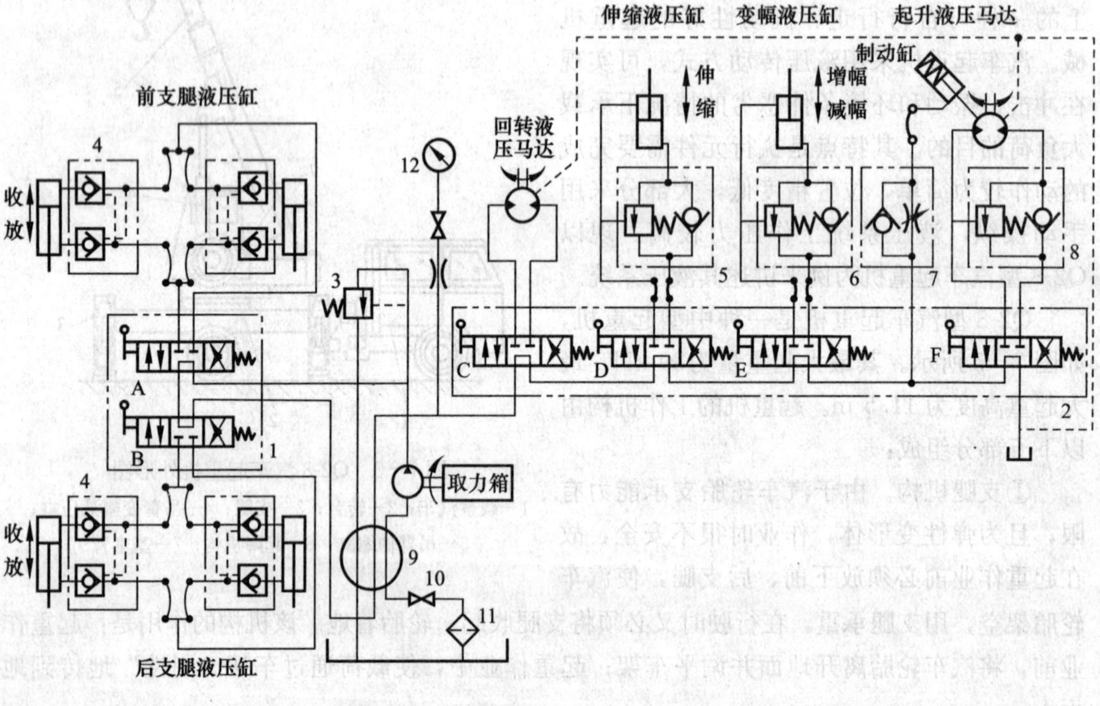

图 7－6　Q2－8 型汽车起重机液压系统

A、B、C、D、E、F—手动换向阀

1、2—手动阀组；3—安全阀；4—双向液压锁；5、6、8—平衡阀；

7—单向节流阀；9—中心旋转接头；10—开关；11—滤油器；12—压力表

1. 支腿收放支路

前支腿两个液压缸同时用一个手动换向阀 A 控制其收、放动作，后支腿两个液压缸用阀 B 来控制其收、放动作。为确保支腿停放在任意位置并能可靠地锁住，故在每一个支腿液压缸的油路中设置一个由两个液控单向阀组成的双向液压锁。

当阀 A 在左位工作时，液压缸活塞杆伸出，前支腿放下，其进、回油路线如下所述。

(1) 进油路

液压泵→换向阀 A→液控单向阀→前支腿液压缸无杆腔。

(2) 回油路

前支腿液压缸有杆腔→液控单向阀→阀 A→阀 B→阀 C→阀 D→阀 E→阀 F→油箱。

后支腿液压缸用阀B控制，其油路路线与前支腿支路类似。

2. 转台回转支路

回转支路的执行元件是一个大转矩液压马达，它能双向驱动转台回转。通过齿轮、蜗杆机构减速，转台可获得1～3 r/min的低速。马达由手动换向阀C控制正、反转，其油路如下所述。

（1）进油路

液压泵→阀A→阀B→阀C→回转液压马达；

（2）回油路

回转液压马达→阀C→阀D→阀E→阀F→油箱。

3. 吊臂伸缩支路

吊臂由基本臂和伸缩臂组成，伸缩臂套装在基本臂内，由吊臂伸缩液压缸带动作伸缩运动。为防止吊臂在停止阶段因自重作用而向下滑移，油路中设置了平衡阀5（由一个外控式顺序阀与一个普通单向阀并联组成）。吊臂的伸缩由换向阀D控制，使伸缩臂具有伸出、缩回和停止三种工况。

当阀D在右位工作时，吊臂伸出，其油路路线如下所述。

（1）进油路

液压泵→阀A→阀B→阀C→阀D→平衡阀5中的单向阀→伸缩液压缸无杆腔。

（2）回油路

伸缩液压缸有杆腔→阀D→阀E→阀F→油箱。

当阀D在左位工作时，吊臂缩回，其油路路线如下所述。

（1）进油路

液压泵→阀A→阀B→阀C→阀D→伸缩液压缸有杆腔。

（2）回油路

伸缩液压缸无杆腔→平衡阀5中的外控式顺序阀→阀D→阀E→阀F→油箱。

当阀D在中位工作时，吊臂由M型换向阀阀芯锁住而保持不动，液压泵的油液通过换向阀A、B、C、D、E、F后，流入油箱，此时液压泵卸荷。

4. 吊臂变幅支路

吊臂变幅是用液压缸来改变吊臂的起降角度。变幅要求工作平稳可靠，故在油路中也设置了平衡阀6。增幅或减幅运动由换向阀E控制，使吊臂具有增幅、减幅和停止三种工况。当阀E在右位工作时，吊臂增幅，其油路路线如下所述。

（1）进油路

液压泵→阀A→阀B→阀C→阀D→阀E→平衡阀6中的单向阀→变幅液压缸无杆腔。

（2）回油路

变幅液压缸有杆腔→阀E→阀F→油箱。

当阀E在左位工作时，吊臂减幅，其油路路线如下所述。

（1）进油路：液压泵→阀A→阀B→阀C→阀D→阀E→变幅液压缸有杆腔；

（2）回油路：变幅液压缸无杆腔→平衡阀6中的外控式顺序阀→阀E→阀F→油箱。

当阀E在中位工作时，吊臂由M型换向阀阀芯锁住而保持不动，液压泵的油液通过换向阀A、B、C、D、E、F后，流入油箱，此时液压泵卸荷。

5. 吊重起降支路

起降支路是系统的主要工作油路。重物的提升和落下作业由一个大转矩液压马达带动绞车来完成。液压马达的正、反转由换向阀 F 控制，马达转速，即起降速度可通过改变发动机油门（转速）及控制换向阀 F 来调节。油路设有平衡阀 8，用以防止重物因自重而下落。由于液压马达的内泄漏比较大，当重物吊在空中时，尽管油路中设有平衡阀，重物仍会向下缓慢滑移，为此，在液压马达驱动的轴上设有制动器。当起降机构工作时，在系统油压作用下，制动器液压缸使闸块松开；当液压马达停止转动时，在制动器弹簧作用下，闸块将轴抱紧。当重物悬空停止后再次起升时，若制动器立即松闸，但马达的进油路可能未来得及建立足够的油压，就会造成重物短时间失控下滑。为避免这种现象产生，在制动器油路中设置单向节流阀 7，使制动器抱闸迅速，松闸却能缓慢进行（松闸时间用节流阀调节）。Q2－8 型汽车起重机液压系统手动操纵阀位置与工作机构动作之间的关系如表 7－4 所示。

表 7－4　Q2－8 型汽车起重机液压系统手动操纵阀位置与工作机构动作关系

<table>
<tr><th colspan="6">手动阀位置</th><th colspan="7">工作机构动作</th></tr>
<tr><th>A</th><th>B</th><th>C</th><th>D</th><th>E</th><th>F</th><th>前支腿液压缸</th><th>后支腿液压缸</th><th>回转液压马达</th><th>伸缩液压缸</th><th>变幅液压缸</th><th>起降液压马达</th><th>制动液压缸</th></tr>
<tr><td>左</td><td rowspan="2">中</td><td rowspan="4">中</td><td rowspan="6">中</td><td rowspan="8">中</td><td rowspan="10">中</td><td>放下</td><td rowspan="2">不动</td><td rowspan="4">不动</td><td rowspan="6">不动</td><td rowspan="8">不动</td><td rowspan="10">不动</td><td rowspan="10">制动</td></tr>
<tr><td>右</td><td>收起</td></tr>
<tr><td rowspan="10">中</td><td>左</td><td rowspan="10">不动</td><td>放下</td></tr>
<tr><td>右</td><td>收起</td></tr>
<tr><td rowspan="8">中</td><td>左</td><td rowspan="8">不动</td><td>正转</td></tr>
<tr><td>右</td><td>反转</td></tr>
<tr><td rowspan="6">中</td><td>左</td><td rowspan="6">不动</td><td>缩回</td></tr>
<tr><td>右</td><td>伸出</td></tr>
<tr><td rowspan="4">中</td><td>左</td><td rowspan="4">不动</td><td>减幅</td></tr>
<tr><td>右</td><td>增幅</td></tr>
<tr><td rowspan="2">中</td><td>左</td><td rowspan="2">不动</td><td>正转</td><td rowspan="2">松开</td></tr>
<tr><td>右</td><td>反转</td></tr>
</table>

7.5.3 系统特点

①调压回路。用安全阀 3 限制系统最高压力。

②调速回路。用手动换向阀的开度大小来调整工作机构（起降机构除外）的速度。优点是方便灵活。缺点是自动化程度低，劳动强度大。

③锁紧回路。采用液控单向阀构成的双向液压锁，将前、后支腿牢牢锁住，确保起重机的工作安全可靠。

④平衡回路。采用由普通单向阀与外控式顺序阀并联组成的平衡阀，防止在重物起降、吊臂伸缩和变幅作业中因重物自重作用而下降，确保重物起降、吊臂伸缩和变幅作业动作安全可靠。缺点是平衡阀所造成的背压会产生功率损失。

⑤在多缸卸荷回路中，采用三位四通 M 型中位机能换向阀的串联连接，使各工作机构既可单独动作，也可在轻载下任意组合同时动作，以提高工作效率。缺点是六个换向阀的串接，增大了液压泵的卸荷压力。

⑥制动回路。采用普通单向阀与节流阀并联组合来控制制动缸，配合起降马达安全可靠地工作。单向阀的作用是保证起降马达由动到静动作时制动缸能够快速制动；节流阀的作用是保证起降马达由静到动动作时制动缸解除制动动作缓慢柔和，防止重物突然下坠。

⑦卸荷回路。串接的各换向阀均处于中位时，M 型中位机能组成的卸荷回路可使液压泵卸荷，减少功率损耗，适于起重机间歇性工作。

7.6　通用压力机液压系统

7.6.1 概述

液压机是一种可用于加工金属、塑料、木材、皮革、橡胶等各种材料的压力加工机械，能完成锻压、折边、调直、压装、冷冲压、冷挤压和弯曲等工艺，具有压力和速度可大范围无级调整、可在任意位置输出全部功率和保持所需压力等优点，因而得以广泛应用。液压机的结构形式繁多，有单柱式、三柱式和四柱式等，其中以四柱式液压机最为常见，如图 7−7 所示，这种液压机通常由横梁、立柱、滑块和顶出机构等部件组成。液压机的主运动为滑块和顶出机构的运动。滑块由主液压缸驱动，顶出机构由辅助液压缸驱动。液压机液压系统的特点是压力高、流量大、功率大，以压力的变换和控制为主。

7.6.2 工作原理

液压机液压系统的典型工作循环如图 7−8 所示。一般主缸的工作循环要求有“快进→

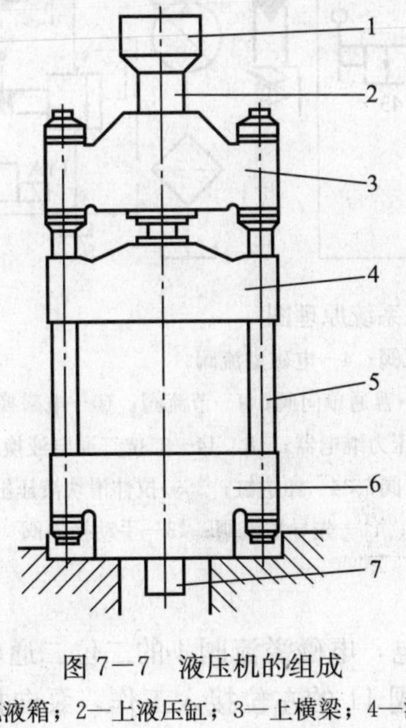

图 7−7　液压机的组成

1—充液箱；2—上液压缸；3—上横梁；4—滑块；
5—导向立柱；6—下横梁；7—顶出杆

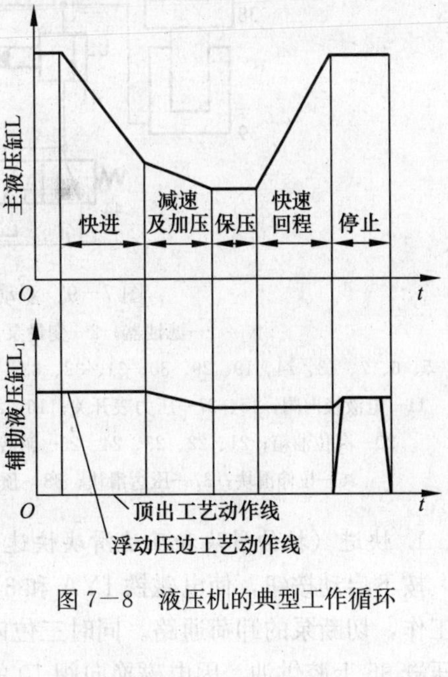

图 7−8　液压机的典型工作循环

减速加压→保压延时→泄压→快速回程→原位停止”等基本动作。当有辅助缸时，如需顶料，顶料缸的动作循环一般是“活塞上升→停止→向下退回”；薄板拉伸则要求有“液压垫上升→停止→压力回程”等动作，有时还需要压边缸将料压紧。

图7—9是双动薄板冲压机液压系统原理图。本机最大工作压力为450 kN，用于薄板的拉伸成形等冲压工艺。系统采用变量柱塞泵供油，以满足低压快速行程和高压慢速行程的要求，最高工作压力由电磁溢流阀4的远程调压阀3调定，其工作原理如下：

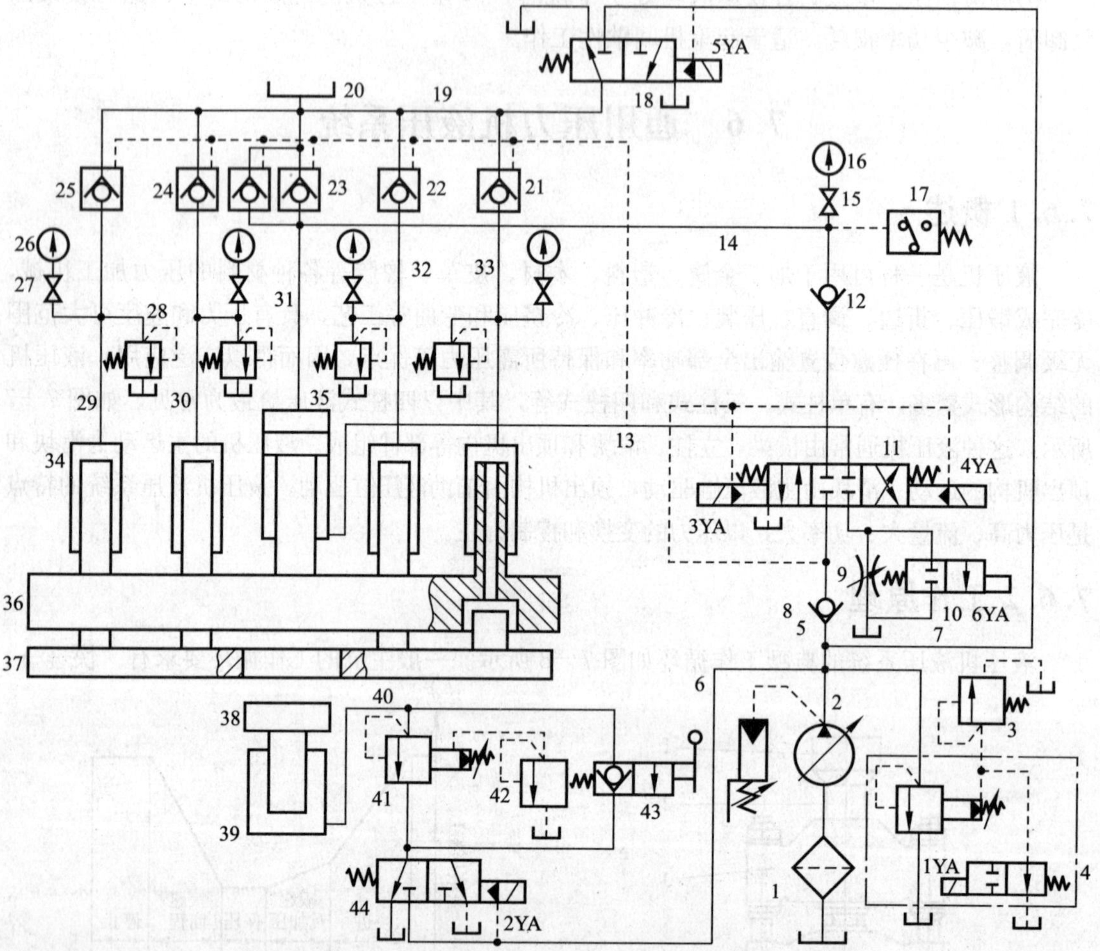

图7—9 双动薄板冲压机液压系统原理图

1—滤油器；2—变量泵；3、42—远程调压阀；4—电磁溢流阀；
5、6、7、13、14、19、29、30、31、32、33、40—管路；8、12—普通单向阀；9—节流阀；10—电磁换向阀；
11—电液换向阀；15、27—压力表开关；16、26—压力表；17—压力继电器；18、44—二位三通电液换向阀；
20—高位油箱；21、22、23、24、25—液控单向阀；28—安全阀；34—压边缸；35—拉伸滑块液压缸；
36—拉伸滑块；37—压边滑块；38—顶出块；39—顶出缸；41—先导溢流阀；43—手动换向阀

1. 快进（拉伸滑块和压边滑块快速下行）

按下启动按钮，使电磁铁1YA和3YA、6YA得电，电磁溢流阀4的二位二通电磁阀左位工作，切断泵的卸荷通路。同时三位四通电液换向阀11的左位接入工作，泵向拉伸滑块液压缸35上腔供油。因电磁换向阀10的电磁铁6YA得电，其右位接入工作，所以回油经电液换向阀11和电磁换向阀10流回油箱，使其快速下行。同时带动压边缸34快速下行，压边缸从高位油箱20补油。这时的主油路如下所述。

(1) 进油路

滤油器1→变量泵2→管路5→普通单向阀8→电液动换向阀11的P口到A口→普通单向阀12→管路14→管路31→拉伸滑块液压缸35上腔。

(2) 回油路

拉伸滑块液压缸35下腔→管路13→电液动换向阀11的B口到T口→电磁换向阀10→油箱。

拉伸滑块液压缸快速下行时液压泵始终处于最大流量状态，但仍不能满足拉伸滑块液压缸快速下行所需流量，因而在其上腔形成负压，高位油箱20中的油液经液控单向阀23向拉伸滑块液压缸35上腔补油。

2. 减速和加压

在拉伸滑块和压边滑块与板料接触之前，首先碰到一个行程开关（图中未画出）而发出一个电信号，使电磁换向阀10的电磁铁6YA失电，左位工作，主缸回油须经节流阀9回油箱，实现慢进。当压边滑块接触工件后，又一个行程开关（图中未画出）发信号，使5YA得电，二位三通电液换向阀18右位接入工作，变量泵2输出的油经二位三通电液换向阀18向压边缸34加压。

3. 拉伸和压紧

当拉伸滑块接触工件后，拉伸滑块液压缸35中的压力由于负载阻力的增加而增加，液控单向阀23关闭，泵输出的流量也自动减小。拉伸滑块液压缸继续下行，完成拉延工艺。在拉延过程中，变量泵2输出的最高压力由远程调压阀3调定，拉伸滑块液压缸进油路同上。回油路为：拉伸滑块液压缸35下腔→管路13→电液换向阀11的B口到T口→节流阀9→油箱。

4. 保压

当拉伸滑块液压缸35上腔压力达到预定值时，压力继电器17发出信号，使电磁铁1YA、3YA、5YA均失电，电液换向阀11回到中位，拉伸滑块液压缸上、下腔以及压边缸上腔均封闭，拉伸滑块液压缸上腔短时保压，此时，变量泵2经电磁溢流阀4卸荷。保压时间由压力继电器17控制的时间继电器调整。

5. 快速回程

使电磁铁1YA、4YA得电，电液换向阀11右位工作，液压泵输出的油进入主缸下腔，同时控制油路打开液控单向阀21、22、23、24，拉伸滑块液压缸上腔的油经液控单向阀23回到高位油箱20，拉伸滑块液压缸35回程的同时，带动压边缸快速回程。这时拉伸滑块液压缸的油路如下所述。

(1) 进油路

滤油器1→变量泵2→管路5→单向阀8→电液换向阀11右位的P口到B口→管路13→拉伸滑块液压缸35下腔。

(2) 回油路

拉伸滑块液压缸35上腔→液控单向阀23→高位油箱20。

6. **原位停止**

当拉伸滑块液压缸滑块上升到触动行程开关 1S 时（图中未画出），电磁铁 4YA 失电，电液换向阀 11 中位工作，使拉伸滑块液压缸 35 下腔封闭，主缸停止不动。

7. **顶出缸上升**

在行程开关 1S 发出信号使 4YA 失电的同时也使 2YA 得电，使二位三通电液换向阀 44 右位接入工作。此时的油液流动路线是：变量泵 2 输出的油经管路 6→二位三通电液换向阀 44→手动换向阀 43 左位→管路 40→顶出缸 39。顶出缸上行完成顶出工作，顶出压力由远程调压阀 42 设定。

8. **顶出缸下降**

在顶出缸顶出工件后，行程开关 4S（图中未画出）发出信号，使 1YA、2YA 均失电、变量泵 2 卸荷，二位三通电液换向阀 44 右位工作。手动换向阀 43 右位工作，顶出缸在自重作用下下降，回油经手动换向阀 43、二位三通电液换向阀 44 流回油箱。液压机液压系统电磁铁动作顺序如表 7—5。

表 7—5　液压机液压系统电磁铁动作顺序

拉伸滑块	压边滑块	顶出缸	电磁铁						手动换向阀
			1YA	2YA	3YA	4YA	5YA	6YA	
快速下降	快速下降		+	−	+	−	−	+	
减　速	减　速		+	−	+	−	+	−	
拉　伸	压紧工件		+	−	+	−	+	+	
快速返回	快速返回		+	−	−	+	−	−	
		上升	+	+	−	−	−	−	左位
		下降	+	−	−	−	−	−	右位
液压泵卸荷			−	−	−	−	−	−	

7.6.3 系统特点

①该系统采用高压大流量变量泵供油和利用拉延滑块自动充油的快速运动回路，既符合工艺要求，又节省了能量。

②系统中顺序阀的调定压力为 2.5 MPa，从而使液压泵必须在 2.5 MPa 的压力下卸荷，也使控制油路具有一定的工作压力。

③系统中采用了专用的预泄换向阀来实现上滑块快速返回前的泄压，保证动作平稳，防止换向时的液压冲击和噪声。

④系统利用管道和油液的弹性变形来保压，方法简单，但对液控单向阀和液压缸等的密封性能要求较高。

⑤系统中上、下两液压缸的动作协调由上、下两缸换向阀的互锁来保证，一个缸必须在

另一个缸静止时才能动作。

⑥系统中的两个液压缸各有一个溢流阀进行过载保护。

7.7　液压系统的维护与常见故障

7.7.1 液压系统的使用与维护

液压系统工作性能的保障，在很大程度上取决于正确使用与及时维护。因此，必须建立有关使用和维护方面的制度，以保证系统正常工作。

1. 液压系统使用的注意事项

①操作者应掌握液压系统的工作原理，熟悉各种操作要点，调节手柄的位置、旋向等。

②开车前应检查系统上的各调节手轮、手柄是否被无关人员动过，电气开关和行程开关的位置是否正常，工具的安装是否正确、牢固等，再对导轨和活塞杆的外露部分进行擦拭后才可开车。

③开车前应检查油温，若油温低于10℃则可将泵开停数次，进行升温，一般应空载运转20 min以上才能加载运转。若室温在0℃以下，则应采取加热措施后再启动。若有条件，可根据季节更换不同黏度的液压油。

④工作中应随时注意油位高度和温升，一般油液的工作温度在35℃～60℃较合适。

⑤液压油要定期检查和更换，保持油液清洁。对于新投入使用的设备，使用三个月左右应清洗油箱，更换新油，以后按设备说明书的要求每隔半年或一年进行一次清洗和换油。

⑥使用中应注意过滤器的工作情况，滤芯应定期清洗或更换。平时要防止杂质进入油箱。

⑦若设备长期不用，则应将各调节旋钮全部放松，以防止弹簧产生永久变形而影响元件的性能，甚至导致液压故障的发生。

2. 液压设备的维护保养

维护保养应分日常维护、定期检查和综合检查三个阶段进行。

①日常维护。日常维护通常是用目视、耳听及手触感觉等比较简单的方法，在泵启动前、后和停止运转前检查油量、油温、压力、漏油、噪声以及振动等情况，并随之进行维护和保养。对重要的设备应该写“日常维护卡”。

②定期检查。定期检查的内容包括：调查日常维护中发现异常现象的原因并进行排除；对需要维修的部位，必要时进行分解检修。定期检查的时间间隔，一般与过滤器的检修期相同，通常为2～3个月。

③综合检查。综合检查大约一年一次。其主要内容是检查液压装置的各元件和部件，判断其性能和寿命，并对产生故障的部位进行检修，对经常发生故障的部位提出改进意见。综合检查的方法主要是分解检查，要重点排除一年内可能产生的故障因素。

定期综合检查均应做好记录，作为设备出现故障查找原因或设备大修的依据。

7.7.2 液压系统常见故障及排除方法

1. *液压系统故障产生的原因*

一般来说，液压系统的故障往往是多种因素综合影响的结果，但造成故障的原因主要有以下几种：

①由于液压油和液压元件使用或维护不当，使液压元件的性能变坏、损坏、失灵而引起的故障。

②装配、调整不当而引起的故障。

③由于设备年久失修、零件磨损、精度超差或元件制造误差而引起的故障。

④也有一些故障是由元件选用和回路设计不当所致。

2. *液压系统常见的故障分析与排除*

液压系统在工作中不可避免地会出现一些故障，这就需要对故障进行分析，找出故障出现的原因的部位，并将故障排除。下面对液压系统常见故障出现的原因及排除方法做一简单介绍。

表 7—6 液压系统的常见故障及排除方法

故 障	原 因	排除方法
无压力或压力不能提高	1. 液压泵 (1) 液压泵转向错误 (2) 泵体或配流盘缺陷，吸压油腔互通 (3) 零件磨损，间隙过大，泄漏严重 (4) 油面太低，液压泵吸空 (5) 吸油管路不严，造成吸空，进油吸气 (6) 压油管路密封不严，造成泄漏 2. 溢流阀 (1) 弹簧疲劳变形或折断 (2) 滑阀在开口位置卡住，无法建立压力 (3) 锥阀或钢球与阀座密封不严 (4) 阻尼孔堵塞 (5) 遥控口误接回油箱 3. 液压缸高低压腔相通 4. 系统中某些阀卸荷 5. 系统严重泄漏 6. 压力表损坏失灵造成无压现象 7. 油液黏度过低，加剧系统泄漏 8. 温度过高，降低了油液黏度	1. 液压泵 (1) 改变转向 (2) 更换零件 (3) 修复或更换零件 (4) 补加油液 (5) 拧紧接头，检查管路，加强密封 (6) 拧紧接头，检查管路，加强密封 2. 溢流阀 (1) 更换弹簧 (2) 修研滑阀使其移动灵活 (3) 更换锥阀或钢球，配研阀座 (4) 清洗阻尼孔 (5) 截断通油箱的油路 3. 修配活塞，更换密封件 4. 查明卸荷原因，采取相应措施 5. 加强密封，防止泄漏 6. 更换压力表 7. 提高油液黏度 8. 查明发热原因，采取相应措施或散热
爬 行	1. 系统负载刚度太低 2. 节流阀或调速阀流量不稳定 3. 液压缸 (1) 液压缸零件加工装配精度超差，摩擦力大 (2) 液压缸内外泄漏严重 (3) 液压缸刚度低 (4) 液压缸安装不当，精度超差，与导轨轴线不平行	1. 改进回路设计 2. 选用流量稳定性好的流量控制阀 3. 液压缸 (1) 更换不符合精度要求的零件，重新装配 (2) 修研缸内孔，重配活塞，更换密封圈 (3) 提高刚度 (4) 重新安装，调平行度

续表

故 障	原 因	排除方法
爬 行	4. 混入空气 (1) 油面过低，吸油不畅 (2) 过滤器堵塞 (3) 吸、排油管相距太近 (4) 回油管没插入油面以下 (5) 密封不严、混入空气 (6) 运动部件停止运动时，液压缸油液流失 5. 油液不洁 (1) 污物卡住执行元件，增加摩擦阻力 (2) 污物堵塞节流口，引起流量变化 6. 油液黏度不适当 7. 外部摩擦力 (1) 拖板楔铁或压板调得过紧 (2) 导轨等导向机构精度不高，接触不良 (3) 润滑不良，油膜破坏	4. 混入空气 (1) 补加油液 (2) 清洗过滤器 (3) 将吸、排油管远离设置 (4) 将回油管插入油液中 (5) 加强密封 (6) 增设背压阀或单向阀，防止停机时油液流失 5. 油液不洁 (1) 清洗执行元件，更换油液或加强滤油 (2) 清洗节流阀，更换油液或加强滤油 6. 换用指定黏度的液压油 7. 外部摩擦力 (1) 重新调整 (2) 按规定刮研导轨，保证接触精度 (3) 改善润滑条件
液压冲击	1. 液压缸 (1) 运动速度过快，没设置缓冲装置 (2) 缓冲装置中单向阀失灵 (3) 液压缸与运动部件连接不牢固 (4) 液压缸缓冲柱塞锥度太小，间隙太小 (5) 缓冲柱塞严重磨损，间隙过大 2. 节流阀开口过大 3. 换向阀 (1) 电液换向阀中的节流螺钉松动 (2) 电液换向阀中的单向阀卡住或密封不良 (3) 滑阀运动不灵活 4. 压力阀 (1) 工作压力调得太高 (2) 溢流阀发生故障，压力突然升高 (3) 背压阀压力过低 5. 没有设置背压阀 6. 垂直运动的液压缸下腔没采取平衡措施 7. 混入空气 (1) 系统密封不严，吸入空气 (2) 停机时执行元件油液流失 (3) 液压泵吸空 8. 运动部件惯性力引起换向冲击 9. 油液黏度太低	1. 液压缸 (1) 设置缓冲装置 (2) 检修单向阀 (3) 紧固连接螺栓 (4) 按要求修理缓冲柱塞 (5) 配制缓冲柱塞或活塞 2. 调整节流阀 3. 换向阀 (1) 调整节流螺钉 (2) 修研单向阀 (3) 修配滑阀 4. 压力阀 (1) 调整压力阀，适当降低工作压力 (2) 排除溢流阀故障 (3) 适当提高背压力 5. 设置背压阀或节流阀使回油产生背压 6. 设置平衡阀，平衡重力作用产生的冲击 7. 混入空气 (1) 加强密封 (2) 回油管路设置单向阀或背压阀，防止元件油液流失 (3) 加强吸油管路密封，补足油液 8. 设置制动阀 9. 更换油液

续表

故　障	原　因	排除方法
振动和噪声	1. 液压泵 (1) 油液不足，造成吸空 (2) 液压泵位置太高 (3) 吸油管道密封不严，吸入空气 (4) 油液黏度太大，吸油困难 (5) 工作温度太低 (6) 吸油管截面太小 (7) 过滤器堵塞，吸油不畅 (8) 吸油管浸入油面太浅 (9) 液压泵转速太高 (10) 泵轴与电动机轴不同轴 (11) 联轴器松动 (12) 液压泵制造装配精度太低 (13) 液压泵零件磨损 (14) 液压泵脉动太大 2. 溢流阀 (1) 阀座磨损 (2) 阻尼孔堵塞 (3) 阀芯与阀体间隙过大 (4) 弹簧疲劳或损坏，使阀移动不灵活 (5) 阀体拉毛或污物卡住阀芯 (6) 实际流量超过额定值 (7) 与其他元件发生共振 3. 换向阀 (1) 电磁铁吸不紧 (2) 阀芯卡住 (3) 电磁铁焊接不良 (4) 弹簧损坏或过硬 4. 管路 (1) 管路直径太小 (2) 管路过长或弯曲过多 (3) 管路与阀产生共振 5. 由冲击引起振动和噪声 6. 由外界振动引起液压系统振动 7. 电动机、液压泵转动引起振动和噪声 8. 液压缸密封过紧或加工装配误差运动阻力大 9. 蓄能器充气压力不够	1. 液压泵 (1) 补足油液 (2) 调整液压泵吸油高度 (3) 加强吸油管道的密封 (4) 更换液压油 (5) 提高工作温度，油箱加热 (6) 增大吸油管直径或将吸油管口斜切45°，以增加吸油面积 (7) 清洗过滤器 (8) 将吸油管浸入油箱2/3处 (9) 选择适当的转速 (10) 重新安装调整或更换弹性联轴器 (11) 拧紧联轴器 (12) 更换精度差的零件，重新安装 (13) 更换磨损件 (14) 更换脉动小的液压泵 2. 溢流阀 (1) 修复阀座 (2) 清洗阻尼孔 (3) 更换阀芯，重配间隙 (4) 更换弹簧 (5) 去除毛刺，清洗污物，使阀芯移动灵活 (6) 选用流量较大的溢流阀 (7) 调整压力，避免共振，或改变振动系统的固有振动频率 3. 换向阀 (1) 修理电磁铁 (2) 清洗或修整阀体和阀芯 (3) 重新焊接 (4) 更换弹簧 4. 管路 (1) 加大管路直径 (2) 改变管路布局 (3) 改变管路长度 5. 见“液压冲击”一栏 6. 采取隔振措施 7. 采取缓振措施 8. 适当调整密封松紧，更换不合格零件，重新装配 9. 给蓄能器充气
油温过高	1. 液压系统设计不合理，压力损失大，效率低 2. 压力调整不当，压力偏高 3. 泄漏严重造成容积损失 4. 管路细长且弯曲，造成压力损失 5. 相对运动零件的摩擦力过大 6. 油液黏度大 7. 油箱容积小，散热条件差 8. 由外界热源引起温升	1. 改进设计，采用变量泵或卸荷措施 2. 合理调整系统压力 3. 加强密封 4. 加粗管径，缩短管路，使油液流动通畅 5. 提高零件加工装配精度，减小摩擦力 6. 选用黏度低的液压 7. 增大油箱容积，改善散热条件 8. 隔绝热源

续表

故　障	原　因	排除方法
泄漏	1. 密封件损坏或装反 2. 管接头松动 3. 单向阀钢球不圆，阀座损坏 4. 相互运动表面间隙过大 5. 某些零件磨损 6. 某些铸件有气孔、砂眼等缺陷 7. 压力调整过高 8. 油液黏度太低 9. 工作温度太高	1. 更换密封件，改正安装方向 2. 拧紧管接头 3. 更换钢球，配研阀座 4. 更换某些零件，减小配合间隙 5. 更换磨损的零件 6. 更换铸件或修补缺陷 7. 降低工作压力 8. 选用黏度较高的油液 9. 降低工作温度或采取冷却措施

习　题　七

1. 如图7—10所示为定位夹紧系统，由泵1、2提供压力油，3为定位缸（活塞杆向上运动“定位”，向下运动“拔销”），4为夹紧缸（活塞杆向下运动“夹紧”，向上运动“松开”）那么：

(1) 元件A是______阀，其作用是______；元件B是______阀，其作用是______；元件C是______阀，其作用是______、元件D是______阀，其作用是______。

(2) 该系统的缸3、缸4的动作顺序是______。

2. 液压系统产生油温过高的原因有哪些，解决的措施有哪些？

3. 液压系统如何维护保养？

4. 液压系统产生泄漏的原因及排除方法是什么？

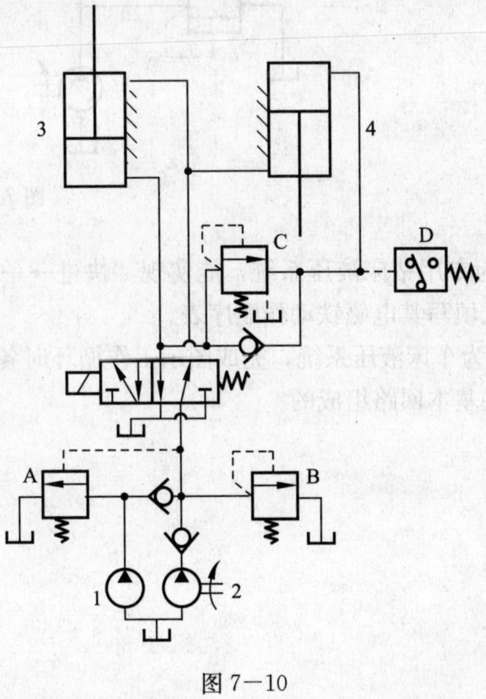

图7—10

5. 如图 7—2 所示的 YT4543 型组合机床动力滑台液压系统是由哪些基本液压回路组成的？如何实现差动连接？采用止挡块停留有何作用？

6. 在如图 7—6 所示的 Q2—8 型汽车起重机液压系统中，为什么采用弹簧复位式手动换向阀控制各执行元件动作？

7. 用所学过的液压元件组成一个能完成“快进→一工进→二工进→快退”动作循环的液压系统，并画出电磁铁动作表，指出该系统的特点。

8. 分析如图 7—11 所示的液压系统，试完成：

（1）说明各元件的名称和作用。

（2）画出系统能完成的工作循环图，判断各阶段的油路走向。

（3）绘制电磁铁动作顺序表。

（4）说明系统由哪些基本回路组成。

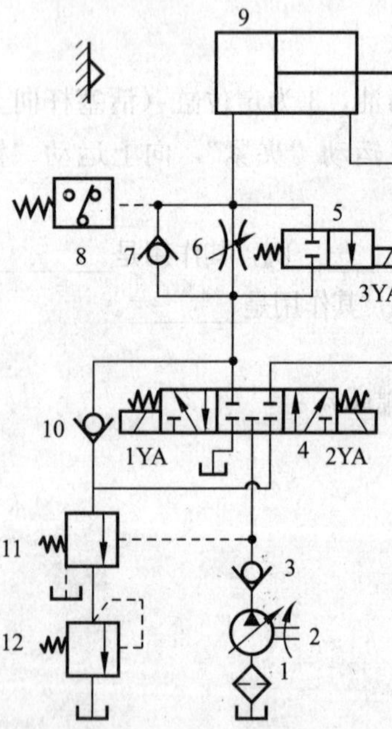

图 7—11

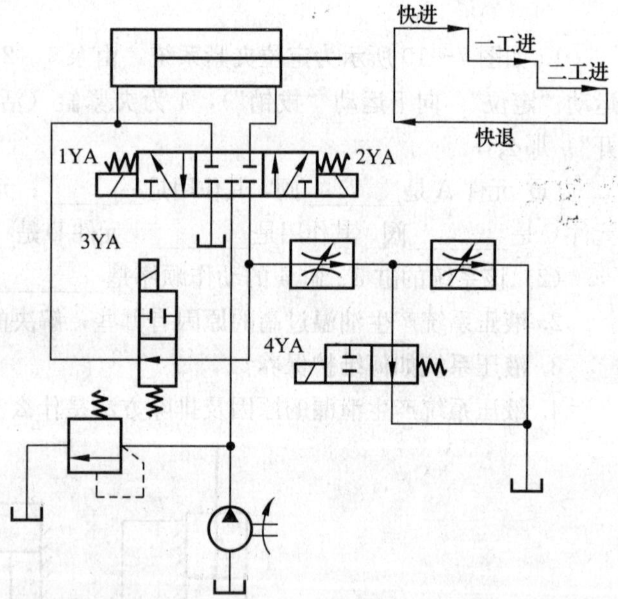

图 7—12

9. 如图 7—12 所示为专用钻床液压系统，能实现“快进→一工进→二工进→快退→原位停止”的工作循环。试填写其电磁铁动作顺序表。

10. 如图 7—13 所示为车床液压系统，完成图示工作循环时各工作阶段电磁铁动作顺序表；并说明系统是由哪些基本回路组成的？

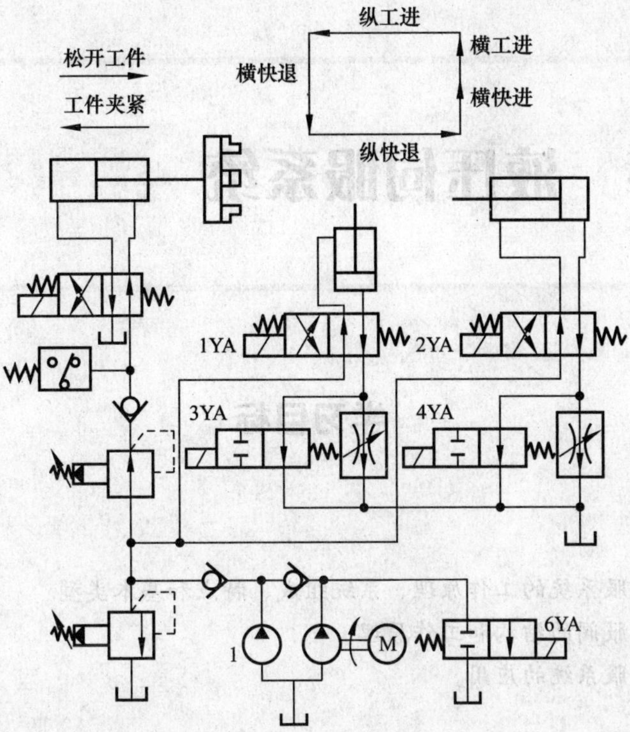

图 7—13

第 8 章 液压伺服系统

学习目标

知识目标

- 掌握液压伺服系统的工作原理、系统组成、特点和基本类型
- 掌握电液伺服阀的结构和工作原理
- 了解液压伺服系统的应用。

能力目标

- 能分析液压伺服系统的工作原理及特点。

8.1 液压伺服系统概述

液压伺服系统是在液压传动和自动控制理论的基础上，建立起来的一种液压自动控制系统。液压伺服系统又称随机系统或跟踪系统，也是一种功率放大装置。在这种系统中，执行元件能以一定的精度自动地按照输入信号的变化规律动作。液压伺服系统除了具有液压传动的各种优点外，还有响应快、惯性小、系统刚性大和伺服精度高等特点，所以得到了广泛应用。

8.1.1 液压伺服系统工作原理

图 8－1 所示为一种简单的液压传动系统。当给阀芯输入位移 x_i，则滑阀移动一个开口量 x_v，此时压力油进入无杆腔，推动缸体向右运动，即有一输出位移 x_o。它与输入位移大小 x_i 无直接关系，而与液压缸结构尺寸有关。

若将上述滑阀和液压缸组合成一个整体，上述系统就变成了一个简单的液压伺服系统，如图 8－2 所示。如果控制滑阀处于中间位置，没有信号输入，即 $x_i=0$ 时，阀芯凸肩正好堵住液压缸的两个油口，缸体不动，系统的输出量 $x_o=0$，负载停止不动，处于静止平衡状态。若给控制滑阀输入一个向右的位移 x_i，阀芯偏离其中间位置，液压缸进出油路同时打开，进油口相应的输入量为 x_v，压力油经过节流口进入液压缸的无杆腔，而液压缸有杆腔的油通过另一个节流口回油，液压缸产生一个向右的位移 x_o，由于控制阀的阀体和液压缸

的缸体连在一起，成为一个整体，随着输出量增加，滑阀的开口量 x_v 逐渐减少，当 x_o 增加到 x_i 时，开口量 $x_v=0$，油路关闭，液压缸停止运动，负载停止在一个新的平衡位置上。如果继续给控制滑阀向右的输入信号，液压缸就会跟随这个信号继续向右运动。反之，若给控制滑阀输入一个向左位移的输入信号，则液压缸就会跟随这个信号向左运动。

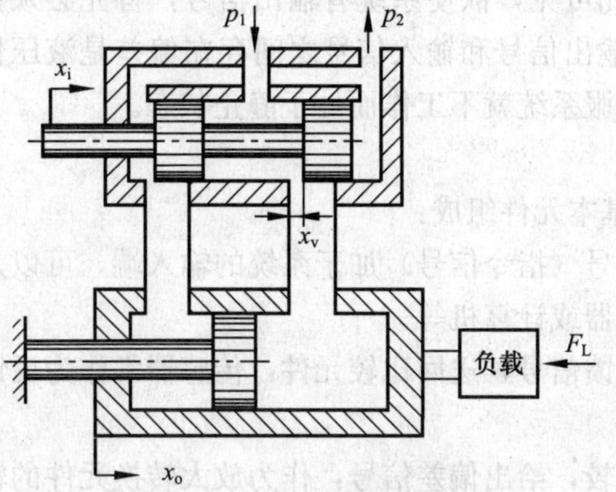

图 8—1　液压传动系统

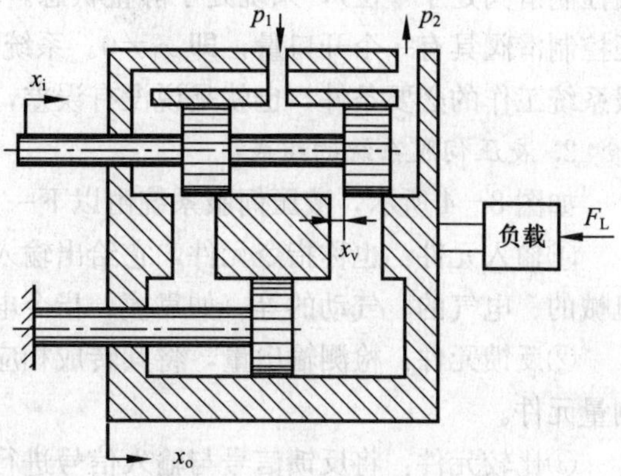

图 8—2　液压伺服系统

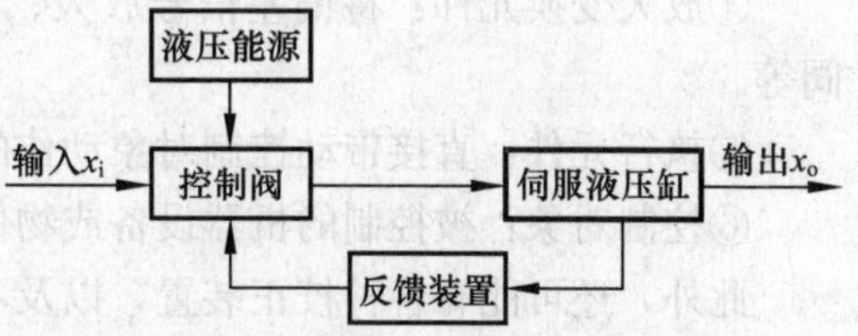

图 8—3　液压伺服系统工作原理图

由此可以看出，伺服系统与一般的液压传动系统不同，控制阀的阀体与液压缸的缸体实现刚性连接成为一个整体，因而两者必然同步运动。控制阀移动多少距离，液压缸也移动多少距离；控制阀移动的速度快，液压缸移动的速度也快；控制阀向哪个方向移动，液压缸也向哪个方向移动。只要给控制阀一定规律的输入信号，执行元件就会自动地、准确地跟随控制阀运动。所以，只要给控制阀以某一规律的输入信号，则执行元件（系统输出）就会自动地、准确地跟随控制阀，并按照这个规律运动，这就是液压伺服系统的工作原理。

在液压伺服系统中，一般控制元件（控制阀）称为控制环节或输入环节，加给控制元件的信号称为输入信号，输入信号的大小称为输入量。伺服液压缸产生的位移变化量称为输出量。液压伺服系统的基本工作原理可用如图 8—3 所示的方框图表示。

8.1.2　液压伺服系统的特点及组成

1. 液压伺服控制系统的基本特点

①液压伺服系统是一个自动位置跟随系统，输出量能够自动地跟随输入量的变化规律发生变化。

②液压伺服系统是一个负反馈系统。因为缸体和阀体的刚性连接使输出信号与输入信号变化方向相反，叠加的结果将使净输入信号减弱以至消除，所以液压伺服系统是一个负反馈系统。如果没有负反馈，只要控制滑阀的控制口有一个输入位移，液压缸就会以一定的速度运动，一直到走完缸的全部行程为止。所以说反馈环节是液压伺服系统中必不可少的组成部分。

③液压伺服系统是一个功率（或力）的放大系统。移动滑阀所需信号的功率很小，而系统的输出功率是由液压缸的压力油的流量和压力决定的，可以很大，输出力比输入力大几百倍甚至数千倍。

④液压伺服系统是一个误差系统。液压缸位移 x_o 和阀芯位移 x_i 之间不存在偏差时（即当控制滑阀处于零位），系统处于静止状态。由此可见，欲使系统有输出信号，首先必须保证控制滑阀具有一个开口量，即 $x_i \neq 0$。系统的输出信号和输入信号之间存在偏差是液压伺服系统工作的必要条件，也就是说没有误差，伺服系统就不工作而处于静止状态。

2. 液压伺服系统的组成

如图 8－4 所示，液压伺服系统由以下一些基本元件组成：

①输入元件：也称指令元件，它给出输入信号（指令信号）加于系统的输入端，可以是机械的、电气的、气动的等。如靠模、指令电位器或计算机等。

②反馈元件：检测输出量，将其转成相应反馈信号，送回比较元件，传感器常作为反馈测量元件。

③比较元件：将反馈信号与输入信号进行比较，给出偏差信号，作为放大转换元件的输入信号。

④放大变换元件：将偏差信号放大、变换后控制执行元件，如机液伺服阀、电液伺服阀等。

⑤执行元件：直接带动控制对象动作的元件，如液压缸和液压马达等。

⑥控制对象：被控制的机器设备或物体，即负载，如工作台、刀架等。

此外，还可能有各种校正装置，以及不包含在控制回路内的液压能源装置。

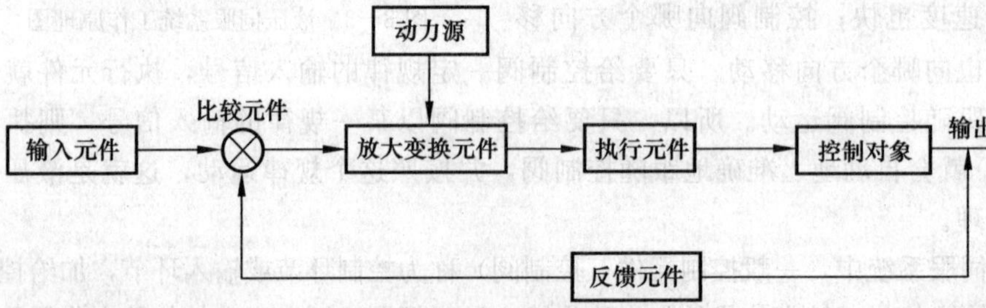

图 8－4　液压伺服系统的工作过程

8.2　液压伺服阀

8.2.1　液压伺服系统的分类

液压伺服系统按控制方式不同分为阀控式（节流式）和泵控式（容积式）两种系统。阀控系统利用伺服阀或电液伺服阀进行控制，本质上属于节流调速控制一类。泵控式系统利用变量泵和变量马达进行控制，本质上属于容积调速控制一类。

变量泵控制液压伺服系统的优点是效率较高、系统刚性大，缺点是响应速度慢、结构复杂。另外，操纵变量泵变量机构所需的力较大，需要一套专门的操纵机构，从而使系统复杂化。变量泵控制液压伺服系统特别适合大功率而响应速度要求又不高的场合。阀控式的优点是响应快、控制精度高，缺点是效率低。由于它的性能优越而得到广泛应用，特别是在中、小功率的快速、高精度液压伺服系统中采用。这里主要介绍阀控式的三种常见的基本类型。

另外在液压伺服系统中还可以按控制信号的类别和回路的组成分为机液伺服系统、电液伺服系统和气液伺服系统；按输入信号的变化规律分为定值控制系统、程序控制系统和伺服系统；按系统输出物理量不同分为位置控制系统、速度控制系统、加速度控制系统、力控制系统等。

8.2.2　滑阀式液压伺服阀

液压伺服阀是阀控式液压伺服系统的主要控制元件，它的性能直接影响系统的工作性能。液压伺服阀能将小功率的位移信号转换为大功率的液压信号，所以也称液压放大器。常用的液压伺服阀有滑阀、射流管阀、喷嘴挡板阀式等。其中，滑阀的结构形式多样，应用比较普遍。

1. 滑阀

滑阀式液压伺服阀结构与液压换向阀很相似，换向阀实际上是液压开关，每个阀口只有两个状态，要么完全打开，要么完全封死，结构上很容易保证；而滑阀式液压伺服阀则是一种比例控制的液压放大器，每个阀口具有连续变化的开启度，以便连续调节通过液体的流量，其加工精度要求很高。根据滑阀控制边数（起控制作用的阀口数）的不同，可分为单边滑阀、双边滑阀和四边滑阀。

图8－5（a）所示的是单边滑阀，它只有一个控制边。压力油进入液压缸的有杆腔后，经过活塞上的固定节流孔a进入无杆腔，压力由 p_s 降为 p_1，然后经过滑阀唯一的控制边（可变节流口）流回油箱。若液压缸不受外载荷作用，则 $p_1A_1=p_sA_2$，液压缸不动。当阀芯左移时，开口量 x_v 增大，无杆腔压力 p_1 则减小，于是 $p_1A_1<p_sA_2$，缸体也向左移动。因为缸体和阀体固连成一个整体，故阀体也左移，又使 x_v 减小，直至平衡。

图8－5（b）所示的双边滑阀，它有两个控制边。压力为 p_s 的工作油液一路直接进入液压缸有杆腔，腔内压力 $p_2=p_s$；另一路经滑阀左控制边的开口 x_{v1} 和液压缸无杆腔相通，并经滑阀右控制边的开口 x_{v2} 流回油箱，所以是两个可变节流口控制液压缸无杆腔的压力和流量。显然，液压缸无杆腔的压力 $p_1<p_s$。当 $p_1A_1=p_sA_2=p_2A_2$ 时，缸体受力平衡，静止不动。当滑阀阀芯左移时，x_{v1} 减小，x_{v2} 增大，液压缸无杆腔压力 p_1 减小，$p_1A_1<p_2A_2$，缸体也往左移动；反之，当阀芯右移时，缸体也向右移动。双边滑阀比单边滑阀的灵敏度高，精度也高。

图8－5（c）所示的四边滑阀。它有4个控制边，开口 x_{v1}、x_{v2} 分别控制进入液压缸两腔的压力油，开口 x_{v3}、x_{v4} 分别控制液压缸两腔的回油。当滑阀左移时，液压缸左腔的进油口 x_{v1} 减小，回油口 x_{v3} 增大；与此同时，液压缸右腔的进油 x_{v2} 增大，回油口 x_{v4} 减小，p_2 增大，使活塞也向左移动。与双边滑间相比，四边滑阀同时控制液压缸两腔的压力和流量，故调节灵敏度更高，工作精度也更高。

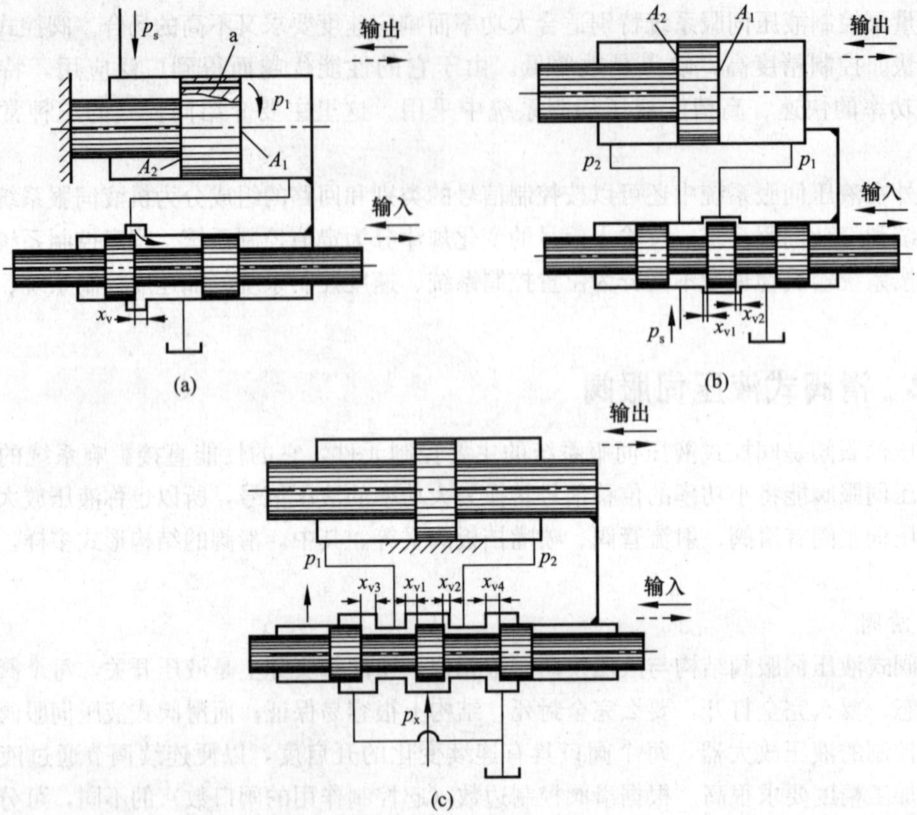

图 8—5　滑阀工作原理图

(a) 单边滑阀；(b) 双边滑阀；(c) 四边滑阀

由上述可知，单边、双边和四边滑阀的控制原理是相同的。控制边数越多，控制性能就越好，但其结构也越复杂。通常单边、双边滑阀用于一般精度的系统，四边滑阀多用于精度要求高的系统。

根据滑阀在零位（中间位置）时其阀芯凸肩宽度 L 与阀体内孔环槽宽度 h 的不同，滑阀的开口形式有负开口（$L>h$）、零开口（$L=h$）和正开口（$L<h$）三种形式，如图 8—6 所示。

负开口阀有一定的不灵敏区，会影响精度，故较少采用。正外口阀工作精度较负开口阀高，但在中位时，正开口阀有无用的功率损耗。零开口阀的工作精度最高，控制性能最好，故在高精度伺服系统中经常采用。

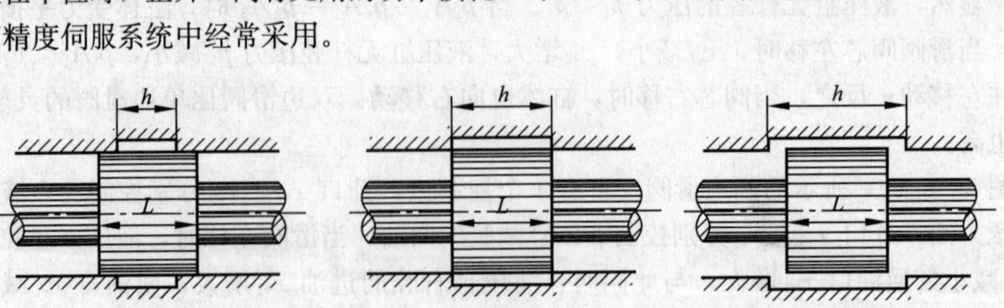

图 8—6　滑阀三种开口形式

(a) 负开口；(b) 零开口；(c) 正开口

2. 射流管阀

图8—7所示为射流管阀的工作原理。射流管阀主要由射流管3和接收板2组成。射流管可绕支承点摆动，压力油从管道进入射流管后经喷嘴射出，经接收孔a、b进入液压缸两腔。液体的压力能通过射流管的喷嘴转换为液体的动能。液流被接收后，又将其动能转变为压力能。当射流管在中位时，两接收孔内的压力相等，液压缸不动。当射流管向左偏摆时，进入孔a的油液压力大于进入孔b的油液压力，液压缸也向左移动。由于接收板和缸体连接在一起，因此，接收板也向左移动，形成负反馈。当喷嘴恢复到中间位置时，液压缸便停止运动。

射流管阀的最大优点是抗污染能力强，工作可靠，寿命长，这是因为它的喷嘴孔直径较大，不易堵塞。另外，它的输出功率比喷嘴挡板阀高。它的缺点是射流管运动部件惯性大，能量损耗大，特性不易预测。射流管阀常用于对抗污染能力有特殊要求的场合。

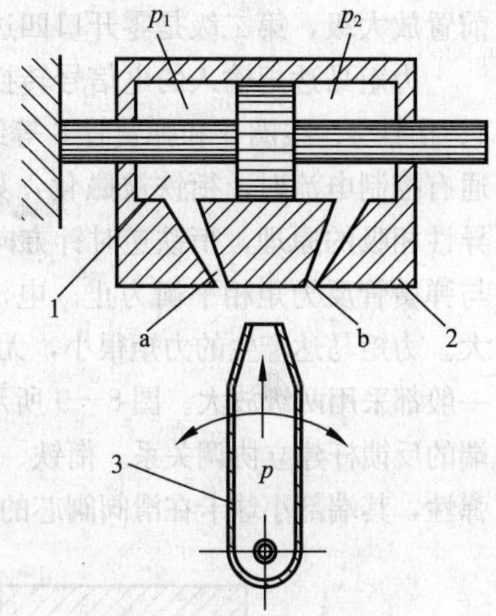

图8—7 射流管阀的工作原理

1—液压缸；2—接收板；3—射流管

3. 喷嘴挡板阀

喷嘴挡板阀有单喷嘴式和双喷嘴式两种，两者的工作原理基本相同。图8—8所示为双喷嘴挡板阀的工作原理，它主要由挡板1、喷嘴4和5、固定节流孔2和3等元件组成。喷嘴与挡板间的节流缝隙6和7构成了两个可变节流口。当挡板处于中间位置时，两个喷嘴与挡板间隙相等，液阻相等，因此，$p_1=p_2$，液压缸不动，压力油经固定节流孔2和3、节流缝隙6和7流回油箱。当挡板向左偏摆，则节流缝隙6减小，7增大，p_1上升，p_2下降，液压缸便左移。因喷嘴和缸体连接在一起，故喷嘴也向左移，形成负反馈。当喷嘴跟随缸体移动到挡板两边对称位置时，液压缸便停止运动。若挡板反向偏摆，则液压缸也反向运动。

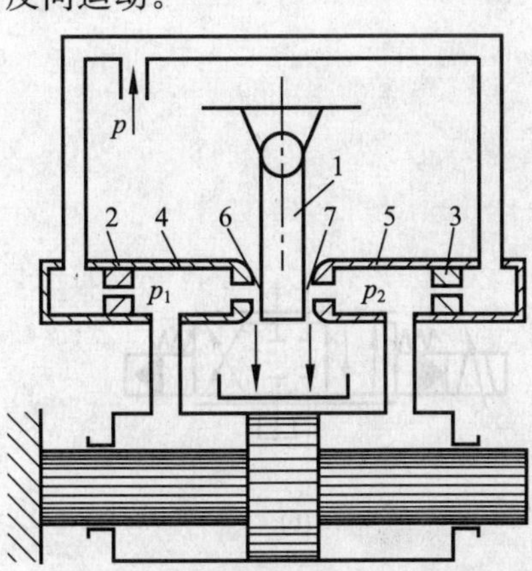

图8—8 双喷嘴挡板阀的工作原理

1—挡板；2、3—固定节流孔；

4、5—喷嘴；6、7—节流缝隙

与滑阀相比，喷嘴挡板阀的优点是结构简单，加工方便，挡板运动阻力小，惯性小，反应快灵敏度高，对油液污染不太敏感。缺点是无用的功率损耗大，因而只能用在小功率系统中。多级放大液压控制阀中的第一级多采用喷嘴挡板阀。

需要说明的是，以上介绍滑阀、喷嘴挡板阀和射流管阀的工作原理时，其反馈都为直接位置反馈，即都是阀和缸体（成活塞）固连形成负反馈，阀移动多少，缸体（或活塞）便移动多少。

8.3 电液伺服阀

电液伺服阀既是电液转换元件，也是功率放大元件，它能将小功率的电信号转换为大功率的液压信号。电液伺服阀具有体积小、结构紧凑、放大系数高、控制性能好等优点，在电液伺服系统中得到广泛应用。

图 8—9 所示的是一种典型的电液伺服阀的结构原理图，它由电磁和液压两部分组成。电磁部分是一个力矩马达，液压部分是一个两级液压放大器，第一级是双喷嘴挡板阀，称为前置放大级，第二级是零开口四边滑阀，称为功率放大级。

力矩马达把输入的电信号转换为力矩输出。它主要由一对永久磁铁 1、上下导磁体 2 和 4、衔铁 3、线圈 5 和弹簧管 6 等组成。永久磁铁把上下两块导磁体磁化成 N 极和 S 极。当通有控制电流时，衔铁被磁化，如果衔铁的左端为 N 极，右端为 S 极，则由于同性相斥、异性相吸的原理，衔铁逆时针方向偏转，同时弹簧管弯曲变形，产生反力矩，直到电磁力矩与弹簧管反力矩相平衡为止。电流越大，产生的电磁力矩也越大，衔铁偏转的角度 θ 就越大。力矩马达产生的力矩很小，无法直接操纵滑阀以产生足够的液压功率，所以，液压放大器一般都采用两级放大。图 8—9 所示结构中，力矩马达、喷嘴挡板阀、滑阀三者通过挡板 7 下端的反馈杆建立协调关系。衔铁、挡板、反馈杆、弹簧管是连接在一起的组合件，反馈杆具有弹性，其端部小球卡在滑阀阀芯的中间，将滑阀产生的位移转换为力，反馈到衔铁上。

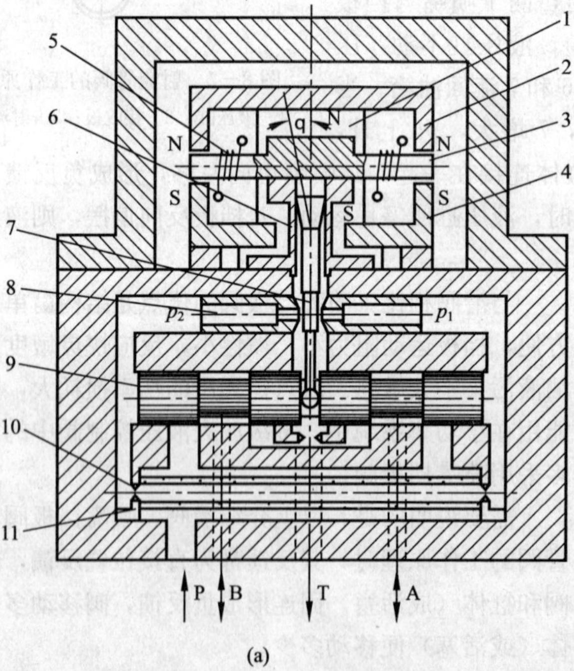

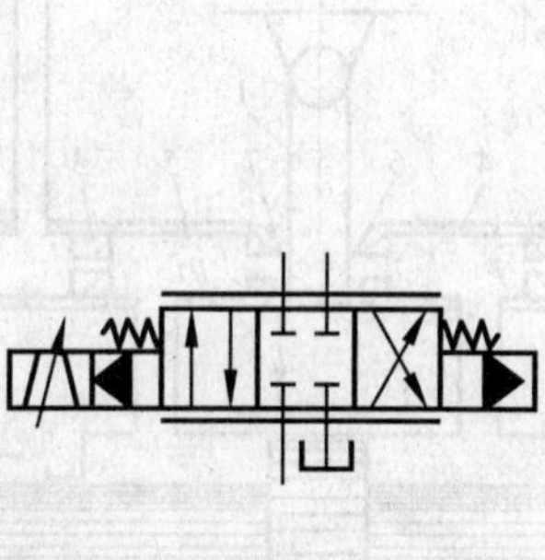

图 8—9 电液伺服阀的结构原理图

(a) 结构原理图；(b) 图形符号

1—永久磁铁；2、4—导磁体；3—衔铁；5—线圈；6—弹簧管；

7—挡板；8—喷嘴；9—滑阀；10—固定节流孔；11—过滤器

当没有控制电流时，衔铁处于中位，挡板也处于中位，$p_1=p_2$，滑阀阀芯不动，4 个阀口均关闭。因此，无液压信号输出。当有控制电流时，若衔铁逆时针方向偏转，则挡板向右偏移，p_1 升高，p_2 降低，推动滑阀阀芯左移。此时反馈杆产生弹性变形，对衔铁挡板组件产生一个反力矩，一方面带动挡板向中位移动，从而使滑阀阀芯两端压力差相应地减小；另一方面产生反作用力阻止滑阀阀芯继续左移。最终，当作用在衔铁挡板组件上的电磁力矩与弹簧管反力矩、反馈杆反力矩达到平衡时，阀芯停止运动，取得一个平衡位置，并有相应的流量输出。输入电流越大，滑阀阀芯的位移就越大。当控制电流反向时，则衔铁顺时针方向偏转，滑阀阀芯右移，输出压力油也反向流动。

从上述原理可知，滑阀阀芯的位置是由反馈杆组件弹性变形力反馈到衔铁上与电磁力平衡而决定的，故称此阀为力反馈式电液伺服阀。因为采用两级液压放大，所以又称为力反馈两级电液伺服阀。

电液伺服系统根据被控物理量的不同分为位置控制、压力控制电液伺服系统等。下面以机械手电液伺服系统为例，介绍常用的位置控制电液伺服系统。机械手包括 4 个电液伺服系统，分别控制机械手的伸缩、回转、升降及手腕（正爪、反爪）的动作。由于 4 个系统的工作原理均相似，故以机械手伸缩电液伺服系统为例，介绍工作原理。

图 8－10 所示为机械手手臂伸缩电液伺服系统工作原理图。它由电液伺服阀 2、液压缸 3、活塞杆带动的机械手手臂 4、电位器 6、步进电动机 7、齿轮齿条 5 和放大器 1 等元件组成。当数字控制部分发出一定数量的脉冲信号时，步进电动机便带动电位器 6 的动触头转过一定的角度，使动触头偏移电位器中位，产生微弱的电压信号。该信号经放大器 1 放大后输入电液伺服阀 2 的控制线圈，使伺服阀产生一定的开口量。假设此时压力油经伺服阀进入液压缸左腔，推动活塞连同机械手手臂上的齿条运动，手臂向右移动时，电位器跟着作顺时针方向旋转。

当电位器的中位和动触头重合时，动触头输出电压为零，电液伺服阀失去信号，阀口关闭，手臂停止移动。手臂移动的行程决定于脉冲的数量，速度决定于脉冲的频率。当数字控制部分反向发出脉冲时，步进电动机向反方向转动，手臂便向左移动。由于机械手手臂移动的距离与输入电位器的转角成比例，机械手手臂完全跟随输入电位器的转动而产生相应的位移，所以它是一个带有反馈的位置控制电液伺服系统。

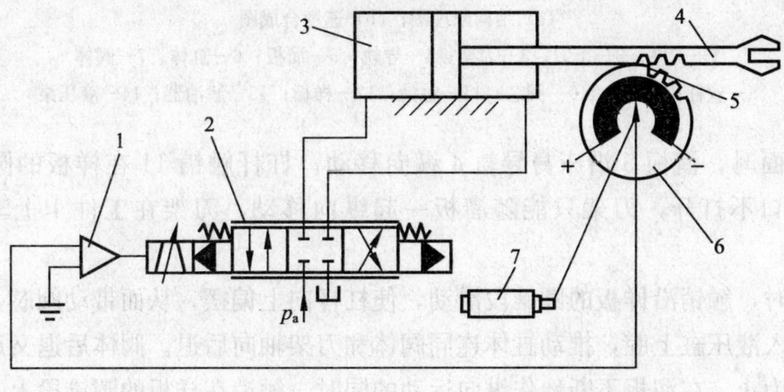

图 8－10　机械手手臂伸缩电液伺服系统工作原理

1—放大器；2—电液伺服阀；3—液压缸；4—机械手手臂；5—齿轮齿条；6—电位器；7—步进电动机

8.4 液压伺服系统应用

液压伺服系统在机械设备中被广泛使用，下面分别介绍车床液压仿形刀架和汽车转向液压助力器的伺服系统，它们分别代表不同类型的液压伺服系统。

1. 车床液压仿形刀架

图 8—11 所示为车床液压仿形刀架的工作原理图。仿形刀架主要由伺服阀、液压缸和反馈机构三部分组成。液压仿形刀架倾斜安装在车床溜板 5 的上面，工作时随溜板纵向移动。样板 12 安装在床身后侧支架上固定不动。仿形刀架液压缸的活塞杆固定在刀架 3 的底座上，缸体 6、阀体 7 和刀架连成一体，可在刀架底座的导轨上沿液压缸轴向移动。滑阀阀芯 10 在弹簧的作用下通过杆 9 使丝杆 8 的触销 11 紧压在样板上。利用仿形刀架可以依照样件的形状自动加工出多台肩的轴类零件或曲线轮廓的旋转表面，从而大大提高劳动生产率和减轻劳动强度。

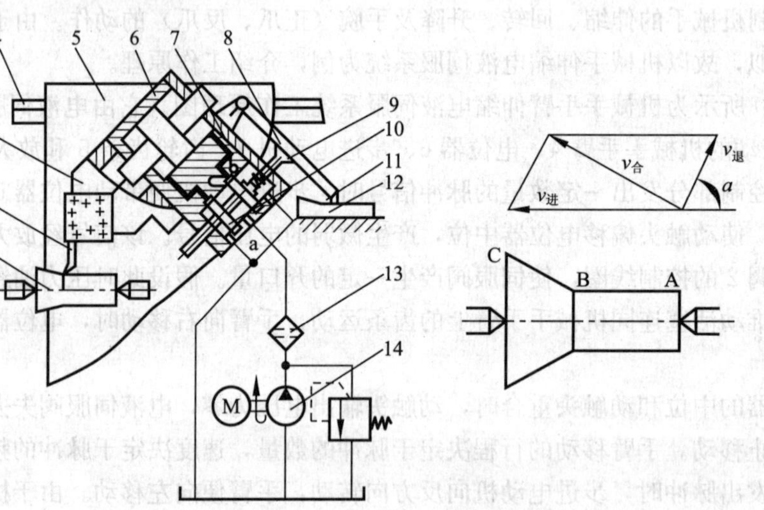

图 8−11　车床液压仿形刀架工作原理图

(a) 结构原理图；(b) 速度合成图

1—工件；2—车刀；3—刀架；4—导轨；5—溜板；6—缸体；7—阀体

8—丝杠；9—杆；10—阀芯；11—触销；12—样板；13—滤油器；14—液压泵

车削圆柱面时，溜板 5 沿床身导轨 4 纵向移动。杠杆触销 11 在样板的圆柱段内水平滑动，滑阀阀口不打开，刀架只能随溜板一起纵向移动，刀架在工件 1 上车出 AB 段圆柱面。

车圆锥面时，触销沿样板的圆锥段滑动，使杠杆向上偏摆，从而带动阀芯上移，打开阀口，压力油进入液压缸上腔，推动缸体连同阀体和刀架轴向后退。阀体后退又逐渐使阀口关小，直至关闭为止。在溜板不断地作纵向运动的同时，触销在样板的圆锥段上不断抬起，刀架也就不断地作轴向后退运动，这两种运动的合成就使刀具在工件上车出 BC 段圆锥面。其他曲面形状或凸肩也都是这样通过合成切削来形成的。从仿形刀架的工作过程可以看出，刀架液压缸是以一定的仿形精度按着触销的输入位移信号的变化规律而动作的，所以说仿形刀架液压系统是液压伺服系统。

2. 汽车转向液压助力器

为了减轻司机的体力劳动，大型载重卡车广泛采用液压助力器，这种液压助力器也是一种位置控制的机液伺服机构。如图8－12所示为转向液压助力器的工作原理图，它主要由液压缸和控制滑阀两部分组成。液压缸活塞1的右端通过铰链固定在汽车底盘上，液压缸缸体2和控制阀的阀体连在一起形成负反馈，由方向盘5通过摆杆4控制阀的阀芯3的移动。当缸体2前后移动时，通过转向连杆机构6等控制车轮偏转，从而操纵汽车转向。当阀芯3处于图示位置时，各阀口关闭，缸体2固定不动，汽车保持直线运动。由于控制阀采用负开口（阀芯与阀口处于中间对称位置时，阀芯与阀口有重叠遮盖量）的形式，故可以防止不必要的扰动。若顺时针方向转动方向盘，通过摆杆4带动阀芯3向后移动时，压力 p_1 减小，压力 p_2 增大，使液压缸缸体向后移动，转向连杆机构6向逆时针方向摆动，使车轮向左偏转，实现向左转向；反之，缸体若向前移动时，转向连杆机构向顺时针方向摆动，使车轮向右偏转，实现向右转向。

缸体前进或后退时，控制阀的阀体同时前进或后退，即实现刚性负反馈，使阀芯和阀体重新恢复到平衡位置，因此保持了车轮偏转角度不变。

为了使驾驶员在操纵方向盘时能感觉到路面的好坏，在控制阀两端增加两个油腔（如图8－12所示），油腔分别与液压缸的前后腔相通，这时移动控制阀的阀芯所需的力就与液压缸的两腔压力差成正比，因而具有真实感。

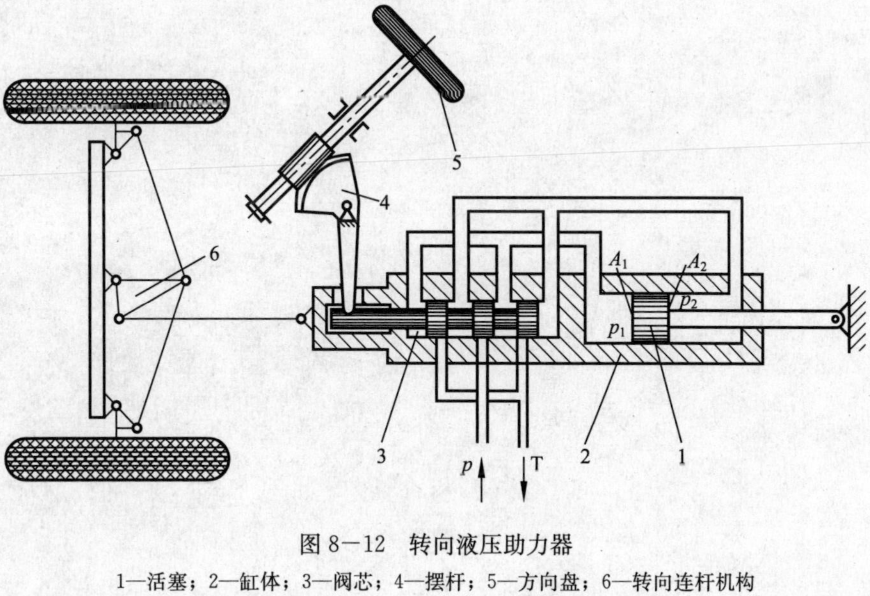

图8－12　转向液压助力器

1—活塞；2—缸体；3—阀芯；4—摆杆；5—方向盘；6—转向连杆机构

习 题 八

1. 液压伺服系统的特点是什么？

2. 液压伺服系统与液压传动系统有什么区别？

3. 车床上的液压仿形刀架是如何工作的？

4. 若将液压仿形刀架上的控制滑阀与液压缸分成为一个系统中的两个独立部分，仿形刀架能工作吗？试作分析说明。

第 9 章　气压传动基本知识

学习目标

知识目标

- 掌握气压传动的工作原理及系统组成
- 熟悉气压传动的特点
- 了解气压传动的发展及应用

能力目标

- 能初步分析气压传动的工作原理和特点

9.1　气压传动的发展与应用

气压传动是以压缩气体为工作介质进行能量传递及控制的一种传动方式。传递动力的系统是将压缩气体经由管道和控制阀输送给气动执行元件，把压缩气体的压力能转换为机械能而作功；传递信息的系统是利用气动逻辑元件或射流元件以实现逻辑运算等功能，亦称气动控制系统。

9.1.1　气压传动的发展

人们利用空气的能量完成各种工作的历史可以追溯到远古，但作为气动技术应用的雏形，大约开始于 1776 年，John Wilkinson 发明了能产生 1at（1at＝98 066.5 Pa）左右压力的空气压缩机。1880 年，人们第一次利用气缸做成气动刹车装置，将它成功地用到火车的制动上。20 世纪 30 年代初，气动技术成功地应用于自动门的开闭及各种机械的辅助动作上。进入到 20 世纪 60 年代尤其是 70 年代初，随着工业机械化和自动化的发展，气动技术才广泛应用在生产自动化的各个领域，形成现代气动技术。

气动产品的发展趋势主要体现在以下方面：

①小型化、集成化。气动元件在有些使用场合，有限的空间要求气动元件外形尺寸尽量小，小型化是主要发展趋势。

②组合化、智能化。最常见的组合是带阀、带开关气缸。在物料搬运中，还使用了气缸、摆动气缸、气动夹头和真空吸盘的组合体，同时配有电磁阀、程控器，结构紧凑，占用空间小，行程可调。

③精密化。目前开发了非圆活塞气缸、带导杆气缸等可减小普通气缸活塞杆工作时的摆转；为了使气缸精确定位开发了制动气缸等。为了使气缸的定位更精确，使用了传感器、比例阀等实现反馈控制，定位精度达 0.01 mm。在精密气缸方面已开发了 0.3 mm/s 低速气缸和 0.01 N 微小载荷气缸。在气源处理中，过滤精度 0.01 mm，过滤效率为 99.9999%的过滤器和灵敏度 0.001 MPa 的减压阀也已开发出来。

④高速化。目前气缸的活塞速度范围为 50～750 mm/s。为了提高生产率，自动化的节拍正在加快。今后要求气缸的活塞速度提高到 5～10 m/s。与此相应，阀的响应速度也将加快，要求由现在的 1/100 秒级提高到 1/1 000 秒级。

⑤无油、无味、无菌化。由于人类对环境的要求越来越高，不希望气动元件排放的废气带油雾污染环境，因此无油润滑的气动元件将会普及。还有些特殊行业，如食品、饮料、制药、电子等，对空气的要求更为严格，除无油外，还要求无味、无菌等，这类特殊要求的过滤器将被不断开发出来。

⑥高寿命、高可靠性和智能诊断功能。气动元件大多用于自动化生产中，元件的故障往往会影响设备的运行，使生产线停止工作，造成严重的经济损失，因此，对气动元件的工程可靠性提出了更高的要求。

⑦节能、低功耗。气动元件的低功耗能够节约能源，并能更好地与微电子技术相结合。功耗≤0.5 W 的电磁阀已开发和商品化，可由计算机直接控制。

⑧机电一体化。为了精确达到预定的控制目标，应采用闭路反馈控制方式。为了实现这种控制方式要解决计算机的数字信号，传感器反馈模拟信号和气动控制气压或气流量三者之间的相互转换问题。

⑨应用新技术、新工艺、新材料。在气动元件制造中，型材挤压、铸件浸渗和模块拼装等技术已在国内广泛应用；压铸新技术（液压抽芯、真空压铸等）目前已在国内逐步推广；压电技术、总线技术，新型软磁材料、透析滤膜等正在被应用。

9.1.2 气压传动的应用

目前气动控制装置在下述几方面有普遍的应用：

①机械制造业。其中包括机械加工生产线上工件的装夹及搬送，铸造生产线上的造型、捣固、合箱等。在汽车制造中，汽车自动化生产线、车体部件自动搬运与固定、自动焊接等。

②电子 IC 及电器行业。如用于硅片的搬运，元器件的插装与锡焊，家用电器的组装等。

③石油、化工业。用管道输送介质的自动化流程绝大多数采用气动控制，如石油提炼加工、气体加工、化肥生产等。

④轻工食品包装业。其中包括各种半自动或全自动包装生产线，例如：酒类、油类、煤气罐装，各种食品的包装等。

⑤机器人。例如：装配机器人，喷漆机器人，搬运机器人以及爬墙、焊接机器人等。

⑥其他。如车辆刹车装置，车门开闭装置，颗粒物质的筛选，鱼雷导弹自动控制装置等。目前各种气动工具的广泛使用，也是气动技术应用的一个组成部分。

9.2 气压传动系统的工作原理及组成

9.2.1 气压传动系统的工作原理

通过下面一个典型气压传动系统来理解气动系统如何进行能量和信号传递，如何实现控制自动化。

图 9—1（a）所示为气动剪切机的工作原理图，图示位置为剪切前的情况。空气压缩机 1 产生的压缩空气经后冷却器 2、分水排水器 3、贮气罐 4、空气过滤器 5、减压阀 6、油雾器 7、到达换向阀 9，部分气体经节流通路进入换向阀 9 的下腔，使上腔弹簧压缩，换向阀 9 阀芯位于上端，大部分压缩空气经换向阀 9 后进入气缸 10 的上腔，而气缸的下腔经换向阀与大气相通，使气缸活塞处于最下端位置。当上料装置把工料 11 送入剪切机并到达规定位置时，工料压下行程阀 8，此时换向阀 9 阀芯下腔压缩空气经行程阀 8 排入大气，在弹簧的推动下，换向阀 9 阀芯向下运动至下端；压缩空气则经换向阀 9 后进入气缸的下腔，上腔经换向阀 9 与大气相通，气缸活塞向上运动，带动剪刀上行剪断工料。工料剪下后，即与行程阀 8 脱开。行程阀 8 阀芯在弹簧作用下复位，出路堵死。换向阀 9 阀芯上移。气缸活塞向下运动，又恢复到剪断前的状态。图 9—1（b）所示为用图形符号绘制的气动剪切机气压传动系统原理图。

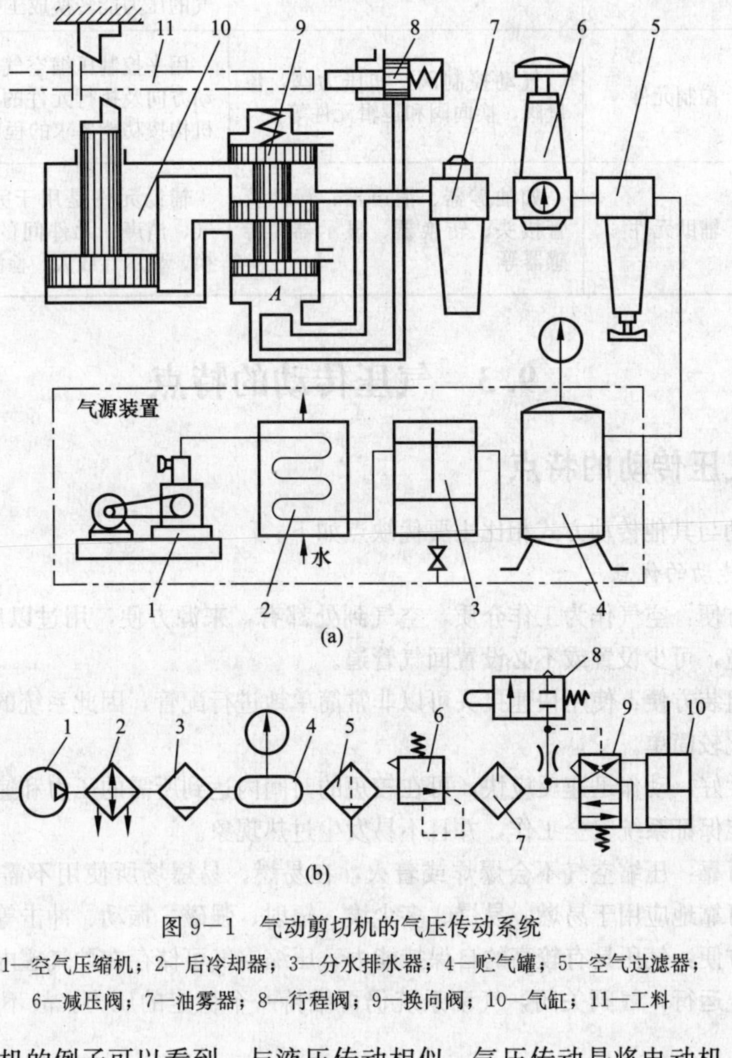

图 9—1　气动剪切机的气压传动系统

1—空气压缩机；2—后冷却器；3—分水排水器；4—贮气罐；5—空气过滤器；
6—减压阀；7—油雾器；8—行程阀；9—换向阀；10—气缸；11—工料

从气动剪切机的例子可以看到，与液压传动相似：气压传动是将电动机（或其他原动机）的机械能转换为气体的压力能，然后通过气缸（或气马达）将气体的压力能转换为机械能以推动负载做功。气压传动的过程就是机械能—气压能—机械能的转换过程。

9.2.2 气压传动系统的组成

由上例可知，在气压传动系统中，除了工作介质以外，根据气动元件和装置的不同功能，可将气压传动系统分成以下四个组成部分，如图 9—1 所示。

表 9—1 液压系统组成

序号	组成部分	元件	作用
1	气源装置	主要由空气压缩机构成，还配有贮气罐、空气净化装置及管道等	气源装置将原动机提供的机械能转变为气体的压力能，为系统提供压缩空气
2	执行元件	气缸、气马达	执行元件起能量转换作用，把压缩空气的压力能转换成工作装置的机械能
3	控制元件	气动控制阀，如压力阀，流量阀，换向阀和逻辑元件等	用来控制压缩空气的压力、流量和流动方向及执行元件的工作程序，使执行机构按功能要求的程序和性能工作
4	辅助元件	如油雾器、消声器、管件及管接头、转换器、显示器、传感器等	辅助元件是用于元件内部润滑、排气、消声、元件间的连接以及信号转换、显示、放大、检测等

9.3 气压传动的特点

9.3.1 气压传动的特点

气压传动与其他传动方式相比主要优缺点如下。

1. 气压传动的优点

①使用方便：空气作为工作介质，空气到处都有，来源方便，用过以后直接排入大气，不会污染环境，可少设置或不必设置回气管道。

②系统组装方便：使用快速接头可以非常简单地进行配管，因此系统的组装、维修以及元件的更换比较简单。

③快速性好：动作迅速反应快，可在较短的时间内达到所需的压力和速度。在一定的超载运行下也能保证系统安全工作，并且不易发生过热现象。

④安全可靠：压缩空气不会爆炸或着火，在易燃、易爆场所使用不需要昂贵的防爆设施。可安全可靠地应用于易燃、易爆、多尘埃、辐射、强磁、振动、冲击等恶劣的环境中。

⑤储存方便：气压具有较高的自保持能力，压缩空气可储存在贮气罐内，随时取用。即使压缩机停止运行，气阀关闭，气动系统仍可维持一个稳定的压力。故不需压缩机的连续运转。

⑥可远距离传输：由于空气的黏度小，流动阻力小，管道中空气流动的沿程压力损失小，有利于介质集中供应和远距离输送。空气不论距离远近，极易由管道输送。

⑦能过载保护：气动机构与工作部件，可以超载而停止不动，因此无过载的危险。

⑧清洁：基本无污染，对于要求高净化、无污染的场合，如食品、印刷、木材和纺织工业等是极为重要的，气动具有独特的适应能力，优于液压、电子、电气控制。

2. 气压传动的缺点

①速度稳定性差：由于空气可压缩性大，气缸的运动速度易随负载的变化而变化，稳定性较差，给位置控制和速度控制精度带来较大影响。

②需要净化和润滑：压缩空气必须有良好的处理，去除含有的灰尘和水分。空气本身没有润滑性，系统中必须采取措施对元件进行供油润滑，如加油雾器等装置进行供油润滑。

③输出力小：经济工作压力低（一般低于 0.8 MPa），因而气动系统输出力小，在相同输出力的情况下，气动装置比液压装置尺寸大。输出力限制在 20～30 kN。

④噪声大：排放空气的声音很大，现在这个问题已因吸音材料和消音器的发展大部分获得解决。需要加装消音器。

习　题　九

1. 气压传动主要应用在哪些工业领域?
2. 简述气压传动的工作原理。
3. 简述气压传动系统有哪几部分组成？分别起什么作用?
4. 结合图 9－1 简述气动剪切机的工作过程。
5. 气压传动有哪些发展趋势?
6. 气压传动有哪些优点?
7. 气压传动有哪些缺点?

第 10 章　气动元件

学习目标

知识目标

- 了解气动辅助元件的类型和功用
- 熟悉气源装置的类型及各类的工作原理
- 掌握气动控制元件和气动执行元件的工作原理及组成

能力目标

- 能区分气压传动的各个组成部分
- 能理解气压传动各组成部分的工作原理

10.1　气源装置

气源装置是为系统提供动力的部分，将原动机供给的机械能转变为气体的压力能，为气动系统提供具能一定压力和流量的压缩空气，且要求提供的气体清洁、干燥。其性能的好坏直接影响气压传动系统能否稳定工作。

气源装置一般由三部分组成，产生压缩空气的气压发生装置（如空气压缩机）、输送压缩空气的管道系统和压缩空气的净化处理装置。

气源装置组成及净化处理流程如图 10－1 所示，当启动空气压缩机 1 后，空气经压缩提高压力，同时温度升高，高温、高压的气体离开空气压缩机后，先进入后冷却器 2 内冷却，并析出水分和油雾，在经过油水分离器 3 除去凝结的水和油后，存于储气罐 6 内。对气体清洁度要求不高的工业用气，可以从储气罐 6 中直接引出使用。若是用于气动装置，则还需经干燥器 7、8 和空气过滤器 10，对压缩空气进一步干燥和去除杂质后方可使用。

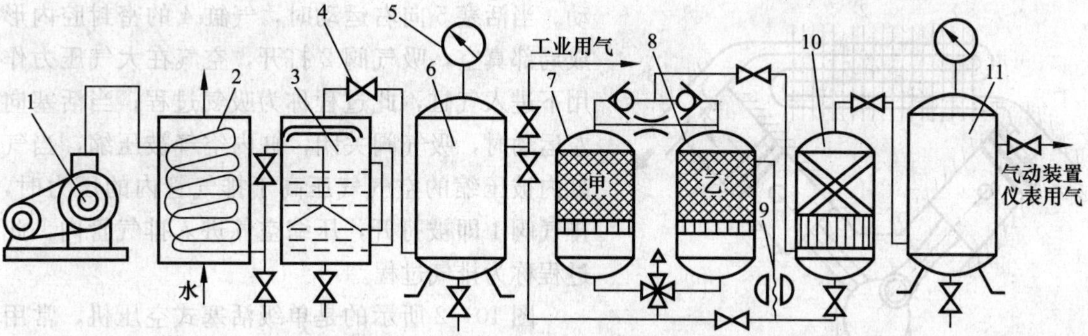

图 10—1　气源装置的组成示意图

1—空气压缩机；2—后冷却器；3—油水分离器；4—阀门；5—压力表；
6、11—储气罐；7、8—干燥器；9—加热器；10—空气过滤器

10.1.1　空气压缩机

空气压缩机是气源系统中的主要设备，它是将原动机的机械能转换成气体压力能的装置。其结构形式和规格品种很多。

1. 空气压缩机的种类

空气压缩机有多种分类方法，常用的有如下几种：

①按工作原理分为容积式空气压缩机和速度式空气压缩机两类。

容积式空气压缩机是通过压缩空气的方法，使单位体积内气体分子密度增加而提高气体压力的。容积式空气压缩机有活塞式、螺杆式、膜片式、叶片式等类型，气动系统中，一般多采用容积式空气压缩机；速度式空气压缩机是利用提高气体分子速度的方法，使气体分子具有的动能转化为气体的压力能，如离心式和轴流式空气压缩机。

②按输出压力分为低压空气压缩机（0.2～1.0 MPa）、中压空气压缩机（1.0～10 MPa）、高压空气压缩机（10～100 MPa）和超高压空气压缩机（>100 MPa）。

③按输出流量分为小型（1～10 m^3/s）、中型（10～100 m^3/s）和大型空气压缩机（>100 m^3/s）。

2. 空气压缩机的工作原理

气压系统中最常用的空气压缩机是往复活塞式空气压缩机，其工作原理如图 10—2 所示。

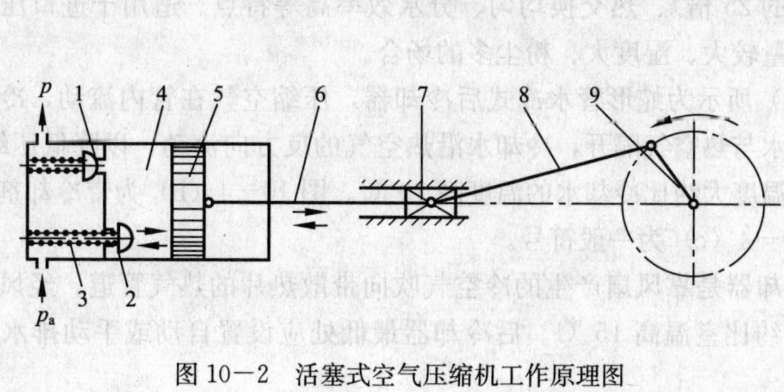

图 10—2　活塞式空气压缩机工作原理图

1—排气阀；2—吸气阀；3—弹簧；4—气缸；5—活塞；6—活塞杆；7—滑块；8—连杆；9—曲柄

图 10—2 中曲柄 9 作回转运动时，通过连杆 8、滑块 7、活塞杆 6 带动活塞 5 作往复直线运

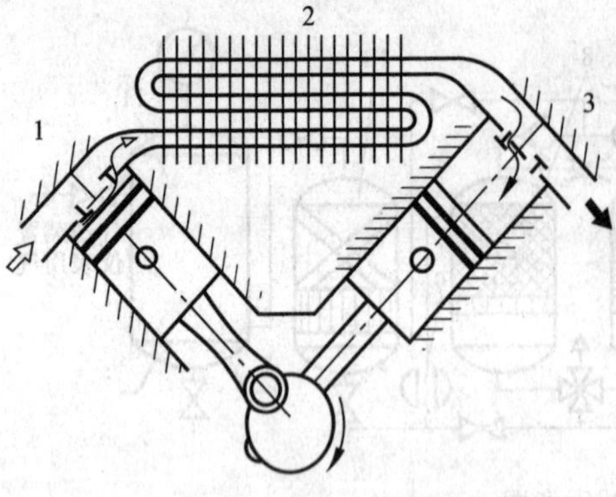

图 10－3　两级活塞式空压机

1—一级活塞；2—中间冷却器；3—二级活塞

动。当活塞 5 向右运动时，气缸 4 的密封腔内形成局部真空，吸气阀 2 打开，空气在大气压力作用下进入气缸，此过程称为吸气过程；当活塞向左运动时，吸气阀关闭，缸内空气被压缩，当气缸内被压缩的空气气压高于排气管内的压力时，排气阀 1 即被打开，压缩空气进入排气管内，此过程称为排气过程。

图 10－2 所示的是单级活塞式空压机，常用于需要 0.3～0.7 MPa 压力范围的系统。单级空压机若压力超过 0.6 MPa，产生的热量将大大降低压缩机的效率，因此，工程实际中常用的空气压缩机大都是多缸式。图 10－3 所示的是常用的两级活塞式空压机。若最终压力为 0.7 MPa，则第 1 级通常压缩到 0.3 MPa。设置中间冷却器是为了降低第 2 级活塞的进口空气温度，提高空压机的工作效率。

10.1.2　压缩空气净化装置

由于空气压缩机排出的压缩空气的温度一般可达到 140 ℃～170 ℃，此时压缩空气中的水分和润滑油的一部分已汽化，与含在空气中的灰尘形成油汽、水汽和灰尘混合而成的杂质。这些杂质若被带进气动设备中，会引起管道堵塞和锈蚀，加速元件的磨损，缩短使用寿命。水汽和油汽还会使膜片、橡胶密封件老化，严重时还会引起燃烧和爆炸。因此在高压气体进入气动系统之前，要经过除油、除水、除尘和干燥处理。

1. 冷却器

冷却器安装在空气压缩机的后面，也称后冷却器。它将空气压缩机排出的压缩空气的温度由 140℃～170℃降至 40℃～50℃，使其中的水分和油雾冷凝成液态水滴和油滴，以便将它们去除。

常用冷却器按结构形式有蛇形管式、列管式、散热片式、套管式等；按冷却方式有水冷式和风冷式两种。风冷式后冷却器具有占地面积小、重量轻、运转成本低、易维修等特点。适用于进口压缩空气温度低于 100 ℃和处理空气量较少的场合。水冷式后冷却器具有散热面积大（是风冷式的 25 倍）、热交换均匀、分水效率高等特点。适用于进口压缩空气温度较高，且处理空气量较大、湿度大、粉尘多的场合。

图 10－4（a）所示为蛇形管水冷式后冷却器，压缩空气在管内流动，冷却水在管外水套中流动。冷却水与热空气隔开，冷却水沿热空气的反方向流动，以降低压缩空气的温度。压缩空气的出口温度大约比冷却水的温度高 10 ℃。图 10－4（b）为带冷却剂管路的冷却器图形符号，图 10－4（c）为一般符号。

风冷式后冷却器是靠风扇产生的冷空气吹向带散热片的热气管道。经风冷后的压缩空气的出口温度大约比室温高 15 ℃。后冷却器最低处应设置自动或手动排水器，以排除冷凝水。

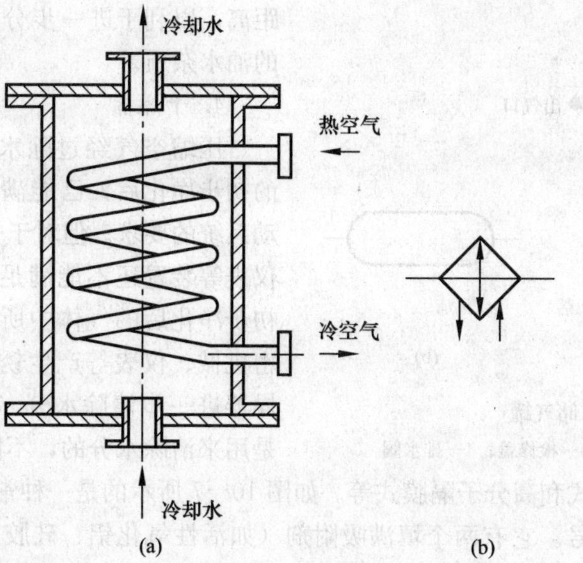

图 10－4　后冷却器的结构及符号

2. 油水分离器

油水分离器安装在后冷却器后面的管道上，作用是分离并排除空气中凝集的水分、油分和灰尘等杂质，使压缩空气得到初步净化。

油水分离器的结构形式有环行回转式、撞击折回式、离心旋转式、水浴式以及以上形式的组合等。应用较多的是使气流撞击并产生环形回转流动的结构形式，其结构如图 10－5（a）所示。当压缩空气由入口进入油水分离器后，首先与隔板撞击，一部分水和油留在隔板上，然后气流上升产生环行回转。这样凝集在压缩空气中的小水滴、油滴及灰尘杂质受惯性力作用而分离析出，沉降于壳体底部，并由下面的放水阀定期排出。图 10－5（b）所示为油水分离器的图形符号。

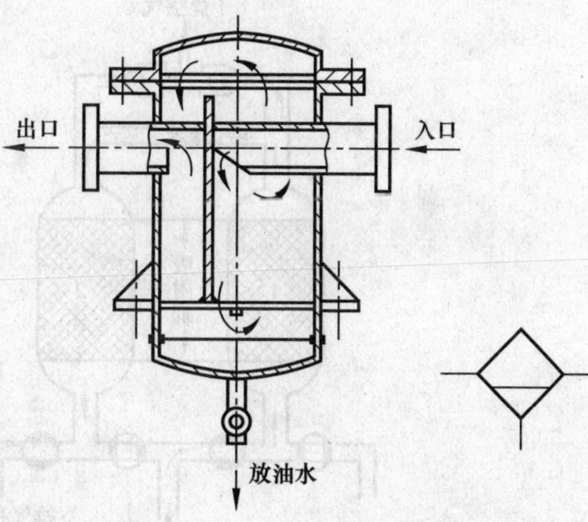

图 10－5　油水分离器

为了提高油水分离的效果，气流回转后的上升速度越小越好，则分离器的内径就会做得越大。一般上升速度控制在 1 m/s 左右，油水分离器的高度与内径之比为 3.5～4。

3. 储气罐

储气罐的功用：一是消除压力波动，保证输出气流和稳定性；二是储存一定量的压缩空气，当空气压缩机发生意外事故时，如停机、突然停电等，储气罐中储存的压缩空气可作为应急使用；三是进一步分离气中的水、油等杂质。

储气罐一般采用圆筒状焊接结构，有立式和卧式两种，通常以立式应用较多。如图 10－6所示为储气罐及其图形符号，进气口在下，出气口在上，并尽可能加大两口之间的

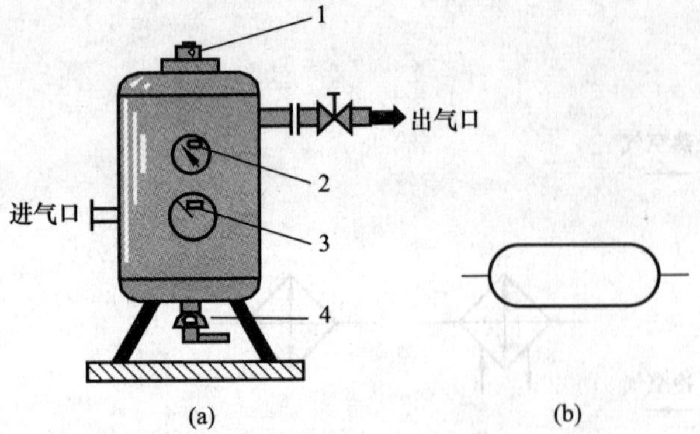

图 10－6 储气罐

1—安全阀；2—压力表；3—检修盖；4—排水阀

距离，以利于进一步分离压缩空气中的油水杂质。

4. 干燥器

压缩空气经过除水、除油、除尘的初步净化后，已能满足一般气压传动系统的要求。但对于一些精密机械、仪表等装置还不能满足要求，为防止初步净化后的气体中所含的水分对精密机械、仪表等产生锈蚀，需使用干燥器进一步清除水分。注意，干燥器是用来清除水分的，不能清除油分。

干燥器有冷冻式、吸附式和高分子隔膜式等。如图 10－7 所示的是一种常用的吸附式干燥器的结构原理图和图形符号。它有两个填满吸附剂（如活性氧化铝、硅胶等）的容器 1、2。当空气从容器 1 的下部流到上部，空气中的水分被吸附剂吸收而得到干燥，一部分干燥的空气经节流后从容器 2 的上部流到下部，把吸附在吸附剂中的水分带走并放入大气，即实现了不需要外加热源而使吸附剂再生，两容器定期的交换工作（5～10 min）使吸附剂产生吸附和再生，这样可得到连续输出的干燥压缩空气。

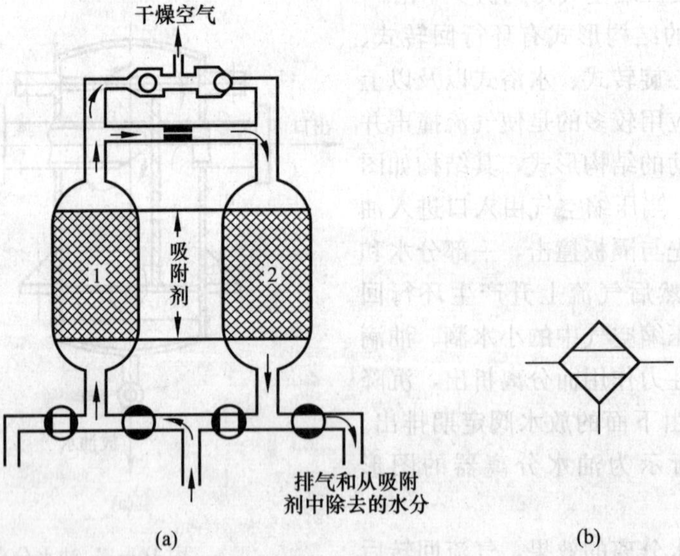

图 10－7 干燥器

5. 空气过滤器

空气过滤器的作用是滤除压缩空气中的杂质微粒（如灰尘、水分等），达到系统所要求的净化程度，但不能除去气态油和气态水。常用的过滤器有一次过滤器（也称简易过滤器）和二次过滤器。图 10－8 是作为二次过滤器用的空气过滤器的结构原理和图形符号。从入口进入的压缩空气被引入导流板 1，导流板上有许多呈一定角度的缺口，迫使空气沿切线方向产生强烈旋转。这样夹杂在空气中的较大的水滴、油滴、灰尘等便依靠自身的惯性与滤杯 3

的内壁碰撞，并从空气中分离出来，沉到杯底。而微小灰尘和雾状水汽则由滤芯 2 滤除。为防止气体旋转将存水杯中积存的污水卷起，在滤芯 2 底部设有挡水板 4。在水杯中的污水应通过下面的放水阀 5 及时排放掉。

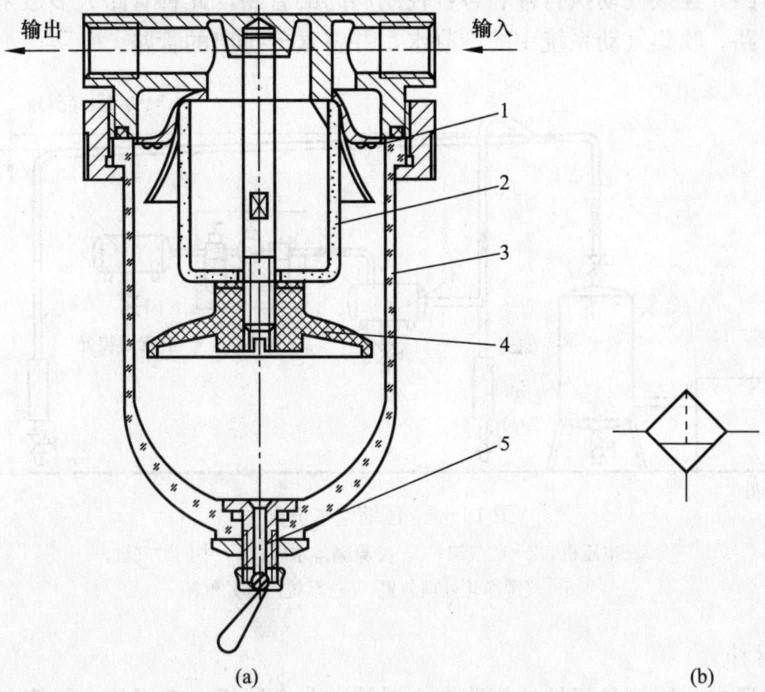

图 10－8　空气过滤器

1—导流板；2—滤芯；3—滤杯；4—挡水板；5—放水阀

上述冷却器、油水分离器、过滤器、干燥器和储气罐等元件通常安装在空气压缩机的出口管路上，组成一套气源净化装置，是压缩空气站的重要组成部分。

10.1.3　管道系统

气压传动系统中，从空压机到气动设备和装置这一段的压缩空气分配是绝对不能忽视的。因为在这一段，通过选用适当的设备和材料，可有效地节约成本。此外，系统较小的泄漏、较低的维护费用和较长的使用寿命，对于系统也是非常重要的。

中小型气动系统的压缩空气分配如图 10－9 所示。图中系统内部贮气罐或中间贮气罐的安装应根据气动设备和装置而定。只有在短时间大量耗气时，才需要安装贮气罐，以消除间歇性冲击。

1. 管路分类

气动系统的管路按其功能可分为如下几种：

①吸气管路。从吸入口过滤器到空压机吸入口之间的管路，此段管路管径宜大，以降低压力损失。

②排出管路。从空压机排气口到后冷却器或储气罐之间的管路，此段管路应能耐高温、高压与振动。

③送气管路。从储气罐到气动设备间的管路。送气管路又分成主管路和从主管路连接分配到气动设备之间的分支管路。主管路是一个固定安装的用于把空气输送到各处的耗气系统。主管路中必须安装断路阀，它能在维修和保养期间把空气主管道分离成几部分。

④控制管路。连接气动执行件和各种控制阀间的管路。此种管路大多数采用软管。

⑤排水管路。收集气动系统中的冷凝水，并将水分排出的管路。

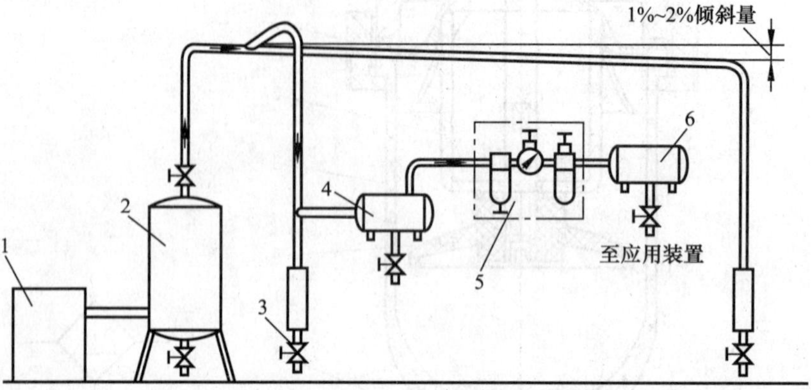

图 10－9　压缩空气分配图

1—空压机；2—贮气罐；3—冷凝罐排水阀；4—中间贮气缸；
5—气源净化处理装置；6—系统内部贮气罐

2. 管路材料

在气动装置中，连接各元件的管路有金属管和非金属管。常用的金属管有镀锌钢管、不锈钢管、拉制铝管和纯铜管等，主要用于工厂气源主干道和大型气动装置上，适用于高温、高压和固定不动部位的连接。铜、铝和不锈钢管防锈性好，但价格较高。非金属管有硬尼龙管、软尼龙管和聚氨酯管等类型，经济、轻便、拆装容易、工艺性好、不生锈、流动摩擦阻力小，另外，非金属管有多种颜色，化学稳定性好，又有一定柔性，故在气动设备上大量使用。但非金属管存在老化问题，不宜用于高温场合，且易受外部损伤。各类非金属管的应用场合如下：

①橡胶软管或强化塑料管：用在空气驱动手工操作工具上是很合适的，因为它具有柔韧性，有利于操作运动。

②棉线编织胶管：主要推荐用于工具或其他管子受到机械磨损的地方。

③聚氯乙烯（PVC）管或尼龙管：通常用于气动元件之间的连接，在工作温度限度内，它具有明显的安装优点，容易剪断和快速连接于快速接头。

3. 管道系统的布置原则

压缩空气管道系统的布置，可从下述几方面进行考虑：

(1) 供气压力

对于普通气动系统，一般按一种压力要求处理，采用同一压力管道，用减压阀满足用气设备的压力要求；当系统有多种压力要求时，需分别处理：用气量较大的，应采用多种压力管道设置不同压力管网，分区供气；管路中低压装置占多数但也有少量高压装置时，可采用管道供大量低压气、气瓶供少量高压气的双重供气方式。

（2）供气净化质量

根据各用气装置对空气质量的不同要求。可分别设计成一般供气系统和清洁供气系统。若清洁供气用气量不大，可单独设置小型净化干燥装置来满足要求。

从各种压缩空气净化装置排出的油和水等污物，应设置统一管道排除处理，以防止造成新的环境污染；应将后冷却器的冷却用水循环使用，避免浪费。

设计和布置管道时应防止产生新的空气污染源。管路应有1%～2%的斜度，并在最低处设置排水器；所有分支管路都应从主气管上方接出；管道及阀门和管件的连接处不应成为冷凝水积聚地，内部不得有焊渣及其他残存物等。

（3）供气的可靠性和经济性

图10－10为三种管网供气系统。其中图10－10（a）为单树枝状管网供气系统，优点是简单，经济性好，多用于间断供气，缺点是可靠性差。图10－10（b）为单环状管网供气系统，其特点是可靠性高，压力稳定，阻力损失小，但投资较大。图10－10（c）为双树枝状管网供气系统，与单树枝状管网相比较，实际上是拥有了一套备用管网，因此可靠性较高。

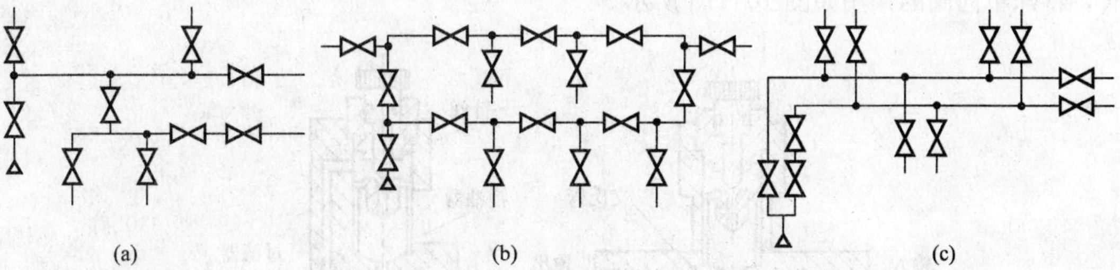

图10－10　管网供气系统

（a）单树枝状管网；（b）单环状管网；（c）双树枝状管网

10.2　气动辅助元件

10.2.1　油雾器

气动系统中使用的许多元件和装置都有滑动部分，为使其能正常工作，需要进行润滑。然而，以压缩空气为动力源的气动元件滑动部分都构成了密封气室，不能用普通的方法注油，只能用某种特殊的方法进行润滑。

1. 作用和特点

油雾器是一种特殊的给油装置，其作用是将普通的液态润滑油滴雾化成细微的油雾，并注入空气，随气流输送到滑动部位，达到润滑的目的。油雾具有润滑均匀稳定，耗油量少，不需要大的贮油设备等特点，且气路一接通就开始润滑，气路断开就停止供油，并可同时对多个元件进行润滑。

2. 结构原理

图10－11（a）所示的是油雾器的工作原理。假设气流输入压力为p_1，通过文氏管后压力降为p_2，当p_1和p_2的压差Δp大于位能ρgh时，油被吸上，并被主通道中的高速气流引

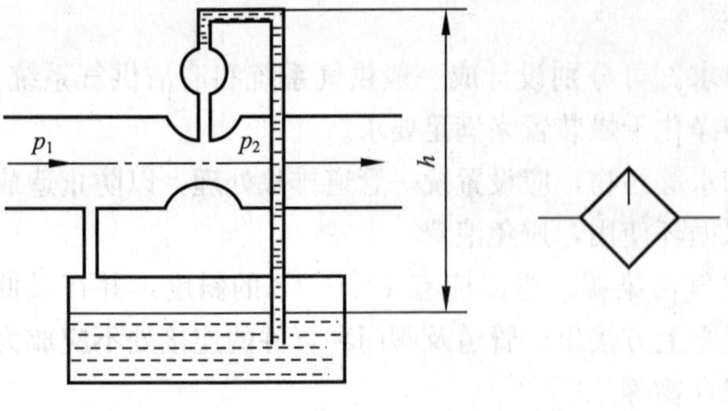

(a) (b)

图 10—11 油雾器工作原理

射出，雾化后从输出口输出。图 10—11 (b)为油雾器的图形符号。

图 10—12 是普通油雾器的结构示意图。其工作原理是：压缩空气从入口进入油雾器后，其中绝大部分气流经文氏管，从主管道输出，小部分通过特殊单向阀流入油杯使油面受压。由于气流通过文氏管的高速流动使压力降低，与油面上的气压之间存在着压力差。在此压力下，润滑油经吸油管、给油单向阀和调节油量的针阀，滴入透明的视油器内，并顺着油路被文氏管的气流引射出来，雾化后随气流一同输出。视油器上部的针阀用以调节滴油量，滴油量根据所使用的空气流量来选择，以保持一定的油雾浓度，可在 0～200 滴每分范围内调节。

能实现在不停气工作状态下向油雾器油杯注油。实现不停气加油的关键零件是特殊单向阀，特殊单向阀的作用如图 10—13 所示。

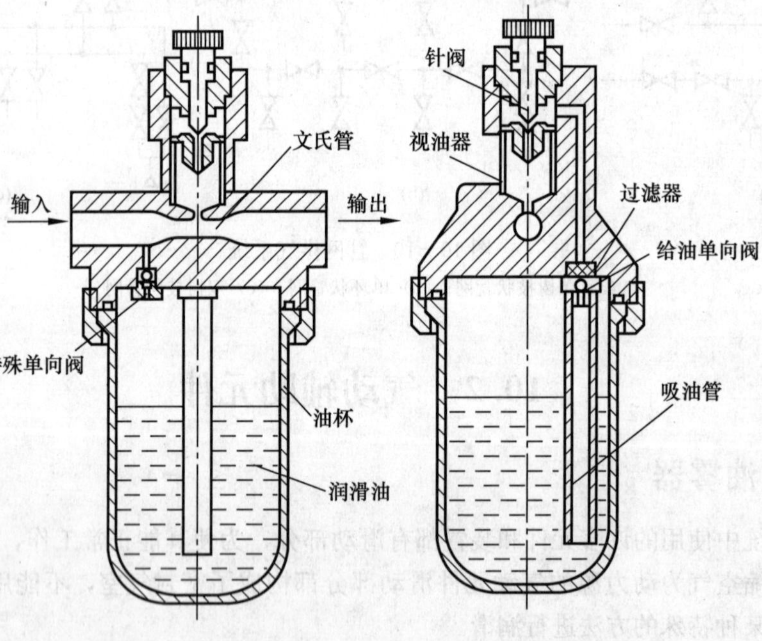

图 10—12 油雾器

10.2.2 消声器

在执行元件完成动作后，压缩空气便经换向阀的排气口排入大气。由于压力较高，一般排气速度接近声速，空气急剧膨胀，引起气体振动，便产生了强烈的排气噪声。噪声的强弱与排气速度、排气量和排气通道的形状有关。排气噪声一般可达 80～100 dB。这种噪声使工作环境恶化，使人体健康受到损害，工作效率降低。所以，一般车间内噪声高于 75 dB 时，都应采取消声措施。

消声器是通过阻尼或增加排气面积来降低排气的速度和功率，从而降低噪声的。消声器的类型以下四种：

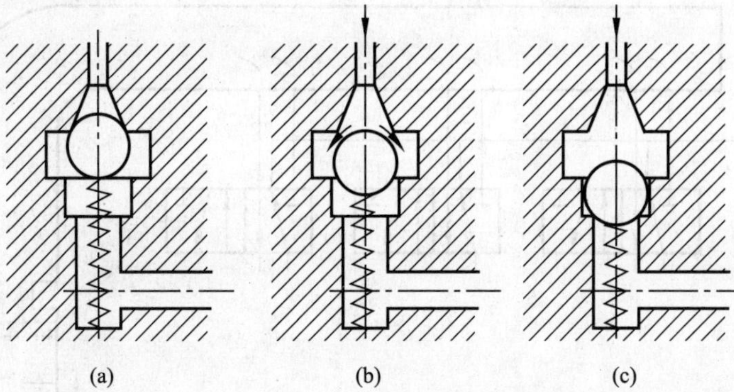

图 10－13　特殊单向阀的作用

1. 吸收型消声器

吸收型消声器通过多孔的吸声材料吸收声音，如图 10－14（a）所示。吸声材料大多使用聚苯乙烯或铜珠烧结。一般情况下，要求通过消声器的气流流速不超过 1 m/s，以减小压力损失，提高消声效果。吸收型消声器具有良好的消除中、高频噪声的性能。一般可降低噪声 20 dB 以上。图 10－14（b）为其图形符号。

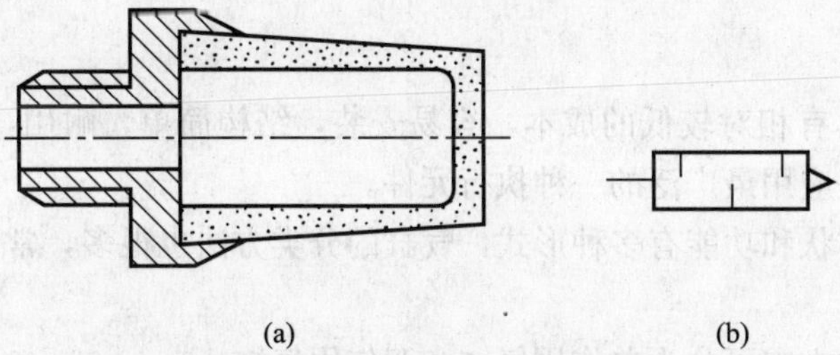

图 10－14　吸收型消声器

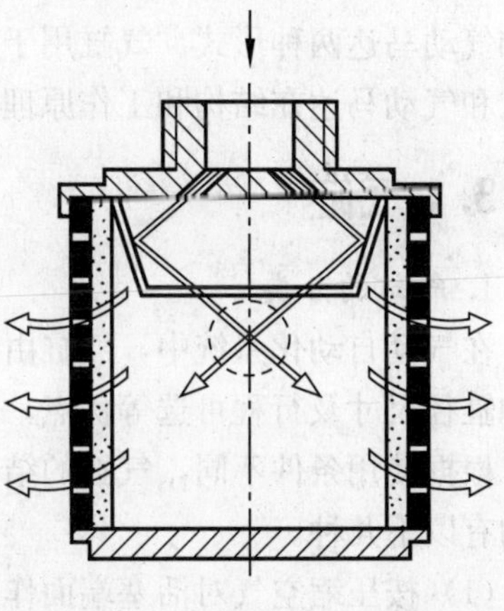

图 10－15　膨胀干涉吸收型消声器

2. 膨胀干涉型消声器

这种消声器的直径比排气孔径大得多，气流在里面扩散、碰撞、反射、互相干涉，减弱了噪声强度，最后气流通过非吸音材料制成的、开孔较大的多孔外壳排入大气。主要用来消除中、低频噪声。

3. 膨胀干涉吸收型消声器

图 10－15 所示为膨胀干涉吸收型消声器，其消声效果特别好，低频消声 20 dB，高频可消声约 50 dB。

4. 集中排气法消声

把排出的气体引导到总排气管（如图 10－16 所示），总排气管的出口可设在室外或地沟内，使工作环境里没有噪声。需注意总排气管的内径应足够大，以免产生不必要的节流。

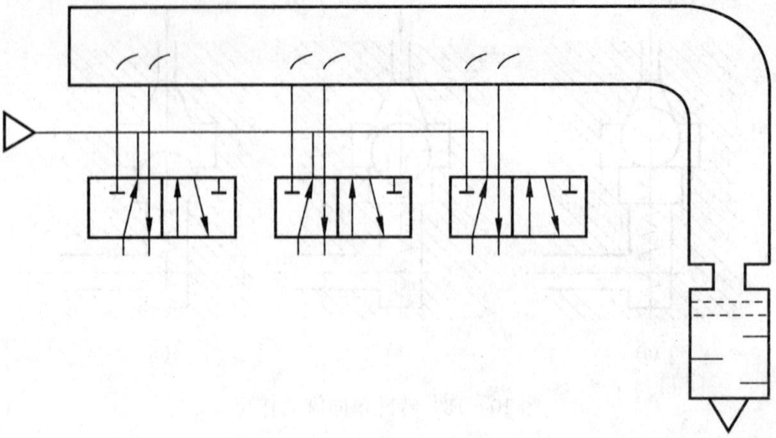

图 10—16　总排气管消声法

10.3　气动执行元件

气动执行元件的作用是将压缩空气的压力能转换为机械能，驱动工作部件工作。它有气缸和气动马达两种形式。气缸用于实现直线运动或往复摆动，气动马达用于实现旋转运动。气缸和气动马达在结构和工作原理上，与液压缸和液压马达相似。

10.3.1 气缸

1. 气缸的分类

在气动自动化系统中，气缸由于其具有相对较低的成本，容易安装，结构简单，耐用，各种缸径尺寸及行程可选等优点，因而是应用最广泛的一种执行元件。

根据使用条件不同，气缸的结构、形状和功能有多种形式，气缸的分类方法也很多，常用的有以下几种。

（1）按压缩空气对活塞端面作用力的方向可分为单作用气缸和双作用气缸。

单作用气缸只有一个方向的运动是靠气压传动，活塞的复位是靠外力（弹簧力或重力）；双作用气缸的往返全都靠压缩空气来完成。

（2）按结构特点可分为活塞式气缸、叶片摆动式气缸、薄膜式气缸和气液阻尼缸等

（3）按气缸的功能可分为普通气缸和特殊气缸

普通气缸用于一般无特殊要求的场合，主要指活塞式单作用气缸和双作用气缸。特殊气缸常用于有某种特殊要求的场合，包括气液阻尼缸、缓冲气缸、冲击式气缸、增压气缸、步进气缸和回转气缸等。

（4）按尺寸分类

通常称缸径 2.5～6 mm 的为微型气缸，缸径 8～25 mm 的为小型气缸，缸径 32～320 mm的为中型气缸，缸径大于 320 mm 的为大型气缸。

（5）按安装方式分为如下两类

①固定式气缸：缸体安装在机体上固定不动，如图 10－17（a）、（b）、（c）、（d）所示。

②摆动式气缸：缸体围绕一个固定轴可作一定角度的摆动，如图 10－17（e）、（f）、（g）所示。

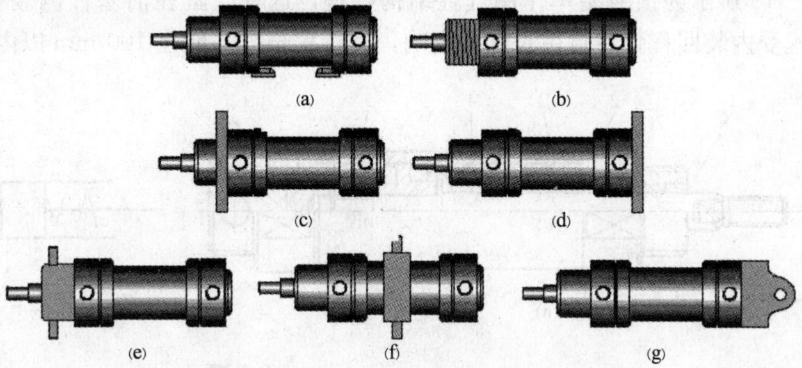

图 10－17　气缸按安装方式分类

2. 普通气缸

普通气缸是指缸筒内只有一个活塞和一个活塞杆的气缸，也称为活塞式气缸，主要由缸筒、活塞杆、活塞、导向套、前缸盖与后缸盖以及密封元件组成。普通气缸有单作用和双作用气缸两种。

（1）双作用气缸

如图 10－18 所示为普通型单活塞杆双作用气缸的结构原理。当 A 孔进气、B 孔排气时，压缩空气作用在活塞左侧面积上的作用力大于作用在活塞右侧面积上的作用力和摩擦力等反向作用力时，压缩空气推动活塞向右移动，使活塞杆伸出。反之，当 B 孔进气、A 孔排气，压缩空气推动活塞向左移动，使活塞和活塞杆缩回到初始位置。

气缸缸盖上未设置缓冲装置的气缸称为无缓冲气缸，缸盖上设置缓冲装置的气缸称为缓冲气缸。如图 10－18 所示的气缸为缓冲气缸，当气缸行程接近终端时，由于缓冲装置的作用，可以防止高速运动的活塞撞击缸盖的现象发生。

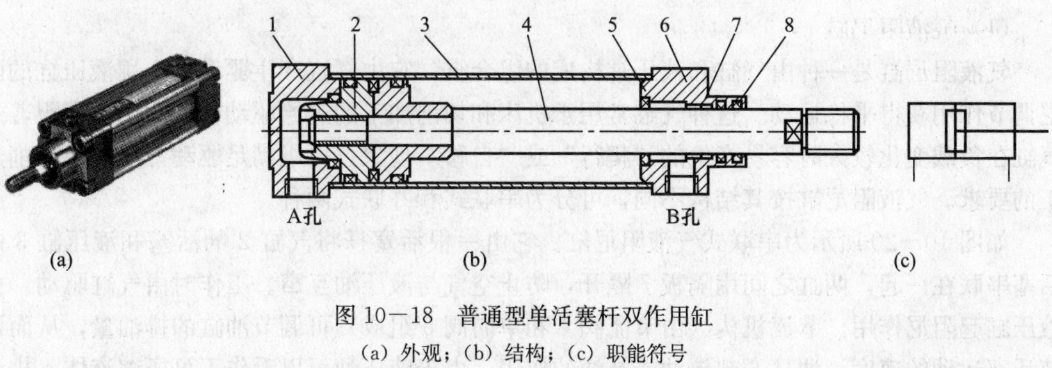

图 10－18　普通型单活塞杆双作用缸

（a）外观；（b）结构；（c）职能符号

1—后缸盖；2—活塞；3—缸筒；4—活塞杆；5—缓冲密封圈；6—前缸盖；7—导向套；8—防尘圈

（2）单作用气缸

单作用气缸在缸盖一端气口输入压缩空气使活塞杆伸出（或缩回），而另一端靠弹簧力、自重或其他外力等使活塞杆恢复到初始位置。根据复位弹簧位置将作用气缸分为预缩型气缸和预伸型气缸。当弹簧装在有杆腔内时，由于弹簧的作用力而使气缸活塞杆初始位置处于缩回位置，将这种气缸称为预缩型单作用气缸；当弹簧装在无杆腔内时，气缸活塞杆初始位置为伸出位置的称为预伸型气缸。

如图 10－19 所示为预缩型单作用气缸结构原理，这种气缸在活塞杆侧装有复位弹簧，单作用缸行程受内装回程弹簧自由长度的影响，其行程长度一般在 100 mm 以内。

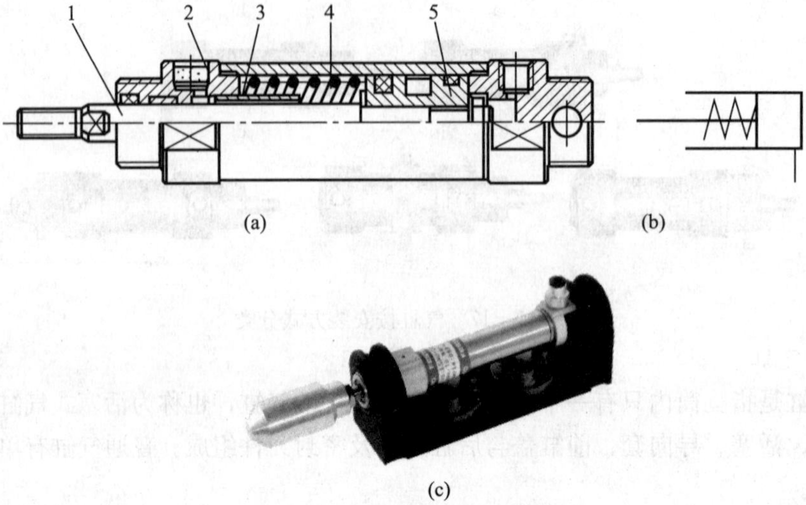

图 10－19　普通型单作用气缸

(a) 结构；(b) 职能符号；(c) 外观

1—活塞杆；2—过滤片；3—止动套；4—弹簧；5—活塞

与双作用气缸相比，单作用气缸结构简单，只在动作方向需要压缩空气，故可节约一半压缩空气，耗气量小，但复位弹簧的反作用力随压缩行程的增大而增大，因此活塞的输出力随活塞运动的行程增加而减小。单作用气缸主要用在夹紧、退料、阻挡、压入、举起和进给等操作上。

3. 特殊气缸

(1) 气液阻尼缸

气液阻尼缸是一种由气缸和液压缸构成的组合缸。它由气缸产生驱动力，用液压缸的阻尼调节作用获得平稳运动。这种气缸常用于机床和切削加工的进给驱动装置，用于克服普通气缸在负载变化较大时容易产生的“爬行”或“自移”现象，可以满足驱动刀具进行切削加工的要求。气液阻尼缸按其结构不同，可分为串联式和并联式两种。

如图 10－20 所示为串联式气液阻尼缸。它由一根活塞杆将气缸 2 的活塞和液压缸 3 的活塞串联在一起，两缸之间用隔板 7 隔开，防止空气与液压油互窜。工作时由气缸驱动，由液压缸起阻尼作用。节流机构（由节流阀 4 和单向阀 5 组成）可调节油缸的排油量，从而调节活塞运动的速度。油杯 6 起储油或补油的作用。由于液压油可以看作不可压缩流体，排油量稳定，只要缸径足够大，就能保证活塞运动速度的均匀性。

反之，当活塞向右运动时，液压缸右腔排油，经单向阀流到左腔。由于单向阀流通面积大，回油快，使活塞快速退回。这种缸有慢进快退的调速特性，常用于空行程较快而工作行程较慢的场合。

图 10－21 所示为并联式气液阻尼缸，其特点是液压缸与气缸并联，用一块刚性连接板相连，液压缸活塞杆可在连接板内浮动一段行程。

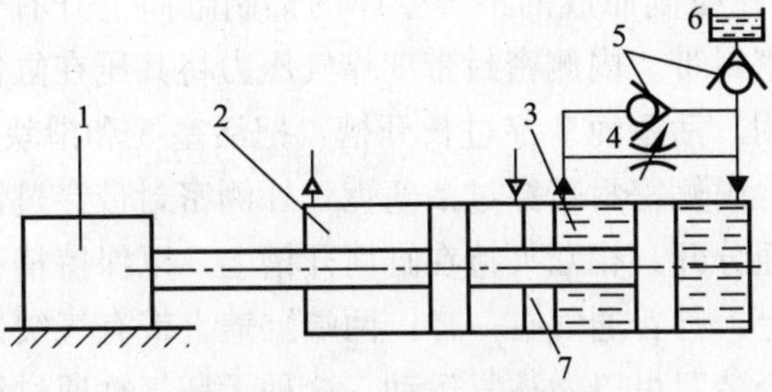

图 10－20　串联式气、液阻尼缸

1—负载；2—气缸；3—液压缸；4—节流阀；
5—单向阀；6—油杯；7—隔板

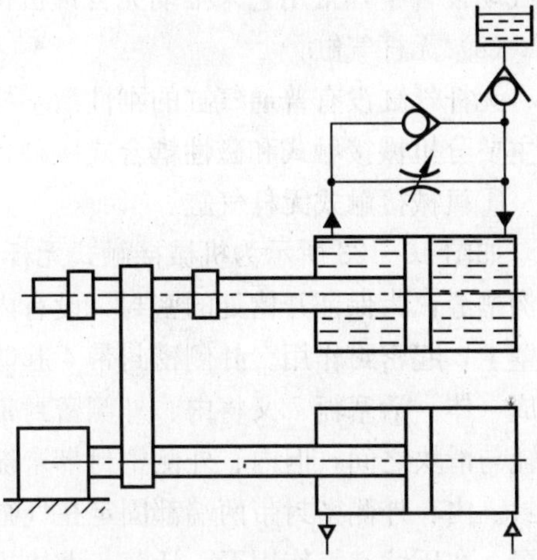

图 10－21　并联式气液阻尼缸

并联式气液阻尼缸的优点是缸体长度短、占机床空间位置小，结构紧凑，空气与液压油不互窜。缺点是液压缸活塞杆与气缸活塞杆安装在不同轴线上，运动时易产生附加力矩，增加导轨磨损，产生爬行现象。

（2）薄膜式气缸

薄膜式气缸是利用压缩空气通过膜片的变形来推动活塞杆作直线运动的气缸。它由缸体、膜片、膜盘和活塞杆等主要零件组成，它分单作用式（图 10－22（a））和双作用式（图 10－22（b））两种。膜片有平膜片和盘形膜片两种，一般用夹织物橡胶制成，厚度为 5～6 mm或 1～2 mm。

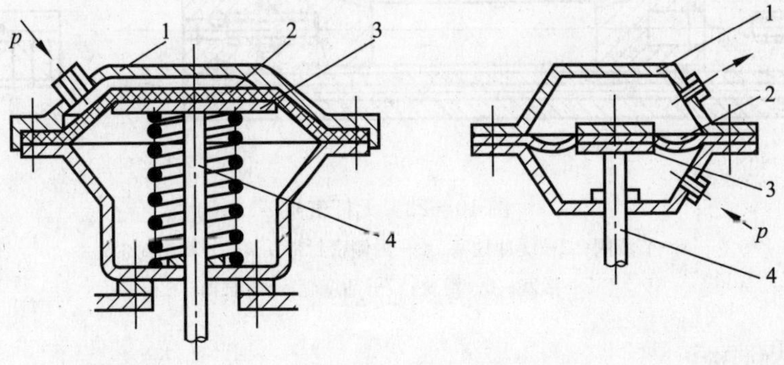

图 10－22　膜片气缸

1—缸体；2—膜片；3—膜盘；4—活塞杆

膜片气缸的优点是：结构简单、紧凑，体积小，重量轻，密封性好，不易漏气，加工简单，成本低，无磨损件，维护修理方便等。缺点是行程短，一般不超过 50 mm。平膜片的行程更短，约为其直径的1/10。适用于行程短的场合。膜片气缸在化工、冶炼等行业中常用它控制管道阀门的开启和关闭，如热压机蒸汽进气主管道的开启和关闭。在机械加工和轻工气动设备中，常用它来推动无自锁机构的夹具，也可用来保持固有的拉力或推力。

(3) 无杆气缸

无杆气缸没有普通气缸的刚性活塞杆，它利用活塞直接或间接地实现往复运动。无杆气缸主要分机械接触式和磁性耦合式两种，且将磁性耦合无杆气缸称为磁性气缸。

①机械接触式无杆气缸。

如图10－23所示为机械接触式无杆气缸。在拉制而成的不等壁厚的铝制缸筒上开有管状沟槽缝，为保证开槽处的密封，设有内外侧密封带。内侧密封带3靠气压力将其压在缸筒内壁上，起密封作用。外侧密封带4起防尘作用。活塞轭7穿过长开槽，把活塞5和滑块6连成一体。活塞轭7又将内、外侧密封带分开，内侧密封带穿过活塞轭，外侧密封带穿过活塞轭与滑块之间，但内、外侧密封带未被活塞轭分开，相互夹持在缸筒开槽上，以保持槽被密封。内、外侧密封带两端都固定在气缸缸盖上。与普通气缸一样，两端缸盖上带有气缓冲装置。在压缩空气作用下，活塞—滑块机械组合装置可以做往复运动。这种无杆气缸通过活塞—滑块机械组合装置传递气缸输出力，缸体上管状沟槽可以防止其扭转。图10－23 (a) 为无杆缸的外观图，图10－23 (b) 为其结构图，图10－23 (c) 为其图形符号。

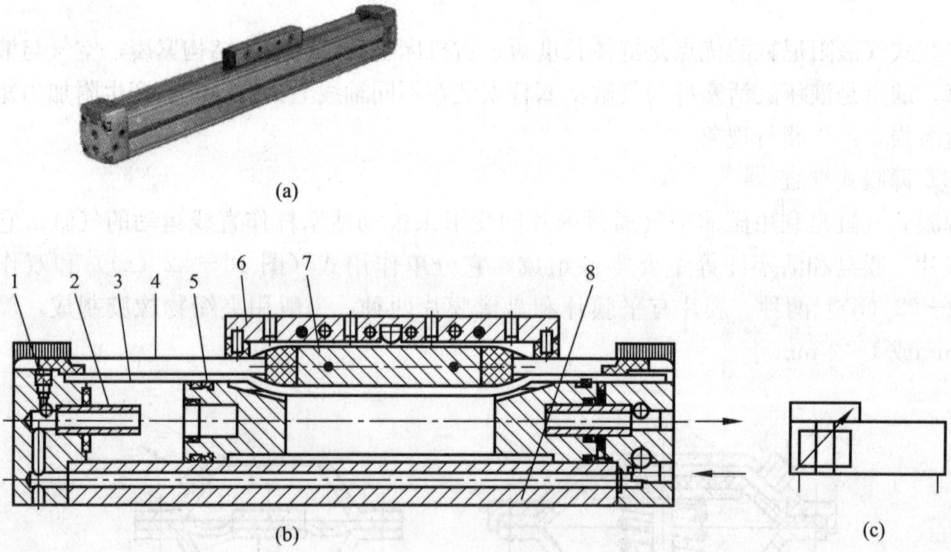

图10－23　无杆气缸

1—节流阀；2—缓冲柱塞；3—内侧密封带；4—外侧密封带；
5—活塞；6—滑块；7—活塞轭；8—缸筒

②磁感气缸。

图10－24为一种磁性耦合的无杆气缸。它是在活塞上安装了一组高磁性的永久磁铁4，磁力线通过薄壁缸筒（不锈钢或铝合金非导磁材料）与套在外面的另一组外磁环2相互作用。由于两组磁环极性相反，因此它们之间有很强的吸力。若活塞在一侧输入气压作用下移动，则在磁耦合力作用下带动套筒与负载一起移动。在气缸行程两端设有空气缓冲装置。图10－24 (a) 为无杆缸的外观图，图10－24 (b) 为其结构图，图10－24 (c) 为其图形

符号。

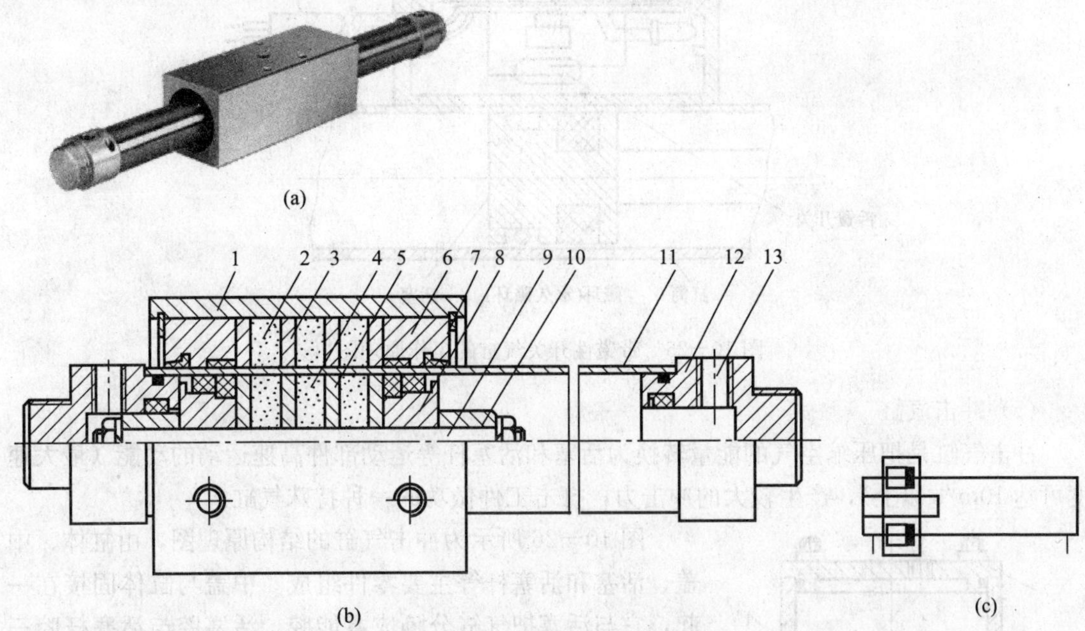

图 10－24　磁性无活塞杆气缸

1—套筒（移动支架）；2—外磁环（永久磁铁）；3—外磁导板；4—内磁环（永久磁铁）；5—内衬磁板；6—压板；7—卡环；8—活塞；9—活塞轴；10—缓冲柱塞；11—气缸筒；12—端盖；13—排气口

无杆气缸体积小、重量轻，节省了安装空间，特别适用于小缸径、长行程的场合；另外因为没有活塞杆，可以避免由于活塞杆及杆密封圈的损伤而带来的故障；而且，由于无杆气缸活塞两侧受压面积相等，双向行程具有同样的推力，有利于提高定位精度。但当速度快、负载大时，内外环易脱开，即负载大小受速度影响，且磁性耦合的无杆气缸中间不可能增加支撑点，最大行程受到限制。无杆气缸现已广泛用于数控机床、注塑机等的开门装置上及多功能坐标机械手的位移和自动输送线上工件的传送等。

（4）磁性开关气缸

磁性开关气缸是指在气缸的活塞上装有一个永久性磁环，磁性开关装在气缸的缸筒外侧，其余部分和一般气缸并无两样。气缸有各种型号，但其缸筒必须是导磁性弱、隔磁性强的材料，如铝合金、不锈钢、黄铜等。当随气缸移动的磁环靠近磁性开关时，舌簧开关的两根簧片被磁化而触点闭合，产生电信号；当磁环离开磁性开关后，簧片失磁，触点断开。这样可以检测到气缸的活塞位置而控制相应的电磁阀动作。图 10－25 为磁性开关气缸的工作原理图。

以前，气缸行程位置的检测是靠在活塞杆上设置行程挡块触动机械行程阀来发送信号的，它给设计、安装、制造带来很多不便。相比之下，采用用磁性开关的气缸使用方便，结构紧凑，开关反应时间快，因此得到了广泛应用。

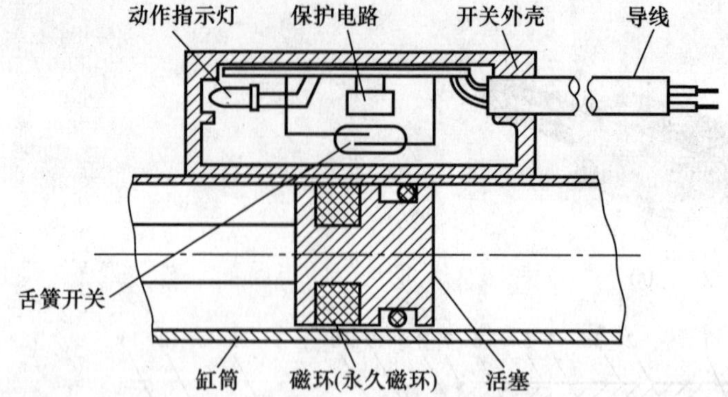

图 10－25　带磁性开关气缸的工作原理图

(5) 冲击气缸

冲击气缸是把压缩空气的能量转换为活塞和活塞杆等运动部件高速运动的动能（最大速度可达 10m/s 以上），产生较大的冲击力，打击工件做功的一种特殊气缸。

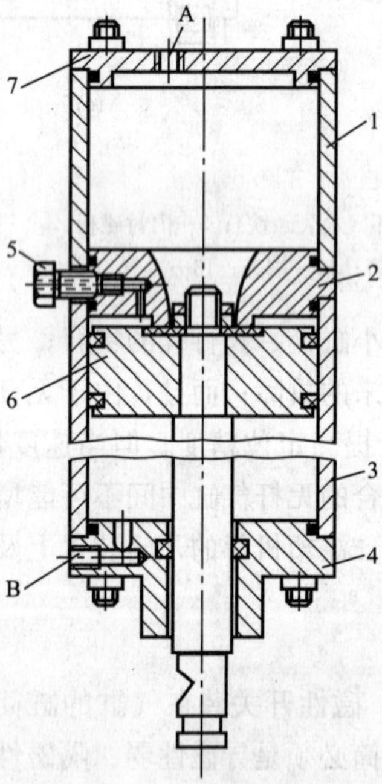

图 10－26　冲击气缸

1—缸体；2—中盖；3—头腔；4、7—端盖；5—排气塞；6—活塞

图 10－26 所示为冲击气缸的结构原理图，由缸体、中盖、活塞和活塞杆等主要零件组成。中盖与缸体固接在一起，它与活塞把气缸分隔成蓄能腔、活塞腔与活塞杆腔三部分。中盖中心有一个流线型喷口，喷口的直径为缸径的 1/3。当压缩空气从 B 孔输入冲击气缸活塞杆腔时，蓄能腔经 A 孔排气，活塞上移由顶部密封垫封住中盖上的喷气口，活塞腔则经排气塞 5 的小孔与大气相通。当压缩空气从 A 孔输入蓄能腔时，活塞杆腔经 B 孔排气，蓄能腔内压力逐渐上升，由于喷气口的面积只有活塞面积的 1/9，即使下腔开始泄压，仍有一定的向上推力，此时蓄能腔仍是封闭的，继续贮存能量。当蓄能腔内压力高于活塞下腔压力的 9 倍时，活塞开始下移，一旦离开喷气口，蓄能腔内的高压气体迅速充满活塞上腔，使活塞上端受压面积突然增加 9 倍，于是活塞在很大的压差作用下迅速加速，在冲程达到 50～75 mm 时，获得最大的冲击速度和能量。

冲击气缸结构简单、成本低、耗气功率小，且能产生相当大的冲击力，应用十分广泛。可完成冲孔、下料、打印、铆接、拆件、压套、装配、弯曲成型、破碎、高速切割、锤击、锻压、打钉、去毛刺等多种作业。

(6) 摆动气缸

摆动气缸是输出轴被限制在某个角度内做往复摆动的一种气缸，又称为旋转气缸。它是将压缩空气的压力能转变为机械能，输出转矩，使机构实现往复摆动。如图 10－27 所示为其应用实例。

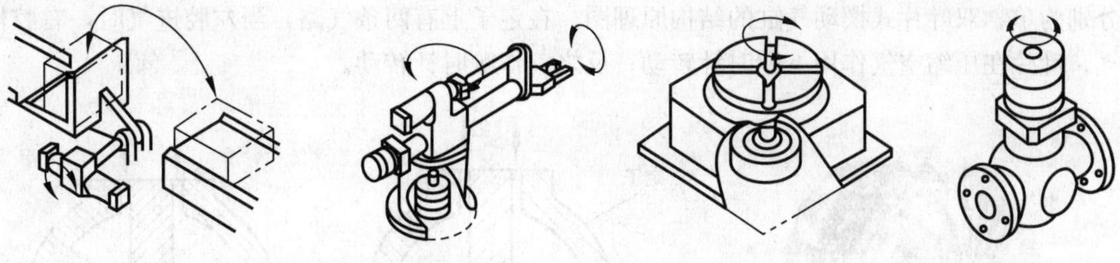

(a)　(b)　(c)　(d)

图 10－27　摆动气缸的应用实例

(a) 输送线的翻转装置；(b) 机械手的驱动；(c) 分度盘的驱动；(d) 阀门的开闭

常用的摆动气缸的最大摆动角度分为 90°、180°、270°三种规格。按照摆动气缸的结构特点摆动气缸可分为齿轮齿条式和叶片式两类。

①齿轮齿条式摆动气缸。

齿轮齿条式摆动气缸有单齿条和双齿条两种。图 10－28 为单齿条式摆动气缸，其结构原理为压缩空气推动活塞 6，从而带动齿条组件 3 作直线运动，齿条组件 3 则推动齿轮 4 做旋转运动，由输出轴 5（齿轮轴）输出力矩。输出轴与外部机构的转轴相连，让外部机构作摆动。图 10－27（a）为缸的外观图，（b）为其结构图，（c）为其图形符号。

(a)

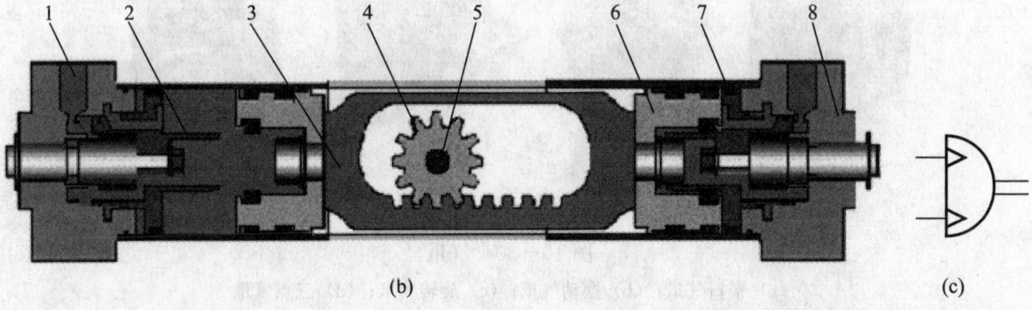

(b)　(c)

图 10－28　齿轮齿条式摆动气缸

1—缓冲节流阀；2—缓冲柱塞；3—齿条组件；4—齿轮；5—输出轴；6—活塞；7—缸体；8—端盖

②叶片式摆动气缸。

叶片式摆动气缸可分为单叶片式、双叶片式和多叶片式三种。叶片越多，摆动角度越小，扭矩越大。单叶片型输出摆动角度小于 360°，双叶片型输出摆动角度小于 180°，三叶片型则在 120°以内。如图 10－29（a）所示为叶片式缸的外观，如图 10－29（b）、（c）所示分别为单、双叶片式摆动气缸的结构原理图。在定子上有两条气路，当左腔进气时，右腔排气，叶片在压缩空气作用下逆时针转动；反之，作顺时针转动。

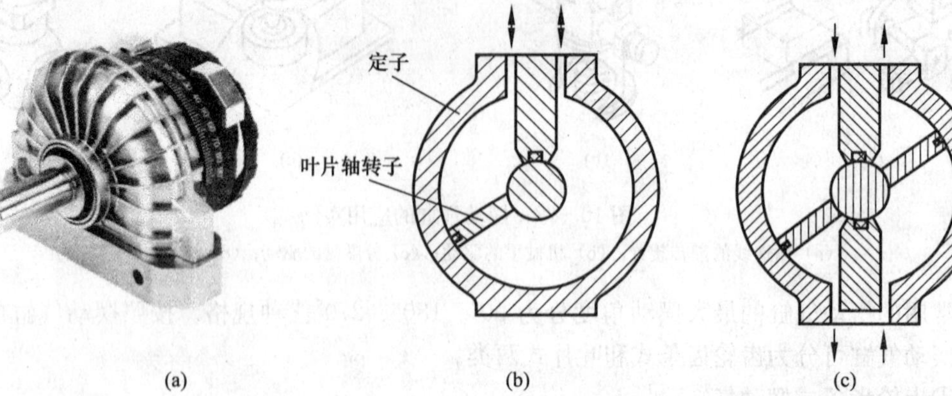

图 10－29 叶片式摆动气缸

(a) 外观；(b) 单叶片摆动气缸结构原理；(c) 双叶片摆动气缸结构原理

摆动气缸目前在工业上应用广泛，多用于安装位置受到限制或转动角度小于 360°的回转工作部件。

(7) 气爪（手指气缸）

气爪能实现各种抓取功能，是现代气动机械手的关键部件。如图 10－30 所示的气爪具有如下特点：所有的结构都是双作用的，能实现双向抓取，可自动对中，重复精度高；抓取力矩恒定；在气缸两侧可安装非接触式检测开关；有多种安装、连接方式。

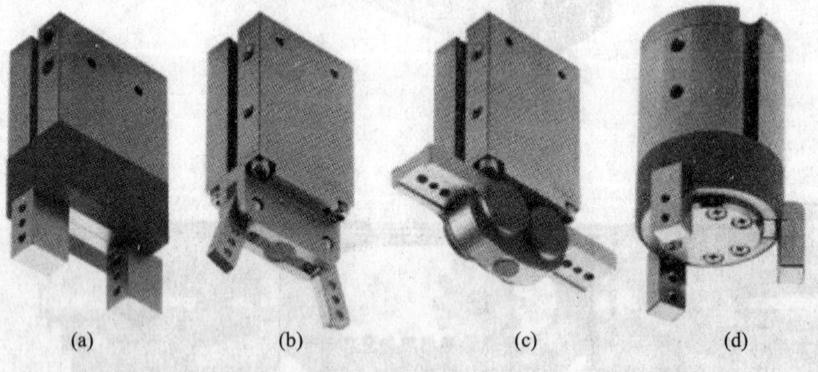

图 10－30 气爪

(a) 平行气爪；(b) 摆动气爪；(c) 旋转气爪；(d) 三点气爪

图 10－30 (a) 所示为平行气爪，平行气爪通过两个活塞工作，使两个气爪对心移动。这种气爪可以输出很大的抓取力，既可用于内抓取，也可用于外抓取。

图 10－30 (b) 所示为摆动气爪，内、外抓取 40°摆角，抓取力大，并确保抓取力矩始终恒定。

图 10－30 (c) 所示为旋转气爪，其动作和齿轮齿条的啮合原理相似。两个气爪可同时移动并自动对中，其齿轮齿条原理确保了抓取力矩始终恒定。

图 10－30 (d) 所示为三点气爪，三个气爪同时开闭，适合夹持圆柱体工件及工件的压

入工作。

10.3.2　气动马达

气动马达是将压缩空气的压力能转换成旋转运动机械能的能量转换装置。按结构形式可分为叶片式、活塞式、齿轮式等。最为常用的是叶片式和活塞式两种。

1. 叶片式气动马达

图 10—31 所示为叶片式气动马达的工作原理图（其工作原理与液压马达相似）。叶片式气动马达主要由定子、转子、叶片及壳体构成。它一般有 3～10 个叶片。定子上有进排气槽孔、转子上铣有径向长槽，槽内装有叶片。定子两端有密封盖，密封盖上有弧形槽与两个进排气孔及叶片底部相连通。转子与定子偏心安装。这样，由转子外表面、定子的内表面、相邻两叶片及两端密封盖形成了若干个密封工作空间。

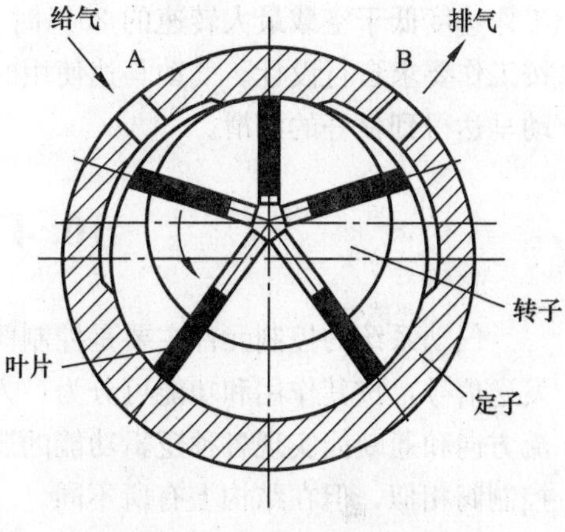

图 10—31　叶片式气动马达

当压缩空气由 A 孔输入后，分成两路：一路气经定子两面密封盖的弧形槽进入叶片底部，将叶片推出。叶片就是靠此压力及转子转动时的离心力的综合作用而紧密地抵在定子内壁上的；另一路压缩空气经 A 孔进入相应的密封工作空间，作用在叶片上，由于前后两叶片伸出长度不一样，作用面积也就不相等，作用在两叶片上的转矩大小也不一样，且方向相反，因此转子在两叶片的转矩差的作用下，按逆时针方向旋转。做功后的气体由定子排气孔 B 排出。反之，当压缩空气由 B 孔输入时，就产生顺时针方向的转矩差，使转子按顺时针方向旋转。

叶片式气动马达制造简单，结构紧凑，但低速启动转矩小，低速性能不好，适宜性能要求低或中等功率的机械。目前，在矿山机械及风动工具中应用普遍。

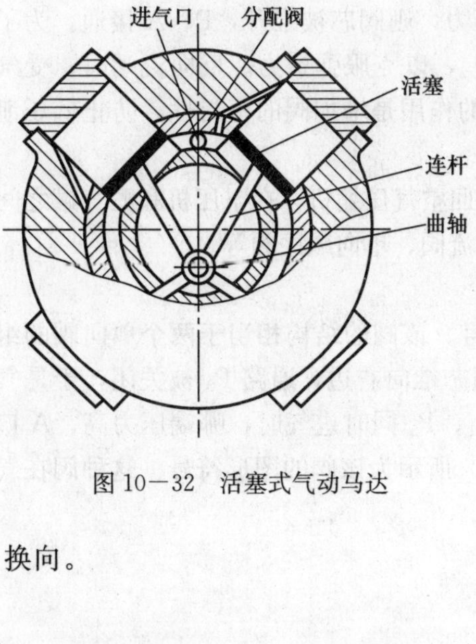

图 10—32　活塞式气动马达

2. 活塞式气动马达

活塞式气动马达是一种通过曲柄或斜盘将若干个活塞的直线运动转变为回转运动的气动马达。按其结构不同，可分为径向活塞式和轴向活塞式两种。

图 10—32 所示为径向活塞式气动马达的结构原理图。其工作室由缸体和活塞构成。3～6 个气缸围绕曲轴呈放射状分布，每个气缸通过连杆与曲轴相连。通过压缩空气分配阀向各气缸顺序供气，压缩空气推动活塞运动，带动曲轴转动。当配气阀转到某角度时，气缸内的余气经排气口排出。改变进、排气方向，可实现气动马达的正反转换向。

活塞式气动马达适用于转速低、转矩大的场合。其耗气量不小，且构成零件多，价格高。其输出功率为 0.2～20 kW，转速为 200～4 500 r/min。活塞式气动马达主要应用于矿山机械，也可用作传送带等的驱动马达。

选择气动马达主要从负载状态出发，在变负载场合，主要考虑速度的范围和所需的转矩；在均衡负载场合，则主要考虑工作速度。叶片式气动马达比活塞式气动马达转速高，当工作速度低于空载最大转速的 25%时，最好选用活塞式气动马达。摆动式气动马达一般可按工作要求自行设计。气动马达使用时应在气源入口处设置油雾器，并定期补油，以保证气动马达得到良好的润滑。

10.4 气动控制元件

气动系统的控制元件主要是控制阀，它用来控制和调节压缩空气的方向、压力、流量及发送信号，按其作用和功能可分为：方向控制阀、压力控制阀、流量控制阀以及通过改变气流方向和通断能实现各种逻辑功能的逻辑元件。气动控制阀在功用和工作原理等方面与液压控制阀相似，但在结构上有所不同。

10.4.1 方向控制阀

方向控制阀是改变气体的流动方向或通断的控制阀，可分为单向型控制阀和换向型控制阀。

1. 单向型方向控制阀

单向型方向控制阀的作用是只允许气流向一个方向流动。它包括单向阀、梭阀、双压阀和快速排气阀等。

(1) 单向阀

单向阀是指气流只能向一个方向流动，而不能反方向流动的阀，它的结构和符号如图 10－33 所示，其工作原理与液压单向阀基本相同。正向流动时，P 腔气压推动阀芯的力大于作用在阀芯上的弹簧力和阀芯与阀体之间的摩擦阻力，则阀芯被推开，P、A 接通。为了使阀芯保持开启状态，P 腔与 A 腔应保持一定的压差，以克服弹簧力。反向流动时，受气压力和弹簧力的作用，阀芯关闭，A、P 不通。弹簧的作用是增加阀的密封性，防止低压泄漏，另外，在气流反向流动时帮助阀迅速关闭。

在气动系统中，为防止贮气罐中的压缩空气倒流回空气压缩机，在空压机和贮气罐之间应装有单向阀。单向阀还可与其他的阀组合成单向节流阀、单向顺序阀等。

(2) 或门型梭阀

如图 10－34 所示为或门型梭阀的工作原理和符号。该阀的结构相当于两个单向阀的组合。如图 10－34 (a) 所示，当通路 P_1 进气时，将阀芯推向右边，通路 P_2 被关闭，于是气流从 P_1 进入通路 A；反之，气流从 P_2 进入 A。当 P_1、P_2 同时进气时，哪端压力高，A 口就与哪端相通，另一端就自动关闭。如图 10－34 (b) 所示为该阀的图形符号。这种阀在气动回路中起到“或”门（P_1 开或 P_2 开）的作用。

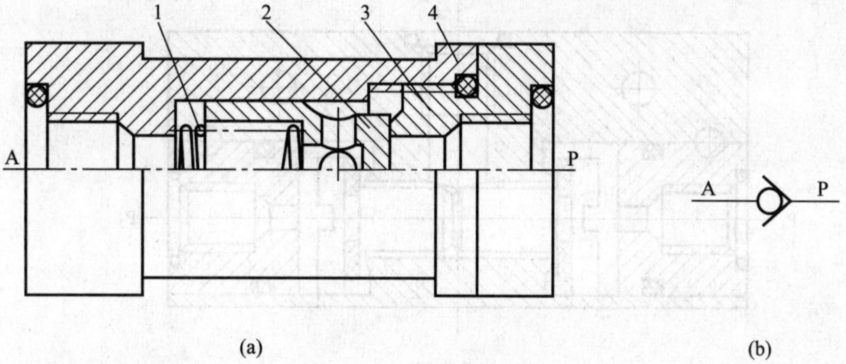

图 10－33　单向阀

1—弹簧；2—阀芯；3—阀套；4—阀体

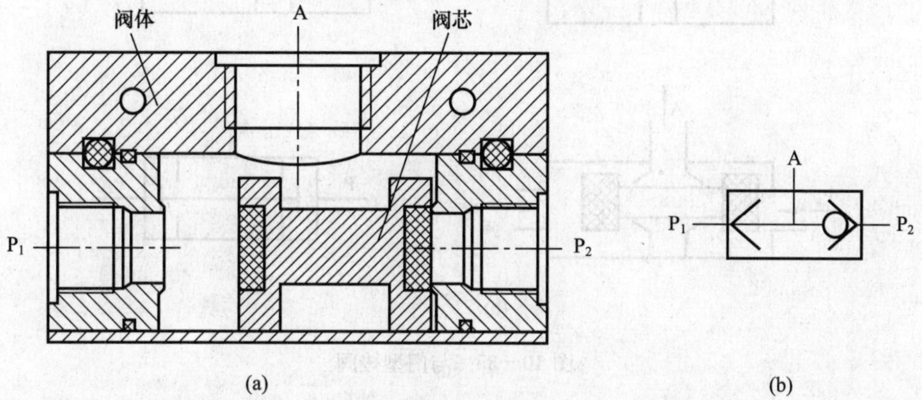

图 10－34　或门型梭阀

(3) 与门型梭阀

该阀又称双压阀，其结构如图 10－35（a）所示，它也相当于两个单向阀的组合。其工作原理和图形符号如图 10－35（b）所示：只有当两个输入口 P_1、P_2 同时进气时，A 口才有输出；当两端进气压力不等时，则低压气通过 A 口输出。

梭阀在气动系统中应用较广，它可将控制信号有次序地输入控制执行元件，常见的手动与自动控制的并联回路就用梭阀。

(4) 快速排气阀

快速排气阀是用于给气动元件或装置快速排气的阀，简称快排阀。

通常气缸排气时，气体从气缸经过管路由换向阀的排气口排出。如果气缸到换向阀的距离较长，而换向阀的排气口较小时，排气时间较长，气缸运动速度较慢；若采用快速排气阀，则气缸内的气体就能直接由快排阀排向大气，加快气缸运动速度。

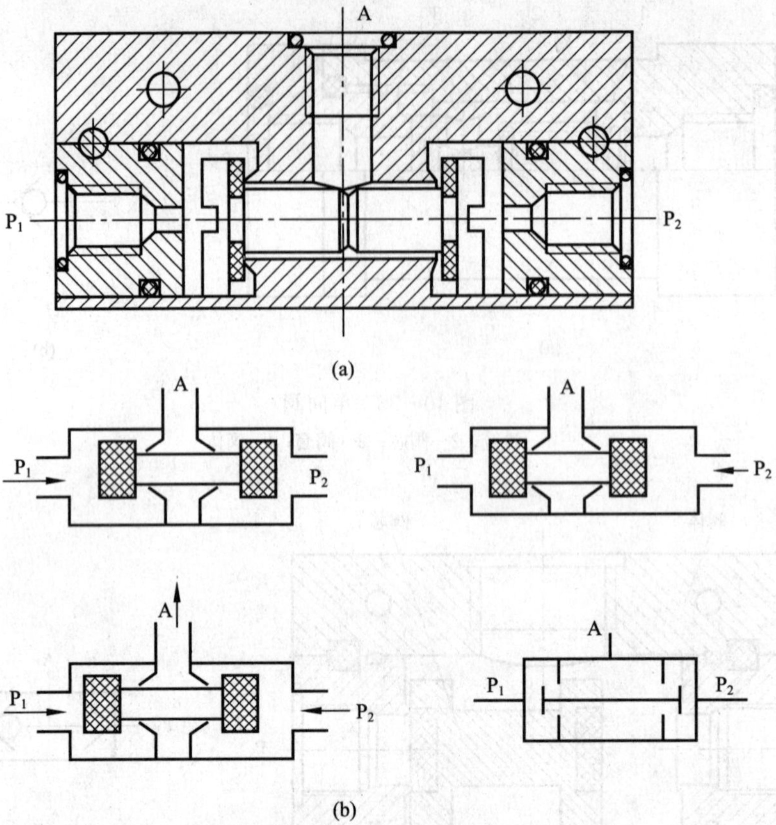

图 10－35　与门型梭阀

图 10－36 是快速排气阀的结构原理图。当 P 进气时，使膜片 1 向下变形，打开 P 与 A 的通路，同时封住排气口 O。当进气口 P 没有压缩空气进入时，在 A 口与 P 口压差作用下，膜片向上复位，关闭 P 口，使 A 口通过 O 口快速排气。

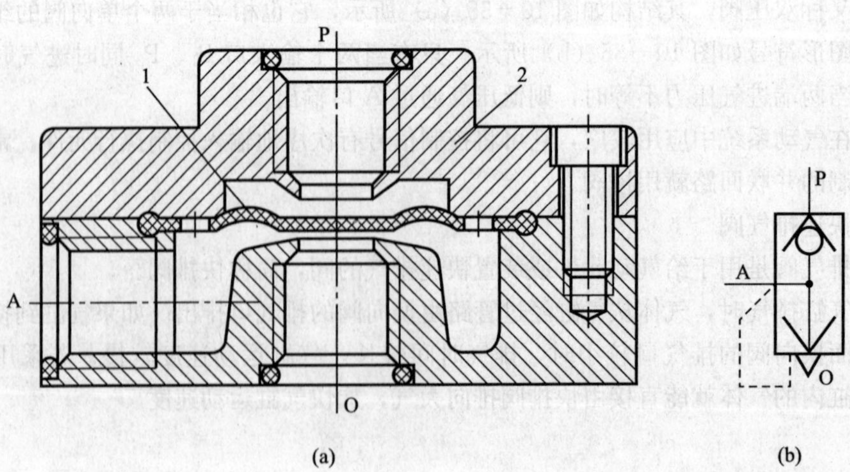

图 10－36　快速排气阀

1—膜片；2—阀体

2. 换向型控制阀

换向型控制阀简称换向阀，是指可以改变气流流动方向的控制阀。分类方法与液压换向阀大致相同：

按阀芯的结构形式可分为滑阀式、截止式、旋塞式、平面式和膜片式等几种，其中滑阀式和截止式应用较多。

按通路数和工作位置数可分为二位二通、二位三通、二位五通、三位三通、三位五通等。

按控制方式可分为气压控制、电磁控制、人力控制和机械控制，如表 10－1 所示列出了气动换向阀的主要控制方式。

表 10－1　气动换向阀的主要控制方式

人力控制	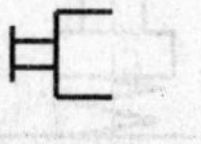 一般手动操作	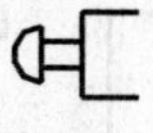 按钮式
	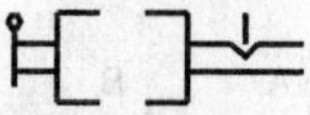 手柄式、带定位	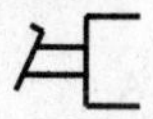 脚踏式
机械控制	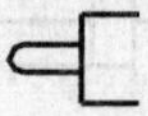 控制轴	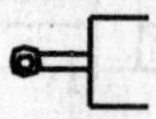 滚轮杠杆式
	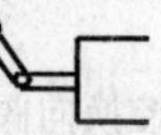 单向滚轮式	 弹簧复位
气动控制	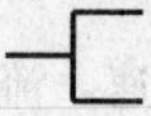 直动式	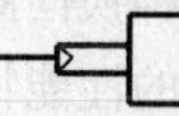 先导式
电磁控制	 单电控	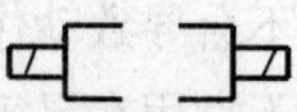 双电控
	 先导式双电控、带手动	

(1) 气压控制换向阀

气压控制换向阀利用气体压力使主阀芯运动而使气流改变方向。在易燃、易爆、潮湿、粉尘大、强磁场、高温等恶劣工作环境下，用气压力控制阀芯动作比用电磁力控制要安全可靠。气压控制可分成加压控制、泄压控制、差压控制、时间控制等方式。

①加压控制：加压控制是指加在阀芯上的控制信号压力值是逐渐上升的控制方式，当气压增加到阀芯的动作压力时，主阀芯换向。它有单气控和双气控两种。

图 10－37 (a) 所示为单气控换向阀工作原理，它是截止式二位三通换向阀。当 K 无控制信号时，阀芯在弹簧与 P 腔气压作用下，P、A 断开，A、O 接通，阀处于排气状态；当

K有加压控制信号时，阀芯在控制信号K的作用下向下运动，A、O断开，P、A接通，阀处于工作状态。

图10－37（b）为双气控换向阀工作原理，它是滑阀式二位五通换向阀。当控制信号K_1存在，信号K_2不存在时，阀芯停在右端，P、B接通，A、O_1接通；当信号K_2存在，信号K_1不存在时，阀芯停在左端，P、A接通，B、O_2接通。

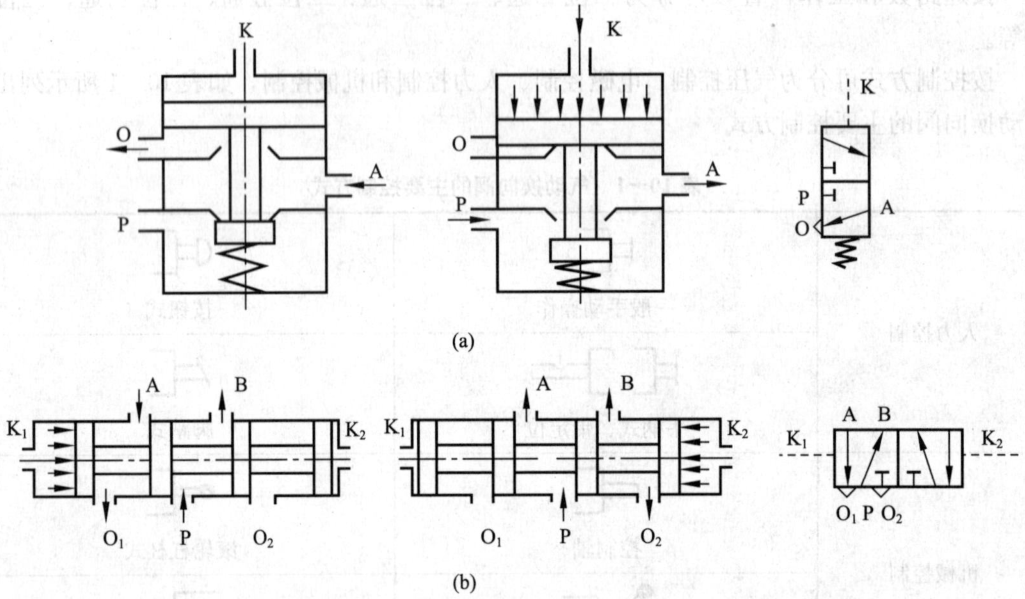

图10－37　单气控换向阀

由以上两种换向阀的工作原理可以看到：

截止式阀的性能特点：阀芯行程短，故换向迅速，流阻小，流通能力强，易于设计成结构紧凑的大通径阀；由于阀芯始终受气源压力的作用，因此阀的密封性能好，即使弹簧折断也能密封，不会导致动作失误，但在高压或大流量时，所需的换向力较大，换向时的冲击力也较大，故不宜用在灵敏度要求高的场合；滑动密封面少，泄漏小，因此抗粉尘及污染能力强，阀件磨损小，对气源过滤精度要求较其他结构的阀低；截止阀在换向的瞬间，气源口、输出口和排气口可能因同时相通而发生串气现象，此时会出现较大的系统气压波动。

滑柱式阀性能特点：阀芯行程较截止式长，对动态性能有不利影响，并会增加阀的轴向尺寸，因此，大通径的阀一般不宜采用滑柱式结构；阀芯处于静止状态时，由于结构的对称性，各通口气压对阀芯产生的轴向力保持平衡，因此，容易设计成具有记忆功能的阀；换向时，由于不承受像截止式密封结构所具有的背压阻力，所以换向阻力小，动作灵敏；通用性强。同一基型，只要调换少数零件便可变成不同控制方式、不同通口数的各种阀。同一只阀，改变接管方式，可作多种阀使用；滑柱式结构的密封特点是密封面为圆柱面，换向时，沿密封面进行滑动。因此对工作介质中的杂质比较敏感，需有一套严格的过滤、润滑、维护等措施，宜使用含有油雾润滑的压缩空气。

②泄压控制：泄压控制是指加在阀芯上的控制信号的压力值是渐降的控制方式，当压力降至某一值时阀便被切换。泄压控制阀的切换性能不如加压控制阀好。

③差压控制：差压控制是利用阀芯两端受气压作用的有效面积不等，在气压作用力的差值作用下，使阀芯动作而换向的控制方式。

图 10－38 所示的是二位五通差压控制换向阀的图形符号，当 K 无控制信号时，P 与 A 相通，B 与 O_2 相通；当 K 有控制信号时，P 与 B 相通，A 与 O_1 相通。差压控制的阀芯靠气压复位，不需要复位弹簧。

④延时控制：延时控制的工作原理是利用气流经过小孔或缝隙被节流后，再向气室内充气，经过一定的时间，当气室内压力升至一定值后，再推动阀芯动作而换向，从而达到信号延迟的目的。

图 10－39 所示为二位三通可调延时换向阀，它由延时部分和换向部分组成。当无控制信号 K 时，P 与 A 断开，A 腔排气；当有控制信号时，气体从 K 腔输入经可调节流阀后到气容 C 内，使气容不断充气，直到气容内的气压上升到某一值时，使阀芯右移，P 与 A 接通，A 有输出。当气控信号消失后，气容内气压经单向阀迅速排空，在弹簧力作用下阀芯复位，A 无输出。这种阀的延时时间可在 1～20 s 调节。若 P、O 换接，就成为常通延时断型阀。

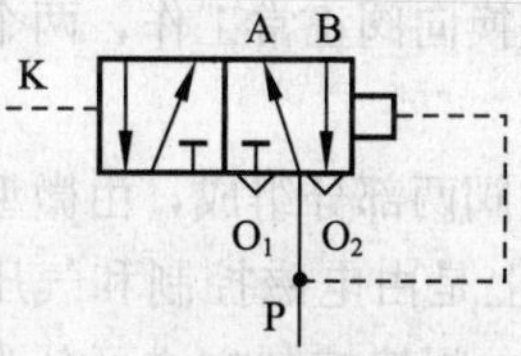

图 10－38　差压控制换向阀

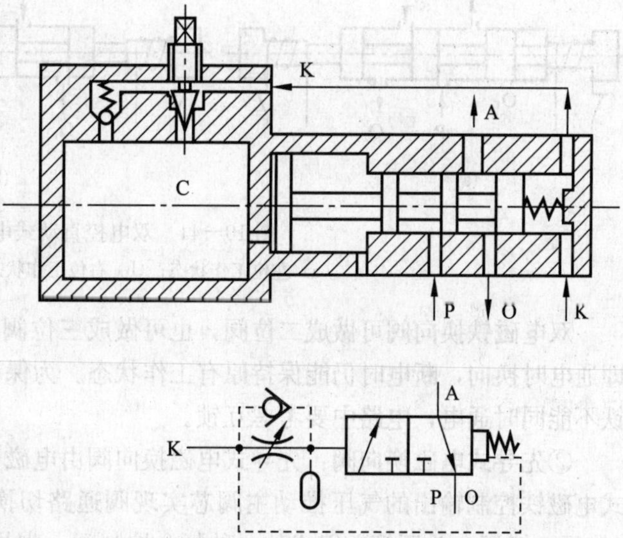

图 10－39　延时控制换向阀

(2) 电磁控制换向阀

电磁控制换向阀是利用电磁力使阀芯迅速移动换向的，与液压传动中的电磁阀一样，也由电磁铁和主阀两部分组成。利用这种阀易于实现电、气联合控制，能实现远距离操作，故得到了广泛的应用。按电磁力作用的方式不同，电磁换向阀分为直动式和先导式两种。

①直动式电磁换向阀：由电磁铁的衔铁直接推动阀芯换向的气动换向阀称为直动式电磁阀。直动式电磁换向阀有单电控和双电控两种。

如图 10－40 所示为采用截止式阀芯的单电控直动式电磁换向阀；如图 10－41 所示为采用滑柱式阀芯的双电控直导式电磁换向阀。

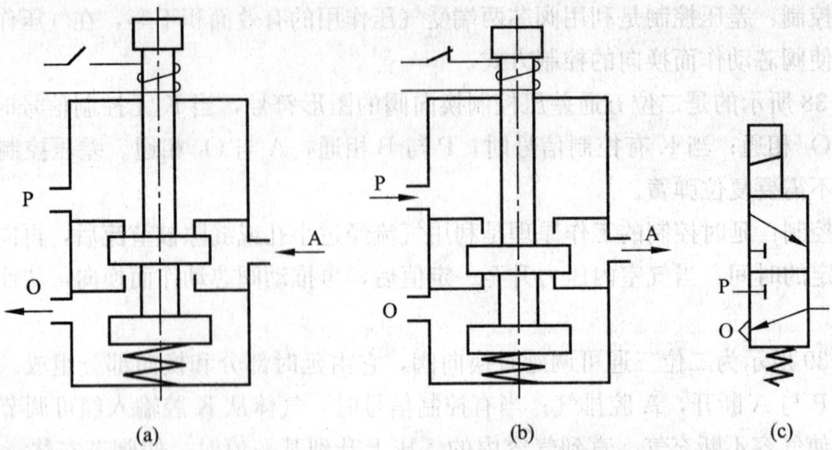

图 10－40 单电控直动式电磁换向阀

(a) 电磁铁不通电时的工作状态；(b) 电磁铁通电时的工作状态；(c) 图形符号

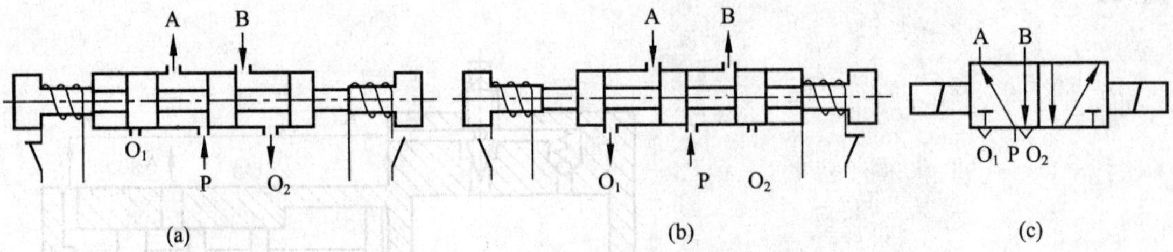

图 10－41 双电控直动式电磁换向阀

(a) 左位工作状态；(b) 右位工作状态；(c) 图形符号

双电磁铁换向阀可做成二位阀，也可做成三位阀。双电磁铁二位换向阀具有记忆功能，即通电时换向，断电时仍能保持原有工作状态。为保证双电磁铁换向阀正常工作，两个电磁铁不能同时通电，电路中要考虑互锁。

②先导式电磁换向阀：先导式电磁换向阀由电磁先导阀和主阀两部分组成，由微型直动式电磁铁控制输出的气压推动主阀芯实现阀通路切换，它实际上是由电磁控制和气压控制（加压、卸压、差压等）组成的一种复合控制阀。先导式电磁换向阀按控制方式可分为单电控和双电控方式。按先导压力来源，有内部先导式和外部先导式。

如图 10－42（a）所示是单电控外部先导式电磁换向阀的动作原理。当电磁先导阀的激磁线圈断电时，先导阀的 X、A_1 口断开，A_1、O_1 口接通，先导阀处于排气状态，此时，主阀阀芯在弹簧和 P 口气压作用下向右移动，将 P、A 断开，A、O 接通，即主阀处于排气状态。如图 10－42（b）所示，当电磁先导阀通电后，使 X、A_1 接通，电磁先导阀处于进气状态，即主阀控制腔 A_1 进气。由于 A_1 腔内气体作用于阀芯上的力大于 P 口气体作用在阀芯上的力与弹簧力之和，因此将活塞推向左边，使 P、A 接通，即主阀处于进气状态。图 10－42（c）为单电控外部先导式电磁阀的详细图形符号，图 10－42（d）所示的是其简化图形符号。

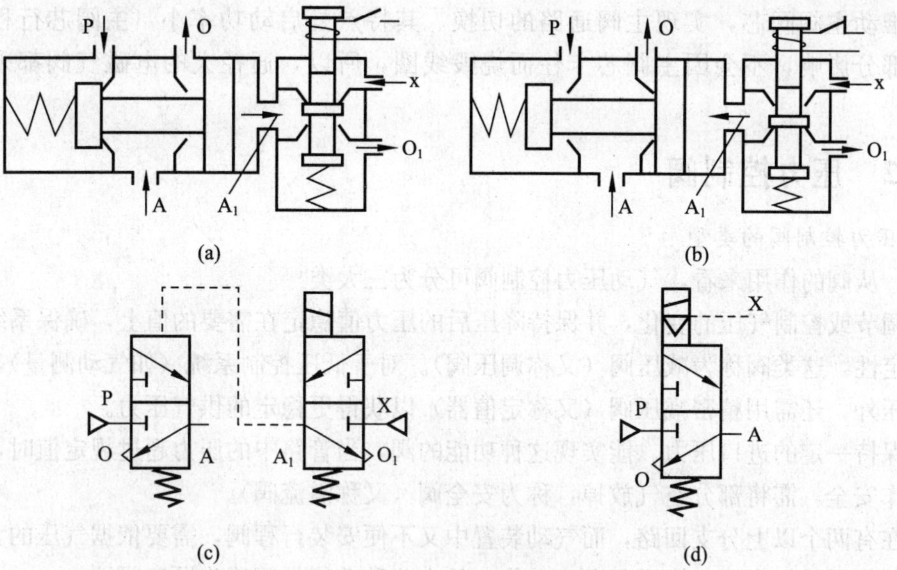

图 10—42　单电控外部先导式电磁阀

如图 10—43 所示是双电控内部先导式电磁换向阀的动作原理图。如图 10—43（a）所示，当电磁先导阀 1 通电而电磁先导阀 2 断电时，由于主阀 3 的 K_1 腔进气，K_2 腔排气，使主阀阀芯移到右边。此时，P、A 接通，A 口有输出；B、O_2 接通，B 口排气。如图 10—43（b）所示，当电磁先导阀 2 通电而电磁先导阀 1 断电时，主阀 3 的 K_2 腔进气，K_1 腔排气，主阀阀芯移到左边。此时，P、B 接通，B 口有输出；A、O_1 接通，A 口排气。双电控换向阀具有记忆性，即通电时换向，断电时并不返回，可用单脉冲信号控制。为保证主阀正常工作，两个电磁先导阀不能同时通电，电路中要考虑互锁保护。

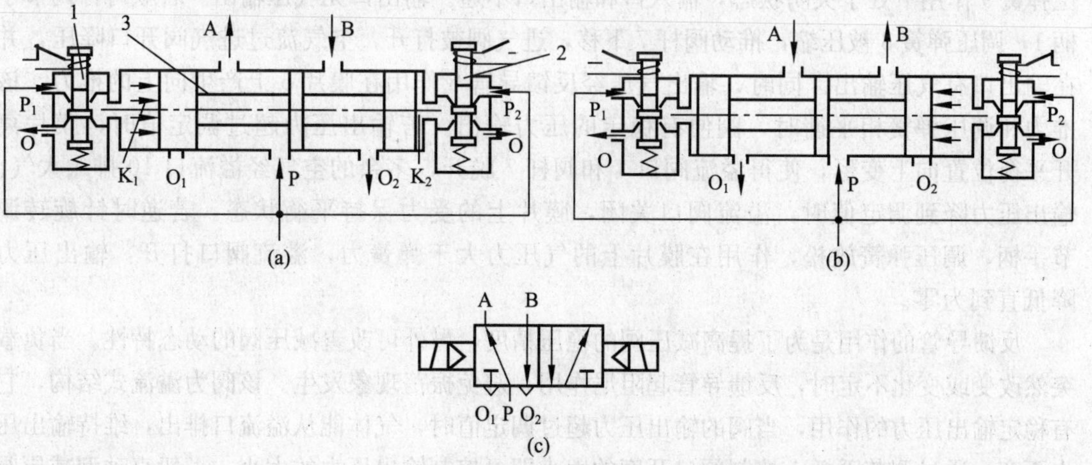

图 10—43　双电控内部先导式电磁阀

1、2—电磁先导阀；3—主阀

直动式电磁阀与先导式电磁阀相比较，前者是依靠电磁铁直接推动阀芯，实现阀通路的切换，其通径一般较小或采用间隙密封的结构形式。通径小的直动式电磁阀也常称作微型电磁阀，常用于小流量控制或作为先导式电磁阀的先导阀。而先导式电磁阀是由电磁阀输出的气压推动主阀阀芯，实现主阀通路的切换。其特点是启动功率小，主阀芯行程不受电磁控制部分影响，不会因主阀芯卡住而烧毁线圈，所以，通径大的电磁气阀都采用先导式结构。

10.4.2 压力控制阀

1. 压力控制阀的类型

(1) 从阀的作用来看，气动压力控制阀可分为三大类

①调节或控制气压的变化，并保持降压后的压力值稳定在需要的值上，确保系统工作压力的稳定性，这类阀称为减压阀（又称调压阀）。对于低压控制系统（如气动测量），除用减压阀降压外，还需用精密减压阀（又称定值器）以获得更稳定的供气压力。

②保持一定的进口压力。能实现这种功能的阀，当管路中的压力超过规定值时，为保证系统工作安全，需将部分空气放掉，称为安全阀（又称溢流阀）。

③在有两个以上分支回路，而气动装置中又不便安装行程阀，需要依据气压的大小，使执行元件按设计规定的程序进行顺序动作，具有此种功能的阀称为顺序阀。

(2) 按结构特点可分为直动型和先导型

直动型压力阀的气压直接与弹簧力相平衡。操纵调压困难、性能差，故精密的高性能压力阀都采用先导型结构。

2. 减压阀

气压传动是将压缩空气站中由气罐储存的压缩空气通过管道引出，并减压到适合于系统使用的压力。每台气动装置的供气压力都需要用减压阀来减压，并保持供气压力稳定。

(1) 直动型减压阀

如图 10—44 所示为直动型减压阀的结构原理和符号。阀在原始状态时，进气阀 8 在复位弹簧 9 作用下处于关闭状态，输入口和输出口不通。输出口无气压输出。若顺时针调节手柄 1，调压弹簧 3 被压缩，推动阀杆 7 下移，进气阀被打开，空气流过进气阀开口降压，并在输出口有气压输出。同时，输出气压经反馈导管 6 作用在膜片 5 上产生向上的推力。该推力和调压弹簧相平衡时，阀便有稳定的压力输出。若输出压力超过调定值时，膜片离开平衡位置向上变形，使得溢流阀口 4 和阀杆 7 脱开，多余的空气经溢流口 10 排入大气。输出压力降到调定值时，溢流阀口关闭，膜片上的受力保持平衡状态。若逆时针旋转调节手柄，调压弹簧放松，作用在膜片上的气压力大于弹簧力，溢流阀口打开，输出压力降低直到为零。

反馈导管的作用是为了提高减压阀的稳压精度，另外可改善减压阀的动态特性。当负载突然改变或变化不定时，反馈导管起阻尼作用，避免振荡现象发生。该阀为溢流式结构，它有稳定输出压力的作用，当阀的输出压力超过调定值时，气体能从溢流口排出，维持输出压力不变。通过调节手柄 1 控制阀口开度的大小即可控制输出压力的大小。一般直动型减压阀的最大输出压力是 0.6 MPa，调压范围是 0.1～0.6 MPa。

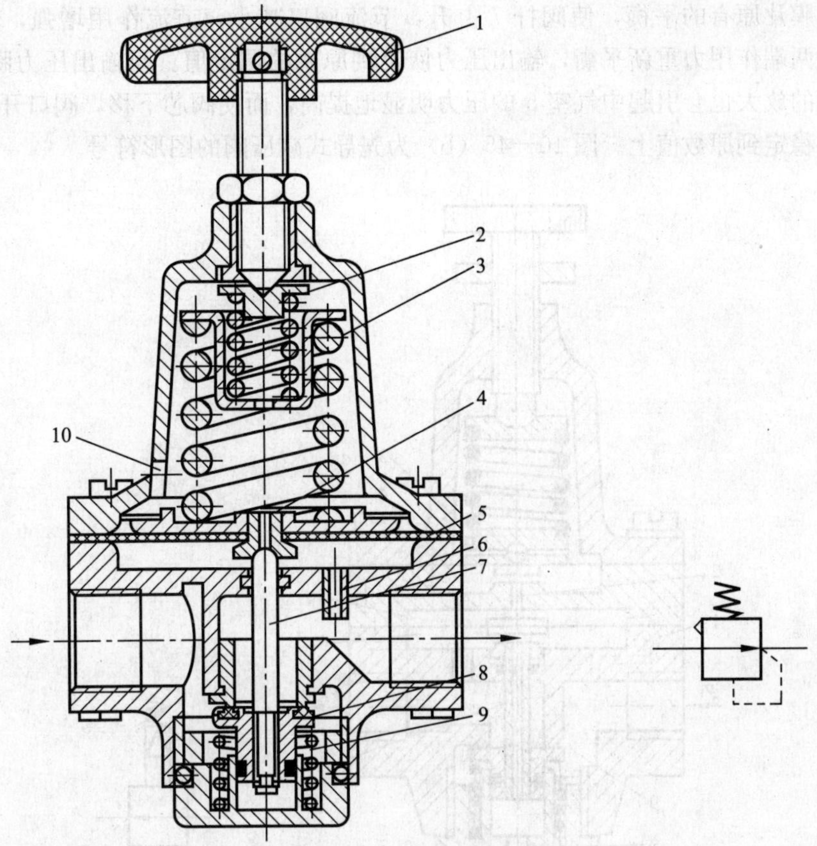

图 10—44　直动型减压阀

1—手柄；2、3—调压弹簧；4—溢流阀口；5—膜片；
6—反馈导管；7—阀杆；8—进气阀；9—复位弹簧；10—溢流口

(2) 先导式减压阀

当减压阀的接管口径很大或输出压力的给定值较高时，相应的膜片等结构尺寸也很大。若用调压弹簧直接调压，则弹簧过硬，不仅调节费力，而且当输出流量较大时，输出压力波动也很大。因此，接管口径 20 mm 以上且输出压力大于 0.63 MPa 时，一般宜用先导式结构。在需要远距离遥控时，可采用遥控先导式减压阀。

先导式减压阀是使用预先调整好压力的空气来代替直动式调压弹簧进行调压的。其调节原理和主阀部分的结构与直动式减压阀相同。先导式减压阀的调压空气一般是由小型的直动式减压阀供给的。若将这种直动式减压阀装在主阀内部，则称为内部先导式减压阀。若将其装在主阀外部，称为外部先导式或远距离控制（遥控）的减压阀。

如图 10—45 (a) 所示为内部先导式减压阀结构图，由先导阀和主阀两部分组成。当气流从左端流入阀体后，一部分经进气阀口 9 流向输出口，另一部分经固定节流孔 1 进入中气室 5，经喷嘴 2、挡板 3、孔道反馈至下气室 6，再经阀杆 7 中心孔及排气孔 8 排至大气。

把手柄旋到一定位置，使喷嘴挡板的距离在工作范围内，减压阀就进入了工作壮态，中气室 5 的压力随喷嘴挡板间的距离减少而增大，于是推动阀芯打开进气阀口 9，立即有气流流到出口，同时经孔道反馈到上气室 4，与调压弹簧相平衡。

若输入压力瞬时升高，输出压力也相应升高，通过孔口的气流使下气室 6 的压力也升高，破坏了膜片原有的平衡，使阀杆 7 上升，节流阀口减小，节流作用增强，输出压力下降，使膜片两端作用力重新平衡，输出压力恢复到原来的调定值。当输出压力瞬时下降时，经喷嘴挡板的放大也会引起中气室 5 的压力明显地提高，而使阀芯下移，阀口开大，输出压力升高，并稳定到原数值上。图 10—45（b）为先导式减压阀的图形符号。

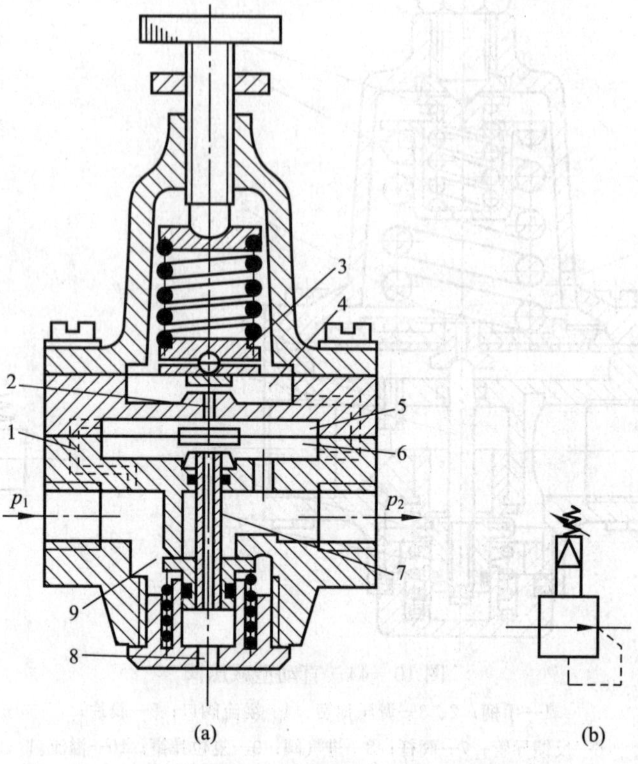

图 10—45 内部先导式减压阀

1—节流孔；2—喷嘴；3—挡板；4—上气室；5—中气室；6—下气室；7—阀杆；8—排气孔；9—进气阀口

3. 溢流阀（安全阀）

溢流阀的作用是当气动系统中的压力超过调定压力时，能自动向外排气。实际上，溢流阀是一种用于保持回路压力恒定的压力控制阀。

图 10—46 所示是一种直动式溢流阀的工作原理和符号。图 10—46（a）所示为阀的初

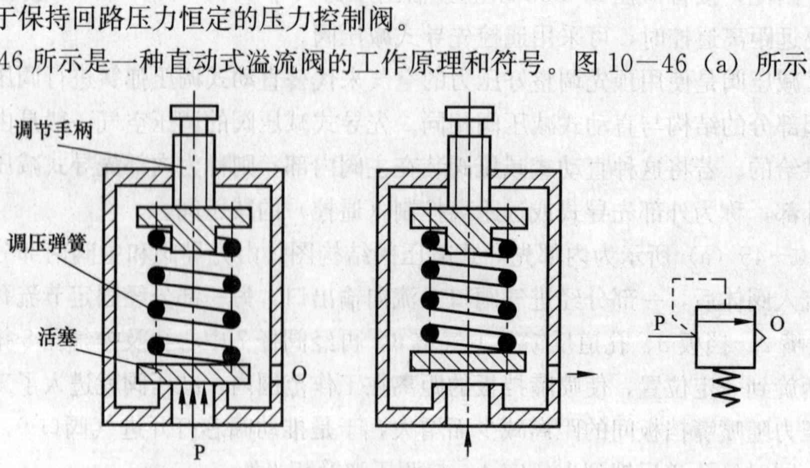

图 10—46 直动式溢流阀

始工作位置，预先调整手柄，使调压弹簧压缩，阀门关闭；图 10－46（b）所示为当气压达到给定值时，气体压力将克服弹簧预紧力，活塞上移，开启阀门排气；当系统内压力降至给定压力以下时，阀重新关闭。调节弹簧的预紧力可改变调定压力的大小。

4. 顺序阀

顺序阀是依靠气动回路中压力的变化来控制顺序动作的一种压力控制阀。若将顺序阀与单向阀并联组装成一体，则称为单向顺序阀。

图 10－47 所示为顺序阀的工作原理及图形符号。当输入口 P 的气体作用在阀的活塞上的力大于弹簧力的调定值时，P→A 接通，阀开启，气体输向下一个执行元件，实现顺序动作。

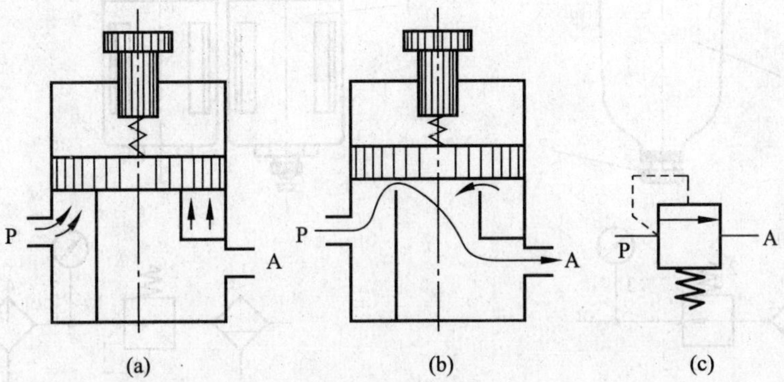

图 10－47　顺序阀

5. 过滤减压阀和气动三联件

如图 10－48（a）所示为过滤减压阀，它是将分水过滤器与直动式减压阀集成，做在一个壳体内并配以压力表，兼备了过滤和调压两种功能，使用方便。

如图 10－48（b）所示，把过滤减压阀和油雾器组合在一起，形成无管化连接，称为气动三联件，是气动系统中常用的气源辅件。

10.4.3　流量控制阀

流量控制阀是通过改变阀的通流截面积来实现流量控制的元件。在气动系统中，控制气缸运动速度、控制信号延迟时间、控制油雾器的滴油量、控制缓冲气缸的缓冲能力等都是依靠控制流量来实现的。

气动流量控制阀主要包括两种：一种设置在回路中，对回路所通过的空气流量进行控制，这类阀有节流阀、单向节流阀、柔性节流阀和行程节流阀；另一种连接在换向阀的排气口处，对换向阀的排气量进行控制，这类阀称为排气节流阀。

1. 节流阀

常用节流阀的节流口形式如图 10－49 所示。图 10－49（a）所示的是针阀式节流口，当阀开度较小时，调节比较灵敏，当超过一定开度时，调节流量的灵敏度就差了；图 10－49（b）所示的是三角槽形节流口，通流面积与阀芯位移量呈线性关系；图 10－49（c）所示的是圆柱斜切式节流口，通流面积与阀芯位移量成指数（指数大于 1）关系，能进行小流量精密调节。

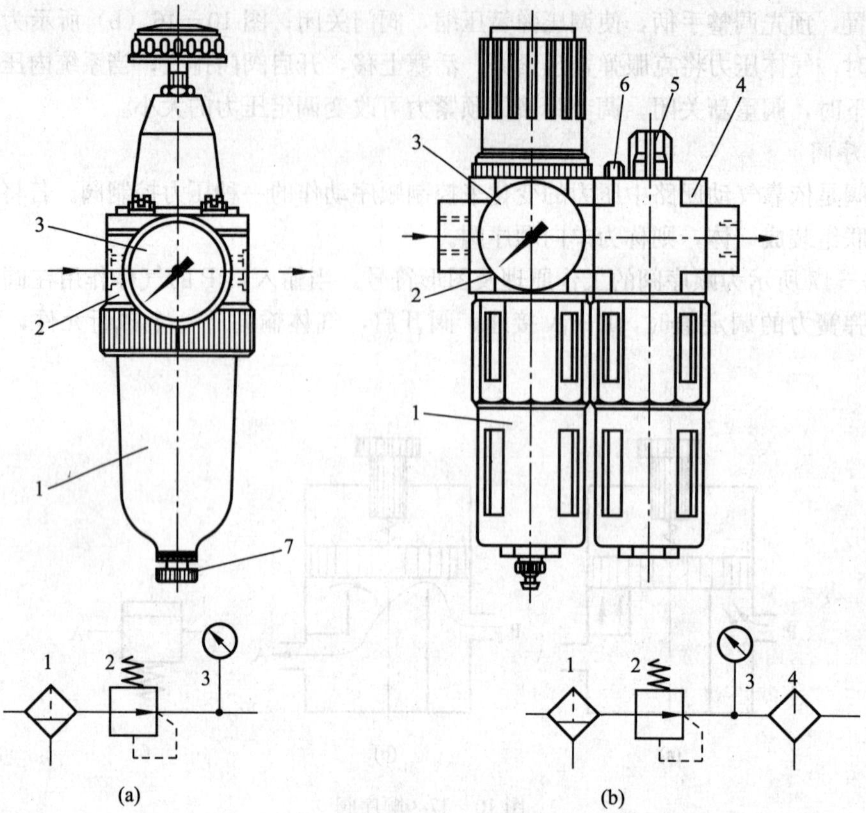

图 10－48 过滤减压阀和气动三联件

(a) 过滤减压阀；(b) 气动三联件

1—分水过滤器；2—减压阀；3—压力表；

4—油雾器；5—滴油量调节螺钉；6—油杯放气螺塞；7—放水螺塞

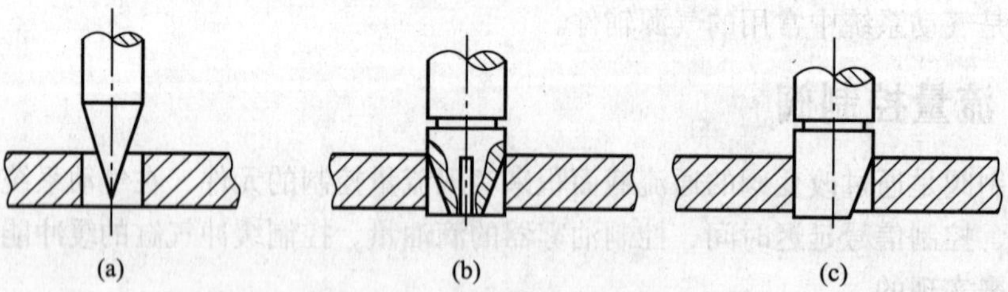

图 10－49 常用节流口形式

图 10－50 所示的是节流阀的结构原理及图形符号。当压力气体从 P 口输入时，气流通过节流通道自 A 口输出。旋转阀芯螺杆，就可改变节流口的开度，从而改变阀的流通面积。

单向节流阀是由单向阀和节流阀并联而成的组合式流量控制阀。该阀常用于控制气缸的运动速度，故也称“速度控制阀”。图 10－51 是单向节流阀的图形符号。

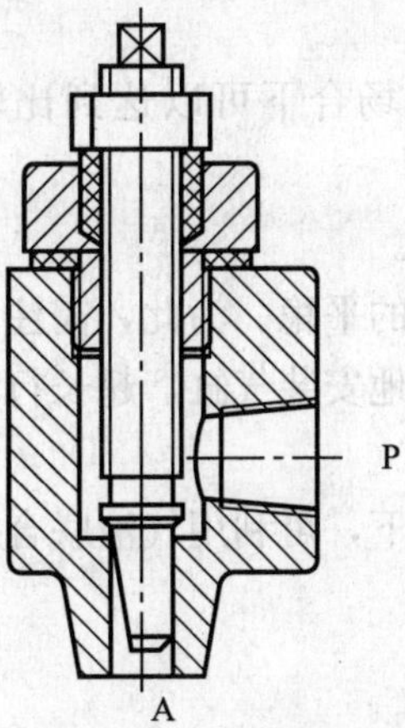

图 10－50　节流阀

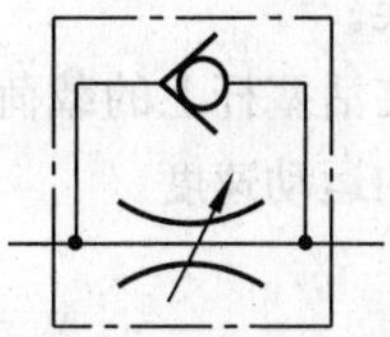

图 10－51　单向节流阀

2. 柔性节流阀

柔性节流阀主要是依靠上下阀杆夹紧柔韧的橡胶管而产生的。当然，也可以利用气体压力来代替阀杆压缩橡胶管。柔性节流阀结构简单，压力降小，动作可靠性高，对污染不敏感，通常工作压力范围为 0.3～0.63 MPa。图 10－52 所示为柔性节流阀的原理图。

3. 排气节流阀

排气节流阀的工作原理与节流阀相同，只安装在元件的排气口（如换向阀的排气口）上，控制排入大气的气体流量，以改变执行机构的运动速度。排气节流阀常带有消声器以减小排气噪声，并能防止不清洁的气体通过排气孔污染气路中的元件。

图 10－53 所示是一种排气消声节流阀，由节流阀和消声器构成，直接拧在换向阀的排气口上。由于其结构简单，安装方便，能简化回路，故应用日益广泛。

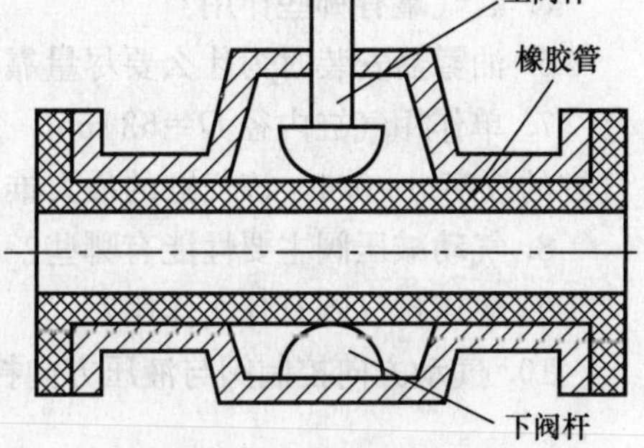

图 10－52　柔性节流阀

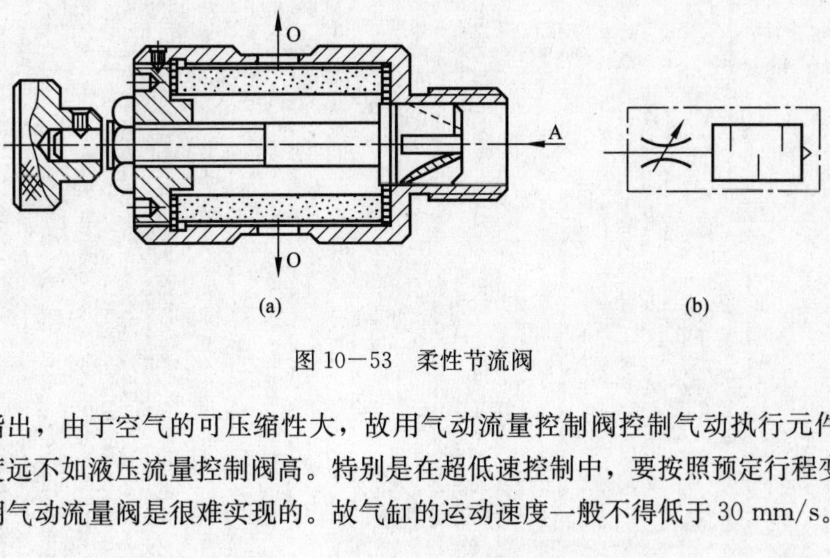

图 10－53　柔性节流阀

应当指出，由于空气的可压缩性大，故用气动流量控制阀控制气动执行元件的运动速度，其精度远不如液压流量控制阀高。特别是在超低速控制中，要按照预定行程变化来控制速度，只用气动流量阀是很难实现的。故气缸的运动速度一般不得低于 30 mm/s。在外部负载变化较大时，仅用气动流量阀也不会得到满意的调速效果。

在气缸速度控制中，若能充分注意以下各点，则在多数场合下可以达到比较满意的效果。

①彻底防止管路中的气体泄漏，包括各元件接管处的泄漏。

②要注意减小气缸运动的摩擦阻力，以保持气缸运动速度的平稳。为此，需注意气缸本身的质量，使用中要保持良好的润滑状态。要注意正确、合理地安装气缸，超长行程的气缸应安装导向支架。

③加在气缸活塞杆上的载荷必须稳定。在载荷变化的情况下，可利用气液联合传动的方式以稳定气缸的运动速度。

习 题 十

1. 简述活塞式空压机的工作原理及其特点。
2. 气源为什么要净化？气源装置主要由哪些元件组成？
3. 气动三联件包括哪三个元件？它们的安装顺序如何？
4. 气缸有哪些类型？
5. 贮气罐有哪些作用？
6. 油雾器安装时为什么要尽量靠近换向阀？
7. 单作用气缸内径 $D=63$ mm，复位弹簧最大反力 $Fs=150$ N，工作压力 $p=0.5$ MPa，气缸的效率 $\eta=0.4$，该气缸的最大推力 F_{max} 是多大？
8. 气动减压阀主要性能有哪些？
9. 快速排气阀有什么作用？
10. 气动方向控制阀与液压方向控制阀有何相同和不同之处？

第 11 章　气动基本回路

学习目标

知识目标

- 掌握各种不同的气动系统的组成和工作原理
- 熟悉气动系统常用回路的类型、功用
- 了解各种常用气压回路的特点

能力目标

- 能分析各种气动回路的工作原理和特点
- 能根据要求画出各类基本回路
- 能合理选择各种气动元件，并能熟练地连接和调试回路

气动系统一般是由一些具有不同功能的气动基本回路所组成。气动回路与液压回路相比，也有很多不同之处：气动回路由空气压缩机站集中供气，一般不设排气管道；空气无润滑性；气动元件的安装位置对其性能影响很大等。气动基本回路按功能不同可分为：方向控制、压力控制、速度控制等基本回路。本章主要介绍各种气动基本回路的组成、工作原理和特点。

11.1　方向控制回路

方向控制回路是用来控制系统中执行元件启动、停止或改变运动方向的回路。常用的是换向回路。换向回路是利用方向控制阀使执行元件（气缸或气马达）改变运动方向的控制回路。

11.1.1　单作用气缸的换向回路

图 11－1（a）所示是利用二位三通电磁阀控制单作用气缸的活塞杆外伸，电磁铁通电时靠气压使活塞杆上升，电磁铁断电时靠弹簧作用缩回。

图 11－1（b）所示是利用三位五通电磁阀控制单作用气缸的活塞杆外伸，当阀处于中位时，气缸进气口被关闭，故气缸能在任意一位置停止下来。但由于空气的可压缩性和漏气等原因，气缸定位精度不高。

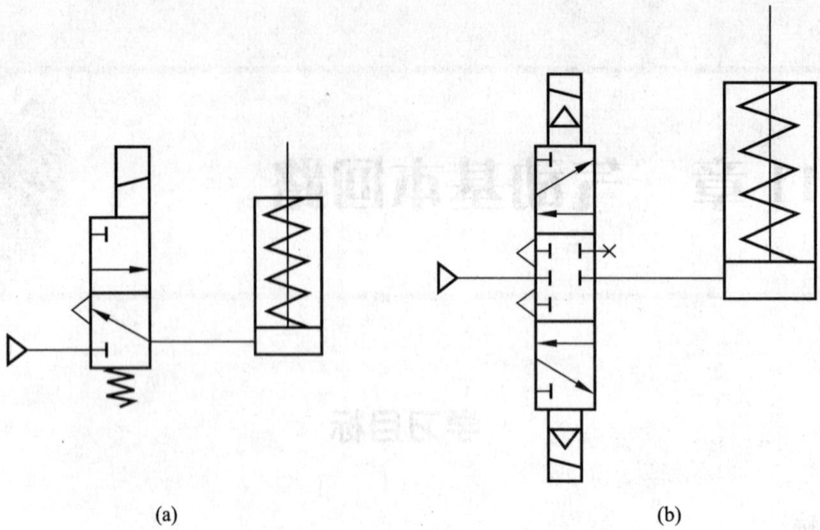

图 11－1　单作用气缸的换向回路

11.1.2　双作用气缸的换向回路

图 11－2（a）为二位四通电磁阀控制双作用缸的换向回路。图示位置换向阀左侧电磁铁通电，右侧电磁铁断电，气缸右腔进气，左腔排气，活塞杆缩回。当左侧电磁铁断电，右侧电磁铁通电时，换向阀工作在右位，气缸左腔进气，右腔排气，活塞杆伸出。

图 11－2（b）为两个小通径的手动换向阀与二位四通气控换向阀控制气缸换向的回路。

图 11－2（c）为三位四通电磁阀控制的换向回路。除了控制双作用气缸换向外，还可以在行程中的任意位置停止运动。

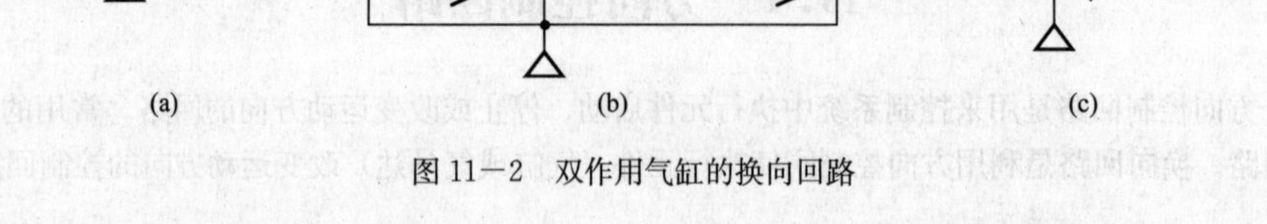

图 11－2　双作用气缸的换向回路

11.1.3　差动回路

差动回路是指气缸的两个运动方向采用不同压力供气，从而利用差压进行工作的回路。如图 11－3 所示的是差压式控制回路，活塞上侧有低压 p_2，活塞下侧有高压 p_1，目的是为了减小气缸运动的撞击（如气缸垂直安装）或减少耗气量。

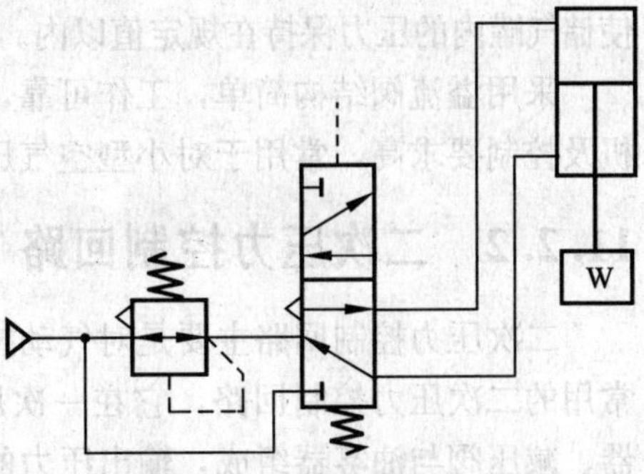

图 11－3　差动回路

11.1.4　气动马达换向回路

图 11－4 所示为气动马达单方向旋转的回路，采用了二位二通电磁阀来实现转停控制，马达的转速用节流阀来调整。图 11－4（b）和图 11－4（c）所示的回路分别为采用两个二位三通阀和一个三位五通阀来控制气动马达正反转的回路。

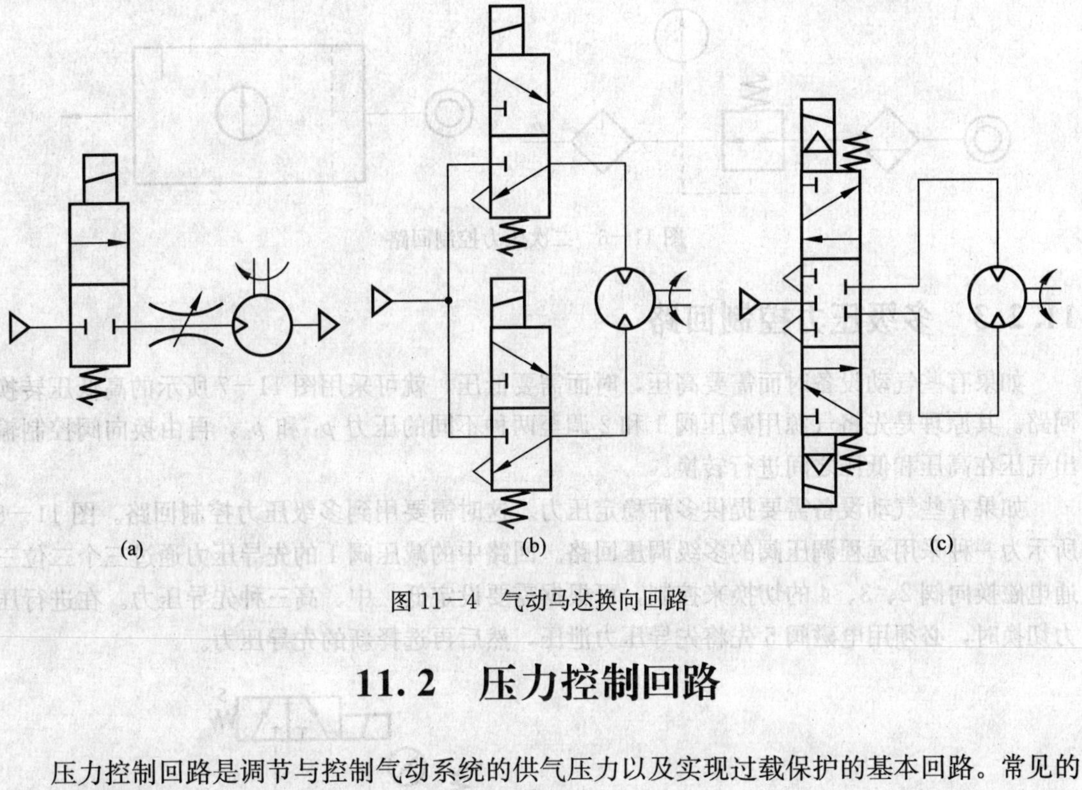

(a)　(b)　(c)

图 11－4　气动马达换向回路

11.2　压力控制回路

压力控制回路是调节与控制气动系统的供气压力以及实现过载保护的基本回路。常见的压力控制回路如下。

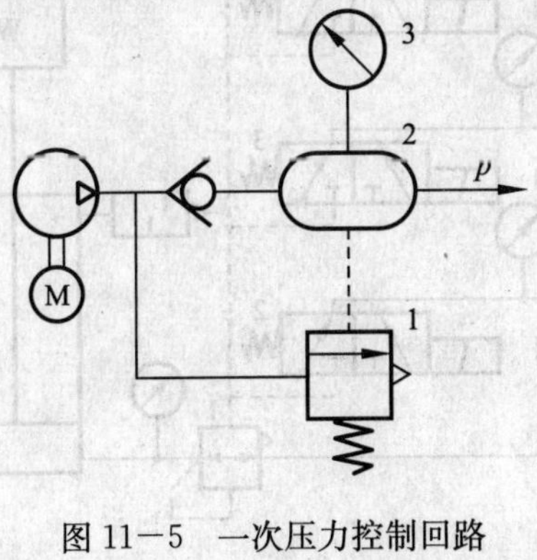

图 11－5　一次压力控制回路

1—安全阀；2—贮气罐；3—电触点压力表

11.2.1　一次压力控制回路

一次压力控制回路用来控制贮气罐内的压力，使它不超过调定的压力，故又称为气源压力控制回路。常采用外控溢流阀进行压力控制。

如图 11－5 所示，是一次压力控制回路，当采用溢流阀控制时，若储气罐内的压力超过规定值时，溢流阀被打开，压缩机输出的压缩空气经溢流阀排入大气，溢流阀作为安全阀使用。当采用电接触点压力表控制时，它可直接控制压缩机的转动或停止，同样可使储气罐内的压力保持在规定值以内。

采用溢流阀结构简单，工作可靠，但气量浪费较大；而采用电接点压力表控制，则对电机及控制要求高，常用于对小型空气压缩机的控制。

11.2.2 二次压力控制回路

二次压力控制回路主要是对气动控制系统的气源压力进行控制。如图 11－6 所示为一种常用的二次压力控制回路，它在一次压力控制回路的出口处串接气动三大件——空气过滤器、减压阀与油雾器组成，输出压力的高低是用溢流式减压阀来调节的。

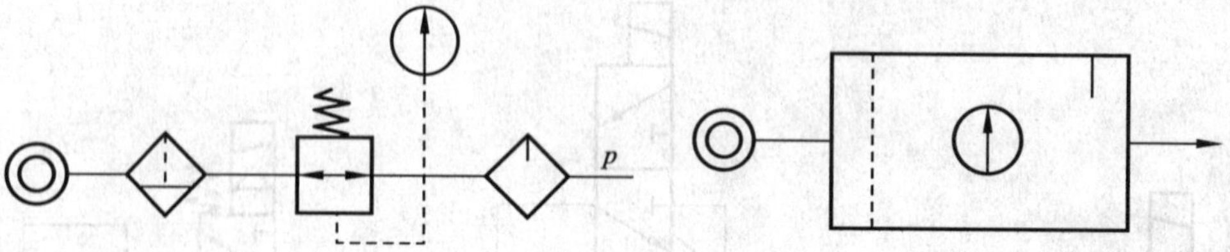

图 11－6 二次压力控制回路

11.2.3 多级压力控制回路

如果有些气动设备时而需要高压，时而需要低压，就可采用图 11－7 所示的高低压转换回路。其原理是先将气源用减压阀 1 和 2 调至两种不同的压力 p_1 和 p_2，再由换向阀控制输出气压在高压和低压之间进行转换。

如果有些气动设备需要提供多种稳定压力。这时需要用到多级压力控制回路。图 11－8 所示为一种采用远程调压阀的多级调压回路。回路中的减压阀 1 的先导压力通过三个二位三通电磁换向阀 2、3、4 的切换来控制，可根据需要设定低、中、高三种先导压力。在进行压力切换时，必须用电磁阀 5 先将先导压力泄压，然后再选择新的先导压力。

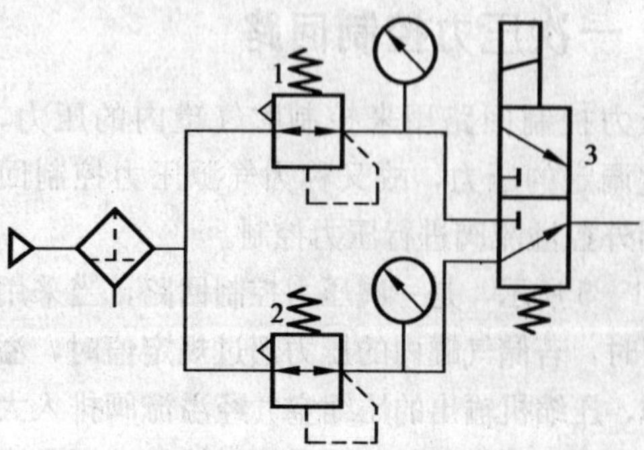

图 11－7 高低压转换回路

1、2—减压阀；3—电磁换向阀

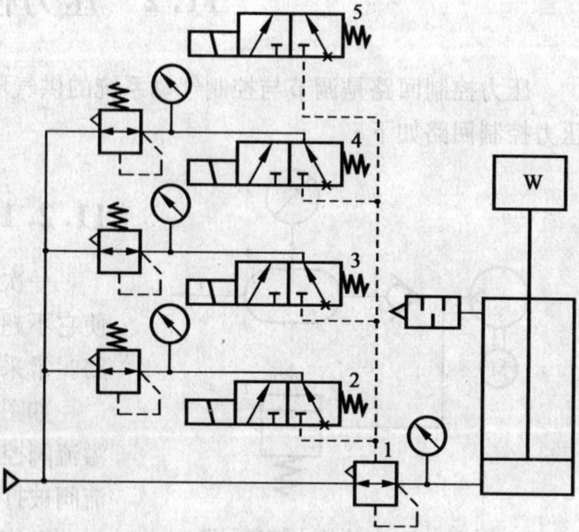

图 11－8 多级压力控制回路

1—减压阀；2、3、4、5—电磁换向阀

11.3　速度控制回路

速度控制回路用来调节或改变执行元件的运动速度。由于目前使用的气动系统功率较小，故调速方法主要是节流调速，即进气节流调速和排气节流调速。应用气动流量控制阀对气动执行元件进行调速，比用液压流量控制阀调速要困难，因气体具有可压缩性。所以用气动流量控制阀调速应注意以下几点，以防产生爬行。

①管道上不能有漏气现象。

②气缸、活塞间的润滑状态要好。

③流量控制阀应尽量安装在气缸或气动马达附近。

④尽可能采用出口节流调速方式。

⑤外加负载应当稳定。

11.3.1　单作用气缸的速度控制回路

图 11－9（a）所示为由左右两个单向节流阀来分别控制活塞杆的升降速度的控制回路。图 11－9（b）是快速返回回路，活塞上升时，由节流阀控制其速度，活塞返回时，气缸下腔通过快速排气阀排气。

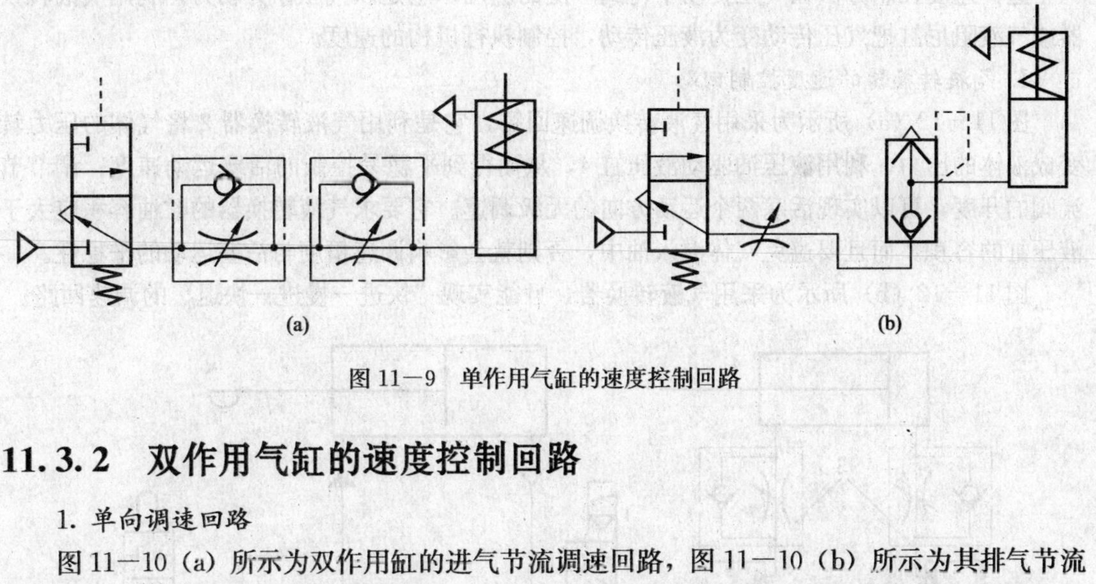

图 11－9　单作用气缸的速度控制回路

11.3.2　双作用气缸的速度控制回路

1. 单向调速回路

图 11－10（a）所示为双作用缸的进气节流调速回路，图 11－10（b）所示为其排气节流调速回路。气动系统中，对水平安装的气缸，较少使用进气节流调速，主要是气缸在运动中易产生“爬行”或“跑空”现象。为获得稳定的运动速度，气动系统多采用排气节流调速。

2. 双向调速回路

图 11－11（a）所示为采用两个单向节流阀的调速回路，调节节流阀的开度可调整气缸的往复运动速度。图 11－11（b）所示为采用两个排气节流阀的调速回路。它们都是排气节流调速，调速时气缸的进气阻力小，且承受负值载荷变化影响小，因而比进气节流的调速效果好。

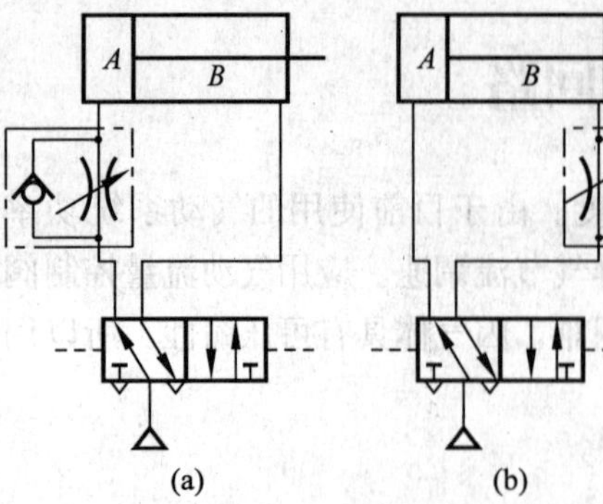

图 11－10　双作用单向调速回路

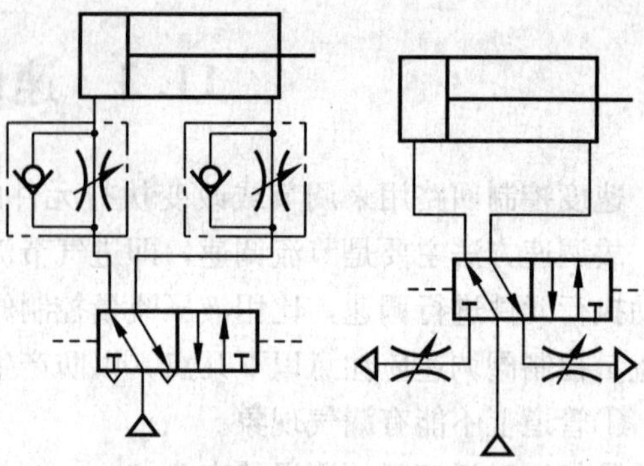

图 11－11　双作用双向调速回路

上述调速回路，一般只适用于对速度稳定性要求不高的场合。这是因为，当负载突然增大时，由于气体的可压缩性，将迫使气缸内的气体压缩，使气缸活塞运动的速度减慢；反之，当负载突然减小时，又会使气缸内的气体膨胀，使活塞运动速度加快，此现象称为气缸的“自行走”。因此，当要求气缸具有准确平稳的运动速度时，特别是在负载变化较大的场合，便需要采用其他调速方式来改善其调速性能，一般常用气液联动的调速方式。

11.3.3　气液联动调速回路

这种速度控制方法在气压传动中得到广泛的应用。它是以气压作为动力，利用气液转换器或气液阻尼缸把气压传动变为液压传动，控制执行机构的速度。

1. 气液转换器的速度控制回路

图 11－12（a）所示为采用气液转换调速回路，它是利用气液转换器 2 将气体的压力转变成液体的压力，利用液压油驱动液压缸 4，从而得到平稳易控制的活塞运动速度；调节节流阀的开度，可以实现活塞两个运动方向的无级调速。它要求气液转换器的贮油容积应大于液压缸的容积，而且要避免气体混入油中，否则就会影响调速精度与活塞运动的平稳性。

图 11－12（b）所示为采用气液转换器，且能实现“快进—慢进—快退”的调速回路。

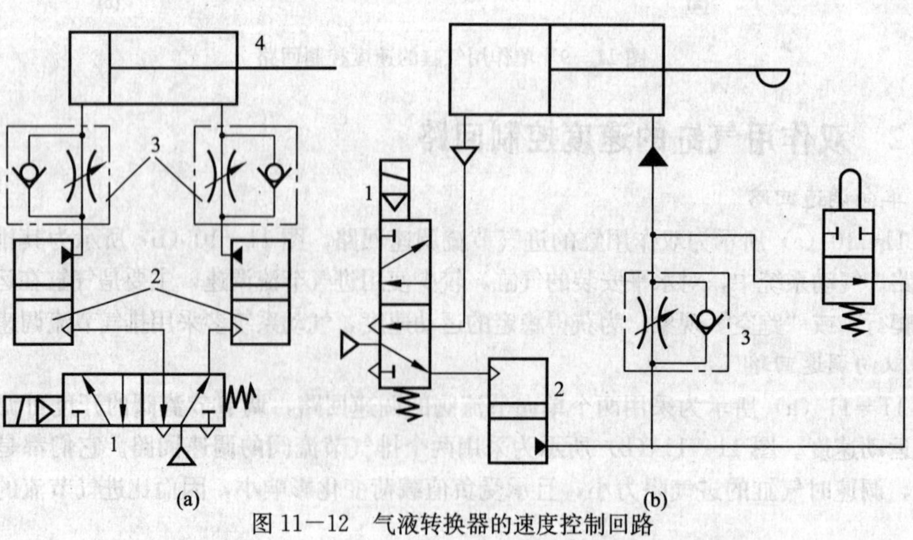

图 11－12　气液转换器的速度控制回路

1—先导式电磁换向阀；2—气液转换器；3—单向节流阀；4—液压缸

2. 气液阻尼缸的速度控制回路

气液阻尼缸调速回路中用气缸传递动力，并由液压缸进行阻尼和稳速，由液压缸和调速机构进行调速。由于调速是在液压缸和油路中进行的，因而调速精度高、运动速度平稳。因此这种调速回路应用广泛，尤其在金属切削机床中用得最多。

图 11－13 所示为一种气液阻尼调速回路，其中气缸作负载缸，液压缸作阻尼缸，调节节流阀即可调节气液阻尼缸活塞的运动速度。安放位置高于气液阻尼缸的油箱 5 可通过单向阀补偿阻尼液的泄漏。这种调速回路利用调节液压缸的速度间接调节气缸速度，克服了直接调节气缸流量不稳定现象。

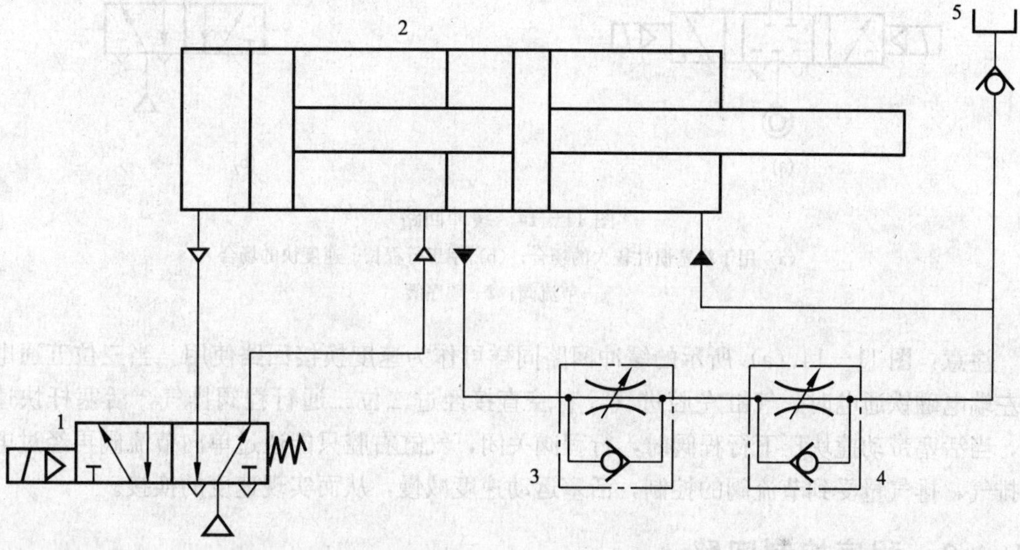

图 11－13　气液阻尼调速回路

1—换向阀；2—气液阻尼缸；

3、4—单向节流阀；5—补油油箱

11.4　其他控制回路

11.4.1　缓冲回路

一般气动执行元件的运动速度较快，为了避免活塞在到达终点时，与缸盖发生碰撞，产生冲击和噪声，影响设备的工作精度以致损坏零件，在气动系统中常使用缓冲回路，以此来降低活塞到达终点时的速度。

如图 11－14（a）所示的缓冲回路，当活塞向右运动时，气缸右腔的气体经二位二通行程阀和三位五通换向阀排出。直到活塞运动到末端，挡块压下行程阀时，气体经节流阀排出，活塞运动速度得到缓解。调整行程阀的安装位置即可调缓冲开始时间。此回路适用于活塞惯性较大的场合。如图 11－14（b）所示的缓冲回路，其特点是：当活塞向左返回到行程末端时，其左腔的压力已经下降到打不开顺序阀 2，余气只能经节流阀 1 和二位五通换向阀排出，因此活塞得到缓冲。这种回路常用于行程长、速度快的场合。

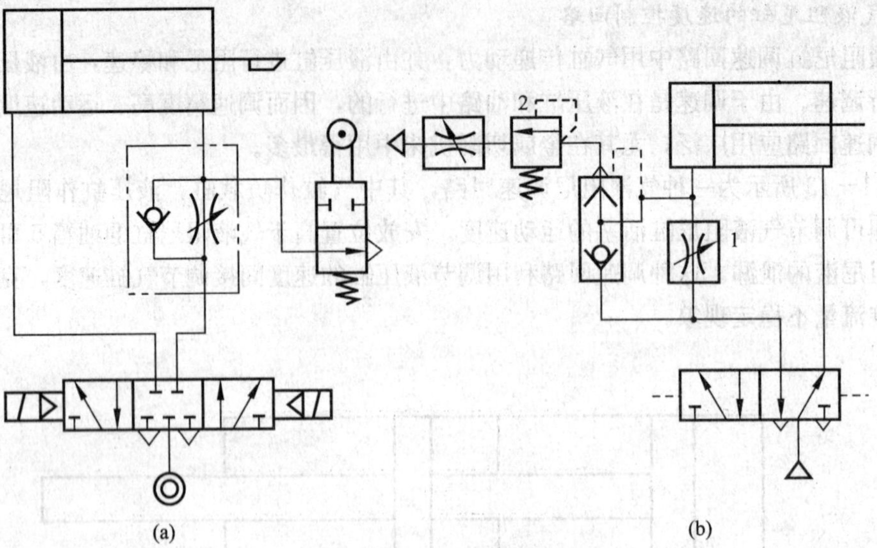

图 11－14 缓冲回路

(a) 用于活塞惯性较大的场合；(b) 用于行程长、速度快的场合

1—节流阀；2—顺序阀

注意：图 11－14 (a) 所示的缓冲回路同样可作为速度换接回路使用。当三位五通电磁阀左端电磁铁通电时，气缸左腔进气，右腔直接经过二位二通行程阀排气，活塞杆快速前进，当活塞带动撞块压下行程阀时，行程阀关闭，气缸右腔只能通过单向节流阀再经过电磁阀排气，排气量受到节流阀的控制，活塞运动速度减慢，从而实现速度的换接。

11.4.2 程序控制回路

程序控制回路主要是使执行元件按预定程序动作。

1. 往复运动回路

(1) 单往复运动回路

图 11－15 所示为利用双控阀的记忆功能，控制气缸单往复运动的回路。图 11－15 (a) 回路的复位信号是由机控阀发出的；图 11－15 (b) 回路的复位信号是由顺序阀控制的；图 11－15 (c) 回路的复位信号是由延时阀（延时接通）输出的，因此这三种单往复回路分别称为位置控制式、压力控制式和时间控制式单往复运动回路。

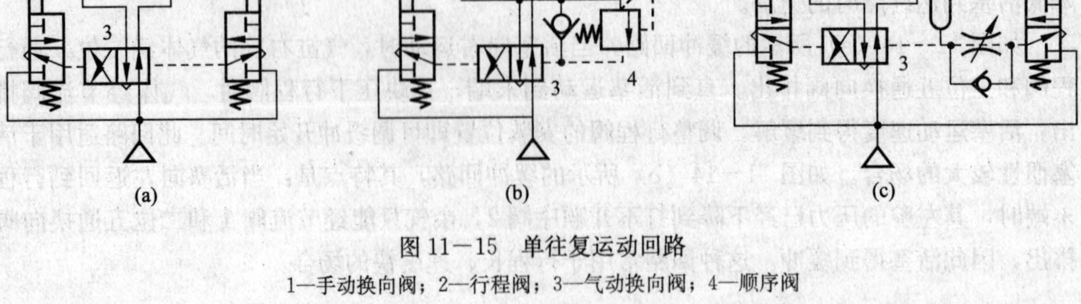

图 11－15 单往复运动回路

1—手动换向阀；2—行程阀；3—气动换向阀；4—顺序阀

(2) 多往复运动回路

图 11—16 所示为多往复运动回路，其中图 11—16（a）是用机控阀控制的位置控制式多往复动作回路，图 11—16（b）是用两个延时阀控制的时间控制式多往复动作回路。

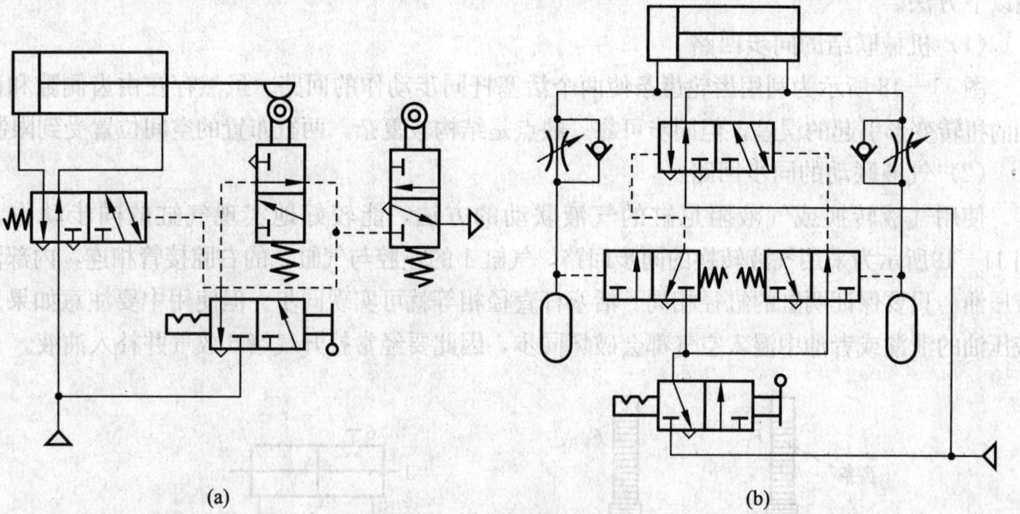

图 11—16　多往复运动回路

（a）位置控制式；（b）时间控制式

2. 顺序动作回路

如图 11—17 所示为双缸顺序动作回路，A、B 两缸按“A_1—B_1—B_0—A_0”的顺序动作。当按下二位三通手动换向阀时，三位五通双气控换向阀 5 处于左位，压缩空气进入 A 缸左腔，活塞右行实现动作“A_1”，缸 A 右行放开二位三通行程阀 1，二位三通行程阀 1 自动复位；当缸 A 压下二位五通行程阀 3 后，二位五通单气控换向阀 6 换至左位，缸 B 左腔进入压缩空气，活塞右行实现动作“B_1”，此时缸 B 松开行程阀 2，使其自动复位；当缸 B 压下二位五通行程阀 4 后，二位五通单气控换向阀 6 复位，压缩空气进入到 B 缸右腔，缸 B 活塞缩回实现“B_0”；当缸 B 缩回到原位并再次压下二位五通行程阀 2 时，二位五通双气控换向阀 5 换到右位，缸 A 右腔进压缩空气，活塞缩回实现“A_0”。这些动作是按预定动作设计实施的，这种回路能在速度较快的情况下正常工作，主要用在气动机械手、气动钻床及其他自动设备上。

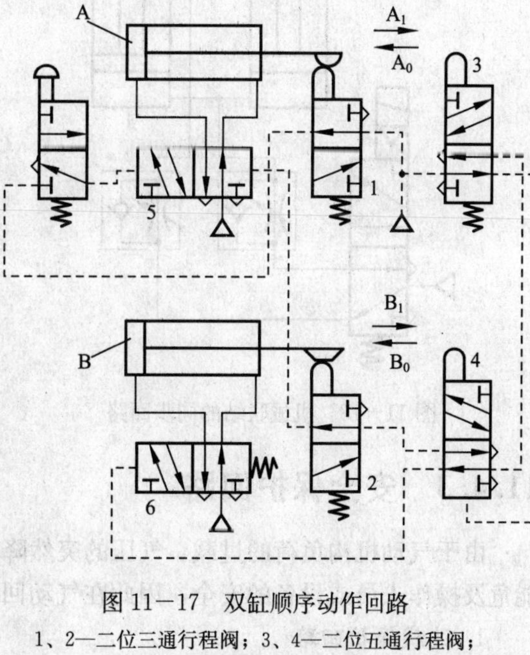

图 11—17　双缸顺序动作回路

1、2—二位三通行程阀；3、4—二位五通行程阀；5—二位五通双气控换向阀；6—二位五通单气控换向阀

3. 同步回路

同步回路是指驱动两个或多个执行元件以相同的速度移动或在预定的位置同时停止的回路。由于空气的可压缩性大，给多执行元件的同步控制带来一定困难。为了实现同步，常采用以下方法。

(1) 机械联结的同步回路

图 11—18 所示为利用齿轮齿条使两个活塞杆同步动作的回路。虽然存在由齿侧隙和齿轮轴的扭转变形引起的误差，但同步可靠。缺点是结构较复杂，两缸布置的空间位置受到限制。

(2) 气液联动的同步回路

使用气液转换或气液阻尼缸的气液联动的方法，能较好地实现气缸的同步动作。如图 11—19所示为采用气液转换的同步回路，气缸 1 的左腔与气缸 2 的右腔接管相连，内部注入液压油。只要保证两缸的缸径相同、活塞杆直径相等就可实现同步。但使用中要注意如果发生液压油的泄漏或者油中混入空气都会破坏同步，因此要经常打开气堵 6 放气并补入油液。

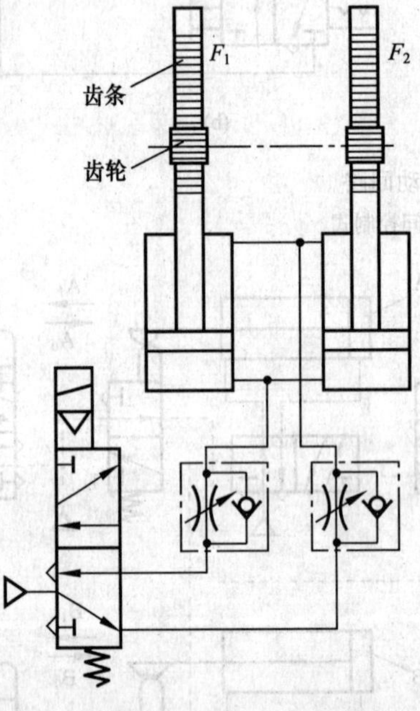

图 11—18 机械联结的同步回路

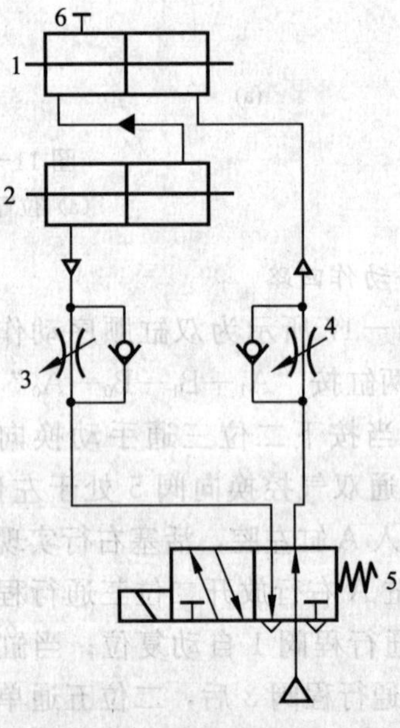

图 11—19 气液联动的同步回路

1、2—气缸；3、4—单向节流阀；5—电磁阀；6—气堵

11.4.3 安全保护回路

由于气动机构负荷的过载、气压的突然降低以及气动执行机构的快速动作等原因，都可能危及操作人员或设备的安全，因此在气动回路中，常常需要设计安全保护回路。

1. 过载保护回路

图 11—20 所示是典型的过载保护回路，当气缸右行中遇到障碍而过载时，气缸左腔压力因外力升高，超过调定值后，打开顺序阀 3，使气控换向阀 2 换向，二位四通气控换向阀 4 随即复位，活塞立即退回，实现过载保护。若无障碍物 6，气缸向前运动时压下机控换向阀 5，活塞即刻返回。

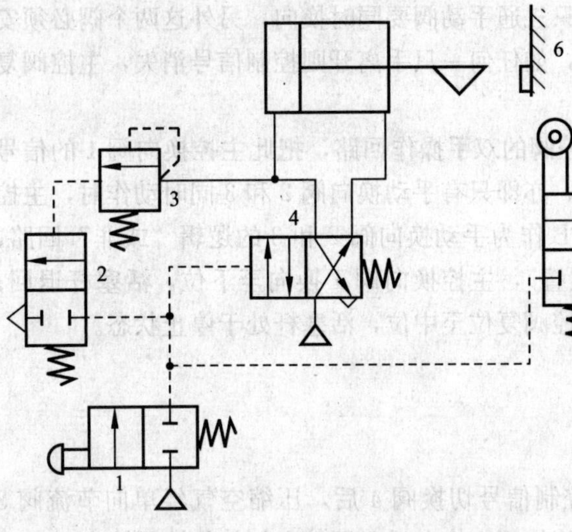

图 11－20 过载保护回路

1—手动换向阀；2—气控换向阀；3—顺序阀；
4—二位四通气控换向阀；5—机控换向阀；6—障碍物

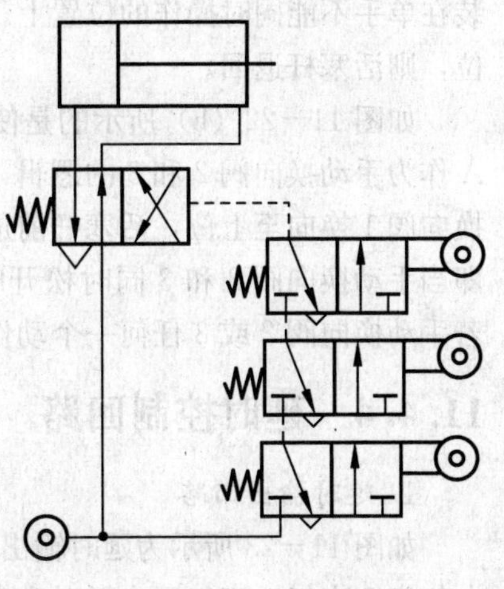

图 11－21 互锁回路

2. 互锁回路

图 11－21 为互锁回路。气缸主控阀的换向受三个串联的机动三通阀控制，只有这三个阀都接通后，主控阀才能换向，气缸才能动作。

3. 双手操作安全回路

双手同时操作回路就是使用两个启动用的手动阀，只有同时按动两个阀才动作的回路。这种回路主要是为了安全。在锻造、冲压机械上常用来避免误动作，以保护操作者的安全。

如图 11－22（a）所示回路为使用逻辑“与”门电路的双手操作回路，为使主控阀换

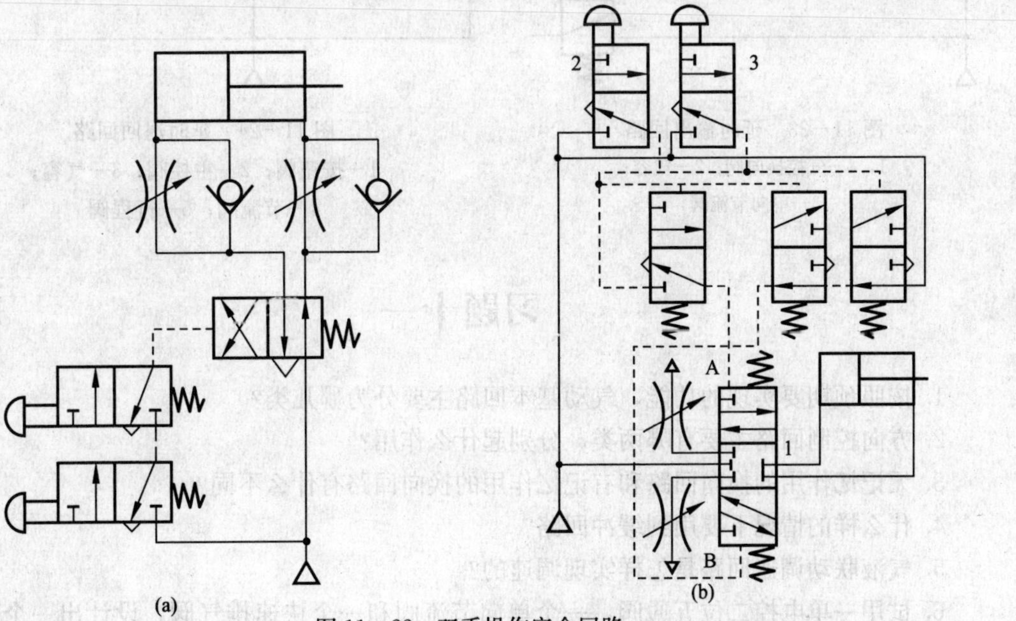

图 11－22 双手操作安全回路

1—主控换向阀；2、3—手动换向阀

向，必须使压缩空气信号进入其左端，故两只三通手动阀要同时换向，另外这两个阀必须安装在单手不能同时操作的位置上。在操作时，如任何一只手离开则控制信号消失，主控阀复位，则活塞杆退回。

如图 11－22（b）所示的是使用三位主控阀的双手操作回路，把此主控换向阀 1 的信号 A 作为手动换向阀 2 和 3 的逻辑“与”回路，亦即只有手动换向阀 2 和 3 同时动作时，主控换向阀 1 换向至上位，活塞杆前进；把信号 B 作为手动换向阀 2 和 3 的逻辑“或非”回路，即当手动换向阀 2 和 3 同时松开时（图示位置），主控换向阀 1 换向至下位，活塞杆退回；若手动换向阀 2 或 3 任何一个动作，将使主控阀复位至中位，活塞杆处于停止状态。

11.4.4 延时控制回路

1. 延时输出回路

如图 11－23 所示为延时输出回路。当控制信号切换阀 4 后，压缩空气经单向节流阀 3 向气容 2 充气。充气压力延时升高达到一定值使阀 1 换向后，压缩空气就从该阀输出。

2. 延时退回回路

如图 11－24 所示为延时退回回路。按下按钮阀 1，主控阀 2 换向，活塞杆伸出，至行程终端，挡块压下行程阀 5，其输出的控制气体经节流阀 4 向气容 3 充气，当充气压力延时升高达到一定值后，阀 2 换向，活塞杆退回。

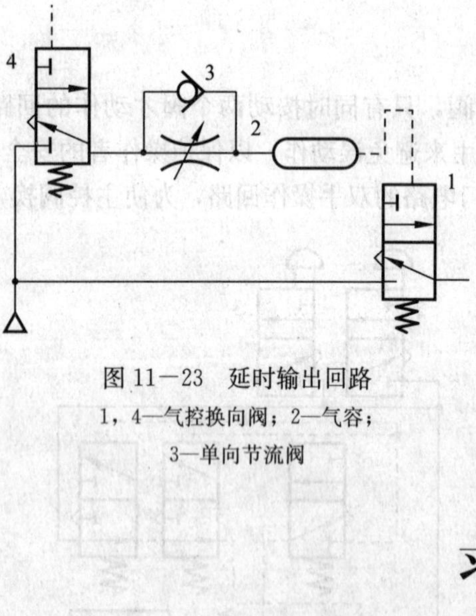

图 11－23 延时输出回路

1，4—气控换向阀；2—气容；

3—单向节流阀

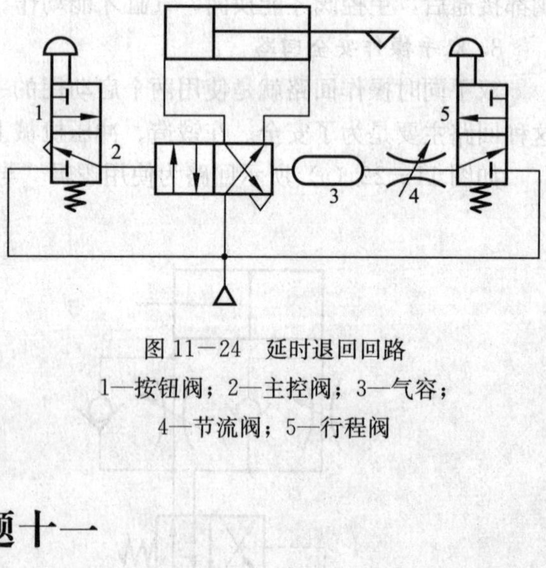

图 11－24 延时退回回路

1—按钮阀；2—主控阀；3—气容；

4—节流阀；5—行程阀

习题十一

1. 按照预期要实现的功能，气动基本回路主要分为哪几类？

2. 方向控制回路主要有哪两类，分别起什么作用？

3. 无记忆作用的换向回路和有记忆作用的换向回路有什么不同？

4. 什么样的情况下要用到缓冲回路？

5. 气液联动调速回路是怎样实现调速的？

6. 试用一单电控二位五通阀，一个单向节流阀和一个快速排气阀，设计出一个可使双作用气缸快速返回的控制回路。

7. 请写出图 11－25 中元件的名称，并分析其工作原理。

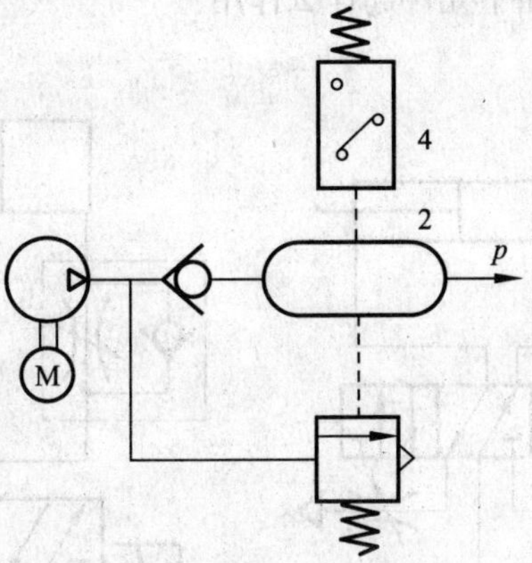

图 11－25

8. 请分析图 11－26 气动回路的工作原理。

9. 请分析图 11－27 气动回路的工作原理。

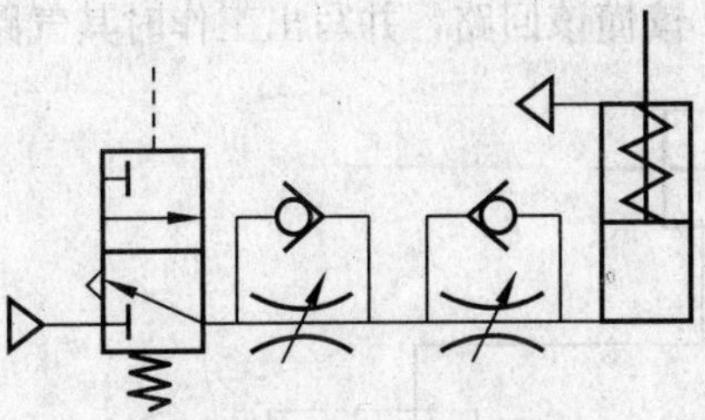

图 11－26

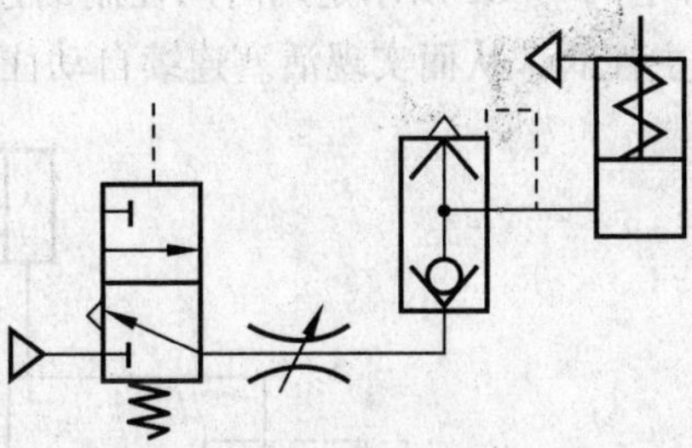

图 11－27

10. 图 11－28 所示的供气系统有何错误？请正确布置。

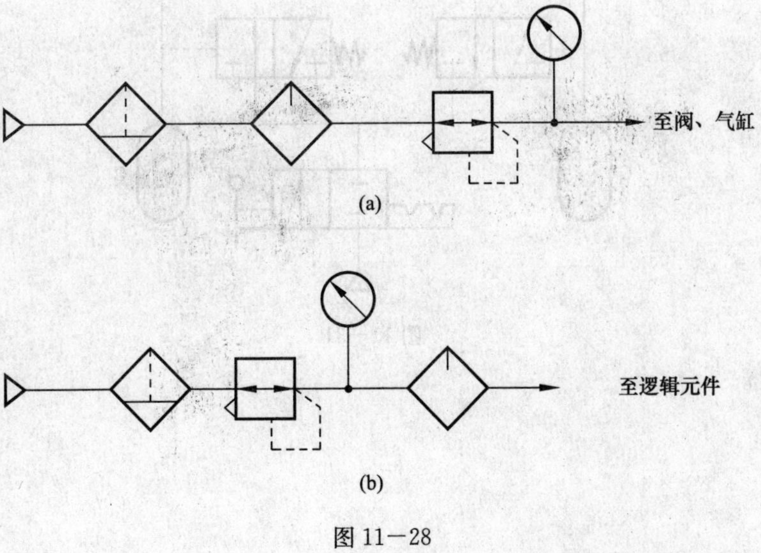

图 11－28

11. 图 11－29 表示的两个双作用气缸调速回路原理上有什么不同？

12. 试分析图 11－30 回路中元件起什么作用？

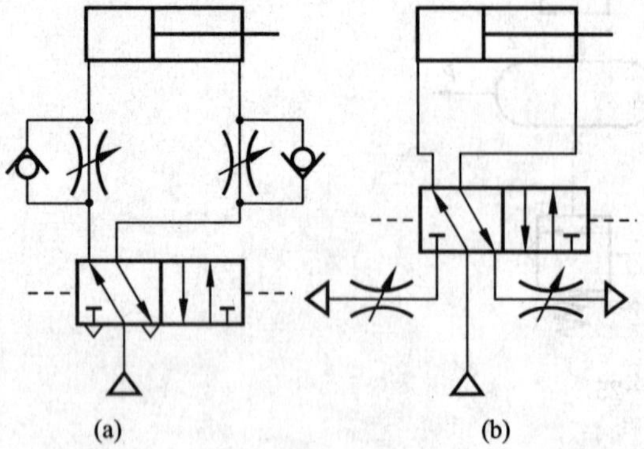

图 11－29

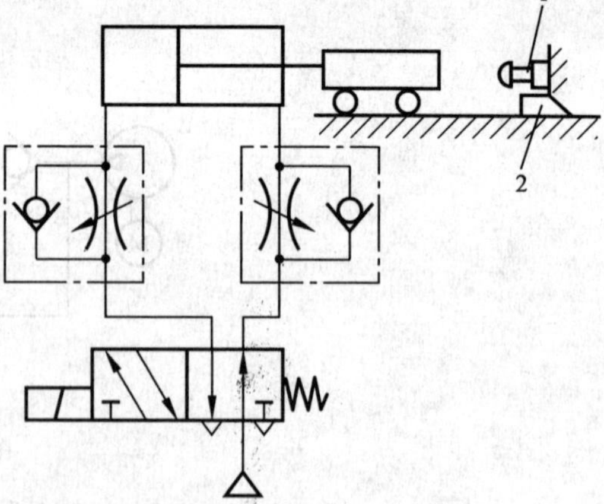

图 11－30

13. 图 11－31 所示是用时间控制的连续往复动作回路。它是利用气容充气达到一定值时切换主控阀，从而实现活塞连续自动往复运动。读懂该回路，并写出工作时其气路流向。

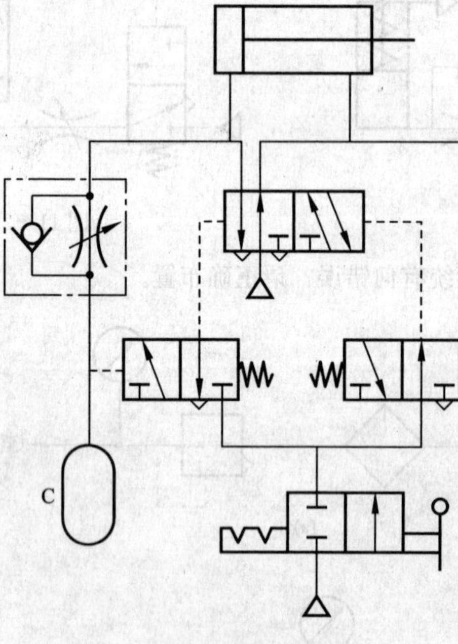

图 11－31

第 12 章　气动系统应用实例

学习目标

知识目标

- 掌握阅读气压传动系统图的一般步骤
- 了解各种典型气压传动系统的功能及动作循环
- 理解系统中各气动元件的功用和工作特点，从而理解气压系统的工作原理

能力目标

- 能看懂气动设备的系统图，明确各元件的作用和工作特点
- 能结合系统图分析气动设备的工作原理及特点

气压传动技术是实现工业生产自动化和半自动化的方式之一，其应用遍及国民经济生产的各个部门。本章主要学习全气动控制和电气控制方式，介绍其在机械行业的应用。

12.1　阅读气压传动系统图的一般步骤

①看懂图中各气动元件的图形符号，了解其名称及一般用途。

②分析图中的基本回路及功用。

③了解系统的工作程序及程序转换的发信元件。

④按工作程序图逐个分析其程序动作。

⑤一般规定工作循环中的最后程序终了时的状态作为气动回路的初始位置（或静止位置）。因此，回路原理图中控制阀和行程阀的供气及进出口的连接位置，应按回路初始位置状态连接。

⑥一般所介绍的回路原理图，仅是整个气动控制系统中的核心部分，一个完整的气动系统还应有气源装置、气源调节装置及其他辅助元件等。

12.2　全气动控制系统典型实例

根据控制信号的种类以及所使用的控制元件，在工业生产领域应用的气动顺序控制系统

可分为全气动控制方式和电气控制方式两大类。

全气动控制方式是一种从控制到操作全部采用气动元件来实现的一种控制方式。使用的气动控制元件主要有启动阀、梭阀、延时阀、气压控制换向阀、机械控制主换向阀等。该系统构成较复杂，但可用于防爆等特殊场合。

12.2.1 工件夹紧气压传动系统

图 12－1 所示为机械加工自动生产线、组合机床中常用的工件夹紧气压传动系统回路原理图。

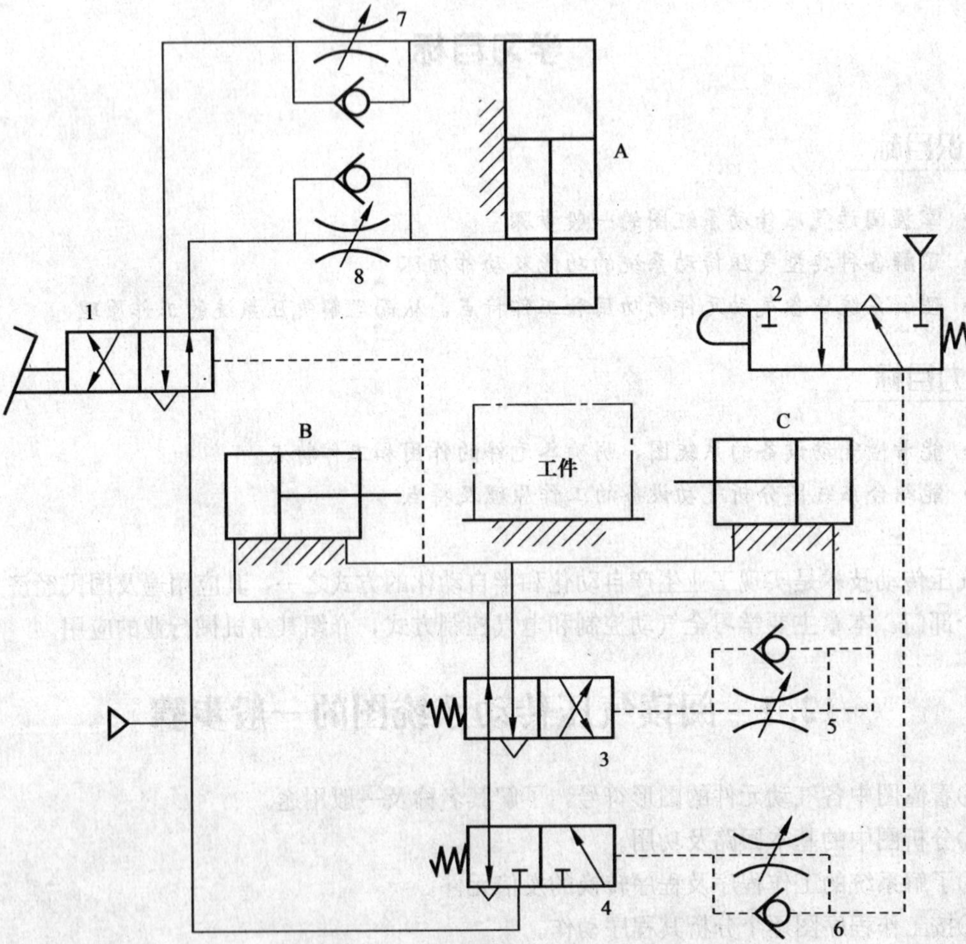

图 12－1 机床夹具的气动夹紧系统原理图

1—脚踏换向阀；2—行程阀；3、4—换向阀；

5、6、7、8—单向节流阀；A—垂直缸；B、C—水平缸

1. 工件夹紧气压传动系统工作过程

①当工件运行到指定位置后，垂直缸 A 的活塞杆首先伸出（向下）将工件定位锁紧。

②两侧的气缸 B 和 C 的活塞杆同时伸出，对工件进行两侧夹紧。

③进行机械加工，加工完后各缸活塞退回，将工件松开。

2. 工作原理

（1）压紧工件

踏下脚踏换向阀 1，使其置于左位，压缩空气经脚踏换向阀 1 左位，再经单向节流阀 7 中的单向阀进入到气缸 A 的上腔，气缸 A 下腔经单向节流阀 8 中的节流阀，再经脚踏换向阀 1 左位进行排气，气缸 A 下行实现对工件的夹紧。

（2）两侧夹紧工件

当气缸 A 下移到预定位置时，压下行程阀 2，使其置于左位，控制气体经行程阀 2 和单向节流阀 6 中的节流阀使换向阀 4 换向，置于右位，此时系统中的气路走向是：压缩空气经换向阀 4 和换向阀 3 进入到气缸 B 的左腔和气缸 C 的右腔，气缸 B 右腔和气缸 C 左腔经换向阀 3 进行排气，从而使气缸 B 和气缸 C 的活塞杆伸出，实现从两侧夹紧工件。

（3）松开工件，退回原位

在气缸 B 和气缸 C 伸出夹紧工件的同时，一部分压缩空气作控制气体通过单向节流阀 5 到达换向阀 3 的右端，经一段时间后（由节流阀控制后），机械加工完成，换向阀 3 换向，置于右位，从而使气缸 B 和气缸 C 退回，松开工件。

在气缸 B 和气缸 C 松开工件的同时，压缩空气经换向阀 3 进入脚踏换向阀 1 的右端，成为脚踏换向阀 1 的控制气体，使换向阀 1 换向，置于右位，从而使气缸 A 退回，松开工件。

在系统中，当调节单向节流阀 6 中的节流阀时，可以控制换向阀 4 的换向时间，确保气缸 A 先压紧；调节单向节流阀 5 中的节流阀时，可以控制换向阀 3 的换向时间，确保有足够的机械加工时间；调节单向节流阀 7、8 中的节流阀时，可以调节气缸 A 的上、下运动速度。

12.2.2　气液动力滑台气压传动系统

气液动力滑台是采用气—液阻尼缸作为执行元件，在它的上面可以安装单轴头、动力箱或工件等，由控制阀控制，在机床设备中实现进给运动。图 12—2 所示为气液动力滑台的回路原理图。

1. 气液动力滑台气压传动系统的工作循环

该回路由手动换向阀 4 控制，可以实现下面两种工作循环：

①快进—工进—快退—停止。

②快进—工进—慢退—快退—停止。

2. 工作原理

（1）快进—工进—快退—停止

图 12—2 中将手动换向阀 4 和 3 都置于右位，在压缩空气作用下，气缸开始下行，液压缸下腔的油液经行程阀 6 和单向阀 7 进入到液压缸的上腔，实现快进；当快进到气缸上的挡铁 B 压下行程阀 6 后，油液只能经节流阀 5 进行回油，调节节流阀的开度，可以调节回油油量的大小，从而控制气液阻尼缸的运动速度，实现工进；当气缸工进到行程阀 2 的位置时，挡铁 C 压下行程阀 2，使行程阀 2 处于左位，行程阀 2 输出气信号使手动换向阀 3 换向置于左位，这时，气缸开始上行，液压缸上腔油液经行程阀 8 的左位和手动换向阀 4 的右位进入液压缸的下腔，实现快退；当快退到挡铁 A 压下行程阀 8 时，使油液的回油通道被切断，气缸就停止运动，改变挡铁 A 的位置，就可以改变气缸停止的位置。

断，气缸就停止运动。

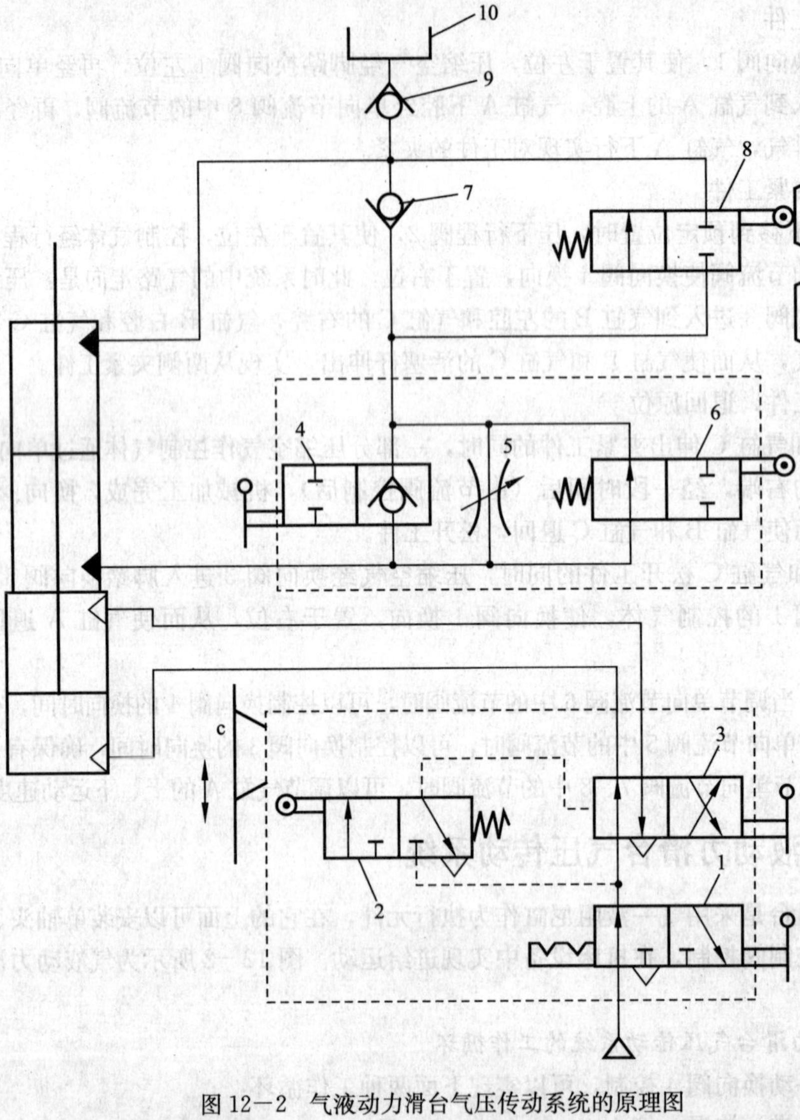

图 12－2 气液动力滑台气压传动系统的原理图

1、3、4—手动换向阀；2、6、8—行程阀；5—节流阀；7、9—单向阀；10—补油箱

(2) 快进—工进—慢退—快退—停止

图 12－2 中将手动换向阀 4 置于左位后，其动作循环中的快进—工进过程的工作原理与上述相同。当工进至挡铁 C 压下行程阀 2，气缸开始上行时，液压缸上腔油液经行程阀 8 的左位和节流阀 5 进入液压缸的下腔，实现慢退；当慢退到挡铁 B 离开行程阀 6 时，行程阀 6 在复位弹簧作用下复位（置于左位），液压缸上腔油液经行程阀 8 的左位和行程阀 6 的左位进入液压缸的下腔，实现快退；当快退到挡铁 A 压下行程阀 8 时，使油液的回油通道被切断，气缸就停止运动。

12.3　电气控制系统典型实例

电气控制方式是目前采用较多的控制器方式，其中又以继电器控制和可编程控制器应用最为普及。本节主要介绍继电器控制气动系统的应用实例。

12.3.1　继电器控制气动系统的设计应用

继电器控制系统是用继电器、行程开关、转换开关等有触点低压电器构成的电器控制系统。

继电器控制系统的特点是动作状态比较清楚，但系统线路比较复杂，变更控制过程以及扩展比较困难，灵活性和通用性较差，主要适用于小规模的气动顺序控制系统。

1. 继电器梯形图

梯形图是利用电器元件符号进行顺序控制系统设计的最常用的一种方法。其特点是与电/气操作原理图相呼应，比较直观。

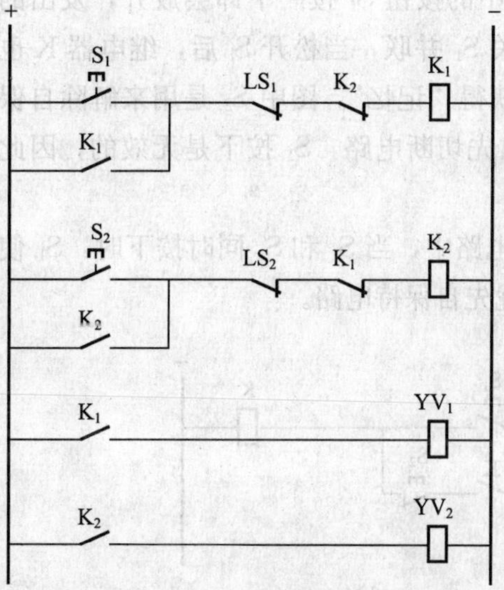

图 12－3　继电器梯形图示例

如图 12－3 所示为梯形图的一个示例，梯形图的设计规则及特点如下：

①一个梯形图网络由多个梯级组成，每个输出元素（继电器线圈等）可构成一个梯级。

②每个梯级可由多个支路组成，每个支路最右边的元素通常是输出元素。

③梯形图从上至下按行绘制，两侧的竖线类似电器控制图的电源线，称作母线。

④每一行从左至右，左侧总是安排输入触点，并且把并联触点多的支路靠近左端。

⑤各元件均用图形符号表示，并按动作顺序画出。

⑥各元件的图形符号均表示未操作时的状态。

⑦在元件的图形符号旁要注上字母符号。

⑧没有必要将接线端子和接线关系真实地表示出来。

2. 常用继电器控制电路

在气动顺序控制系统中，利用各种电器元件构成的控制电路是多种多样的，但不管系统多么复杂，其电路都是由一些基本的控制电路组成的。

(1) 串联电路

如图 12－4 所示的是串联电路，它由两个启动按钮 S_1 和 S_2 串联后，控制继电器 K 动作，此串联电路实际上属于逻辑“与”电路。它可用于安全操作系统，例如一台设备为了防止误操作，保证生产安全，就可以安装两个启动按钮，让操作者必须同时按下两个启动按钮时，设备才能开始运行。

(2) 并联电路

图 12－5 所示的并联电路也称为逻辑"或"电路。一般用于要求在一条自动化生产线上的多个操作点可以进行作业的场合，操作时只需按下启动按钮 S_1、S_2 和 S_3 中的任一个，继电器 K 均可实现动作。

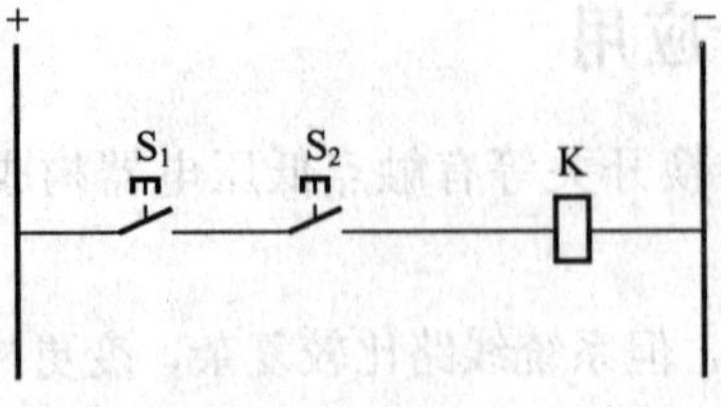

图 12－4 串联电路

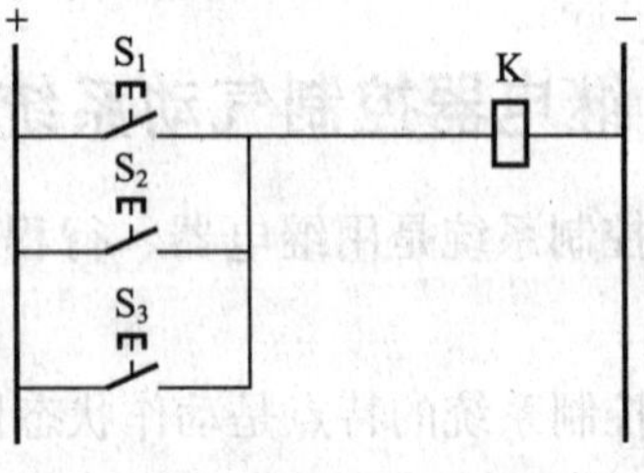

图 12－5 并联电路

(3) 自保持电路

自保持电路也称为记忆电路，图 12－6 中列举了两种自保持电路。

图 12－16 (a) 为停止优先自保持电路。虽然图中的按钮 S_1 按一下即会放开，发出的是一个短信号。但由于继电器 K 的常开触点 K 和开关 S_1 并联，当松开 S_1 后，继电器 K 也会通过常开触点 K 继续保持得电状态，使继电器 K 获得"记忆"。图中 S_2 是用来解除自保持状态的按钮，并且因为当 S_1 和 S_2 同时按下时，S_2 先切断电路，S_1 按下是无效的，因此这种电路也称停止优先自保持电路。

图 12－16 (b) 是启动优先自保持电路。在这种电路中，当 S_1 和 S_2 同时按下时，S_1 使继电器 K 动作，S_2 无效，因此这种电路被称为启动优先自保持电路。

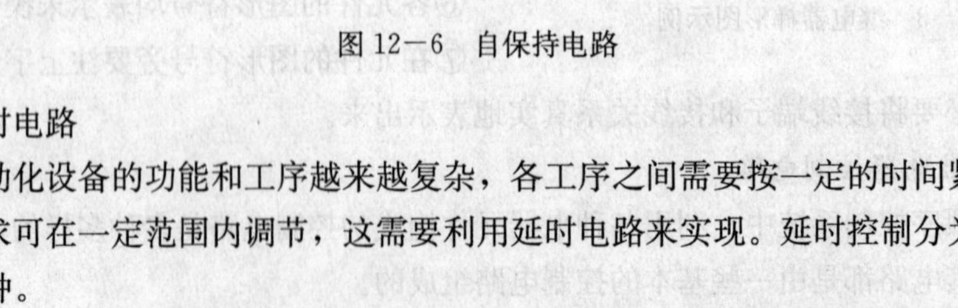

图 12－6 自保持电路

(4) 延时电路

随着自动化设备的功能和工序越来越复杂，各工序之间需要按一定的时间紧密配合，各工序时间要求可在一定范围内调节，这需要利用延时电路来实现。延时控制分为延时闭合和延时断开两种。

图 12－7 (a) 为延时闭合电路。当按下启动开关 S_1 后，时间继电器 KT 开始计时，经过设定的时间后，时间继电器触点接通，电灯 H 亮。放开 S_1，时间继电器触点 KT 立刻断开，电灯 H 熄灭。

图 12－7 (b) 为延时断开电路。当按下启动按钮 S_1 时，时间继电器触点 KT 也同时接通，电灯 H 点亮。当放开 S_1 时，时间继电器开始计时，到规定时间后，时间继电器触点

KT 才断开，电灯 H 熄灭。

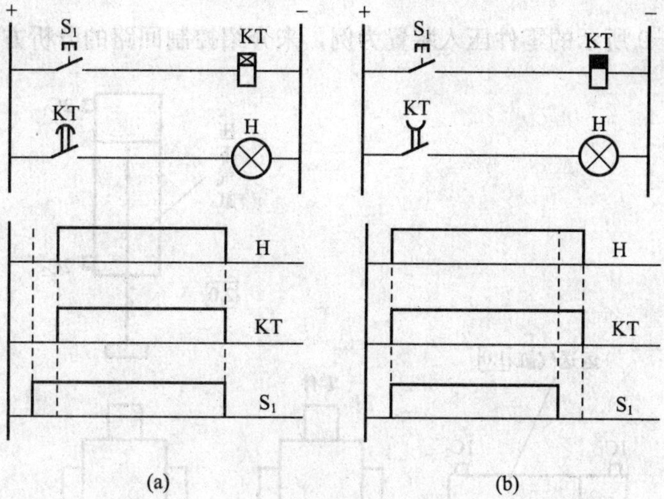

图 12－7　延时电路

（5）联锁电路

当设备中存在相互矛盾的动作，如电动机的正转与反转，气缸的伸出与缩回。为了防止同时输入相互矛盾的动作信号，使电路短路或线圈烧坏，控制电路应具有联锁的功能。即电动机正转时不能使反转接触器动作，气缸伸出时不能使控制气缸缩回的电磁铁通电。

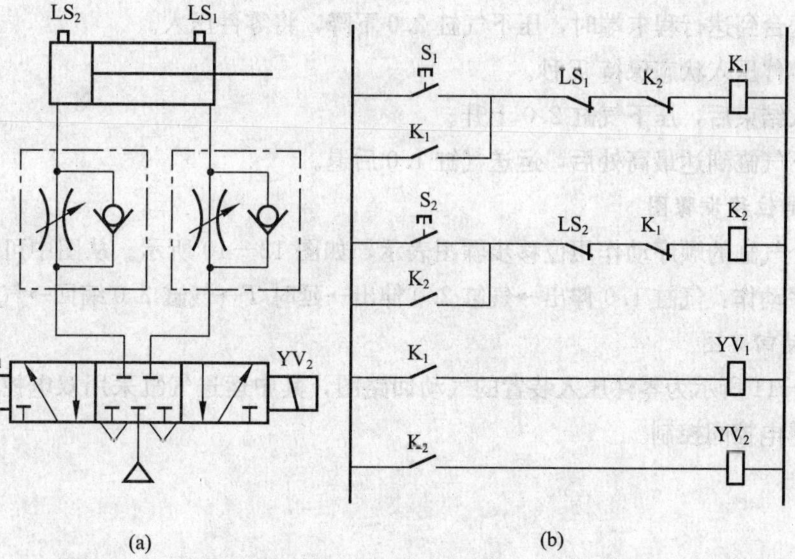

图 12－8　联锁电路

图 12－8（a）为双电磁铁中位封闭式三位五通换向阀控制的气缸往复回路。

图 12－8（b）为具有互锁功能的控制电路。将继电器 K_1 的常闭触点加到第 2 行上，将继电器 K_2 的常闭触点加到第 1 行上，这样就保证了继电器 K_1 被励磁时继电器 K_2 不会被励磁；反之，继电器 K_2 被励磁时继电器 K_1 不会被励磁。

12.3.2 继电器控制气动系统举例

下面以图 12—9 所示的零件压入装置为例，来介绍控制回路的分析方法。

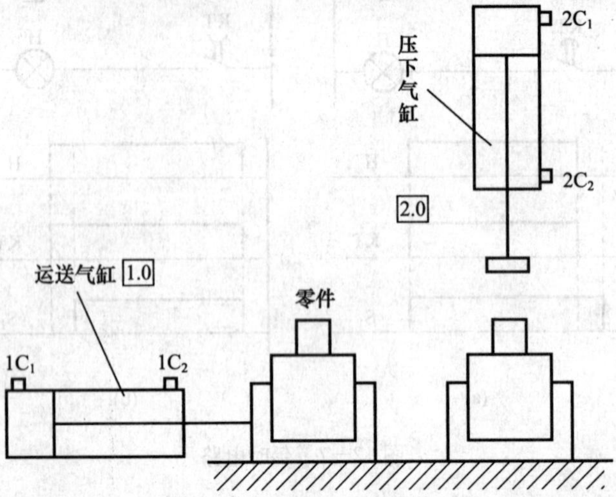

图 12—9 零件压入装置

1. 压力装置的工作过程

①将工件放在运送台上。

②按下按钮开关后，运送气缸 1.0 伸出。

③运送台到达行程末端时，压下气缸 2.0 下降，将零件压入。

④在零件压入状态保持 T 秒。

⑤压入结束后，压下气缸 2.0 上升。

⑥压下气缸到达最高处后，运送气缸 1.0 后退。

2. 绘制位移步骤图

将两个气缸的顺序动作用位移步骤图表示，如图 12—10 所示。从图中可知，该程序共有 5 个顺序动作：气缸 1.0 伸出→气缸 2.0 伸出→延时 T→气缸 2.0 缩回→气缸 1.0 缩回。

3. 气动回路图

图 12—11 所示为零件压入装置的气动回路图，其中运送气缸采用双电控阀控制，压下气缸采用单电控阀控制。

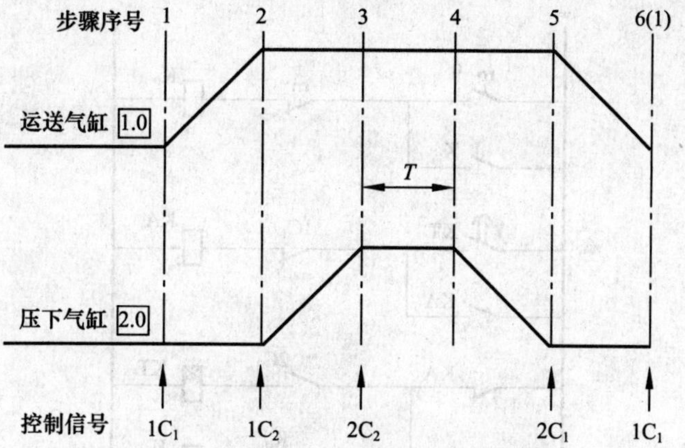

图 12－10　零件压入装置的位移步骤图

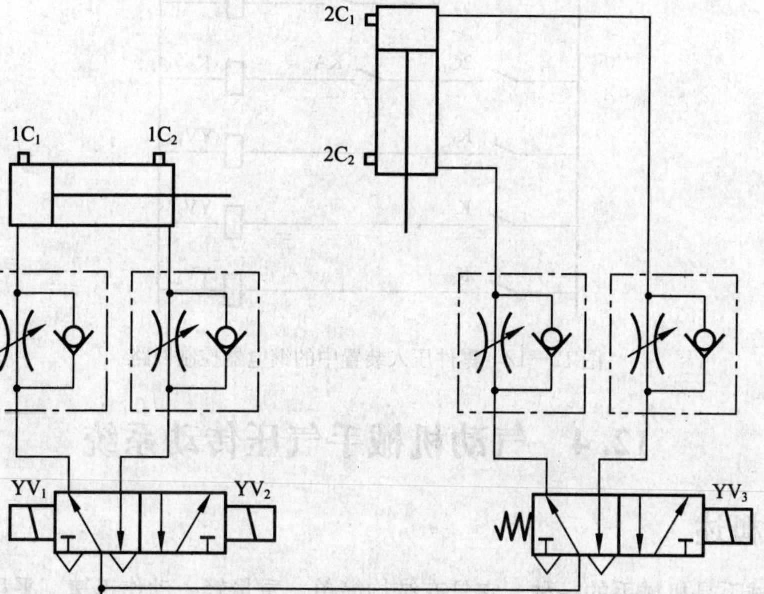

图 12－11　零件压入装置的气动回路图

4. 绘制继电器控制电路梯形图

图 12－12 所示为零件压入装置中的继电器控制回路。该回路采用了停止优先自保持电路，用启动按钮 q 和停止按钮 t 来控制全程继电器 K_0；三个电磁阀线圈 YV_1、YV_2、YV_3 分别由三个继电器 K_1、K_2、K_3 控制；时间继电器 KT 延时 T 秒后，使延时闭合开关（KT）闭合；继电器 KA 控制常开、常闭触点，常闭触点（KA）控制继电器 KT、K_1 和 K_3；磁电式接近开关 $1C_1$、$1C_2$、$2C_1$、$2C_2$ 用以控制相应的继电器。

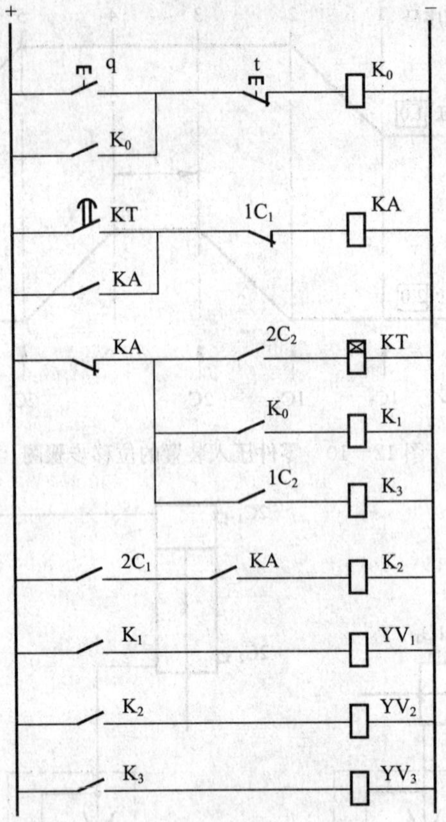

图 12－12　零件压入装置中的继电器控制回路

12.4　气动机械手气压传动系统

12.4.1　概述

气动机械手是机械手的一种，它具有结构简单、重量轻、动作迅速、平稳可靠、不污染工作环境等优点。在要求工作环境洁净、工作负载较小、自动生产的设备和生产线上应用广泛，它能按照预定的控制程序动作。图 12－13 为一种简单的可移动式气动机械手的结构示意图。它由 A、B、C、D 四个气缸组成，能实现手指夹持、手臂伸缩、立柱升降、回转 4 个动作。

12.4.2　工作原理

图 12－14 为一种通用机械手的气动系统工作原理图（手指部分为真空吸头，即无 A 气缸部分），要求其工作循环为：立柱上升→伸臂→立柱顺时针转→真空吸头取工件→立柱逆时针转→缩臂→立柱下降。

三个气缸均有三位四通双电控换向阀 1、2、7 和单向节流阀 3、4、5、6 组成换向、调速回路。各气缸的行程位置均有电气行程开关进行控制。表 12－1 为该机械手在工作循环中各电磁铁的动作顺序表。

下面结合表来分析它的工作循环：

按下它的启动按钮，4YA 通电，三位四通双电控换向阀 7 处于上位，压缩空气进入垂直气缸 C 下腔，活塞杆上升。

当气缸 C 活塞上的挡块碰到电气行程开关 a_1 时，4YA 断电，5YA 通电，三位四通双电控换向阀 2 处于左位，水平气缸 B 活塞杆伸出，带动真空吸头进入工作点并吸取工件。

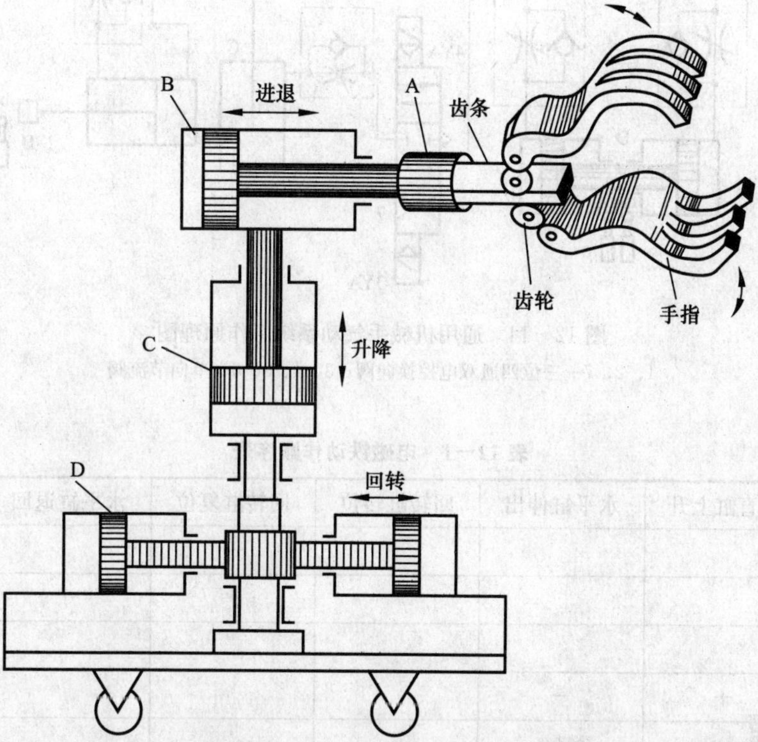

图 12－13　气动机械手结构示意图

当气缸 B 活塞上的挡块碰到电气开关 b_1 时，5YA 断电，1YA 通电，三位四通双电控换向阀 1 处于左位，回转气缸 D 顺时针方向回转，使真空吸头进入下料点下料。

当回转气缸 D 活塞杆上的挡块压下电气行程开关 c_1 时，1YA 断电，2YA 通电，三位四通双电控换向阀 1 处于右位，回转气缸 D 复位。

回转气缸复位时，其上挡块碰到电气行程开关 c_0 时，6YA 通电，2YA 断电，三位四通双电控换向阀 2 处于右位，水平气缸 B 活塞杆退回。

水平气缸退回时，挡块碰到 b_0，6YA 断电，3YA 通电，三位四通双电控换向阀 7 处于下位，垂直气缸活塞杆下降，到原位时，碰上电气行程开关 a_0，3YA 断电，至此完成一个工作循环，如再给启动信号，可进行同样的工作循环。

根据需要只要改变电气行程开关的位置，调节单向节流阀的开度，即可改变各气缸的运动速度和行程。

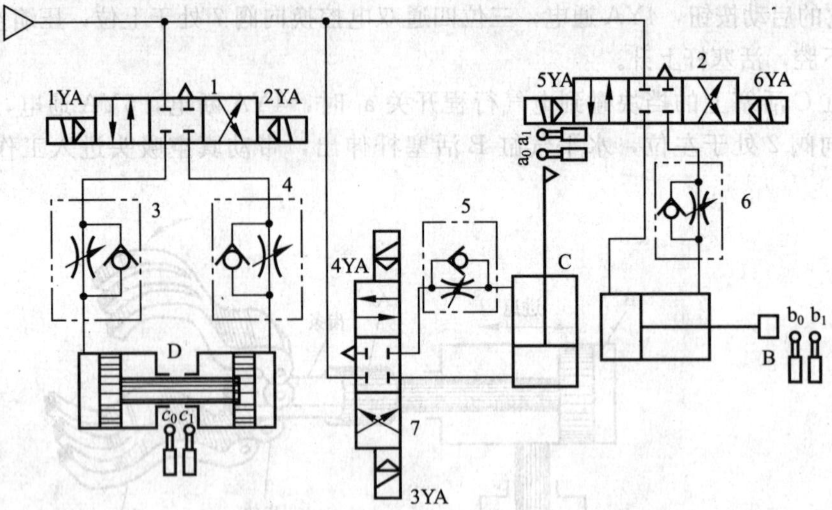

图 12－14　通用机械手气动系统工作原理图

1、2、7—三位四通双电控换向阀；3、4、5、6—单向节流阀

表 12－1　电磁铁动作顺序表

	垂直缸上升	水平缸伸出	回转缸转位	回转缸复位	水平缸退回	垂直缸下降
1YA			＋	－		
2YA				＋	－	
3YA						＋
4YA	＋	－				
5YA		＋	－			
6YA					＋	－

12.5　数控加工中心气动换刀系统

图 12－15 所示为某数控加工中心气动换刀系统原理图，该系统在换刀过程中实现主轴定位、主轴松刀、拔刀、向主轴锥孔吹气和插刀动作。

动作过程是：当数控系统发出换刀指令时，主轴停止旋转，同时 4YA 通电，压缩空气经气动三联件 1、换向阀 4、单向节流阀 5 进入主轴定位缸 A 的右腔，缸 A 的活塞左移，使主轴自动定位。定位后压下无触点开关，使 6YA 通电，压缩空气经换向阀 6、梭阀 8 进入气液增压缸 B 的上腔，增压腔的高压油使活塞伸出，实现主轴松刀，同时使 8YA 通电，压缩空气经换向阀 9、单向节流阀 11 进入缸 C 的上腔，缸 C 下腔排气，活塞下移实现拔刀。

回转刀库交换刀具，同时 1YA 通电，压缩空气经换向阀 2、单向节流阀 3 向主轴锥孔吹气。稍后 1YA 断电、2YA 通电，停止吹气，8YA 断电、7YA 通电，压缩空气经换向阀 9、单向节流阀 10 进入缸 C 的下腔，活塞上移，实现插刀动作。6YA 断电、5YA 通电，压缩空气经换向阀 6 进入气液增压缸 B 的下腔，使活塞退回，主轴的机械机构使刀具夹紧。

4YA 断电、3YA 通电，缸 A 的活塞在弹簧力作用下复位，回复到开始状态，换刀结束。

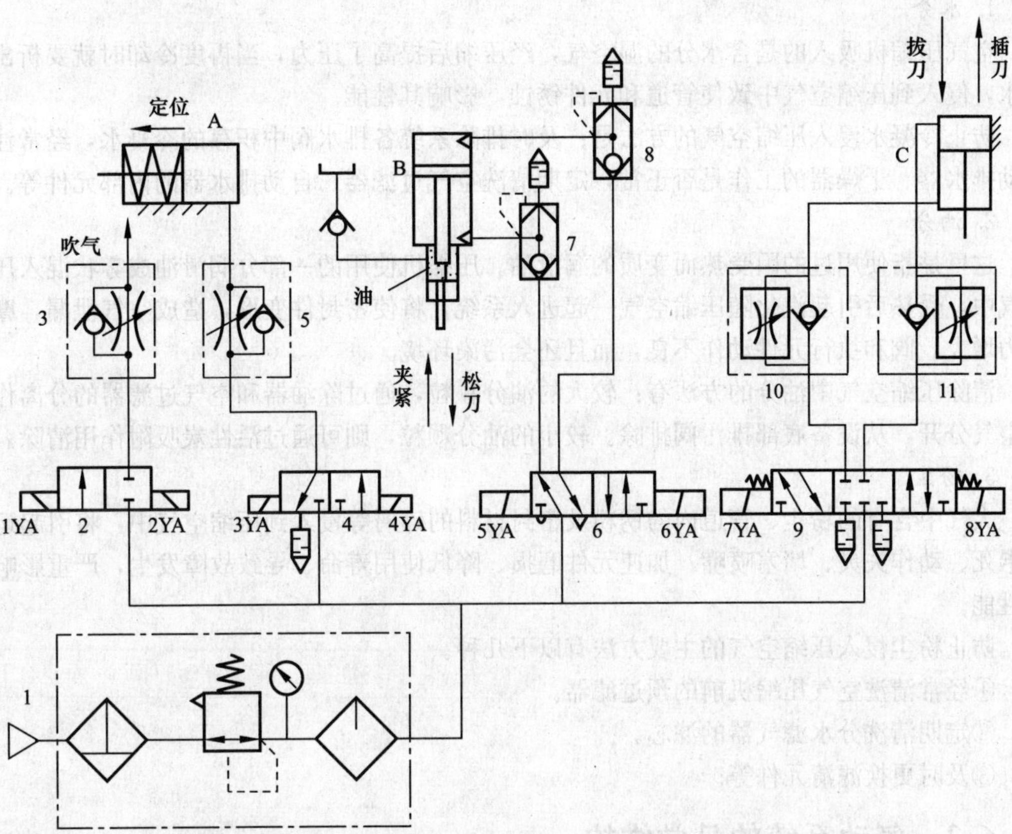

图 12—15　数控加工中心气动换刀系统原理图

1—气动三联件；2、4、6、9—换向阀；3、5、10、11—单向节流阀；7、8—快速排气阀

12.6　气动系统的使用维护和常见故障

12.6.1　气动系统使用的注意事项

①开车前、后要放掉系统中的冷凝水并在开车前检查各调节旋钮是否在正确位置，行程阀、行程开关、挡块的位置是否正确、牢固。对导轨、活塞杆等外露部分的配合表面进行擦拭。

②随时注意压缩空气的清洁度，对分水滤气器的滤芯要定期清洗并定期给油雾器加油。

③设备长期不使用时，应将各旋钮放松，以免弹簧失效而影响元件性能。

④熟悉元件控制机构操作特点，严防调节错误造成事故。要注意各元件调节旋钮的旋向与压力、流量大小变化的关系。

12.6.2　压缩空气的污染及防止方法

压缩空气的质量对气动系统性能的影响极大，它如被污染将使管道和元件锈蚀、密封件变形、堵塞喷嘴，使系统不能正常工作。压缩空气的污染主要来自水分、油分和粉尘 3 个方面，其污染原因及防止方法如下。

1. 水分

空气压缩机吸入的是含水分的湿空气，经压缩后提高了压力，当再度冷却时就要析出冷凝水，侵入到压缩空气中致使管道和元件锈蚀，影响其性能。

防止冷凝水侵入压缩空气的方法是：及时排除系统各排水阀中积存的冷凝水，经常注意自动排水器、干燥器的工作是否正常，定期清洗空气过滤器、自动排水器的内部元件等。

2. 油分

这里是指使用过的因受热而变质的润滑油。压缩机使用的一部分润滑油成雾状混入压缩空气中，受热后引起汽化随压缩空气一起进入系统，将使密封件变形，造成空气泄漏，摩擦阻力增大，阀和执行元件动作不良，而且还会污染环境。

清除压缩空气中油分的方法有：较大的油分颗粒，通过除油器和空气过滤器的分离作用同空气分开，从设备底部排污阀排除。较小的油分颗粒，则可通过活性炭吸附作用清除。

3. 粉尘

大气中含有的粉尘、管道内的锈粉及密封材料的碎屑等侵入到压缩空气中，将引起运动件卡死、动作失灵、堵塞喷嘴、加速元件磨损、降低使用寿命、导致故障发生，严重影响系统性能。

防止粉尘侵入压缩空气的主要方法有以下几种。

①经常清洗空气压缩机前的预过滤器。

②定期清洗分水滤气器的滤芯。

③及时更换滤清元件等。

12.6.3 气动系统的日常维护

气动系统日常维护的主要内容是冷凝水的管理和系统润滑的管理。对冷凝水的管理方法在前面已讲述，这里仅介绍对系统润滑的管理。

气动系统中从控制元件到执行元件，凡有相对运动的表面都需要润滑。如润滑不当，会使摩擦阻力增大导致元件动作不良，因密封面磨损会引起系统泄漏等危害。润滑油的性质直接影响润滑效果。通常，高温环境下用高黏度润滑油，低温环境下用低黏度润滑油。如果温度特别低，为克服起雾困难可在油杯内装加热器。供油量是随润滑部位的形状、运动状态及负载大小而变化。供油量总是大于实际需要量。一般以每 10 m^3 自由空气供给 1ml 的油量为基准。还要注意油雾器的工作是否正常，如果发现油量没有减少，需及时检修或更换油雾器。

12.6.4 气动系统的定期检修

定期检修的时间间隔，通常为三个月。其主要内容包括以下几点。

①查明系统各泄漏处，并设法予以解决。

②通过对方向控制阀排气口的检查，判断润滑油是否适度，空气中的否有冷凝水。如果润滑不良，考虑油雾器规格是否合适，安装位置是否恰当，滴油量是否正常等。如果有大量冷凝水排出，考虑过滤器的安装位置是否恰当，排除冷凝水的装置是否合适，冷凝水的排除是否彻底。如果方向控制阀排气口关闭时，仍少量泄漏，往往是元件损伤的初期阶段，检查

后，可更换受磨损元件以防止发生动作不良。

③检查安全阀、紧急安全开关动作是否可靠。定期修检时，必须确认它们动作的可靠性，以确保设备和人身安全。

④观察换向阀的动作是否可靠。根据换向时声音是否异常，判定铁芯和衔铁配合处是否有杂质。检查铁芯是否有磨损，密封件是否老化。

⑤反复开关换向阀观察气缸动作，判断活塞上的密封是否良好。检查活塞杆外露部分，判定前盖的配合处是否有泄漏。

上述各项检查和修复的结果应记录下来，以作为设备出现故障查找原因和设备大修时的参考。

气动系统的大修间隔期为一年或几年。其主要内容是检查系统各元件和部件，判定其性能和寿命，并对平时产生故障的部位进行检修或更换元件，排除修理间隔期间内一切可能产生故障的因素。

12.6.5　气动系统故障诊断及排除方法

1. 气动系统故障种类

由于故障发生的时期不同，故障的内容和原因也不同。因此，可将故障分为初期故障、突发故障和老化故障。

(1) 初期故障

在调试阶段和开始运转的两三个月内发生的故障称为初期故障。其产生原因主要有：零件毛刺没有清除干净，装配不合理或误差较大，零件制造误差，设计不当及维护管理不当。

(2) 突发故障

系统在稳定运行时期内突然发生的故障称为突发故障。例如，油杯和水杯都是用聚碳酸酯材料制成的，如果它们在有机溶剂的雾气中工作，就有可能突然破裂；空气或管路中，残留的杂质混入元件内部，突然使相对运动件卡死；弹簧突然折断、软管突然爆裂、电磁线圈突然烧毁；突然停电造成回路误动作等。

有些突发故障是有先兆的，如排出的空气中出现杂质和水分，表明过滤器失效，应及时查明原因，予以排除，不要酿成突发故障。但有些突发故障是无法预测的，只能采取安全保护措施加以防范，或准备一些易损备件，以便及时更换失效的元件。

(3) 老化故障

个别或少数元件达到使用寿命后发生的故障称为老化故障。参照系统中各元件的生产日期、开始使用日期、使用的频繁程度以及已经出现的某些征兆，如声音反常、泄漏越来越严重等，可以大致预测老化故障的发生期限。

2. 常见故障诊断方法

(1) 经验法

经验法指依靠实际经验，并借助简单的仪表诊断故障发生的部位，并找出故障原因的方法。经验法可按中医诊断病人的四字“望、闻、问、切”进行。

①望。例如，看执行元件的运动速度有无异常变化；各测压点的压力表显示的压力是否符合要求，有无大的波动；润滑油的质量和滴油量是否符合要求；冷凝水能否正常排出；换向阀排气口排除空气是否干净；电磁阀的指示灯显示是否正常；紧固螺钉及管接头有无松

动；管道有无扭曲和压扁；有无明显振动存在；加工产品质量有无变化等。

②闻。包括耳闻和鼻闻。例如，气缸及换向阀换向时有无异常声音；系统停止工作但尚未泄压时，各处有无漏气，漏气声音大小及其每天的变化情况；电磁线圈和密封圈有无因过热而发出的特殊气味等。

③问。即查阅气动系统的技术档案，了解系统的工作程序、运行要求及主要技术参数；查阅产品样本，了解每个元件的作用、结构、功能和性能；查阅维护检查记录，了解日常维护保养工作情况；访问现场操作人员，了解设备运行情况，了解故障发生前的征兆及故障发生时的状况，了解曾经出现过的故障及其排除方法。

④切。例如，触摸相对运动件外部的手感和温度，电磁线圈处的温升等。触摸2s感到烫手，则应查明原因。另外，还要查明气缸、管道等处有无振动，气缸有无爬行，各接头处及元件处手感有无漏气等。

经验法简单易行，但由于每个人的感觉、实践经验和判断能力的差异，诊断故障会存在一定的局限性。

（2）推理分析法

推理分析法是利用逻辑推理、步步逼近，寻找出故障的真实原因的方法。

①推理步骤：从故障的症状推理出故障的真正原因，可按3步进行。第一是从故障的症状，推理出故障的本质原因；第二是从故障的本质原因，推理出故障可能存在的原因；第三是从各种可能的常见原因中，找出故障的真实原因。

②推理方法：推理的原则是由简到繁、由易到难、由表及里逐一进行分析，排除掉不可能的和非主要的故障原因；故障发生前曾调整或更换过的元件先查；优先查故障概率高的常见原因。

- 仪表分析法。利用检测仪器仪表，如压力表、压差计、电压表、温度计、电秒表及其他电仪器等，检查系统或元件的技术参数是否合乎要求。
- 部分停止法。暂时停止气动系统某部分的工作，观察对故障征兆的影响。
- 试探反证法。试探性地改变气动系统中部分工作条件，观察对故障征兆的影响。
- 比较法。用标准的或合格的元件代替系统中相同的元件，通过工作状况的对比，来判断被更换的元件是否失效。

3. 常见故障排除方法

现选气压传动系统和主要元件的常见故障及排除方法列于表12－2～表12－9中，供参照应用。

表12－2 气压系统常见故障及排除方法

故障	原因	排除方法
元件和管道阻塞	压缩空气质量不好，水汽、油雾含量过高	检查过滤器、干燥器，调节油雾器的滴油量
元件失压或产生误动作	安装和管道连接不符合要求（信号线太长）	合理安装元件与管道，尽量缩短信号元件与主控阀和距离

续表

故　障	原　因	排 除 方 法
气缸出现短时输出力下降	供气系统压力下降	检查管道是否泄漏、管道连接处是否松动
滑阀动作失灵或流量控制阀的排气口阻塞	管道内的铁锈、杂质使阀座被连或堵塞	清除管道内的杂质或更换管道
元件表面有锈蚀或阀门元件严重阻塞	压缩空气中凝结水的含量过高	检查、清洗过滤器、干燥器
活塞杆速度有时不正常	由于辅助元件的动作而引起系统压力下降	提高压缩机供气量或检查管道是否泄漏、阻塞
活塞杆伸缩不灵活	压缩空气中含水的质量分数过高，使气缸内润滑不好	检查冷却器、干燥器、油雾器工作是否正常
气缸的密封件磨损过快	气缸安装时轴向配合不好，使缸体和活塞杆上产生支承应力	调整气缸安装位置或加装可调支承架
系统停用几天后，重新启动时，润滑动作部件动作不畅	润滑油结胶	检查、清洗油水分离器或小油雾器的滴油量

表 12—3　气压系统供压失常的故障及排除

故　障	原　因	排 除 方 法
气路没有气压	①气动回路中的开关阀、启动阀、速度控制阀等未打开 ②换向阀未换向 ③管路扭曲 ④滤芯堵塞或冻结 ⑤介质和环境温度太低，造成管路冻结	①予以开启 ②查明原因后排除 ③矫正或更换管路 ④更换滤芯 ⑤清除冷凝水
系统供气不足	①空气压缩机活塞环等磨损 ②空气压缩机输出流量不足 ③减压阀输出压力低 ④速度控制阀开度太小 ⑤管路细长或管接头选用不当导致压力损失过大 ⑥漏气严重	①更换零件 ②选取合适的空气压缩机或增设定容积气罐 ③调节至使用压力 ④将阀开到合适开度 ⑤加粗管径，选用流通能力大的接头及气阀 ⑥更换密封件，坚固管接头和螺钉
异常高压	①外部振动冲击 ②减压阀损坏	①在适当位置安装安全阀和压力继电器 ②更换减压阀

表 12—4 减压阀常见故障及排除方法

故障	原因	排除方法
出口压力升高	①阀弹簧损坏 ②阀座有伤痕，或阀座橡胶剥离 ③阀体中夹入灰尘，阀导向部分黏附异物 ④阀芯异向部分和阀体的 O 形密封圈收缩、膨胀	①更换阀弹簧 ②更换阀体 ③清洗、检查过滤器 ④更换 O 形密封圈
压力降很大（流量不足）	①阀口径小 ②阀下部积存冷凝水，阀内混入异物	①使用口径大的减压阀 ②清洗、检查过滤器
向外漏气（阀的溢流处泄漏）	①溢流阀阀座有伤痕（溢流式） ②膜片破裂 ③出口压力升高 ④出口侧背压增加	①更换溢流阀阀座 ②更换膜片 ③参看"出口压力上升"栏 ④检查出口侧的装置、回路
阀体泄漏	①密封件损伤 ②弹簧松弛	①更换密封件 ②张紧弹簧
异常振动	①弹簧的弹力减弱，或弹簧错位 ②阀体的中心，阀杆的中心错位 ③因空气消耗量周期变化使阀不断开启、关闭，与减压阀引起共振	①把弹簧调整到正常位置，更换弹力减弱的弹簧 ②检查并调整位置偏差 ③和制造厂协商
虽已松开手柄出口侧空气也不溢流	①溢流阀阀座孔堵塞 ②使用非溢流式调压阀	①清洗并检查过滤器 ②非溢流式调压阀松开手柄也不溢流，因此需要在出口侧安装高压溢流阀

表 12—5 溢流阀常见故障及排除方法

故障	原因	排除方法
压力虽已上升，但不溢流	①阀内部的孔堵塞 ②阀芯导向部分进入异物	清洗
压力虽没有超过设定值，但在溢流口处却溢出空气	①阀内进入异物 ②阀座损伤 ③调压弹簧损坏	①清洗 ②更换阀座 ③更换调压弹簧

表 12—6 方向阀常见故障及排除方法

故障	原因	排除方法
不能换向	①阀的滑动阻力大，润滑不良 ②O 形密封圈变形 ③灰尘卡住滑动部分 ④弹簧损坏 ⑤阀操纵力小 ⑥活塞密封圈磨损 ⑦膜片破裂	①进行润滑 ②更换密封圈 ③清除灰尘 ④更换弹簧 ⑤检查阀操纵部分 ⑥更换密封圈 ⑦更换膜片
阀产生振动	①空气压力低（先导式） ②电源电压低（电磁阀）	①提高操纵压力，采用直动式 ②提高电源电压，使用低电压线圈

表 12—7　气缸常见故障及排除方法

故　障	原　因	排 除 方 法
外泄漏 ①活塞杆与密封衬套间漏气 ②气缸体与端盖间漏气 ③从缓冲装置的调节螺钉处漏气	①衬套密封圈磨损，润滑油不足 ②活塞杆偏心 ③活塞杆有伤痕 ④活塞杆与密封衬套的配合面内有杂质 ⑤密封圈损坏	①更换衬套密封圈 ②重新安装，使活塞杆不受偏心负荷 ③更换活塞杆 ④除去杂质，安装防尘盖 ⑤更换密封圈
活塞两端串气	①活塞密封圈损坏 ②润滑不良 ③活塞被卡住 ④活塞配合面有缺陷，杂质挤入密封圈	①更换活塞密封圈 ②重新安装，使活塞杆不受偏心负荷 ③缺陷严重者更换零件，除去杂质
输出力不足，动作不平稳	①润滑不良 ②活塞或活塞杆卡住 ③气缸体内表面有锈蚀或缺陷 ④进入了冷凝水、杂质	①调节或更换油雾器 ②检查安装情况，消除偏心 ③视缺陷大小再决定排除故障的方法 ④加强对空气过滤器和油水分离器的管定期排放污水

表 12—8　分水过滤器常见故障及排除方法

故　障	原　因	排 除 方 法
压力降过大引起振动	①使用过细的滤芯 ②过滤器的流量范围太小 ③流量超过过滤器的容量 ④过滤器滤芯网眼堵塞	①更换适当的滤芯 ②换流量范围大的过滤器 ③换大容量的过滤器 ④用净化液清洗（必要时更换）滤芯
从输出端溢出冷凝水	①未及时排出冷凝水 ②自动排水器发生故障 ③超过过滤器的流量范围	①养成定期排水的习惯或安装自动排水器 ②修理自动排水器（必要时更换） ③在适当流量范围内使用或者更换容量大的过滤器

表 12—9　油雾器常见故障及排除方法

故　障	原　因	排 除 方 法
油不能滴下	①没有产生油滴下落所需的压差 ②油雾器反向安装 ③油道堵塞 ④油杯未加压	①加上文氏管或换成小的油雾器 ②改变安装方向 ③拆卸，进行修理 ④因通往油杯空气通道堵塞，需拆卸修理
油杯未加压	①通往油杯的空气通道堵塞 ②油杯大，油雾器使用频繁	①拆卸修理，加大通往油杯的空气通孔 ②使用快速循环式油雾器
油滴数不能减少	油量调整螺钉失效	检修油量调整螺钉

习题十二

1. 图 12－16 为汽车门开关气动系统的工作过程图，请指出该系统采取了什么措施防止夹伤上车的乘客？

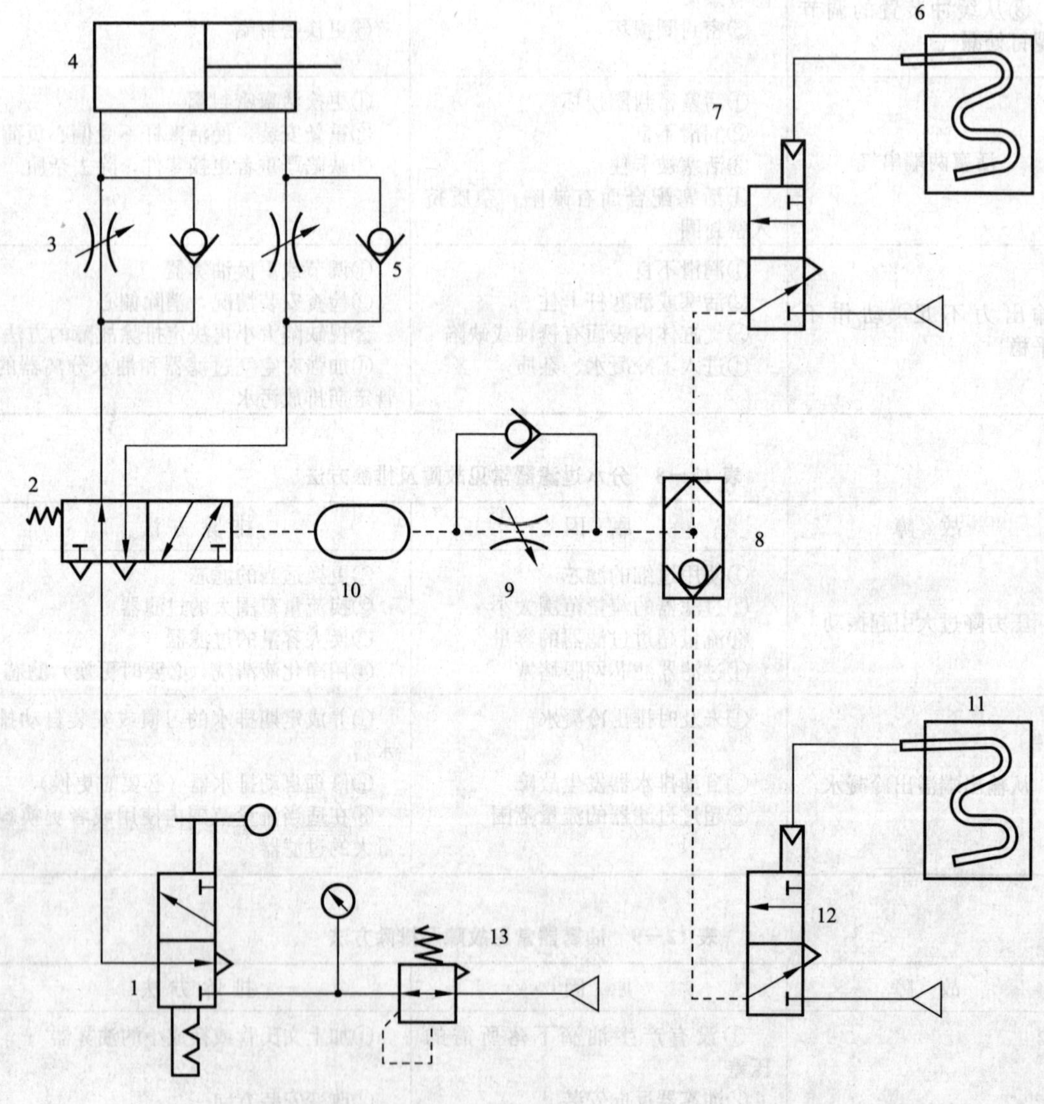

图 12－16

1—手动换向阀；2—气动换向阀；3、5、9—单向节流阀；4—主缸；
6、11—外装踏板；7、12—气动换向阀；8—梭阀；10—气罐

2. 试利用两个双作用气缸、一个气动顺序阀和一个二位四通单电控换向阀组成顺序动作回路。

3. 试设计一个双作用气缸动作之后单作用气缸才能动作的联锁回路。

4. 试利用双作用气缸，设计一个既可使气缸在任意位置停止，又能使气缸处于浮动状态的气动回路，并说明工作原理。

5. 减压阀常见故障有哪些，如何排除？

6. 气液联用缸内产生气泡有何不良后果？如何解决？

7. 气缸漏气可能产生在哪些部位？如何解决？

8. 油雾器不滴油的原因有哪些？如何使油雾器滴油正常？

附录1　常用液压、气动图形符号
摘自 GB/T 786.1—1993

附表 1—1　动力、执行元件

名称		符号	名称	符号
液压泵	单向定量液压泵	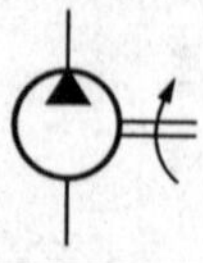	单向变量液压泵	
	双向定量液压泵	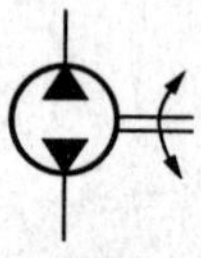	双向变量液压泵	
液压马达	单向定量液压马达	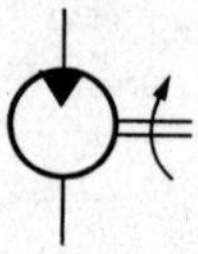	单向变量液压马达	
	双向定量液压马达		双向变量液压马达	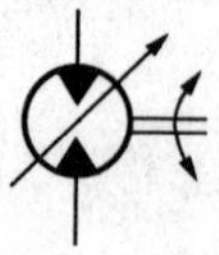
液压泵一马达	定量液压泵一马达	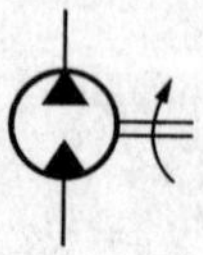	变量液压泵一马达	
	液压整体式传动装置			
液压缸	单作用单活塞杆缸	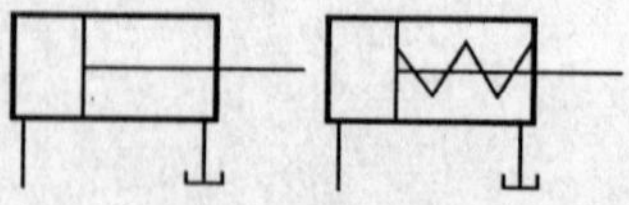	双作用双活塞杆缸	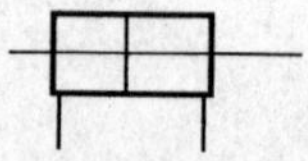
	双作用单活塞杆缸	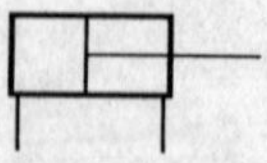	摆动马达	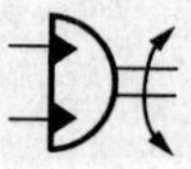
	单作用伸缩缸	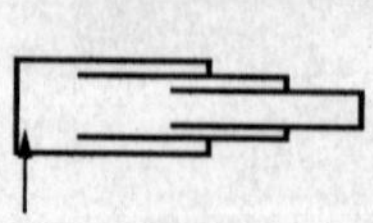	双作用伸缩缸	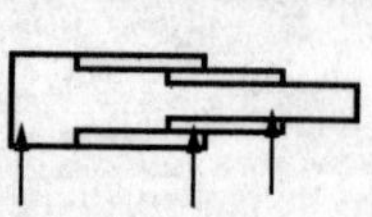

续表

名称		符号	名称	符号
液压缸	不可调单向缓冲缸	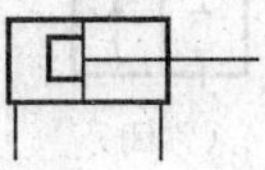	可调单向缓冲缸	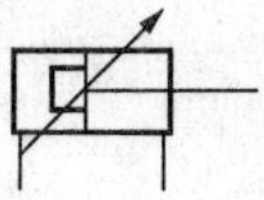
	不可调双向缓冲缸	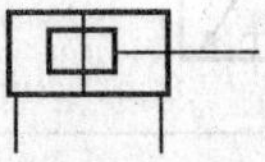	可调双向缓冲缸	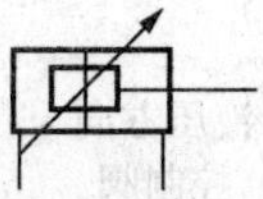
气缸、气马达	单向定量马达	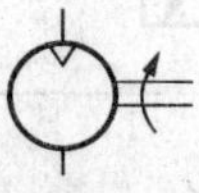	单向变量马达	
	双向定量马达	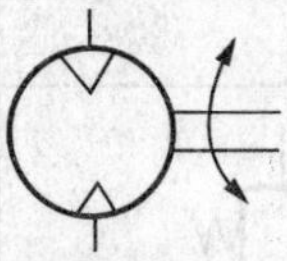	双向变量马达	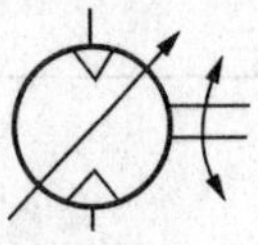
	单作用活塞缸	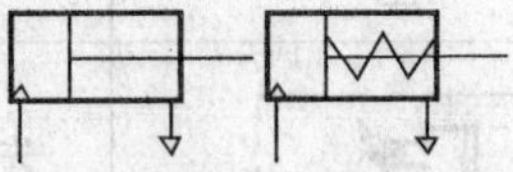	双作用活塞缸	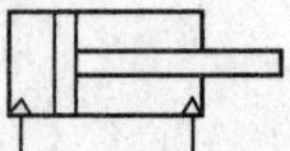
	伸缩缸	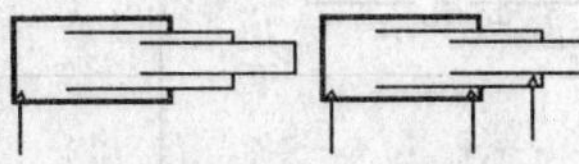 （单作用式）　（双作用式）	摆动马达	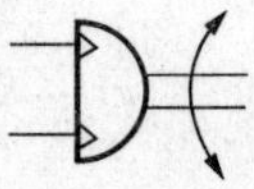
	气液转换器	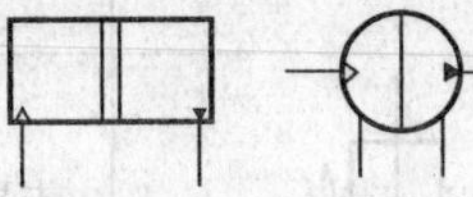	气液增压器	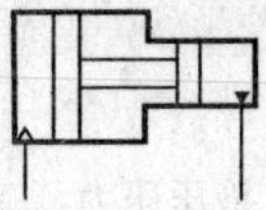

附表1-2　控制元件

名称		符号	名称	符号
液压方向控制阀	单向阀	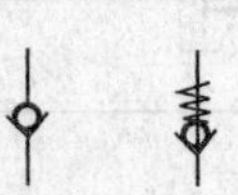	二位五通换向阀	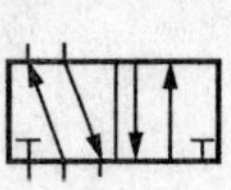
	液控单向阀	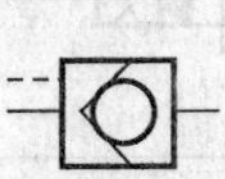	三位三通换向阀	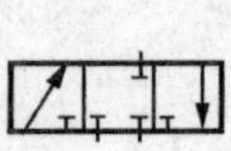
	液压锁	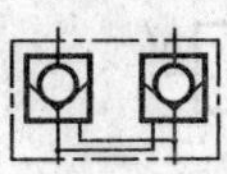	三位四通换向阀	

续表

名称		符号	名称	符号
液压方向控制阀	二位二通换向阀	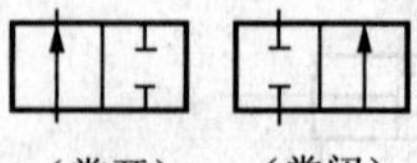 （常开） （常闭）	三位五通换向阀	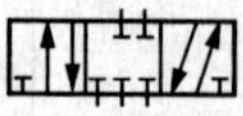
	二位三通换向阀	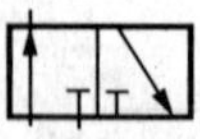	三位六通换向阀	
	二位四通换向阀	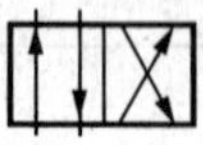	四通电液伺服阀	
	截止阀		三位四通比例阀	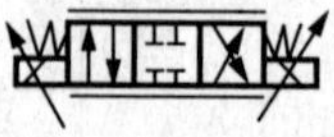
液压压力控制阀	直动式溢流阀	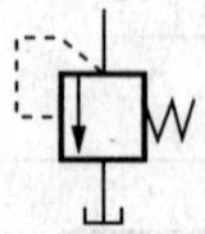	先导式溢流阀	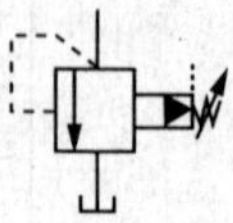
	先导式电磁溢流阀	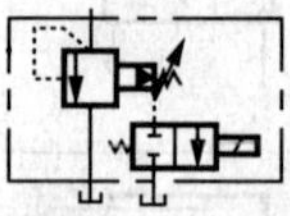	先导式比例电磁溢流阀	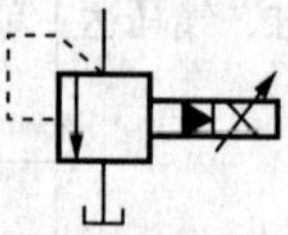
	双向溢流阀	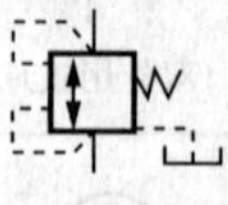	直动式顺序阀	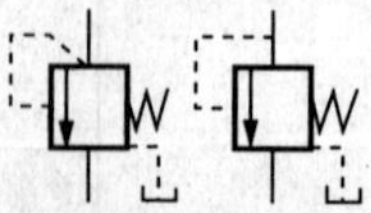
	直动式减压阀	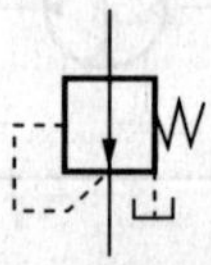	先导式顺序阀	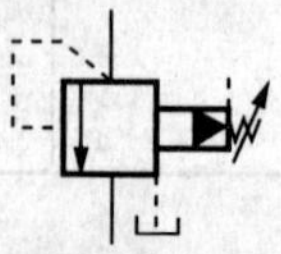
	先导式减压阀	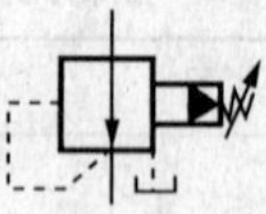	单向顺序阀	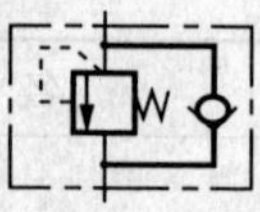
	先导式比例电磁式溢流减压阀	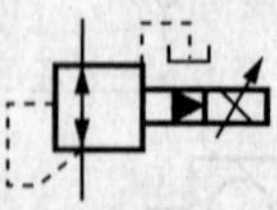	卸荷阀	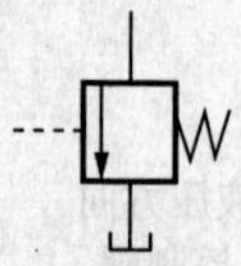
	定差减压阀	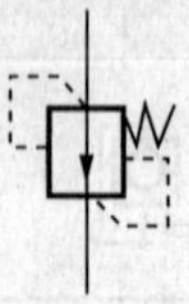	定比减压阀	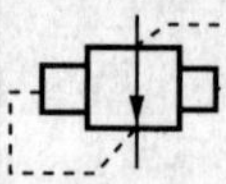

续表

名称		符号	名称	符号
液压流量控制阀	不可调节流阀	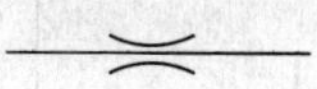	可调节流阀	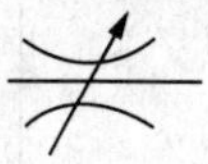
	可调单向节流阀	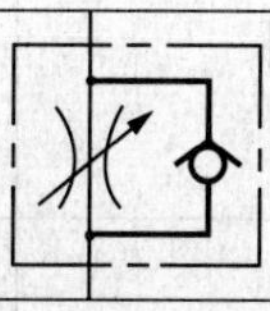	调速阀	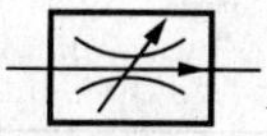
	带温度补偿的调速阀		单向调速阀	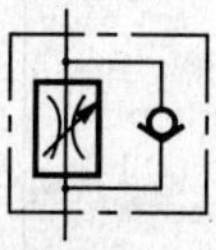
	减速阀	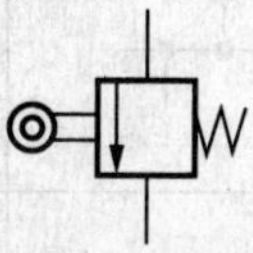	分流阀	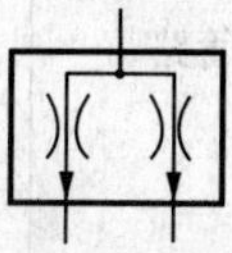
	集流阀	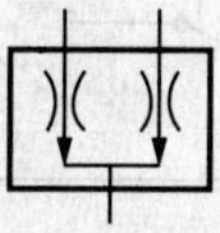	分流集流阀	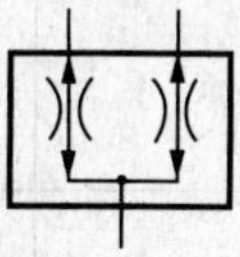
气动控制阀	直动式溢流阀	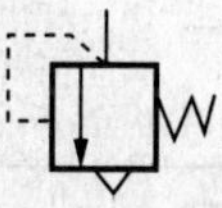	先导式溢流阀	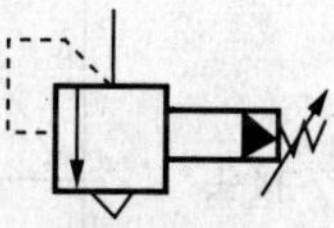
	直动式减压阀	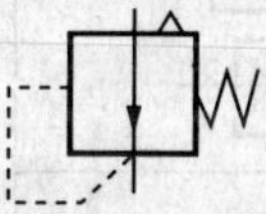	先导式减压阀	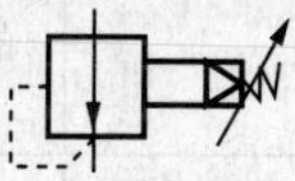
	与门型梭阀	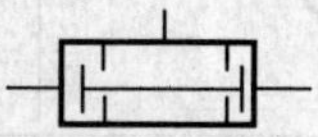	或门型梭阀	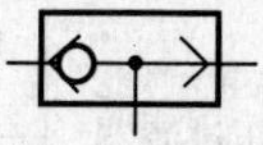
	快速排气阀		带消声器的节流阀	

附表 1－3　辅助元件

名称		符号	名称	符号
油箱	管口在液面以上的油箱		管口在液面以下的油箱	
	管端连接于油箱底部		密闭式油箱	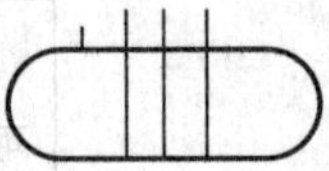
管路	工作管路	————	控制管路	- - - - - -
	连接管路	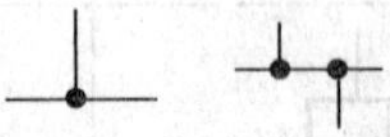	交叉管路	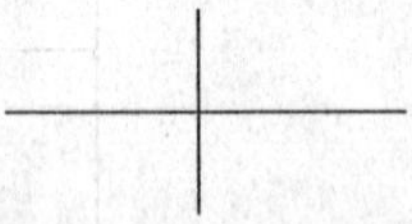
	柔性管路		组合元件线	—— · ——
接头	单通路旋转接头		三通路旋转接头	
	不带单向阀的快换接头	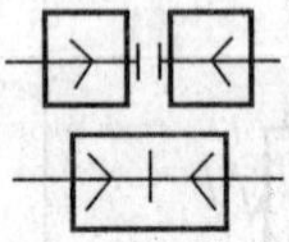	带单向阀的快换接头	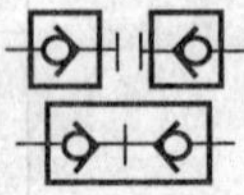
液压过滤器	过滤器		磁心过滤器	
	污染指示过滤器	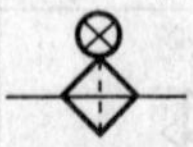	带旁通阀的过滤器	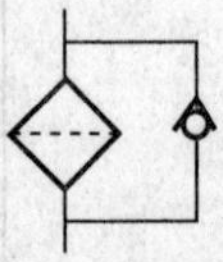
检测器	压力计		液面计	
	流量计		温度计	

续表

名称		符号	名称	符号
气动专用元件	分水排水器	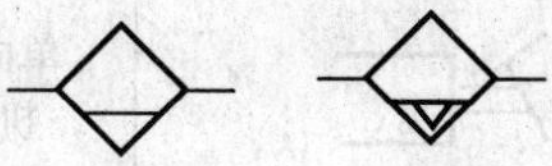 人工排出　自动排出	气罐	
	空气干燥器	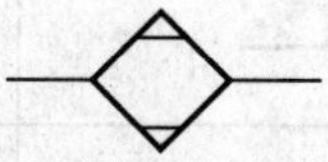	空气过滤器	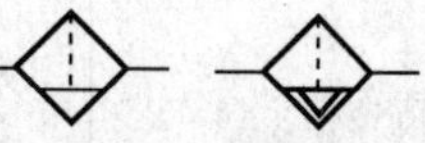 人工排出　自动排出
	消声器		油雾器	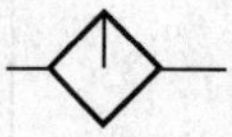
其他元件	液压源		气压源	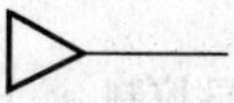
	原动机		电动机	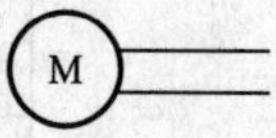
	加热器		冷却器	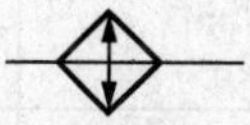
	温度调节器	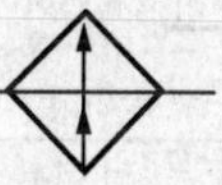	蓄能器	
	压力继电器			

附表 1—4　控制方法

名称		符号	名称	符号
人力与机动控制	按钮式人力控制	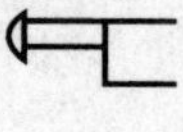	顶杆式机械控制	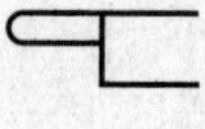
	手柄式人力控制	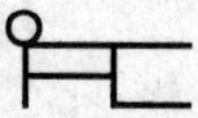	滚轮式机械控制	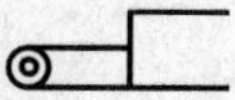

续表

名 称		符 号	名 称	符 号
人力与机动控制	踏板式人力控制	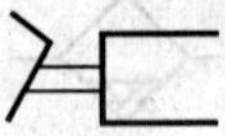	单向滚轮式机械控制	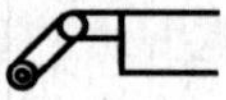
	弹簧控制	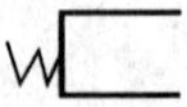	定位控制	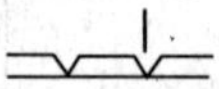
先导控制	液压先导控制	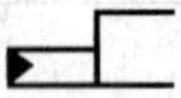	液压二级先导控制	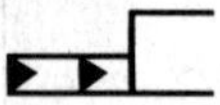
	电液先导控制	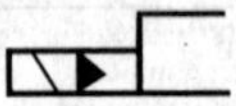	气液先导控制	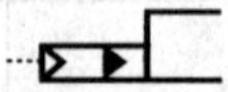
	液压先导泄压控制	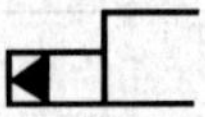	电液先导泄压控制	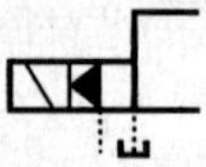
	气压先导控制	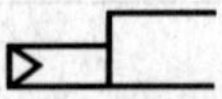	电气先导控制	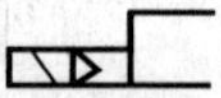
直接压力控制	加压或卸压控制	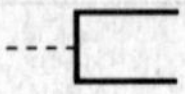	差动控制	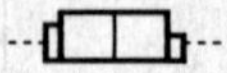
	外部压力控制	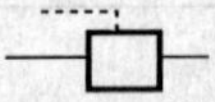	内部压力控制	
电磁控制	单作用电磁控制	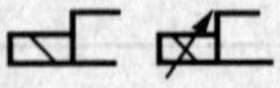	双作用电磁控制	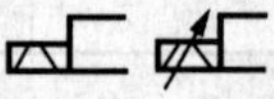
反馈控制	电反馈控制	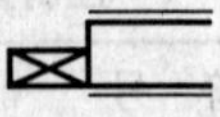		

附录 2　液压与气压传动专业常用英语词汇汉-英查询

一、阀类
电磁阀 Solenoid valve
单向阀 Check valve
插装阀 Cartridge valve
叠加阀 Sandwich plate valve
先导阀 Pilot valve
液控单向阀 hydraulic operated check valve
压力溢流阀 Pressure relief valve
流量阀 Flow valve
节流阀 Throttle valve
双单向节流阀 Double throttle check valve
比例阀 Proportional valve
伺服阀 Serve valve
直动式伺服阀 DDV-irect drive valve
喷嘴挡板阀 Nozzle flapper valve
射流管阀 Serve-jet pilot valve
调压阀 regulator
定差减压阀 differential pressure regulator
定比减压阀 proportional pressure regulator
继电器 relay
背压阀 back pressure valve
旁通阀 bypass valve
换向阀 change valve selector
调速阀 flow regulating valve
四通阀 four port valve
四位阀 four position valve
手动阀 hand operated valve
溢流阀 overflow valve
安全阀 overload relief valve
阀座 seat
阀芯 piston
阀套 sleeve
弹簧 spring

二、泵类
泵 pump
液压泵站 hydraulic package
辅助泵 booster pump
齿轮泵 gear pump
叶片泵 vane pump
柱塞泵 piston pump
螺杆泵 screw pump
轴向柱塞泵 axial piston pump
斜轴式轴向柱塞泵 bent axis piston pump
斜盘式轴向柱塞泵 cam plate type axial piston pump
定量泵 constant displacement pump
变量泵 variable capacity pump
多级泵 multi-stage pump
径向泵 radial pump
离心泵 centrifugal pump
摆线转子泵 cycloid rotor pump
双作用叶片泵 double action vane pump
单作用叶片泵 single action vane pump
泵体 pump body
泵轴 pump shaft
腔 cavity
困油 entrap
困油现象 trapping phenomenon
卸荷槽 relief notch
气蚀 gas etching
回油 exhaust
脉动 fluctuation
压力突变 pressure jump
液压油 hydraulic operating fluid
不可压缩流体 incompressible fluid
叶片安装角 blade incidence
卸荷 off-load

输出 output
输入 input
过载 overload
高压区 high pressure zone
低压区 low pressure zone
三、执行元件类
执行元件 actuator
马达 motor
往复运动 alternative motion
空转 lost motion
同步运动 synchronized motion
轴向柱塞马达 axial piston motor
斜轴式轴向柱塞马达 bent axis piston motor
斜盘式轴向柱塞马达 cam plate type axial piston motor
定量马达 constant displacement motor
径向马达 radial motor
叶片马达 sliding vane motor
摆动马达 swing motor
缸 cylinder
缸体 barrel
缸端盖 cylinder end cap
缸前盖 cylinder head cap
缸后盖 cylinder bottom
活塞；柱塞 piston
双作用活塞 double acting piston
双杆活塞 double rod piston
空心活塞 hollow piston
单杆活塞 single-rod piston
活塞杆 rod
爬行现象 stick-alip phenomenon
行程 stroke
四、辅件类
蓄能器 accumulator
排气阀 air bleed
滤油器 filter
油箱 tank
密封（件）seal
五、管接头
卡套式管接头 Bite type fittings
接管接头 Tube to tube fittings
直通接管接头 union
直角管接头 union elbow
三通管接头 union tee
四通管接头 union cross
端直通管接头 Malstud fittings
长直通管接头 Bulkhead fittings
焊接式管接头 Weld fittings
变径管接头 Reducers extenders
铰接式管接头 Banjo fittings
旋转接头 swivel fittings
接头螺母 Female connector fittings
六、其他类
故障 failure
点动 Jog
爬行 Creep
摩擦 Abrasion
（活塞杆）缩回 Retract
（活塞杆）伸出 Extension
误动作 Malfunction
循环 Re-circulation
层流 streamline flow
湍流（紊流）turbulent flow
排除故障 debugging
间隙、缝隙 gap
局部压力损失 local pressure loss
泄漏 leak
润滑 lubricate
进口节流 meter-in
出口节流 meter-out
动作 motion
职能符号 functional symbol

英-汉查询

A
ability 性能；能力
load-carrying ability 承载能力
accessories 辅件，附件，配件
hydraulic accessories 液压辅件
accumulator 蓄能器
action 作用；动作；作用力；行程
actuated 操纵，控制
directly actuated 直接操纵的，直接控制的
pilot actuated 先导控制的，液控的
actuator 执行元件；液压缸；马达
adapter 接头；衬套；压环；连接件
pipe adapter 管接头
admission 供油，供气
amplifier 放大器
differential pressure amplifier 压差放大器
flow amplifier 流量放大器
assembly 组合，组件，机组
axis 轴
B
back-flow 回流
back-up 支撑
hydrostatic back-up 静压支撑
barrel 桶，缸体
base 底座；支座
bearing 支承；轴承；方位
bed 台
pump test bed 泵试验台
behavior 性能；工况
bend 弯头；弯管
blade 叶片
flat blade 平面叶片
forward inclined blade 前倾叶片
guide blade 导叶
radial blade 径向叶片
bleed 排气
air bleed 排气阀
bleeder 排气孔
block 封闭；块体
cartridge valve block 插装阀块体
choke block 节流板
directional control block 多路阀，方向控制阀组
panel block 阀板组
body 体；缸筒；阀体，壳体
pump body 泵体
tank body 箱体
valve body 阀体
bolt 螺栓；插销；螺杆
bottom 底；底部
cylinder bottom 缸底；缸后盖
bracket 支架
pump bracket 泵架
bubble-tight 气密的
buffer 缓冲器，阻尼器
bush（ing）套，导向套；衬套
C
cap 帽，盖，罩，塞
cylinder end cap 缸端盖
cylinder head cap 缸前盖
capacity 容量；功率；排量；流量
effective capacity 有效排量，实际排量
geometric capacity 几何排量，理论排量
casing 套，壳，罩
gear casing 齿轮箱，变速箱
pump casing 泵体
cavitation 气蚀
cavity 腔
chamber 腔，室；容积；油腔；气腔
chamfer 槽；倒角
changement 换向机构
characteristic 特性曲线；特征线

charger 加载装置
charging 充液；充压
choke 节流；节流口
circuit 回路
clearance 间隙
clog 阻塞；堵塞
cock 龙头
collar 圈；法兰盘
cushion collar 缓冲套
connection 连接；连接管路；接头
consumption 消耗量
cylinder 缸；液压缸
D
debugging 排除故障；调试
deflation 排气
delivery 流量
differential 差动的；微分的
displacement 压出；排出；排量；位移
dowel 定位销
drained 泄油的
duty 负载，功率；工况
E
effect 作用；效应
cavitate effect 气蚀效应
choking effect 节流作用
elbow 弯头
electro-hydraulic 电液的
entrap 困油
escape 泄漏，溢出，排出
etching 蚀刻；腐蚀
gas etching 气蚀
exhaust 排泄；回油
F
failure 故障；事故；损坏，失效
fastener 紧固件
feedback 反馈
filler 加油口，注油口；填料；垫片
filter 滤油器
flow 流；液流；流程；流束；流量；流动
nominal flow 公称流量
rated flow 额定流量
stationary flow 定常流，定常流动
streamline flow 层流
turbulent flow 紊流、湍流
volume flow 体积流量
flow line 管路；流线
flow-regulator 流量调节阀
fluctuation 脉动
fluid 流体，液体；射流
hydraulic operating fluid 液压油
incompressible fluid 不可压缩流体
frame 座，架
G
gain 增益
flow gain 流量增益
feedback gain 反馈增益
gap 间隙，缝隙
gear 齿轮，装置，机构
governing 调节，控制
H
head 缸头，头部；盖；水头；扬程
cylinder head 缸头
static head 静压头
theoretic head 理论能头
total head 总能头
water head 水头
hole 孔，洞
air hole 气孔
blind hole 盲孔
bolt hole 螺栓孔
bose 胶管，软管
housing 壳体；槽
hub 毂；衬套
hydrostatics 液压技术，液体静力学
I
idling 空转
impact 冲击，撞击
impeller 叶轮

closed impeller 闭式叶轮
open impeller 开式叶轮
pump impeller 泵叶轮
incidence 入射；入射角
blade incidence 叶片安装角
incompressible 不可压缩的
inlet 进口；吸入
intensifier 增压器
intensity 强度
J
jack (柱塞) 缸；千斤顶
joint 接头；关节
cross joint 十字接头
flange joint 法兰式接头
screwed joint 螺纹接头
journal 轴颈
jump 跳动；振动
pressure jump 压力突变
K
keyway 键槽
L
lag 滞后；延迟
servovalve phase lag 伺服阀相位滞后
laminar 层流的
latch 插销；锁紧装置；锁定
leak 漏；漏油；渗漏处；漏出物
line 管路；线路
liner 衬套；导向套；内层胶
liquid 液体（的）；液力的
load 负载；载荷
location 位置；定位；安装
lock 锁；闭锁；液压卡紧
loop 环；环路；回路；循环
control loop 控制回路，调节回路
main loop 主回路
servo loop 伺服回路
loss 损失
bend loss 弯头损失
blade loss 叶片损失
line loss 管路损失
local pressure loss 局部压力损失
partial loss 局部损失
lubricate 润滑
lug 耳轴
lifting lug 吊环
M
mandrel 心轴；芯棒
manometer 压力机，压力表
meter 米；仪表；计量；节制；控制（流量）；流量计
meter-in 进口节流
meter-out 出口节流
motion 动作
alternative motion 往复运动
lost motion 空转
synchronized motion 同步运动
motor 发动机，液压马达
axial piston motor 轴向柱塞马达
bent axis piston motor 斜轴式轴向柱塞马达
cam plate type axial piston motor 斜盘式轴向柱塞马达
constant displacement motor 定量马达
radial motor 径向马达
sliding vane motor 叶片马达
swing motor 摆动马达
N
nominal 额定的，公称的
notch 凹槽
relief notch 卸荷槽
null 零位
O
off-load 卸荷
oil 油
oiler 注油器
olive 球面卡套
grooved olive 迷宫密封环
operation 运行；操作；运算
orifice 小孔；节流孔

O-ring O 型密封圈
output 输出；排量；流量
overload 过载
P
pack 包，捆；组合件，部件，单元
power pack 液压泵站
package 包，捆；组件，单元
hydraulic package 液压泵站
power package 泵站
packing 密封；密封装置；填料密封
pad 衬垫；底座
asbestos pad 石棉垫
valve pad 阀垫
parameter 参数
part 部分；零件；部件
partition 隔板
passage 流道；通道；通过
pedestal 支座，底座
motor pedestal 电动机座
phenomenon 现象
stick-alip phenomenon 爬行现象
trapping phenomenon 困油现象
piece 零件，部件
pilot（-actuate，-operate）先导控制；液控
piloted 先导控制的
pin 销；插头
alignment pin 定位销
cottar pin 开口销
locking pin 锁紧销
piston pin 活塞销
straight pin 圆柱销
pipe 管子，管道（尤指铸铁管和钢管）
piston 活塞；柱塞；阀芯
double acting piston 双作用活塞
double rod piston 双杆活塞
hollow piston 空心活塞
single-rod piston 单杆活塞
pit 坑；槽
pitch 节距
pitting 凹痕；锈斑；点蚀
plug 堵塞；阻塞；堵头
air release plug 排气塞
plug-in 插入式的，组合式的
poppet 提动阀芯，座阀芯，锥阀芯，碟形阀芯
pore 孔；孔隙
port 油口；连接口
position 位置；状态；定位
center valve position 阀的中间位置
neutral position 中位；零位
three position 三位
two position 二位
pressure 压力，压强；气压
pulsation 脉动，波动
pump 泵
bent axis axial piston pump 斜轴式轴向柱塞泵
booster pump 辅助泵，充液泵
cam plate type axial piston pump 斜盘式轴向柱塞泵
centrifugal pump 离心泵
constant delivery pump 定量泵
cycloid rotor pump 摆线转子泵
double action vane pump 双作用叶片泵
gear pump 齿轮泵
multi-stage pump 多级泵
single action vane pump 单作用叶片泵
vane pump 叶片泵
variable capacity pump 变量泵
R
rabbet 球铰
rack 齿条；机架
racing 空转
radian 弧度
radius 半径
range 范围，量程
rated 额定的
regulation 调节，调整

regulator 调节器，调压阀
differential pressure regulator 定差减压阀
proportional pressure regulator 定比减压阀
relay 继电器
relief 释压；溢流；卸荷
reset 复位
restriction 节流；阻尼，节流口，阻尼孔
restrictor 节流阀；节流口；阻尼孔
reversal 反转，倒转
revolution 旋转；转数
rider 导向套
ring 环，圈
anti-extrusion ring 密封挡圈，挡圈
back support ring 后支承环
back-up ring 挡圈
bearing ring 导向套
dust ring 防尘圈
retainer ring 卡环
seal ring 密封圈；密封环
rod 杆；活塞杆
S
screw 螺杆，螺钉，丝杆，螺旋
seal 密封；封口；密封件；密封装置
seat 阀座，座
seizure 卡死，咬住，擦伤
selector 换向阀
servo 伺服；伺服机构，伺服系统
servomotor 伺服马达
servopump 伺服泵
servovalve 伺服阀
set 组件；定位；集合
shaft 轴
pump shaft 泵轴
sleeve 套；套管；卡套；阀套
slot 缝，隙，槽
spring 弹簧
stroke 行程
symbol 符号
functional symbol 职能符号
T
tank 箱，缸；油箱；容器
tee 三通接头，三通
throttle 节流；节流阀
trapping 困油
travel 位移；行程
tube 管子（尤指有色金属和无缝钢管）
tubeline 管路
U
union 中间接头；直通接头
V
valve 阀
back pressure valve 背压阀
bypass valve 旁通阀；溢流阀
change valve 换向阀
check valve 单向阀
direct operated solenoid valve 电磁阀
flow regulating valve 调速阀
four port valve 四通阀
four position valve 四位阀
hand operated valve 手动阀
hydraulic operated check valve 液控单向阀
overflow valve 溢流阀
overload relief valve 安全阀；过载溢流阀
piloted valve 先导式阀
vane 叶片
diffusion vane 导叶
vent 放气；排气孔
volume 容积，体积
displacement volume 排量
W
washer 垫圈；衬垫
wiper 防尘圈
Z
zone 地带；区（域）
dead zone 死区
high pressure zone 高压区
low pressure zone 低压区